高等职业学校"十四五"规划土建类系列教材

建筑工程定额与预算

（第三版）

Quota and Budget of Architecture Engineering

主　审　杨正民
主　编　甘为众　刘　奕
副主编　徐振平　虞丽婷
参　编　蒋　叶

华中科技大学出版社
中国·武汉

内 容 提 要

《建筑工程定额与预算》是高等职业学校"十四五"规划土建类系列教材之一。本书主要介绍了《建设工程工程量清单计价规范》(GB 50500—2013)的基本内容,并结合《江苏省建筑与装饰工程计价定额》(2014)中的相关定额,结合实例对建筑工程在清单计价法下的定额使用、工程量计算及费用计算予以详细描述和解答。此外,为了顺应信息化发展趋势,本书还将预算软件应用作为主要内容之一。

本书主要内容包括:工程量清单及计价,工程量计算概述,建筑工程定额,建筑面积计算,土石方与基础工程清单计价,主体结构工程清单计价,楼梯、阳台及其他构件清单计价,钢筋工程清单计价,屋盖工程清单计价,装饰装修工程清单计价,措施项目清单计价,其他项目清单计价,项目费用汇总及报表编制。

本书内容简明,重点突出,实用性强,可作为高等职业学校、高等专科学校、高等成人教育学校土建类专业的专业课教材,也可作为土建造价员岗位培训教材,同时可供土建类专业造价咨询、设计和施工技术人员参考使用。

图书在版编目(CIP)数据

建筑工程定额与预算/甘为众,刘奕主编. —3 版. —武汉:华中科技大学出版社,2022.1(2024.7 重印)
ISBN 978-7-5680-7159-8

Ⅰ.①建… Ⅱ.①甘… ②刘… Ⅲ.①建筑经济定额 ②建筑预算定额 Ⅳ.①TU723.3

中国版本图书馆 CIP 数据核字(2021)第 256510 号

建筑工程定额与预算(第三版) 甘为众 刘 奕 主编
Jianzhu Gongcheng Dinge yu Yusuan(Di-san Ban)

策划编辑:金 紫
责任编辑:梁 任
装帧设计:张 璐
责任监印:朱 玢
出版发行:华中科技大学出版社(中国·武汉) 电话:(027)81321913
武汉市东湖新技术开发区华工科技园 邮编:430223
录 排:华中科技大学惠友文印中心
印 刷:武汉开心印印刷有限公司
开 本:850mm×1060mm 1/16
印 张:20
字 数:426 千字
版 次:2024 年 7 月第 3 版第 3 次印刷
定 价:59.80 元

第三版前言

本书较上一版做了较大调整，主要依据《建设工程工程量清单计价规范》(GB 50500—2013)(以下简称《计价规范》)、《房屋建筑与装饰工程工程量计算规范》(GB 50854—2013)(以下简称《计算规范》)、《江苏省建筑与装饰工程计价定额》(2014 版)(以下简称《计价定额》)、《江苏省建设工程费用定额》(2014 年)及其"营改增"后的内容编写，书中阐述了房屋建筑与装饰工程清单计价的依据、原理、工程量的计算、报价的方法和规范格式。编者以任务引领的模式，按由浅入深、循序渐进的原则组织本书的编写，将同一个工程项目的分部分项工程清单计价完整地贯穿在各章节中。本书力求将基础理论和实际应用相结合，以指导应用为原则，较少涉及造价理论，侧重于学生实践技能的培养，通过讲解大量工程实例，达到学以致用的目的。

在内容上，本书考虑了中等职业学校及高等职业学校工程造价、建筑工程技术、建设工程管理、建设工程监理等相关专业的教学目标，重点讲述了基于《计价定额》的清单计价，在实际使用中若涉及企业定额可由授课教师根据需要进行补充。全书共 13 章，总课时建议不少于 96 学时，各校可根据专业特点和人才培养方案适当调整。

本书由江苏联合职业技术学院南京分院(南京高等职业技术学校)甘为众编写第 5 章、第 10 章，刘奕编写第 7 章、第 8 章、第 9 章、第 11 章，徐振平编写第 3 章、第 6 章，虞丽婷编写第 1 章、第 4 章、第 13 章，蒋叶编写第 2 章、第 12 章。全书由江苏联合职业技术学院南京分院(南京高等职业技术学校)正高级讲师杨正民主审。

本书既可作为教学用书，也可作为江苏省二级造价工程师职业资格考试以及从事工程造价的专业人员的参考用书。

本书在编写过程中参考了有关文献资料，并得到了相关院校的大力支持，在此一并表示感谢。

由于编者水平有限，书中疏漏和不当之处在所难免，敬请广大读者批评指正。

全体编者

2021 年 3 月

本书微课列表

第 3 章	3.2 施工定额	3.3.4《计价定额》讲解	
第 4 章	4. 建筑面积计算		
第 5 章	5.1.2 混凝土基础	5.1.3 拓展内容：满堂基础	5.1.4 桩
	5.2.1 土方工程	5.2.2 平整场地	5.2.4 拓展内容：土方工程真题讲解
第 6 章	6.1.2 框架结构计价	6.1.2.3 拓展内容：有梁板	6.2.2.1 砖基础＋砖墙体
第 10 章	10.2 楼地面工程	10.3 墙、柱面工程	
第 11 章	11.2.1 脚手架工程	11.2.2 模板工程	

目　　录

第 1 章　工程量清单及计价

【知识点及学习要求】

知识点	学习要求
知识点 1:《计价规范》的基本内容	了解
知识点 2:工程量清单编制规范基本要求	熟悉
知识点 3:工程量清单计价规范基本要求	熟悉

1.1　工程量清单概述

1.1.1　工程量清单的概念

工程量清单是指载明建设工程分部分项工程项目、措施项目、其他项目的名称和相应数量以及规费、税金等内容的明细清单。其中,由招标人根据国家标准、招标文件、设计文件及施工现场实际情况编制并随着招标文件一并发布的称为招标工程量清单;经投标人确认后标明价格并作为投标文件的组成部分提交的称为已标价工程量清单。招标工程量清单应由具有编制能力的招标人或其委托相应的代理机构进行编制,其准确性和完整性由招标人负责。

1.1.2　工程量清单的作用

工程量清单是招标文件的组成部分,是招投标活动进行的重要依据,一经中标且签订合同,即成为合同的组成部分,是支付进度款、办理工程结算、调整工程量、进行工程索赔等各项工作的重要依据。

1.1.3　工程量清单的内容

招标人编制的工程量清单应包括以下内容。

1. 明确的项目设置

在招标人提供的工程量清单中必须明确清单项目的设置,除明确说明各清单项目的名称外,还应阐释各个清单项目的特征和工作内容。

2. 清单项目的工程数量

招标人提供的工程量清单中需列出各清单项目的工程数量,这是计算招标控制价和投标报价的基础。

3. 提供基本的表格格式

工程量清单的表格格式是附属于项目设置和工程量计算的,它为投标报价提供一个合适的计价平台,投标人可以根据表格之间的逻辑联系,在其指导下完成分部分项工程的组价和投标报价。

1.2 工程量清单的编制

1.2.1 分部分项工程量清单编制

分部分项工程量清单应按《计算规范》的规定,确定项目编码、项目名称、项目特征、计量单位,并按照规范给出的工程量计算规则进行工程量的计算。

1. 项目编码的设置

项目编码是分部分项工程量清单项目名称的数字标识。

分部分项工程量清单的项目编码,应采用12位阿拉伯数字表示。1~9位应按《计算规范》附录的规定设置,10~12位应根据拟建工程的工程量清单项目名称设置,同一招标工程的项目编码不得重复。项目编码中各数字的含义如图1-1所示。

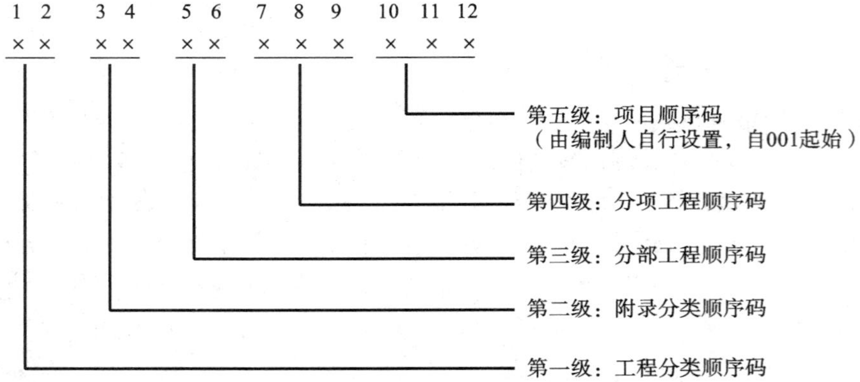

图1-1 项目编码各数字含义

例如:011102001002表示石材楼地面。其中,01表示房屋建筑与装饰工程;11表示附录L楼地面装饰工程;02表示附录L中第二个分部工程块料面层;001表示块料面层中第一个分项工程石材楼地面;002表示该清单项在本工程中为第二个石材楼地面项目。

2. 项目名称的确定

分部分项工程量清单的项目名称应根据《计算规范》的项目名称结合拟建工程的实际情况确定。《计算规范》中规定的项目名称为分项工程项目名称,一般以工程实体命名。如实际编制清单过程中出现《计算规范》中未包括的项目,编制人应作补充,并报省级或行业工程造价管理机构备案。

3. 项目特征的描述

分部分项工程量清单项目特征应按《计算规范》中规定的项目特征,结合拟建工程项目实际予以描述。

工程量清单的项目特征是确定一个清单项目综合单价不可缺少的重要依据，在编制的工程量清单中必须对其项目特征进行准确、全面的描述，达到规范、统一、简捷、准确、全面的要求。相同或相似的清单项目名称通过项目特征的准确描述进行区分，使工程量清单项目综合单价得以准确确定。但在实际工程中有些项目特征难以用文字准确、全面地描述，因此在描述工程量清单项目特征时可以按以下原则进行。

(1) 项目特征按《计算规范》附录规定的内容的表述，根据拟建工程的实际要求，满足确定综合单价的需要。

(2) 涉及正确计量、结构要求、材质要求、安装方式的内容必须描述。若采用标准图集或施工图纸能够全部或部分满足项目特征描述的要求，项目特征描述可直接采用详见××图集或××图号的方式。对不能满足项目特征描述要求的部分，仍应用文字描述。

(3) 对计量计价没有实质影响的、由投标人根据施工方案确定应由施工措施解决的内容可以不描述。

(4) 对规范中没有项目特征要求的个别项目，但又必须描述的应予以描述。

4. 计量单位的描述

计量单位按《计算规范》规定填写，附录中该项目有两个或两个以上计量单位的，应选择最适宜计量的方式取其中一个填写。

例如“零星砌砖”有“m^3 、 m^2 、 m 、个”四个计量单位，且同时规定了砖砌锅台与炉灶可按外形尺寸以“个”计算，砖砌台阶可按水平投影面积以“m²”计算，小便槽、地垄墙可按长度以“m”计算，其他工程量按“m^3”计算。

5. 工程量的计算

分部分项工程量清单中所列应按《计算规范》中所规定的工程量计算规则计算。除另有说明外，所有清单项目的工程量应以实体工程量为准，并以完成后的净值计算。投标人投标报价时应在单价中考虑施工中的各种损耗和需要增加的量，或在措施费清单中列出相应的措施项目。

采用工程量清单计算规则，工程实体的工程量是唯一的，为各投标人提供了一个公平竞争的平台，也方便招标人对各投标人的报价进行对比。

6. 工作内容的描述

工作内容是指完成该清单项目可能发生的具体工程，可供招标人确定清单项目和投标人参考投标报价。凡工作内容中未列全的其他具体工程，由投标人按照招标文件或图纸要求编制，以完成清单项目为准，综合考虑到报价中。

1.2.2　措施项目清单

措施项目是指为完成工程项目施工，发生于该工程施工准备和施工过程中技术、生活、安全、环境保护等方面的非工程实体项目。所谓非实体性项目，其费用的发生和金额的大小与使用时间、施工方法或者两个以上工序相关，与实际完成的实体工程量没有太大关系，例如大中型施工机械、文明施工和安全防护、临时设施等。

部分非实体性项目属于可以计量的项目，例如脚手架工程、混凝土模板等，可以采用分部分项工程量清单的方式,组成综合单价,便于措施费的确定和调整;而对于安全文明施工费、夜间施工费等不易计量的非实体性项目,应以“项”为计量单位进行清单的列项与编制,称之为总价措施费。

措施项目清单应根据拟建工程的具体情况列项,通用措施项目可按表1-1选择列项,专业工程的措施项目可按《计算规范》中规定的项目选择列项。若出现未列的项目,可根据实际情况补充。

表1-1 通用措施项目一览表

序号	项目名称
1	安全文明施工(含环境保护、文明施工、安全施工、临时设施)
2	夜间施工
3	二次搬运
4	冬雨季施工
5	大型机械设备进出场及安拆
6	施工排水
7	施工降水
8	地上、地下设施,建筑物的临时保护设施
9	已完工程及设备保护

1.2.3 其他项目清单

其他项目清单宜按照下列内容列项。

(1) 暂列金额:招标人在工程量清单中暂定并包括在合同价款中的一笔款项,用于施工合同签订时尚未确定或者不可预见的所需材料、设备、服务的采购,施工中可能发生的工程变更、合同约定调整因素出现时的工程价款调整及发生的索赔、现场签证确认等的费用。

暂列金额包括在合同价款中,是由发包人暂定并掌握使用的一笔款项,并不直接属于承包人所有。

(2) 暂估价:招标人在工程量清单中提供的用于支付必然发生但暂时不能确定价格的材料的单价以及专业工程的金额,包括材料暂估单价、专业工程暂估价。

(3) 计日工:在施工过程中,完成发包人提出的施工图纸以外的零星项目或工作,按合同中约定的综合单价计价。计日工的数量按完成发包人发出的计日工指令的数量确定。

(4) 总承包服务费:总承包人为配合协调发包人进行的工程分包,自行采购的设备、材料等进行管理、服务以及施工现场管理、竣工资料汇总整理等服务所需的费用。

1.2.4 规费、税金项目清单

规费项目应包括社会保险费(包括养老保险费、失业保险费、医疗保险费、工伤保险费、生育保险费)、住房公积金及工程排污费。

根据财政部、国家税务总局颁布的《关于全面推开营业税改征增值税试点的通知》文件规定,自 2016 年 5 月 1 日起,在全国范围内全面推开营业税改征增值税(以下简称"营改增")试点,建筑业、房地产业等营业税纳税人纳入试点范围,由缴纳营业税改为缴纳增值税。营改增后税金项目清单应包括营业税,附加税纳入企业管理费中计取。

1.3　工程量清单计价简介

工程量清单计价是指招标人或由招标人委托具有资质的中介机构编制工程量清单,并作为招标文件的一部分提供给投标人,由投标人自主报价的计价方式。

根据《计价规范》,使用国有资金投资的建设工程发承包,必须采用工程量清单计价。建设工程造价由分部分项工程费、措施项目费、其他项目费、规费和税金组成。分部分项工程量清单计价应采用综合单价计价。招标文件中的工程量清单标明的工程量是投标人投标报价共同的基础,竣工结算的工程数量按发、承包双方在合同中约定应予计量且实际完成的工程量确定。

1.3.1　招标控制价

招标控制价是指招标人根据国家或省级、行业建设主管部门颁发的有关计价依据和办法,以及拟定的招标文件和招标工程量清单,结合工程具体情况编制的招标工程的最高投标限价。

根据《计价规范》的规定,国有资金投资的工程建设工程招标,招标人必须编制招标控制价。招标控制价应由具有编制能力的招标人或受其委托具有相应资质的工程造价咨询人编制和复核,应严格按照《计价规范》的有关规定进行编制,不应上调或下浮。招标人应在发布招标文件时公布招标控制价,同时应将招标控制价及有关资料报送工程所在地或有该工程管辖权的行业管理部门工程造价管理机构备查。

1.3.2　投标报价

投标报价应由投标人或受其委托具有相应资质的工程造价咨询人编制。投标人应依据《计价规范》的规定自主确定投标报价,投标报价不得低于工程成本,投标人必须按招标工程量清单填报价格,项目编码、项目名称、项目特征、计量单位、工程量必须与招标工程量清单一致。

1.3.2.1　分部分项工程计价

分部分项工程费用应依据《计价规范》的规定,按招标文件中分部分项工程量清单项目的特征描述确定综合单价。

综合单价包括完成一个规定计量单位的分部分项工程量清单项目或措施清单项目所需的人工费、材料费、施工机械使用费和企业管理费与利润,以及一定范围内的风险费用。

综合单价中应考虑招标文件中要求投标人承担的风险费用。由于工程建设周期长,在工程施工过程中影响工程施工及工程造价的风险因素很多,有的风险是承包人无法预测、控制的。从市场交易的公平性和工程施工过程中发、承包双方权责的对等性要求,发、承包双方应合理分摊风险。例如投标人应完全承担的风险是技术风险和管理风险,应有限度承担的是市场风险,如材料价格、施工机械使用费等的风险,应完全不承担的是法律、法规、规章和政策变化的风险。

分部分项工程费用计算方法:

$$分部分项工程费用 = \sum 分部分项清单工程量 \times 综合单价$$

$$分部分项工程费用 = \sum 计价定额工程量 \times 计价定额基价$$

$$综合单价 = \frac{计价定额工程量 \times 计价定额基价}{分部分项清单工程量}$$

$$计价定额基价 = 计价定额人工费 + 计价定额材料费 + 计价定额施工机械使用费 + 企业管理费 + 利润$$

$$计价定额人工费 = \sum 人工工日 \times 工资单价$$

$$计价定额材料费 = \sum 材料消耗量 \times 材料单价$$

$$计价定额施工机械使用费 = \sum 机械台班消耗量 \times 台班单价$$

$$企业管理费 = 取费基数 \times 管理费率$$

$$利润 = 取费基数 \times 利润率$$

招标文件中提供了暂估单价的材料,按暂估单价计入综合单价。暂估价不得变动和更改。暂估价中的材料必须按照暂估单价计入综合单价。

1.3.2.2 措施项目计价

措施项目清单计价应根据拟建工程的施工组织设计,可以计算工程量的措施项目,应按分部分项工程量清单的方式采用综合单价计价;其余的措施采用以“项”为单位的方式计价,应包括除规费、税金外的全部费用。

措施项目清单中的安全文明施工费应按照国家或省级、行业建设主管部门的规定计价,不得作为竞争性费用(强制性规定)。

投标人可根据工程实际情况结合施工组织设计,对招标人所列的措施项目清单进行增补。

由于各投标人拥有的施工装备、技术水平和采用的施工方法有所差异,招标人提出的措施项目清单是根据一般情况确定的,没有考虑不同投标人的不同情况,投标人投标时可根据自身编制的投标施工组织设计(或施工方案)确定措施项目,并可对招标人提供的措施项目进行调整,但应通过评标委员会的评审。

措施项目清单费的计价方式应根据招标文件的规定,凡可以精确计量的措施清单项目都采用综合单价方式报价,其余的措施清单项目采用以“项”为计量单位的方式报价。

措施项目清单费的确定原则上是由投标人自主确定,但其中安全文明施工费应按国家或省级、行业建设主管部门的规定确定。

1.3.2.3 其他项目计价

其他项目清单费应按下列规定报价:

（1）暂列金额按招标人在其他项目清单中列出的金额填写；

（2）材料暂估价按招标人在其他项目清单中列出的单价计入综合单价；专业工程暂估价按招标人在其他项目清单中列出的金额填写；

（3）计日工按招标人在其他项目清单中列出的项目和数量，自主确定综合单价并计算计日工费用；

（4）总承包服务费根据招标文件中列出的内容和提出的要求自主确定。

招标人在工程量清单中提供了暂估价的材料和专业工程属于依法必须招标的，由承包人和招标人共同通过招标确定材料单价与专业工程报价。若材料不属于依法必须招标的，经发、承包双方协商确定价格后计价。若专业工程不属于依法必须招标的，经发包人、总承包人与分包人按有关计价依据进行计价。

1.3.2.4　规费和税金计价

规费和税金应按国家、省级或行业建设主管部门的规定计算，不得作为竞争性费用。

规费和税金的计取标准是依据有关法律、法规和政策规定指定的，具有强制性。

第2章　工程量计算概述

【知识点及学习要求】

知识点	学习要求
知识点1:工程量的基本含义	了解
知识点2:工程量计算的基本方法	熟悉
知识点3:工程量计算的快速方法	掌握

2.1　工程量计算简述

2.1.1　正确计算工程量的意义

工程量是以自然计量单位或物理计量单位表示的各分项工程或结构构件的工程数量。

自然计量单位是以物体的自然属性作为计量单位。如灯箱、镜箱、柜台以"个"为计量单位,晒衣架、帘子杆、毛巾架以"根"或"套"为计量单位等。

物理计量单位以物体的某种物理属性作为计量单位。如墙面抹灰以"m^2"为计量单位,窗帘盒、窗帘轨、楼梯扶手、栏杆以"m"为计量单位等。

正确计算工程量,其意义主要表现在以下几个方面。

(1) 工程计价以工程量为基本依据,因此,工程量计算的准确性直接影响工程造价的准确性以及工程建设的投资控制。

(2) 工程量是施工企业编制施工作业计划,合理安排施工进度,组织现场劳动力、材料以及机械的重要依据。

(3) 工程量是施工企业编制工程形象进度统计报表,向工程建设投资方结算工程价款的重要依据。

2.1.2　工程量计算的依据

1. 施工图及配套的标准图集

施工图及配套的标准图集,是工程量计算的基础资料和基本依据。这是因为施工图全面反映建筑物(或构筑物)的结构构造、各部位的尺寸及工程做法。

2. 预算定额、工程量清单计价规范

根据工程计价的方式不同(定额计价或工程量清单计价),计算工程量应选择相应的工程量计算规则:编制施工图预算,应按预算定额及其工程量计算规则算量;若工程招标投标编制工程量清单，应按《计价规范》附录中的工程量计算规则算量。

3. 施工组织设计或施工方案

施工图主要表现拟建工程的实体项目、分项工程的具体施工方法及措施，应按施工组织设计或施工方案确定。如计算挖基础土方，施工方法是采用人工开挖还是机械开挖，基坑周围是否需要放坡、预留工作面或做支撑防护等，应以施工组织设计或施工方案为计算依据。

2.2　工程量计算的基本方法

进行工程量计算之前，首先应安排分部工程的计算顺序，然后安排分部工程中各分项工程的计算顺序。分部分项工程的计算顺序，应根据其相互之间的关联因素确定。

每个分部工程中，包括了若干分项工程，分项工程之间也要合理编排计算顺序。

同一分项工程中不同部位的工程量计算顺序，反映了工程量计算的基本方法。

计算工程量时应注意：按设计图所列项目的工程内容和计量单位，必须与相应的工程量计算规则中相应项目的工程内容和计量单位一致，不得随意改变。

为了保证工程量计算的精确度，工程数量的有效位数应遵守以下规定：以“t”为单位，应保留小数点后三位数字，第四位四舍五入；以“m^3”“m^2”“m”为单位，应保留小数点后两位数字，第三位四舍五入；以“个”“项”等为单位，应取整数。

根据不同情况，工程量计算一般采用以下几种方法。

1）按顺时针顺序计算

以图左上角为起点，按顺时针方向依次进行计算，当按计算顺序绕图一周后又重新回到起点。这种方法一般用于各种带形基础、墙体、现浇及预制构件计算，其特点是能有效防止漏算和重复计算。

2）按编号顺序计算

结构图中包括不同种类、不同型号的构件，而且分布在不同的部位，为了便于计算和复核，需要按构件编号顺序统计数量，然后进行计算。

3）按轴线编号计算

对于结构比较复杂的工程量，为了方便计算和复核，有些分项工程可按施工图轴线编号的方法计算。例如在同一平面中，带形基础的长度和宽度不一致时，可按 A 轴①～③轴，B 轴③、⑤、⑦轴这样的顺序计算。

4）分段计算

在通长构件中，当其中截面有变化时，可采取分段计算。如多跨连续梁，当某跨的截面高度或宽度与其他跨不同时可按柱间尺寸分段计算；再如楼层圈梁在门窗洞口处截面加厚时，其混凝土及钢筋工程量都应分段计算。

5）分层计算

该方法在工程量计算中较为常见，例如墙体、构件布置、墙柱面装饰、楼地面做法等各层不同时，都应分层计算，然后再将各层相同工程做法的项目分别汇总计算。

6）分区域计算

大型工程项目平面设计比较复杂时，可在伸缩缝或沉降缝处将平面图划分成几个区域分别计算工程量,然后再将各区域相同特征的项目合并计算。

2.3 工程量快速计算方法

该方法是在基本方法的基础上,根据构件或分项工程的计算特点和规律总结出来的简便、快捷的方法。其核心内容是利用工程量表、工程量计算专用表、各种计算公式加以一定的计算技巧,从而达到快速、准确计算的目的。

工程量快速计算的基本方法包括练好"三个基本功",合理安排工程量计算顺序,灵活运用"统筹法"计算原理,熟练掌握工程量计算公式四项内容。在实际工作中,只要熟练掌握,并充分利用以上基本方法,就可以快速提高工程量计算业务水平。

2.3.1 练好"三个基本功"

练好"三个基本功"包括提高看图技能、熟悉常用标准图做法、熟悉工程量计算规则及项目划分三个方面。

1. 提高看图技能

工程量计算前的看图,要先从头到尾浏览整套图纸,待对其设计意图大概了解后,再选择重点详细看图。在看图过程中要着重弄清以下几个问题。

1) 建筑图部分

(1) 了解建筑物的层数和高度(包括层高和总高)、室内外高差、结构形式、纵向总长及跨度等。

(2) 了解工程的用料及做法,包括楼地面、屋面、门窗、墙柱面装饰的用料及做法。

(3) 了解建筑物的墙厚、楼地面面层、门窗、天棚、内墙饰面等在不同的楼层上有无变化(包括材料做法、尺寸、数量等变化),以便采用不同的计算方法。

2) 结构图部分

(1) 了解基础形式、深度、土壤类别、开挖方式(按施工方案确定)以及基础、墙体的材料及做法。

(2) 了解结构设计说明中涉及工程量计算的相关内容,包括砌筑砂浆类别、强度等级,现浇和预制构件的混凝土强度等级,钢筋的锚固和搭接规定等,以便全面领会图纸的设计意图,避免重算或漏算。

(3) 了解构件的平面布置及节点图的索引位置,以免在计算时乱翻图纸查找,浪费时间。

(4) 砖混结构要弄清圈梁有几种截面高度,具体分布在墙体的哪些部位,圈梁在阳台及门窗洞口处截面有何变化,内外墙圈梁宽度是否一致,以便在计算圈梁体积时,按不同宽度进行分段计算。

(5) 带有挑檐、阳台、雨篷的建筑物,要弄清悬挑构件与相交的连梁或圈梁的连接关系,以便在计算时做到心中有数。

目前施工图预算和工程量清单的编制主要是围绕工程招投标进行的,工程发标后按照惯例,建设单位一般在三天以内要组织有关方面人员对图纸进行答疑。因此,预算(或清单)编制人员在此阶段应抓紧时间看图,对图中存在的问题做好记录整理。在看图过程中不要急于计算,避免盲目计算后又有所变化造成来回调整。但是对"门窗表""构件索引表""钢筋明细表"中的构件以及钢筋的规格型号、数量、尺寸,要进行复核,待图纸答疑后,根据"图纸答疑纪要"对图纸进行全面修正,然后再进行计算。

计算工程量时,图中有些部位的尺寸和标高不清楚的地方,应该用建筑图和结构图对照着看,比如装饰工程在计算天棚抹灰时,要计算梁侧的抹灰面积,由于建筑图中不标注梁的截面尺寸,故要对照结构图中梁的节点大样进行计算。再如,计算框架间砌体时,要扣除墙体上部的梁高度,其方法是按结构图中的梁编号,查出大样图的梁截面尺寸,标注在梁所在轴线的墙体部位上,然后进行计算。

从事概预算工作时间不长,而又渴望提高看图技能的初学人员,在必要时应根据工程的施工进度,分阶段深入现场了解情况,用图纸与各分项工程实体相对照,以便加深对图纸的理解,扩展空间思维,从而快速提高看图技能。

2. 熟悉常用标准图做法

在工程量计算过程中,由于经常需要查阅各种标准图集而耗费大量的时间及精力,若能将标准图中的一些常用节点及做法记在心里,在工程量计算时,不需要查阅图集就知道其工程内容和做法,这将利于节省时间,大大提高工作效率。

工程中常用标准图集基本上为各省编制的民用建筑及结构标准图集,而国标图集以采用《建筑物抗震构造详图》(11G329)为多。在实际工作中,如果经常用到某些标准图中的常用节点及工程做法,应留心记下来,诸如标准图中的门窗代号代表的项目名称,预制过梁及预应力空心板代号表示的构件尺寸及荷载等级,楼地面工程中的水泥砂浆楼地面、水磨石楼地面、块料楼地面及踢脚线包括的工程内容及做法,墙柱面一般抹灰的砂浆配合比及厚度,屋面保温及卷材防水的一般做法,墙体拉结筋的节点做法,圈梁、构造柱的节点构造等,只要记住了这些常用节点做法及相应编号,以后在其他工程中再次遇到选用该图集中相同的节点及编号时,无须查阅图集就可以直接计算。

标准图中的节点及工程做法很多,不可能也没有必要全部都记住,但是为了节省计算时间,必须牢记一部分最常用的节点和工程做法,以便加快工程量计算速度。

3. 熟悉工程量计算规则及项目划分

计算工程量依据"计算规则"来进行,不同的计算规则其项目划分、计量单位、包括的工程内容及计算规定有所不同。计算工程量,根据不同的计价方式应分别采用不同的工程量计算规则。编制施工图预算,应按施工企业预算定额中的工程量计算规则计算;编制工程量清单,应按《计价规范》附录中的工程量计算规则计算;工程量清单计价,应按消耗量定额中的工程量计算规则计算。"消耗量定额"是从"预算定额"(以下二者简称为定额)的工、料、机消耗量中移植出来的,因此,二者的项目划分和工程量计算规则是基本相同的,但是与《计价规范》附录中的工程量计算规则不同,其特点区别如下所述。

1) 项目的设置不同

定额中的项目一般是按施工工序设置的,包括的工程内容一般是单一的,工程量清单项目的设置,一般是以一个"综合实体"考虑的,项目中一般包括多项工程内容。

例如，对于如下的楼地面工程“150 厚 3∶7灰土垫层，60 厚 C15 混凝土找平，20 厚 1∶2.5 水泥砂浆面层”，按《计价定额》的工程量计算规则，要计算三项。但是，在清单项目计算规则中，这三项只用一个项目表示，工程量按设计图示尺寸以面积计算。

2）项目特征划分不同

定额中的项目划分只考虑简单的特征，工程量清单的项目划分较细，一般来说，同一分项工程中有多少不同的特征就应该划分多少项目。例如混凝土及钢筋混凝土工程中，“矩形梁”按定额的计算规定，梁截面只要符合“矩形”这一特征，工程量就可以合并计算，但是工程量清单的项目划分，要区分梁的不同截面和梁底标高计算。

3）部分构件的计量单位不同

工程量清单计价采用的是综合单价法，项目的综合单价具有明了、直观的特点，因而《计价规范》将部分构件的计量单位按自然计量单位设置；而同一项目，定额为了便于分析工、料、机的消耗量，计量单位一般按物理计量单位设置。例如工程量清单项目中，门窗以“樘”为单位计算，而在定额中则是以“m^2”为单位计算。计算工程量，必须熟悉工程量计算规则及项目划分，要正确区分《计价规范》附录中的工程量计算规则与定额中的工程量计算规则，以及二者在项目划分上的不同之处，对各分部分项工程量的计算规定、计量单位、计算范围，包括的工程内容，应扣除什么，不扣除什么，要做到心中有数，以免在工程量计算时，因频繁查阅“计算规则”而耽误时间。

2.3.2 合理安排工程量计算顺序

合理安排工程量计算顺序是工程量快速计算的基本前提。一个单位工程按工程量计算规则可划分为若干个分部工程，但每个分部工程谁先计算谁后计算，如果不做出合理的统筹安排，计算起来会非常麻烦，甚至还会造成混乱。例如，在计算墙体之前如果不先计算门窗工程及钢筋混凝土工程，那么墙体中应扣除的洞口面积及构件所占的体积是多少就无法知道，这时只有将墙体计算暂停，重新计算洞口的扣除面积和嵌墙构件体积，这种顾此失彼、前后交叉的计算方法，不但会降低工作效率，而且极容易出现差错，导致工程量计算不准确。

工程量的计算顺序，应考虑前一个分部工程中计算的工程量数据，能够被后边其他分部工程在计算时所利用。有的分部工程是独立的(如基础工程)，不需要利用其他分部工程的数据来计算，而有的分部工程前后是有关联的，也就是说，后计算的分部工程要依赖前面已计算的分部工程的某些数据来计算，如“门窗分部”计算完后，接下来计算“钢筋混凝土分部”，那么在计算圈梁洞口处的圈过梁长度和洞口加筋时，就可以利用“门窗分部”中的洞口长度来计算。而“钢筋混凝土分部”计算完后，在计算墙体工程量时，就可以利用前两个分部工程提供的洞口面积和嵌墙构件体积来计算。

每个分部工程中，包括若干分项工程，分项工程之间也要合理组排计算顺序。例如，基础工程分部中包括了土方工程、桩基工程、混凝土基础、砖基础四项，虽然土方工程按施工顺序和定额章节排在第一位，但是在工程量计算时，必须要依序将桩基、混凝土基础和砖基础计算完后，才能计算土方工程，其原因是，土方工程中的回填土计算，要扣除室外地坪以下埋设的各项基础体积。如果先计算土方工程，当挖基础土方计算完后，由于不知道埋设的基础体积是多少，那么计算回填土和余土外运(或取土)两项时就会造成“卡壳”。

综合上述,较合理的工程量计算顺序应该是:①基础工程→②门窗工程→③钢筋混凝土工程→④砌筑工程→⑤楼地面工程→⑥屋面工程→⑦装饰工程→⑧其他工程。

2.3.3　灵活运用“统筹法”计算原理

“统筹法”计算的核心是“三线一面”,即外墙中心线长 $L_{中}$、外墙外边线长 $L_{外}$、内墙净长线长 $L_{内}$ 和底层建筑面积 $S_{底}$。其基本原理是:通过将“三线一面”中具有共性的四个基数,分别连续用于多个相关分部分项工程量的计算,从而使计算工作做到简便、快捷、准确。

灵活运用“三线一面”是“统筹法”计算原理的关键。针对不同建筑物的形体和构造特点,在工程量计算过程中,对“三线一面”或其中的某个基数,要根据具体情况做出相应调整,不能将一个基数用到底。例如某砖混楼房,底层为 370 墙,二层及以上设计为 240 墙,那么底层的 $L_{中}$ 和 $L_{内}$ 肯定不等于二层的 $L_{中}$ 和 $L_{内}$,此时,底层的 $L_{中}$ 和 $L_{内}$ 必须要在二层的 $L_{中}$ 和 $L_{内}$ 的基础上进行调整计算。

在计算 $L_{内}$ 时必须注意:内墙墙体净长度并不等于内墙圈梁的净长度,其原因是,砖混房屋室内过道圈梁下没有墙。但是,为了便于在计算墙体工程量时扣除嵌墙圈梁体积,$L_{内}$ 计算时必须统一按结构平面的圈梁净长度计算,而室内过道圈梁下没有墙的部分则按空圈洞口计算。

“三线一面”中的四个基数非常重要,一旦出现差错就会引起一连串相关分部分项工程量的计算错误,最后导致不得不重新调整“基数”,重新计算工程量。在这四个基数中,如果 $L_{中}$ 和 $L_{内}$ 计算错误,就会影响圈梁钢筋、混凝土、墙体和内墙装饰工程量的计算;如果 $L_{外}$ 计算错误,就会影响外墙裙和外墙装饰工程量的计算;如果 $S_{底}$ 计算错误,就会影响楼地面、屋面和天棚工程量的计算。因此,在计算工程量之前,务必准确计算“三线一面”,而在工程量计算过程中则要灵活运用“三线一面”,只有这样才能确保工程量的快速、准确计算。

2.3.4　熟练掌握工程量计算公式

在实际工作中,时常遇到某些难算的项目,有时会花很多时间去琢磨如何计算,甚至会觉得无从下手。但是,一旦有了相应的计算公式,工程量就可以轻而易举地计算出来。

1. 基础公式

基础公式中包括桩基、独基、杯基、有梁式带形基础和砖基础公式。桩基、独基、杯基,分一般单体公式和群体公式。一般单体公式计算,就是基础以单体为对象,将每个型号分别计算,最后将单个体积汇总。群体公式的计算方法是将所有单体基础在计算时视为一个整体来考虑,用表格统计出所有单体基础相关部位的水平面积之和(台体的上底面积和下底面积)后,再套群体公式算出该基础的总体积。用群体公式计算,要优于用一般单体公式计算,其特点是简单、快捷、准确。

砖基础工程量一般采用查表方式计算,所谓的“表”是指“砖基础大放脚折加高度表”,但就其表中的错台层数而言,使用时难免有一定的局限性。假若砖基的实际错台层数大于表中的层数,就无法计算,再者,假若身边没有“表”,而又必须立即计算某砖基工程量时,就可用大放脚截面面积公式计算。

2. 墙体计算公式

墙体计算有三个公式。这三个公式在运用时可根据具体情况,将墙体分层计算,也可以将墙体按整体计算。墙体分层计算就是将层高不同、洞口面积不同、墙体长度不同、嵌墙构件体积不同、砌筑砂浆等级不同的墙体,分别按不同楼层计算工程量。墙体整体计算就是将墙体按总高度一次列式计算。

实际上一栋建筑物中,要想各层墙体同时满足以上相同条件,几乎是不可能的。但是,只要各层“墙长”和“墙厚”一致,就可以利用其公式将墙体按整体计算。墙体按整体计算之后,不同砂浆等级的墙体分项工程量划分,可按不同砂浆等级的楼层高度与墙体总高之比乘以墙体总体积计算。如果需要将内、外墙体分别列项,则外墙墙体按外墙净长与内外墙合长之比、内墙墙体按内墙净长与内外墙合长之比,分别乘以墙体总体积计算。

墙体分层计算与整体计算虽然方法不同,但其结果是相同的,只是前者计算较为繁琐,耗用时间长,后者计算则既简单又快捷。因此,在工程满足“墙长”和“墙厚”一致的条件下,应优先采用整体方法计算。

3. 整体面积公式

整体面积公式有三个,包括楼地面整体面积公式、外墙面整体面积公式和内墙面整体面积公式。

整体面积中一般包括多项不同饰面做法的局部面积。例如,楼地面整体面积中就包括了楼梯、卫生间、盥洗间、厨房等局部面积,外墙和内墙抹灰整体面积中就分别包括了外墙裙和内墙裙以及其他局部装饰面积。

楼地面整体面积公式是利用各相应楼层的建筑面积,减去该层内外主墙的水平投影面积计算的。该公式主要用于楼地面和天棚相关工程量的计算。内外墙面整体面积公式,是利用墙面垂直投影面积减去相应门窗洞口面积计算的。这三个公式在通常情况下,其计算结果并不是最终的工程量,而只能当作三个不同的基数来看待,但是该基数又是工程量计算过程中必不可少的,其特点是:可以避免由于复杂列式造成的计算错误;便于计算复核;方便其他分部工程计算时利用。因此,在计算楼地面和装饰工程量时应首先计算其整体面积,然后再计算其他各分项工程量。

第3章　建筑工程定额

【知识点及学习要求】

知识点	学习要求
知识点1：　建筑工程定额概述、施工定额概念及作用	了解
知识点2：　预算定额基础单价的确定	熟悉
知识点3：　计价定额的组成、示例及应用	掌握
知识点4：　费用定额的组成、取费标准及计算程序	掌握

3.1　建筑工程定额概述

3.1.1　建筑工程定额的概念

建筑工程定额是指在一定的施工条件下，完成规定计量单位合格产品所消耗的人工、材料和施工机械台班的数量标准。

例如，《计价定额》规定：砌筑每立方米砖基础需用1.20工日，红砖522块，M5水泥砂浆0.242 m^3，水0.104 m^3，灰浆拌和机200 L 0.048台班。

据《缉古算经》等书记载，我国唐代就已有夯筑城台的用工定额——功。1100年，北宋著名土木建筑家李诫所著《营造法式》一书，包括了释名、工作制度、功限、料例、图样五部分。其中，“功限”就是各工种计算用工量的规定及现在所说的劳动定额；“料例”就是各工种计算材料用量的规定及现在所说的材料消耗定额。该书实际上是官府颁布的建筑规范和定额，它汇集了北宋以前的技术精华，吸取了历代工匠的经验，对控制工料消耗、加强设计监督和施工管理起到了很大的作用，故该书一直沿用到明清时期。清工部《工程做法则例》是中国建筑史学界的另一部重要的“文法课本”，清代为加强建筑业的管理，于雍正十二年(1734年)由工部编定并刊行的术书，作为算工算料的规范一直沿用至今。

3.1.2　建筑工程定额的分类

建筑工程定额的种类很多，它可以分为以下几大类。

1. 按生产要素分

建筑工程定额按生产要素可分为劳动定额、材料消耗定额和施工机械台班定额。这三种定额总称为施工定额。

2. 按定额的编制程序和用途分

建筑工程定额按定额的编制程序和用途可分为施工定额、预算定额、概算定额、概算指标、估算指标五种。

(1) 施工定额:由劳动消耗定额、施工机械台班定额和材料消耗定额三个相对独立的部分组成。

(2) 预算定额:是在编制施工图预算时,计算工程造价和计算工程中人工工日、机械台班、材料需要量使用的定额。

(3) 概算定额:是编制扩大初步设计概算时,计算和确定工程概算使用的定额。

(4) 概算指标:是在三阶段设计的初步设计阶段,编制工程概算、计算和确定工程初步设计概算时所采用的定额。

(5) 估算指标:是项目建议书和可行性研究阶段编制投资估算、计算投资需要量时使用的定额。

3. 按定额的主编单位和管理权限分

建筑工程定额按定额的主编单位和管理权限可分为全国统一定额、行业统一定额、地区统一定额、企业定额和补充定额五种。

(1) 全国统一定额:是由国家住房和城乡建设部综合全国工程建设中技术和施工组织管理的情况编制,并在全国范围内执行的定额,如《计价规范》。

(2) 行业统一定额:是考虑到各行业部门专业工程技术特点,以及施工生产和管理水平编制的,一般只在本行业和相同专业性质的范围内使用,如《铁路工程基本定额》。

(3) 地区统一定额:包括省、自治区、直辖市定额。地区统一定额主要是考虑地区性特点和全国统一定额水平做适当调整补充编制的,如《计价定额》。

(4) 企业定额:它是指由施工企业考虑本企业具体情况,参照国家、部门和地区定额的水平制定的定额。企业定额只在企业内部使用,是企业素质的一个标志。企业定额水平一般应高于国家现行定额,这样才能满足生产技术发展、企业管理和市场竞争的需要。

(5) 补充定额:它是指随着设计、施工技术的发展,现行定额不能满足需要的情况下,为了补充缺项所编制的定额。补充定额只能在指定范围内使用,可以作为以后修订定额的基础。

3.1.3 建筑工程定额特性

1. 科学性和系统性

它表现在用科学的态度制定定额,在研究客观规律的基础上,采用可靠的数据,用科学的方法编制定额,利用现代科学管理的成就形成一套系统的、行之有效的、完整的方法。

2. 法令性和权威性

它表现在定额一经国家或授权机构批准颁发,在其执行范围内必须严格遵守和执行,不得随意变更,以保证全国或地区范围内有一个统一的核算尺度。

3. 群众性和先进性

它表现在群众是生产消费的直接参与者,通过科学的方法和手段对群众中的先进生产经验和操作方法进行系统分析，从实际出发，确定先进的定额水平。

4. 稳定性和时效性

它表现在定额的相对稳定是法令性所必需的，也是更有效执行定额所必需的。然而任何一种定额仅能反映一定时期的生产力水平，当生产力水平向前发展较多时，新的定额就该问世了。所以，从一个长期的过程看，定额是不断变化的，具有一定的时效性。

5. 统一性和区域性

它表现在为了使国家经济能按既定目标发展，定额必须在全国或某地区范围内是统一的。只有这样，才能用一个统一的标准对经济活动进行决策并做出科学合理的分析与评价。

3.2 施工定额

施工定额

3.2.1 施工定额概述

1. 概念

施工定额是以同一性质的施工过程或工序为制定对象，在正常施工条件下，确定完成一定计量单位质量合格的某一施工过程或工序所需人工、材料和机械台班消耗的数量标准。

2. 作用

施工定额的作用包括以下内容。

(1) 施工定额是企业编制施工组织设计和施工作业计划的依据。

(2) 施工定额是项目经理向施工班组签发施工任务单和限额领料单的基本依据。

(3) 施工定额是推广先进技术、提高生产率、计算劳动报酬的依据。

(4) 施工定额是编制施工预算，加强企业成本管理和经济核算的基础。

(5) 施工定额是编制预算定额的基础。

3. 组成

施工定额由劳动定额、材料消耗定额、施工机械台班定额三个相对独立的部分组成。

3.2.2 劳动定额概述

1. 概念

劳动定额也称人工定额，是指在正常施工条件下，生产一定计量单位质量合格的建筑产品所需的劳动消耗量标准。

2. 表现形式

劳动定额按其表现形式和用途不同，可分为时间定额和产量定额。

1) 时间定额

时间定额是指某种专业的工人班组或个人，在正常施工条件下，完成一定计量单位质量合格产品所需消耗的工作时间。

时间定额的计量单位一般以完成单位产品(如 m^3、m^2、m、t、个等)所消耗的工日

来表示,每工日按 8 h 计算。计算公式为

$$单位产品时间定额(工日)=\frac{需要消耗的工日数}{生产的产品数量} \tag{3-1}$$

2) 产量定额

产量定额是指某种专业的工人班组或个人,在正常施工条件下,单位时间(1 工日)完成合格产品的数量。

产品数量的计量单位,如 m^3/工日、t /工日、m^2/工日等。计算公式为

$$单位产品产量定额=\frac{生产的产品数量}{消耗的工日数} \tag{3-2}$$

3) 时间定额与产量定额的关系

时间定额与产量定额互为倒数,即

时间定额×产量定额=1

例如,时间定额:挖 1 m^3 基础土方需 0.333 工日。

产量定额:每工日综合可挖土 1 m^3×(1/0.333)=3.00 m^3

3. 定额时间分析

工人在工作班内消耗的工作时间,按其消耗的性质分为必须消耗的工作时间(即定额时间)和损失时间(即非定额时间),如表 3-1 所示。

表 3-1 工人工作时间分类表

	时间性质	时间分类构成	
工人全部工作时间	必须消耗的工作时间	有效工作时间	基本工作时间
			辅助工作时间
			准备与结束工作时间
		不可避免的中断时间	不可避免的中断时间
		休息时间	休息时间
工人全部工作时间	损失时间	多余和偶然工作时间	多余工作的工作时间
			偶然工作的工作时间
		停工时间	施工本身造成的停工时间
			非施工本身造成的停工时间
		违背劳动纪律损失的时间	违背劳动纪律损失的时间

1) 必须消耗的工作时间

它是工人在正常施工条件下,为完成一定数量合格产品所必须消耗的时间。这部分时间属定额时间,包括有效工作时间、不可避免的中断时间、休息时间,是制定定额的主要依据。

2) 损失时间

它是指与产品生产无关而和施工组织、技术上的缺陷有关,与工人在施工过程中的个人过失或某些偶然因素有关的时间消耗,包括多余和偶然工作时间、停工时间、违背劳动纪律损失的时间。

4. 劳动定额制定方法

确定劳动定额的工作时间通常采用技术测定法、经验估计法、统计分析法和比较类推法。

1）技术测定法

技术测定法是根据先进合理的生产技术、操作工艺、劳动组织和正常施工条件对施工过程中的具体活动进行实地观察，详细记录施工过程中工人和机械的工作时间消耗、完成产品的数量以及有关影响因素，将记录结果加以整理，客观地分析各种因素对产品的工作时间消耗的影响，获得各个项目的时间消耗资料，通过分析计算来确定劳动定额的方法。这种方法准确性和科学性较高，是制定新定额和典型定额的主要方法。

技术测定通常采用的方法有测时法、写实记录法、工作日写实法以及简易测定法。

2）经验估计法

经验估计法是根据有经验的工人、技术人员和定额专业人员的实践经验，参照有关资料，通过座谈讨论、反复平衡来制定定额的一种方法。

3）统计分析法

统计分析法是根据过去一定时间内，实际生产中的工时消耗量和产品数量的统计资料或原始记录，经过整理并结合当前的技术、组织条件进行分析研究来制定定额的方法。

4）比较类推法

比较类推法也称典型定额法，它是以同类型工序、同类型产品的典型定额项目水平为标准，经过分析比较，类推出同一组定额中相邻项目定额水平的一种方法。

5. 劳动定额应用

时间定额和产量定额虽是同一劳动定额的两种表现形式，但作用不同，应用中也就有所不同。

时间定额以工日为单位，便于统计总工日数、核算工人工资、编制进度计划；产量定额以产品数量的计量单位为单位，便于施工小组分配任务，签发施工任务单，考核工人的劳动生产率。

【例 3-1】某工程有 58 m^3 的砖基础，每天有 22 名专业工人投入施工，时间定额为 0.89 工日/m^3。试计算完成该工程所需的定额施工天数。

【解】完成该砖基础工程的总工日数＝58×0.89＝51.62(工日)

完成该工程所需施工天数＝51.62/22＝2.35(天)

【例 3-2】某抹灰班组有 22 名工人，抹某住宅楼混砂墙面，施工 8 天完成任务，已知产量定额为 12.5 m^2/工日。试计算抹灰班组应完成的抹灰面积。

【解】22 名工人施工 8 天的总工日数＝22×8＝176(工日)

抹灰班组应完成的抹灰面积＝12.5×176＝2200(m^2)

3.2.3　材料消耗定额概述

1. 概念

材料消耗定额是指在正常施工条件下，完成单位合格产品所需消耗的一定品种、规格的建筑材料(包括半成品、燃料、配件等)的数量。

2. 表现形式

根据材料消耗的情况,可将材料分为实体性材料和周转性材料。它们的使用和计算以及在计价中的地位大不相同。

(1) 实体性材料分为必须消耗的材料和损失的材料。必须消耗的材料包括直接用于建筑工程的材料(材料净用量)、不可避免的施工废料和材料损耗(材料损耗量)。

材料定额耗用量=材料净用量 +材料损耗量

材料损耗量=材料净用量×材料损耗率

材料的损耗率通过观测和统计得到。部分常用建筑材料损耗率如表 3-2 所示。

表 3-2 常用建筑材料损耗率参考表

材料名称	工程项目	损耗率/(%)	材料名称	工程项目	损耗率/(%)
普通黏土砖	地面、屋面、空花(斗)墙	1.5	水泥砂浆	抹灰及墙裙	2
普通黏土砖	基础	0.5	水泥砂浆	地面、屋面、构筑物	1
普通黏土砖	实砖墙	2	素水泥浆		1
普通黏土砖	方砖柱	3	混凝土(预制)	柱、基础梁	1
普通黏土砖	圆砖柱	7	混凝土(预制)	其他	1.5
普通黏土砖	烟囱	4	混凝土(现浇)	二次灌浆	3
普通黏土砖	水塔	3.0	混凝土(现浇)	地面、屋面、构筑物	1
白瓷砖		3.5	混凝土(现浇)	其余部分	1.5
陶瓷锦砖(马赛克)		1.5	细石混凝土		1
面砖、缸砖		2.5	轻质混凝土		2
水磨石板		1.5	钢筋(预应力)	后张吊车梁	13
大理石板		1.5	钢筋(预应力)	先张高强丝	9
混凝土板		1.5	钢材	其他部分	6
水泥瓦、黏土瓦	(包括脊瓦)	3.5	铁件	成品	1
石棉垄瓦(板瓦)		4	镀锌铁皮	屋面	2
砂	混凝土、砂浆	3	镀锌铁皮	排水管、沟	6
白石子		4	铁钉		2
砾(碎)石		3	电焊条		12
乱毛石	砌墙	2	小五金	成品	1
乱毛石	其他	1	木材	窗扇、框(包括配料)	6
方整石	砌墙	3.5	木材	镶板门芯板制作	13.1
方整石	其他	1	木材	镶板门企口板制作	22

续表

材料名称	工程项目	损耗率/(%)	材料名称	工程项目	损耗率/(%)
碎砖、炉(矿)渣		1.5	木材	木屋架、檩、椽圆木	5
珍珠岩粉		4	木材	木屋架、檩、椽方木	6
生石膏		2	木材	屋面板平口制作	4.4
滑石粉	油漆工程用	5	木材	屋面板平口安装	3.3
滑石粉	其他	1	木材	木栏杆及扶手	4.7
水泥		2	木材	封檐板	2.5
砌筑砂浆	砖、毛方石砌体	1	模板制作	各种混凝土结构	5
砌筑砂浆	空斗墙	5	模板安装	工具式钢模板	1
砌筑砂浆	泡沫混凝土墙	2	模板安装	支撑系统	1
砌筑砂浆	多孔砖墙	10	模板制作	圆形储仓	3
砌筑砂浆	加气混凝土块	2	胶合板、纤维板、吸声板	天棚、间壁	5
混合砂浆	抹天棚	3.0			
混合砂浆	抹墙及墙裙	2	石油沥青		1
石灰砂浆	抹天棚	1.5	玻璃	配置	15
石灰砂浆	抹墙及墙裙	1	清漆		3
水泥砂浆	抹天棚、梁柱腰线、挑檐	2.5	环氧树脂		2.5

(2) 周转性材料是指在施工过程中不是一次性消耗掉,能多次使用并基本上保持原来形态,经多次周转使用逐步消耗尽的材料。代表性的周转性材料有模板、脚手架、钢板桩等。周转性材料的计算按一次摊销的数量即摊销量计算。

周转性材料消耗定额一般与一次使用量、损耗率、周转次数、回收量、摊销量、周转使用量有关。周转性材料消耗指标一般用一次使用量和摊销量表示。

3. 实体性材料消耗定额制定方法

1) 观测法

观测法又称现场测定法,是对施工过程中实际完成产品的数量与所消耗的各种材料数量进行现场观测、计算而确定各种材料消耗定额的一种方法。观测法常用来测定材料的净用量和损耗量。

2) 试验法

试验法是在试验室内通过专门的试验仪器设备,制定材料消耗定额的一种方法。由于试验具有比施工现场更好的工作条件,可更深入细致地研究各种因素对材料消耗的影响,故试验法主要用来测定材料的净用量。

3) 统计法

统计法是根据施工过程中材料的发放和退回数量及完成产品数量的统计资料进

行分析计算,以确定材料消耗定额的方法。统计法简便易行,容易掌握,适用范围广,但准确性不高,常用来测定材料的损耗率。

4) 计算法

计算法也称理论计算法,是通过对工程结构、图纸要求、材料规格及特性、施工规范以及施工方法等进行研究,用理论计算拟定材料消耗定额的一种方法。计算法适用于块料、油毡、玻璃、钢材等块体类材料。

(1) 1 m^3砖砌体材料消耗量的计算。

$$标准砖净用量=\frac{1}{砌体厚\times(标准砖长+灰缝厚)\times(标准砖厚+灰缝厚)}\times 2\times砌体厚度的砖数$$

$$砂浆净用量=1-砖数\times砖体积$$

$$标准砖体积=长\times宽\times厚=0.24\times0.115\times0.053=0.001\ 462\ 8(m^3)$$

砌体厚:半砖墙为0.115 m;一砖墙为0.24 m;一砖半墙为0.365 m(标准砖长加宽,再加灰缝厚,即0.24+0.115+0.01=0.365(m))。

砌体厚度的砖数:半砖墙为0.5;一砖墙为1;一砖半墙为1.5。灰缝厚0.01 m。

【例3-3】某工程用实心黏土砖(240 mm×115 mm×53 mm)砌筑一砖内墙(灰缝10 mm),试计算该墙体1 m^3所需砖、砂浆定额用量(砖、砂浆损耗率按1%计算)。

【解】$$砖净用量=\frac{2\times1}{0.24\times(0.24+0.01)\times(0.053+0.01)}=529.1(块)$$

$$砂浆净用量=1-529.1\times0.24\times0.115\times0.053=0.226(m^3)$$

$$砖用量=529.1\times(1+1\%)=535(块)$$

$$砂浆用量=0.226\times(1+1\%)=0.228(m^3)$$

(2) 100 m^2块料面层材料消耗量的计算。

块料面层是指瓷砖、陶瓷锦砖、预制水磨石块、大理石、花岗岩等块材。其计算公式为

$$面砖净用量=\frac{100}{(块料长+灰缝)\times(块料宽+灰缝)}$$

【例3-4】某办公室地面净面积为100 m^2,拟粘贴300 mm×300 mm的地砖(灰缝为2 mm),计算地砖消耗量(地砖损耗率为2%)。

【解】 $$地砖净用量=\frac{100}{(0.3+0.002)\times(0.3+0.002)}=1096.4(块)$$

$$地砖消耗量=地砖净用量\times(1+损耗率)$$
$$=1096.4\times(1+2\%)=1119(块)(进一法取整)$$

3.2.4 施工机械台班定额概述

1. 概念

施工机械台班定额又称施工机械使用定额,是指在正常施工生产和合理使用施工机械条件下,完成单位合格产品所必须消耗的某种施工机械的工作时间标准。其计量单位以台班表示,每个台班按8 h计算。

2. 表现形式

与劳动定额类似,施工机械台班定额也分为时间定额和产量定额两种。

1）机械时间定额

机械时间定额是指在正常施工条件下，某种机械生产单位合格产品所消耗的机械台班数量。计算公式为

$$机械时间定额=\frac{1}{机械台班产量定额} \tag{3-3}$$

配合机械的工人小组人工时间定额计算公式为

$$人工时间定额=\frac{台班内小组成员工日数}{机械台班产量定额} \tag{3-4}$$

【例3-5】某工程土方采用斗容量为1 m^3的反铲挖掘机挖二类土，深度2 m以内，装车小组工人有2名，其台班产量500 m^3，计算机械时间定额和人工时间定额。

【解】 机械时间定额=1台班/500 m^3=0.2台班/100 m^3

人工时间定额=2工日/500 m^3=0.4工日/100 m^3

2）机械台班产量定额

机械台班产量定额是指在合理的施工组织和正常施工条件下，某种机械在每台班内完成质量合格的产品数量。计算公式为

$$机械台班产量定额=\frac{1}{机械时间定额} \tag{3-5}$$

$$机械台班产量定额=\frac{台班内小组成员工日数}{人工时间定额} \tag{3-6}$$

3）机械台班定额数据在定额中的表现形式

在《全国建筑安装工程统一劳动定额》中，机械台班定额通常以复式表示。

(1) 同时表示时间定额和台班产量定额，形式为

时间定额=1/台班产量

(2) 有些机械除上述表示外还表示了台班工日，形式为

$$\frac{时间定额}{台班产量}\Big|台班工日$$

例如，用塔式起重机安装六层高房屋的预制梁(梁重4 t以内)，一个台班内机械台班消耗定额(单位为根)的表现形式为

$$\frac{0.25}{52}\Big|13$$

数字代表的含义分别为：

塔吊台班产量定额=52根/台班

塔吊时间定额=1/52=0.019(台班/根)

人工时间定额=13/52=0.25(工日/根)

塔吊台班产量=1/0.25=4(根/工日)(指人工配合)

3. 施工机械台班定额的编制

1）循环动作机械台班定额

① 选择合理的施工单位、工人班组、工作地点、施工组织。

② 确定机械纯工作1 h的正常生产率。

机械纯工作1 h的正常循环次数=3600 s/一次循环的正常延续时间

机械纯工作1 h的正常生产率=机械纯工作1 h的正常循环次数×一次循环生产的产品数量

③ 确定施工机械的正常利用系数。

施工机械的正常利用系数是指机械在一个工作班的净工作时间与每班法定工作时间之比,考虑它是将计算的纯工作时间转化为定额时间。

机械的正常利用系数=机械在一个工作班内纯工作时间/一个工作班延续时间(8 h)

④ 施工机械台班定额。

施工机械台班定额=机械纯工作 1 h 正常生产率×工作班延续时间×机械正常利用系数

【例 3-6】某台混凝土搅拌机一次延续时间为 120 s(包括上料、搅拌、出料),一次生产混凝土 0.2 m^3,一个工作班的纯工作时间为 4 h,计算该搅拌机产量定额。

【解】 搅拌机纯工作 1 h 正常循环次数=3600/120=30(次)

搅拌机纯工作 1 h 正常生产率=30×0.2=6(m^3)

搅拌机正常利用系数=4/8=0.5

搅拌机产量定额=6×8×0.5=24(m^3/台班)

2) 非循环动作机械台班定额

① 选择合理的施工单位、工人班组、工作地点、施工组织。

② 确定机械纯工作 1 h 的正常生产率。

$$\text{机械纯工作 1 h 的正常生产率}=\frac{\text{工作时间内完成的产品数量}}{\text{工作时间(1 h)}}$$

③ 确定施工机械的正常利用系数。

$$\text{机械的正常利用系数}=\frac{\text{机械在一个工作班内纯工作时间}}{\text{一个工作班延续时间(8 h)}}$$

④ 施工机械台班定额。

施工机械台班定额=机械纯工作 1 h 正常生产率×工作班延续时间×机械正常利用系数

3.3 预算定额

3.3.1 预算定额概述

1. 概念

预算定额是指在正常施工生产条件下,在社会平均水平的基础上,完成一定计量单位的分部分项工程或结构构件所消耗的人工、材料和施工机械台班的数量标准。

2. 作用

(1) 预算定额是编制工程标底、招标工程结算审核的指导。

(2) 预算定额是工程投标报价、企业内部核算、制定企业定额的参考。

(3) 预算定额是一般工程(依法不招标工程)编制与审核工程预结算的依据。

(4) 预算定额是编制建筑工程概算定额的依据。

(5) 预算定额是建设行政主管部门调解工程造价纠纷、合理确定工程造价的依据。

3. 编制原则

1）平均合理

所谓平均合理，就是在现有社会正常生产条件下，按照社会平均劳动熟练程度和劳动强度来确定预算定额水平。

2）简明适用

简明适用是指预算定额应具有可操作性，便于掌握，有利于简化工程造价的计算工作和开发应用计算机的计价软件。

3）技术先进

技术先进是指定额项目的确定、施工方法和材料的选择等，能够正确反映建筑技术水平，及时采用已经成熟并得到普遍推广的新技术、新材料、新工艺，以促进生产水平的提高和建筑技术水平的进一步发展。

3.3.2 预算定额中消耗量的确定

1. 人工工日消耗量的确定

预算定额中的人工工日消耗量是指完成某一计量单位的分项工程或结构构件所需的各种用工量总和。定额人工工日不分工种、技术等级一律以综合工日表示，其内容包括基本用工、其他用工和人工幅度差用工。

(1) 基本用工：指完成单位合格产品所必须消耗的技术工种用工。其计算公式为

$$\text{基本用工} = \sum(\text{综合取定的工程量} \times \text{劳动定额}) \tag{3-7}$$

(2) 其他用工：通常包括以下两项用工。

① 超运距用工：指预算定额规定的材料、成品、半成品等运距超过劳动定额规定的运距应增加的用工量。计算时先求出每种材料的超运距，然后在此基础上根据劳动定额计算超运距用工。

劳动定额综合按 50 m 运距考虑，如预算定额是按 150 m 考虑的，则增加的 100 m 运距用工就是在预算定额中有而劳动定额中无的。其计算公式为

$$\text{超运距用工} = \sum(\text{超运距材料数量} \times \text{超运距劳动定额}) \tag{3-8}$$

② 辅助用工：指劳动定额中未包括的各种辅助工序用工。例如砂，市场上购买的砂往往不合要求，根据规定需对其进行筛砂处理，在预算定额中就增加了这类情况下的用工。其计算公式为

$$\text{辅助用工} = \sum(\text{材料加工数量} \times \text{相应的加工劳动定额}) \tag{3-9}$$

因此，其他用工的计算公式为

$$\text{其他用工} = \text{超运距用工} + \text{辅助用工}$$

(3) 人工幅度差用工：指在劳动定额中未包括而在正常施工情况下不可避免但又很难准确计量的用工和各种工时损失。

其内容包括：

① 各工种间的工序搭接及交叉作业互相配合或影响所发生的停歇用工；

② 施工机械在单位工程之间转移及临时水电线路移动所造成的停工；

③ 质量检查和隐蔽工程验收工作的影响;

④ 同一现场内单位工程之间班组操作地点转移用工;

⑤ 工序交接时对前一工序不可避免的修整用工;

⑥ 施工中不可避免的其他零星用工。

人工幅度差用工的计算公式为

人工幅度差用工=(基本用工+其他用工)×人工幅度差系数　　(3-10)

人工幅度差系数一般为10%～15%。

综上所述,预算定额人工工日消耗量的计算公式为

人工工日消耗量=基本用工+其他用工+人工幅度差用工　　(3-11)

2. 材料消耗量的确定

预算定额中的材料分为实体性材料和周转性材料。

与施工定额相似,预算定额中实体性材料消耗量也是净用量加损耗量,损耗量还是采用净用量乘以损耗率获得,其计算方式与施工定额中损耗量的计算方式完全相同,唯一可能存在差异的是损耗率的大小。施工定额是平均先进水平,损耗率较低;预算定额是平均合理水平,损耗率稍高。

施工定额与预算定额中周转性材料的计算方法也相同,存在差异的一是损耗率(制作损耗率、周转损耗率)不同,二是周转次数不同。

在实际工作中,由于施工定额和预算定额的材料消耗量的确定区别很小,故可认为这两种定额的材料消耗量的确定方法一样。

3. 机械台班消耗量的确定

(1) 概念:预算定额中的机械台班消耗量是指在正常施工条件下,生产单位合格产品必须消耗的某类某种型号施工机械的台班数。其确定是在劳动定额或施工定额中相应项目的机械台班消耗量基础上再考虑增加一定的机械幅度差。

(2) 机械幅度差:指在劳动定额或施工定额所规定的范围内没有包括,但在实际施工中又不可避免产生的影响机械效率或使机械停歇的时间。其内容包括:

① 正常施工组织条件下不可避免的机械空转时间;

② 施工技术原因的中断及合理停置时间;

③ 因供电供水故障及水电线路移动检修而发生的运转中断时间;

④ 因气候变化或机械本身故障影响工时利用的时间;

⑤ 施工机械转移及配套机械相互影响损失的时间;

⑥ 配合机械施工的工人因与其他工种交叉造成的间歇时间;

⑦ 因检查工程质量造成的机械停歇的时间;

⑧ 工程收尾和工作量不饱满造成的机械间歇时间等。

(3)机械幅度差台班计算公式为

机械幅度差台班=基本机械台班×(1+机械幅度差系数)　　(3-12)

大型机械幅度差系数为:土方机械25%,打桩机械33%,吊装机械30%。垂直运输用的塔吊,卷扬机,砂浆、混凝土搅拌机,由于按小组配用,以小组产量计算机械台班产量,不另增加机械幅度差。其他部分工程中如打桩、钢筋加工、木材、水磨石等各项专用机械的幅度差为10%。

3.3.3 预算定额中基础单价的确定

1. 人工工日单价的确定

人工工日单价是指一个建筑工人一个工作日在预算中应计入的全部人工费用。现行生产工人的工资单价由基本工资、工资性补贴、辅助工资、职工福利费、生产工人劳动保护费五项费用构成。

(1) 基本工资:指发放给生产工人工资额的基本部分。生产工人基本工资应执行岗位工资和技能工资制度。

(2) 工资性补贴:指为了补偿生产工人额外或特殊的劳动消耗及为了保证工人的工资水平不受特殊条件影响,而以补贴形式支付给工人的劳动报酬,包括按规定标准发放的物价补贴,煤、燃气补贴,交通补贴,住房补贴,流动施工津贴等。

(3) 辅助工资:指生产工人年有效施工天数以外非作业天数的工资,包括职工学习、培训期间的工资,调动工作、探亲、休假期间的工资,因气候影响的停工工资,女工哺乳期的工资,病假在六个月以内的工资,以及产、婚、丧假期的工资。

(4) 职工福利费:指按规定标准计提的职工福利费。

(5) 生产工人劳动保护费:指按规定标准发放的劳动保护用品的购置费及修理费、徒工服装补贴、防暑降温费、在有碍身体健康环境中施工的保健费用等。

由于在工程造价管理方面长期实行的是"统一领导,分级管理"的体制,各地区的人工工资单价组成内容并不完全相同,但其中每一项内容都是根据国家和地方有关法规、政策文件的精神,结合本地的行业特点和社会经济水平,通过反复测算最终确定,由各地建设行政主管部门或其授权的工程造价管理机构以预算工资单价的形式确定计算人工费的工资单价标准。以《计价定额》为例,既考虑到市场需要,也为了便于计价,对于包工包料建筑工程:人工工资分别按一类工 85.00 元/工日、二类工 82.00 元/工日、三类工 77.00 元/工日计算;对于包工包料单独装饰工程,按 85.00~110.00 元/工日进行调整后执行;家庭室内装饰执行该计价定额时,人工乘以系数 1.15。

根据经济发展水平及调查反映的情况,江苏省住房和城乡建设厅在苏建价〔2012〕633 号文中发布了关于对建设工程人工工资单价实行动态管理的通知,通知中指出,江苏省建设工程人工工资单价发布分为预算人工工资单价与人工工资指导价两种形式。预算人工工资单价作为建设工程费用定额测算的依据,根据建筑市场用工成本变化适时调整,由省住房和城乡建设厅征求相关部门意见后作为政策性调整文件发布。人工工资指导价由各省辖市造价管理机构根据当地市场实际情况测算,报省建设工程造价管理总站审核,由省住房和城乡建设厅统一发布各市人工工资指导价。一般每年发布两次,执行时间分别是 3 月 1 日、9 月 1 日。当建筑市场用工发生大幅波动时,应适时发布人工工资指导价。

人工工资指导价是建设工程编制概预算、招标控制价(最高限价)的依据,是施工企业投标报价的参考。人工工资指导价作为动态反映市场用工成本变化的价格要素,计入定额基价,并计取相关费用。人工工资指导价主要依据建筑市场用工成本变化情况进行调整,同时应综合考虑当地居民消费价格指数、最低工资标准以及企业工资指导线等因素。人工工资指导价发布应按照现行定额人工分类。

测算人工工资指导价应统一按职工每日工作 8 h 计算,人工工资指导价是指直接支付给从事建设工程施工的生产职工的工资,其主要构成如下。

① 计时工资:按计时工资标准和工作时间支付给个人的劳动报酬。

② 计件工资:对已做工作按计件单价支付的劳动报酬。

③ 奖金:支付给职工的超额劳动报酬和增收节支的劳动报酬。

④ 津贴和补贴:为了补偿职工特殊或额外的劳动消耗和因其他特殊原因支付给职工的津贴,以及为了保证职工工资水平不受物价影响支付给职工的物价补贴。

⑤ 特殊情况下支付的工资:根据国家法律、法规和政策规定,因病、工伤、产假、计划生育假、婚丧假、事假、探亲假、定期休假、停工学习、执行国家或社会义务等原因按计时工资标准或计件工资标准的一定比例支付的工资。

上述构成中不包含社会保障费和公积金中企业应为职工缴纳部分。

为了及时反映建筑市场劳动力使用情况,指导建设单位、施工单位的工程发包承包活动,各地工程造价管理机构定期发布建筑工种人工成本信息(见表 3-3)。

表 3-3 南京市 2009 年 5、6 月建筑工种人工成本信息

工种	月工资/元	日工资/元	工种	月工资/元	日工资/元
建筑、装饰工程普工	1770	59	防水工	1920	64
木工(模板工)	2160	72	油漆工	1920	64
钢筋工	2070	69	管工	1980	66
混凝土工	1920	64	电工	1980	66
架子工	2010	67	通风工	1920	64
砌筑工(砖瓦工)	1920	64	电焊工	2190	73
抹灰工(一般抹灰)	2100	70	起重工	2070	69
抹灰、镶贴工	2160	72	玻璃工	1950	65
装饰木工	2370	79	金属制品安装工	2160	72

2. 材料预算价格的确定

材料预算价格是指材料(包括构件、成品及半成品等)从其来源地(或交货地点、供应者仓库提货地点)到达施工工地仓库(施工地点内存放材料的地点)后出库的综合平均价格。

在建筑工程中,材料费是工程直接费的主要组成部分,占工程总造价的 50%~60%,金属结构工程中所占比重还要大。合理确定材料预算价格构成,正确编制材料预算价格,有利于合理确定和有效控制工程造价。

1) 材料预算价格的组成

材料预算价格由材料原价、供销部门手续费、包装费、运杂费和采购及保管费组成。

(1) 材料原价:指材料的出厂价格,或者是销售部门供应价和市场采购价格(或信息价）。

对同一种材料因来源地、交货地、供货单位、生产厂家不同，而有几种价格（原价）时，根据不同来源地供货数量比例，采取加权平均的方法确定其综合原价。计算公式为

$$材料原价总值 = \sum(各次购买量 \times 各次购买价)$$

$$加权平均原价 = 材料原价总值/材料总量 \tag{3-13}$$

（2）供销部门手续费：国家对于某些特殊材料进行统一管理，不允许自由买卖，必须通过特定的部门进行买卖，这些部门将在材料原价的基础上收取一定的费用，这种费用即供销部门手续费。现在的建筑工程使用的绝大部分材料都属于可以自由买卖的，不需计算该项费用。

（3）包装费：为便于材料运输和保护材料进行包装所发生和需要的一切费用称为包装费。

材料包装费用有两种：一是包装费，已计入材料原价内，不再另行计算；二是材料原价中未含包装费，如需包装时包装费另行计算。但不论是哪一种情况，对周转使用的耐用包装品或生产厂为节约包装品的材料规定必须回收者，应合理确定周转次数，按规定从材料价格中扣回包装品的回收价值。

由于供销部门手续费和包装费在目前的建筑材料中出现得较少，所以经常将上述三种费用合称为材料原价。

（4）运杂费：指材料自来源地运至工地仓库或指定堆放地点所发生的全部费用，包括材料由采购地点或发货地点至施工现场的仓库或工地存放地点（含外埠中转运输）过程中所发生的一切费用和过境过桥费。

在确定运杂费时，取费标准应根据材料的来源地、运输里程、运输方法，并根据国家有关部门或地方政府交通运输部门规定的运价标准分别计算；同一品种的材料有若干个来源地，材料运杂费应加权平均。

（5）采购及保管费：指为组织采购、供应和保管材料过程中所需要的各项费用，它包括采购费、仓储费、工地保管费、仓储损耗所发生的费用。

采购及保管费一般按材料到库价格（材料原价＋供销部门手续费＋包装费＋运杂费）的比率取定。江苏省规定：采购及保管费费率，建筑材料一般为2％，其中采购费费率、保管费费率各为1％。由建设单位供应的材料，施工单位只收取保管费。

2）材料预算价格的确定

（1）原材料价格的确定。

预算定额中原材料的价格确定就是按照五大组成部分形成的。

【例3-7】某工地水泥由甲、乙方供货，双方的水泥原价分别为260元/t、275元/t，双方的运杂费分别为11.5元/t、10.2元/t，双方的供货量分别为30％、70％，材料的运输损耗率为3％，采购及保管费费率为2％。包装品水泥袋0.8元/个，水泥袋回收率为60％，回收值率为50％，计算该工地的水泥价格。

【解】　水泥原价＝260×30％＋275×70％＝270.5(元/t)

水泥运杂费＝11.5×30％＋10.2×70％＝10.59(元/t)

水泥袋回收值＝(1000/50)×0.8×60％×50％＝4.8(元/t)

水泥价格＝[(270.5＋10.59)×(1＋3%)]×(1＋2%)－4.8

＝290.51(元/t)

(2) 建筑材料价格的确定。

2020年3月，中华人民共和国住房和城乡建设部颁发了《工程造价改革工作方案》(建办标〔2020〕38号)，提出了“推行清单计量、市场询价、自主报价、竞争定价的工程计价方式”。建筑业企业应当加强工程造价数据积累，使用好市场价格信息发布平台。在南京市工程造价信息网(http://www.njszj.cn/)上，可查询建设工程材料市场信息价。表3-4中的数据摘自南京市(含江宁、六合、高淳三区)2021年2月建设工程材料市场信息价格。

表3-4　水泥及其制品类建筑材料价格

序号	名称及规格	单位	含税价格/元	除税价格/元
1	普通硅酸盐水泥42.5级 袋装	t	553.09	490.71
2	普通硅酸盐水泥42.5级 散装	t	515.77	457.60
3	普通硅酸盐水泥42.5R级 袋装	t	553.37	490.96
4	普通硅酸盐水泥42.5R级 散装	t	533.47	473.30
5	普通硅酸盐水泥52.5级 袋装	t	578.71	513.44
6	普通硅酸盐水泥52.5级 散装	t	540.12	479.20
7	普通硅酸盐水泥52.5R级 袋装	t	557.30	494.44
8	普通硅酸盐水泥52.5R级 散装	t	538.49	477.75
9	矿渣硅酸盐水泥32.5级 袋装	t	468.46	415.62
10	矿渣硅酸盐水泥32.5级 散装	t	439.25	389.71
11	矿渣硅酸盐水泥42.5级 袋装	t	536.04	475.58
12	矿渣硅酸盐水泥42.5级 散装	t	466.38	413.78
13	矿渣硅酸盐水泥52.5级 袋装	t	554.78	492.21
14	矿渣硅酸盐水泥52.5级 散装	t	495.27	439.41
15	白水泥32.5级 白度75%	t	716.31	635.52
16	白水泥42.5级 白度75%	t	855.88	759.35
17	硅酸盐白水泥32.5级 白度84%	t	800.45	710.17
18	耐酸水泥	t	841.67	746.74
19	商品混凝土(非泵送)C10	m^3	481.57	467.82
20	商品混凝土(非泵送)C15	m^3	490.58	476.57
21	商品混凝土(非泵送)C20	m^3	499.59	485.32
22	商品混凝土(非泵送)C25	m^3	509.50	494.95
23	商品混凝土(非泵送)C30	m^3	519.41	504.58
24	商品混凝土(非泵送)C35	m^3	529.32	514.21
25	商品混凝土(非泵送)C40	m^3	539.23	523.83
26	商品混凝土(非泵送)C45	m^3	557.25	541.34

续表

序号	名称及规格	单位	含税价格/元	除税价格/元
27	商品混凝土(非泵送)C50	m^3	584.28	567.60
28	商品混凝土(非泵送)C55	m^3	607.70	590.35
29	商品混凝土(非泵送)C60	m^3	621.21	603.47
30	商品混凝土(非泵送)C70	m^3	662.66	643.74
31	商品混凝土(泵送)C10	m^3	490.58	476.57
32	商品混凝土(泵送)C15	m^3	499.59	485.32
33	商品混凝土(泵送)C20	m^3	508.60	494.08
34	商品混凝土(泵送)C25	m^3	518.51	503.70
35	商品混凝土(泵送)C30	m^3	528.42	513.33
36	商品混凝土(泵送)C35	m^3	538.33	522.96
37	商品混凝土(泵送)C40	m^3	548.24	532.58
38	商品混凝土(泵送)C45	m^3	566.26	550.09
39	商品混凝土(泵送)C50	m^3	593.19	576.25
40	商品混凝土(泵送)C55	m^3	621.21	603.47
41	商品混凝土(泵送)C60	m^3	639.23	620.98
42	商品混凝土(泵送)C70	m^3	697.79	677.86
43	预拌砂浆(干拌、砌筑)DMM5	t	430.17	381.65
44	预拌砂浆(干拌、砌筑)DMM7.5	t	439.93	390.31
45	预拌砂浆(干拌、砌筑)DMM10	t	453.70	402.53
46	预拌砂浆(干拌、砌筑)DMM15	t	459.43	407.61
47	预拌砂浆(干拌、砌筑)DMM20	t	472.97	419.62
48	预拌砂浆(干拌、砌筑)DMM25	t	487.71	432.70
49	预拌砂浆(干拌、砌筑)DMM30	t	503.67	446.86
50	预拌砂浆(干拌、抹灰)DPM5	t	441.76	391.93
51	预拌砂浆(干拌、抹灰)DPM7.5	t	451.80	400.84
52	预拌砂浆(干拌、抹灰)DPM10	t	463.92	411.60
53	预拌砂浆(干拌、抹灰)DPM15	t	477.30	423.47
54	预拌砂浆(干拌、抹灰)DPM20	t	488.48	433.39
55	预拌砂浆(干拌、地面)DSM15	t	466.84	414.19
56	预拌砂浆(干拌、地面)DSM20	t	477.82	423.93
57	预拌砂浆(干拌、地面)DSM25	t	492.51	436.96
58	预拌砂浆(湿拌、砌筑)WMM5	m^3	551.42	489.23
59	预拌砂浆(湿拌、砌筑)WMM7.5	m^3	579.12	513.80
60	预拌砂浆(湿拌、砌筑)WMM10	m^3	594.68	527.61
61	预拌砂浆(湿拌、砌筑)WMM15	m^3	613.62	544.41

续表

序号	名称及规格	单位	含税价格/元	除税价格/元
62	预拌砂浆(湿拌、砌筑)WMM20	m^3	634.13	562.61
63	预拌砂浆(湿拌、砌筑)WMM25	m^3	653.96	580.20
64	预拌砂浆(湿拌、砌筑)WMM30	m^3	659.07	584.73
65	预拌砂浆(湿拌、抹灰)WPM5	m^3	567.70	503.67
66	预拌砂浆(湿拌、抹灰)WPM7.5	m^3	582.25	516.58
67	预拌砂浆(湿拌、抹灰)WPM10	m^3	598.64	531.12
68	预拌砂浆(湿拌、抹灰)WPM15	m^3	605.06	536.82
69	预拌砂浆(湿拌、抹灰)WPM20	m^3	624.31	553.90
70	预拌砂浆(湿拌、地面)WSM15	m^3	608.64	539.99
71	预拌砂浆(湿拌、地面)WSM20	m^3	631.94	560.66
72	预拌砂浆(湿拌、地面)WSM25	m^3	644.29	571.62
73	PHC 管桩 C80 A300×70	m	166.62	147.83
74	PHC 管桩 C80 AB300×70	m	168.73	149.70
75	PHC 管桩 C80 A400×95	m	214.68	190.47
76	PHC 管桩 C80 AB400×95	m	230.04	204.09
77	PHC 管桩 C80 A500×100	m	276.88	245.65
78	PHC 管桩 C80 AB500×100	m	289.10	256.49
79	PHC 管桩 C80 A500×125	m	299.52	265.74
80	PHC 管桩 C80 AB500×125	m	304.23	269.92
81	PHC 管桩 C80 A600×110	m	347.43	308.24
82	PHC 管桩 C80 AB600×110	m	382.87	339.69
83	PHC 管桩 C80 A600×130	m	382.20	339.09
84	PHC 管桩 C80 AB600×130	m	420.49	373.06
85	钙质混凝土膨胀剂Ⅰ型	t	998.19	885.61
86	钙质混凝土膨胀剂Ⅱ型	t	3073.61	2726.94
87	镁质混凝土膨胀剂	t	5874.16	5211.62
88	聚丙烯纤维	t	19886.54	17643.57
89	钙质膨胀纤维抗裂剂Ⅰ型	t	1409.76	1250.76

(3)《计价定额》中材料预算单价与除税预算单价的确定。

根据财政部、国家税务总局《关于全面推开营业税改征增值税试点的通知》(财税〔2016〕36 号),江苏省建筑业自 2016 年 5 月 1 日起纳入营业税改征增值税(以下简称“营改增”)试点范围。按照住房和城乡建设部办公厅《关于做好建筑业营改增建设工程计价依据调整准备工作的通知》(建办标〔2016〕4 号)要求,结合江苏省实际,按照“价税分离”的原则,将建设工程计价分为一般计税方法和简易计税方法两种。除清包工工程、甲供工程、合同开工日期在2016年4月30日前的建筑工程可采用简易计税方法外，其他一般纳税人提供建筑服务的建设工程，采用一般计税方法。

目前，《计价定额》中的材料预算单价是按照简易计税方法确定的，即为含税材料预算单价，在一般计税方法模式下，材料的预算单价应为扣除原材料中的税金之后的预算单价，即除税材料预算单价。

3. 施工机械台班单价的确定

正确制定施工机械台班单价是合理控制工程造价的一个重要方面。为此，原建设部于2001年发布了《全国统一施工机械台班费用编制规则》，各地方据此编制了本地区使用的施工机械台班费用定额。江苏省也于2004年4月开始执行新的《江苏省施工机械台班费用定额》。

施工机械台班单价由七项费用组成，包括折旧费、大修理费、经常修理费、安拆费及场外运费、人工费、燃料动力费、养路费及车船使用税。

1）折旧费

折旧费指施工机械在规定的使用年限内，陆续收回其原值及购置资金的时间价值。

2）大修理费

大修理费指施工机械按规定的大修理间隔台班进行必要的大修理，以恢复其正常功能所需的费用。

3）经常修理费

经常修理费指施工机械除大修理以外的各级保养和临时故障排除所需的费用，包括为保障机械正常运转所需替换设备与随机配备工具、附件的摊销和维护费用，机械运转中日常保养所需润滑与擦拭的材料费用及机械停滞期间的维护和保养费用等。

4）安拆费及场外运费

安拆费指施工机械在现场进行安装与拆卸所需的人工、材料、机械和试运转费用，以及机械辅助设施的折旧、搭设、拆除等费用；场外运费指施工机械整体或分体自停放地点运至施工现场，或由一施工地点运至另一施工地点的运输、装卸、辅助材料及架线等费用。

5）人工费

人工费是指机上司机（司炉）和其他操作人员的工作日人工费及上述人员在施工机械规定的年工作台班以外的人工费。

工作台班以外机上人员人工费，以增加机上人员的工日数形式列入定额内。

6）燃料动力费

燃料动力费是指施工机械在运转作业中所消耗的固体燃料（煤、木柴）、液体燃料（汽油、柴油）及水、电等。

定额机械燃料动力消耗量，以实测的消耗量为主，以现行定额消耗量和调查的消耗量为辅的方法确定。

7）养路费及车船使用税

养路费及车船使用税是指施工机械按照国家规定和有关部门规定应缴纳的养路费、车船使用税、保险费及年检费等。

养路费及车船使用税指按照国家有关规定应缴纳的养路费和车船使用税，按各地具体规定标准计算后列入定额。

表 3-5 中列出了《计价定额》的部分机械台班单价。该表中机械台班单价是按《江苏省施工机械台班 2007 年单价表》取定，其中：人工工资单价为 82.00 元/工日，汽油 10.64 元/kg，柴油 9.03 元/kg，煤 1.1 元/kg，电 0.89 元/(kW·h)，水 4.70 元/m^3。

表 3-5 建筑机械台班单价表

编码	机械名称	规格型号		机型	2004 年台班单价/元	2005 年台班单价/元
01041	履带式单斗挖掘机(液压)	斗容量/m^3	0.6	大	385.89	395.89
01042			0.8	大	633.36	643.36
01043			1	大	781.10	791.10
01044			1.25	大	826.71	836.71
01045			1.6	大	875.55	885.55
01046			2	大	943.76	953.76
01047			2.5	大	1010.75	1020.75
03005	履带式起重机	提升质量/t	10	大	350.98	360.98
03006			15	大	467.87	477.87
03007			20	大	492.45	502.45
03008			25	大	518.82	528.82
03009			30	大	662.47	672.47
03010			40	大	982.89	992.89
03011			50	特	1109.09	1119.09
03036	塔式起重机	起重力矩/(kN·m)	20	中	171.70	181.70
03037			60	大	346.41	356.41
03038			80	大	386.82	396.82
03039			150	大	537.32	547.32
03040			250	大	1126.06	1136.06
04013	自卸汽车	装载质量/t	2	中	197.18	202.18
04014			5	中	325.65	330.65
04015			8	大	467.37	472.37
04016			10	大	577.34	587.34
04017			12	大	647.11	657.11
04018			15	大	737.50	747.50
04019			18	大	839.66	849.66
04020			20	大	933.72	943.72

机械台班定额中考虑了施工中不可避免的机械停置时间和机械的技术中断原因，但特殊原因造成机械停置，可以计算停置台班费。停置台班费一般取折旧费加人工费。

应当指出，一天 24 h，工作台班最多可算 3 个台班，但最多只能算 1 个停置台班。

江苏省住房和城乡建设厅《关于印发〈江苏省施工机械台班补充定额〉的通知》（苏建价〔2011〕791 号）中指出：为完善我省机械台班定额子目，省定额站组织编制了《江苏省施工机械台班补充定额》，对目前施工中常用的机械台班定额缺项子目进行了补充，现予印发。该补充定额与《江苏省施工机械台班 2007 年单价表》配套使用，自 2012 年 1 月 1 日起施行。

3.3.4 《计价定额》

《计价定额》讲解

为了贯彻执行住房和城乡建设部《计价规范》，适应建设工程计价改革的需要，全国各地区建设部门都对该地区的预算定额进行了调整。本节主要以江苏省为例，介绍《计价定额》的适用范围、作用、编制依据、组成等。

1.《计价定额》的适用范围、作用、编制依据、组成

（1）适用范围。

作为地区性定额，《计价定额》适用于江苏省行政区域范围内一般工业与民用建筑的新建、扩建、改建工程及其单独装饰工程。国有资金投资的建筑与装饰工程应执行本定额；非国有资金投资的建筑与装饰工程可参照使用本定额；当工程施工合同约定按本定额规定计价时，应遵守本定额的相关规定。

（2）作用。

① 编制工程招标控制价（最高投标限价）的依据。

② 编制工程标底、结算审核的指导。

③ 工程投标报价、企业内部核算、制定企业定额的参考。

④ 编制建筑工程概算定额的依据。

⑤ 建设行政主管部门调解工程价款争议、合理确定工程造价的依据。

（3）编制依据。

①《江苏省建筑与装饰工程计价表》（2004 年）。

②《全国统一建筑工程基础定额》（GJD 101—1995）。

③《全国统一建筑装饰装修工程消耗量定额》（GYD 901—2002）。

④《建设工程劳动定额　建筑工程》（LD/T 72.1～11—2008）。

⑤《建设工程劳动定额　装饰工程》（LD/T 73.1～4—2008）。

⑥《全国统一建筑安装工程工期定额》（2000 年）。

⑦《全国统一施工机械台班费用编制规则》（2001 年）。

⑧ 南京市 2013 年下半年建筑工程材料指导价格。

（4）组成。

① 章节：《计价定额》由二十四章及九个附录组成，见表 3-6。其中：第一章～第十八章为工程实体项目，第十九章～第二十四章为工程措施项目。其中包括一般工业与民用建筑的工程实体项目和部分措施项目；不能列出定额项目的措施费用，应按照《江苏省建设工程费用定额》（2014 年）的规定进行计算。

表 3-6 《计价定额》章、节、子目、页数一览表

项目类别	章号	各章名称	节数	子目数	页数
工程实体项目	第一章	土、石方工程	2	359	土 1～57
	第二章	地基处理及边坡支护工程	2	46	地 58～75
	第三章	桩基工程	2	94	桩 76～108
	第四章	砌筑工程	4	112	砌 109～143
	第五章	钢筋工程	4	51	钢 144～163
	第六章	混凝土工程	3	441	混 164～281
	第七章	金属结构工程	8	63	金 282～305
	第八章	构件运输及安装工程	2	153	安 306～356
	第九章	木结构工程	3	81	木 357～376
工程实体项目	第十章	屋面及防水工程	4	227	屋 377～438
	第十一章	保温、隔热、防腐工程	2	246	酸 439～498
	第十二章	厂区道路及排水工程	10	70	道 499～518
	第十三章	楼地面工程	6	168	楼 519～566
	第十四章	墙柱面工程	4	228	墙 567～623
	第十五章	天棚工程	6	95	天 624～652
	第十六章	门窗工程	5	346	门 653～739
	第十七章	油漆、涂料、裱糊工程	2	250	漆 740～796
	第十八章	其他零星工程	17	114	零 797～841
工程措施项目	第十九章	建筑物超高增加费用	2	36	高 842～848
	第二十章	脚手架工程	2	102	架 849～873
	第二十一章	模板工程	4	258	模 874～956
	第二十二章	施工排水、降水	2	21	水 957～961
	第二十三章	建筑工程垂直运输	4	58	垂 962～974
	第二十四章	场内二次搬运	2	136	搬 975～994
	附录		9		附 995～1139

② 单价:《计价定额》采用综合单价形式,由人工费、材料费、机械费、管理费、利润五项费用组成。一般建筑工程、打桩工程的管理费与利润,已按照三类工程标准计入综合单价;一、二类工程和单独发包的专业工程应根据《江苏省建设工程费用定额》(2014 年)规定,对管理费和利润进行调整后计入综合单价。

2.《计价定额》示例

表 3-7～表 3-10 为从《计价定额》中摘选的部分定额子目示例。

《计价定额》中每一个子目有一个编号,编号的前一位数字代表章号,后面的数字为子目编号,从 1 开始按顺序编号。如:3-27,代表第三章第 27 个子目。查阅后就可获得 3-27 的进一步信息。

表 3-7　砖砌外墙定额子目示例

工作内容：① 清理地槽、地砖，调制砂浆，砌砖；② 砌砖过梁，砌平拱，模板制作、安装、拆除；③ 安放预制过梁板、垫板、木砖。　　计量单位：m^3

定额编号					4-33		4-34		4-35		4-36	
项目			单位	单价	1/2 砖外墙		3/4 砖外墙		1 砖外墙		1 砖弧形外墙	
					标准砖							
					数量	合计	数量	合计	数量	合计	数量	合计
综合单价				元	469.90		464.26		442.66		477.59	
其中	人工费			元	136.94		133.66		118.90		136.12	
	材料费			元	275.57		273.58		271.87		283.21	
	机械费			元	4.91		5.52		5.76		5.76	
	管理费			元	35.46		34.80		31.17		35.47	
	利润			元	17.02		16.70		14.96		17.03	
二类工			工日	82.00	1.67	136.94	1.63	133.66	1.45	118.90	1.66	136.12
材料	04135500	标准砖 240×115×53	百块	42.00	5.60	235.20	5.43	228.06	5.36	225.12	5.63	236.46
	04010611	水泥 32.5 级	kg	0.31			0.30	0.09	0.30	0.09	0.30	0.09
	80010104	水泥砂浆 M5	m^3	180.37	(0.199)	(35.89)	(0.225)	(40.58)	(0.234)	(42.21)	(0.234)	(42.21)
	80010105	水泥砂浆 M7.5	m^3	182.23	(0.199)	(36.26)	(0.225)	(41.00)	(0.234)	(42.64)	(0.234)	(42.64)
	80010106	水泥砂浆 M10	m^3	191.53	(0.199)	(38.11)	(0.225)	(43.09)	(0.234)	(44.82)	(0.234)	(44.82)
	80050104	混合砂浆 M5	m^3	193.00	(0.199)	(38.41)	(0.225)	(43.43)	0.234	45.16	0.234	45.16
	80050105	混合砂浆 M7.5	m^3	195.20	0.199	38.84	0.225	43.92	(0.234)	(45.68)	(0.234)	(45.68)
	80050106	混合砂浆 M10	m^3	199.56	(0.199)	(39.71)	(0.225)	(44.90)	(0.234)	(46.70)	(0.234)	(46.70)
	31150101	水	m^3	4.70	0.112	0.53	0.109	0.51	0.107	0.50	0.107	0.50
		其他材料费	元			1.00		1.00		1.00		1.00
机械	99050503	灰浆搅拌机，拌筒容量 200 L	台班	122.64	0.04	4.91	0.045	5.52	0.047	5.76	0.047	5.76

注：砖砌圆形水池按弧形外墙定额执行。

表 3-8 为《计价定额》中现浇混凝土构件钢筋定额子目示例。

为了方便和简化发承包双方的工程量计量，《计价定额》（下册）在附录中列出了混凝土构件的钢筋含量表，供参考使用。竣工结算时，使用含钢量者，钢筋应按设计图纸计算的重量进行调整。

表 3-8 现浇混凝土构件钢筋定额子目示例

工作内容:钢筋制作、绑扎、安装、焊接固定,浇捣混凝土时钢筋维护。　　计量单位:吨

定额编号					5-1		5-2		5-3	
项目			单位	单价	现浇混凝土构件钢筋					
					直径/mm					
					φ12 以内		φ25 以内		φ25 以外	
					数量	合计	数量	合计	数量	合计
综合单价			元		5470.72		4998.87		4852.68	
其中	人工费		元		885.60		523.98		431.32	
	材料费		元		4149.06		4167.49		4175.40	
	机械费		元		79.11		82.87		63.05	
	管理费		元		241.18		151.71		123.59	
	利润		元		115.77		72.82		59.32	
二类工			工日	82.00	10.80	885.60	6.39	523.98	5.26	431.32
材料	01010100	钢筋 综合	t	4020.00	1.02	4100.40	1.02	4100.40	1.02	4100.40
	03570237	镀锌铁丝 22#	kg	5.50	6.85	37.68	1.95	10.73	0.87	4.79
	03410205	电焊条 J422	kg	5.80	1.86	10.79	9.62	55.80	12.0	69.60
	31150101	水	m^3	4.70	0.04	0.19	0.12	0.56	0.13	0.61
机械	99170307	钢筋调直机 直径 40 mm	台班	33.63	0.001	0.03				
	99091925	电动卷扬机(单筒慢速)牵引力 50 kN	台班	154.65	0.308	47.63	0.119	18.40		
	99170507	钢筋切断机 直径 40 mm	台班	43.93	0.114	5.01	0.096	4.22	0.09	3.95
	99170707	钢筋弯曲机 直径 40 mm	台班	23.93	0.458	10.96	0.196	4.69	0.13	3.11
	99250304	交流弧焊机 容量 30 kV·A	台班	90.97	0.131	11.92	0.489	44.48	0.485	44.12
	99250707	对焊机 容量 75 kV·A	台班	131.86	0.027	3.56	0.084	11.08	0.09	11.87

注:层高超过 3.6 m,在 8 m 内人工乘系数 1.03,12 m 内人工乘系数 1.08,12 m 以上人工乘系数 1.13。

表 3-9 为《计价定额》中自拌混凝土现浇垫层及基础定额子目示例。

从表 3-9 可以看出,1 m^3 混凝土基础的混凝土消耗量为 1.015 m^3,其中 1 m^3 为混凝土净用量,损耗率为 1.5%。

表 3-9 自拌混凝土现浇垫层及基础定额子目示例

工作内容:混凝土搅拌、水平运输、浇捣、养护。　　　　计量单位:m^3

定额编号					6-1		6-2		6-3		6-4	
项目			单位	单价	垫层		条形基础					
							毛石混凝土		混凝土			
									无梁式		有梁式	
					数量	合计	数量	合计	数量	合计	数量	合计
综合单价				元	385.69		344.64		373.32		372.84	
其中	人工费			元	112.34		56.58		61.50		61.50	
	材料费			元	222.07		230.83		246.32		245.84	
	机械费			元	7.09		26.49		31.20		31.20	
	管理费			元	29.86		20.77		23.18		23.18	
	利润			元	14.33		9.97		11.12		11.12	
二类工			工日	82.00	1.37	112.34	0.69	56.58	0.75	61.50	0.75	61.50
材料	80210142	现浇混凝土 C10	m^3	217.54	1.01	219.72	(0.863)	(187.74)	(1.015)	(220.80)		
	80210143	现浇混凝土 C15	m^3	219.69	(1.01)	(221.89)	(0.863)	(189.59)	(1.015)	(222.99)		
	80210144	现浇混凝土 C20	m^3	236.14			0.863	203.79	1.015	239.68	1.015	239.68
	80210145	现浇混凝土 C25	m^3	249.52			(0.863)	(215.34)	(1.015)	(253.26)	(1.015)	(253.26)
	80210148	现浇混凝土 C30	m^3	251.84			(0.863)	(217.34)	(1.015)	(255.62)	(1.015)	(255.62)
	04110200	毛石	t	50.00			0.449	22.45				
	02090101	塑料薄膜	m^2	0.80			0.92	0.74	1.73	1.38	1.47	1.18
	31150101	水	m^2	4.70	0.50	2.35	0.82	3.85	1.12	5.26	1.06	4.98
机械	99050152	滚筒式混凝土搅拌机(电动)出料容量 400 L	台班	156.81	0.038	5.96	0.03	4.70	0.035	5.49	0.035	5.49
	99052108	混凝土振捣器平板式	台班	14.93	0.076	1.13						
	99052107	混凝土振捣器插入式	台班	11.87			0.059	0.70	0.069	0.82	0.069	0.82
	99071903	机动翻斗车装载质量 1 t	台班	190.03			0.111	21.09	0.131	24.89	0.131	24.89

注:独立柱基毛石混凝土,按条形毛石混凝土基础执行。

表 3-10 为《计价定额》措施项目中的混凝土柱模板定额子目示例。

为了方便和简化发承包双方的工程量计量,《计价定额》在附录中列出了混凝土构件的模板含量表,供参考使用。按设计图纸计算模板接触面积或使用含模量折算模板面积,同一工程两种方法仅能使用其中一种,不得混用。竣工结算时,使用含模量者,模板面积不得调整。

表 3-10　混凝土柱模板定额子目示例

工作内容:(1) 钢模板安装、拆除、清理、刷润滑剂、场外运输。(2) 木模板及复合模板制作、安装、拆除、刷润滑剂、场外运输。　　计量单位:10 m^2

定额编号					21-26		21-27		21-28	
项目			单位	单价	矩形柱				L、T、十形柱	
					组合钢模板		复合木模板		组合钢模板	
					数量	合价	数量	合价	数量	合价
综合单价			元		581.58		616.33		805.36	
其中	人工费		元		297.66		285.36		446.90	
	材料费		元		137.43		202.88		154.07	
	机械费		元		26.54		16.43		28.49	
	管理费		元		81.05		75.45		118.85	
	利润		元		38.90		36.21		57.05	
二类工			工日	82.00	3.63	297.66	3.48	285.36	5.45	446.90
材料	32011111	组合钢模板	kg	5.00	6.73	33.65			7.07	35.35
	32010502	复合木模板 18 mm	m^2	38.00			2.20	83.60		
	32090101	周转木材	m^3	1850.00	0.031	57.35	0.041	75.85	0.037	68.45
	32020115	卡具	kg	4.88	3.55	17.32	1.77	8.64	4.26	20.79
	32020132	钢管支撑	kg	4.19	3.57	14.96	3.57	14.96	3.57	14.96
	03510701 03570237	铁钉	kg	4.20	1.34	2.034	8.54	0.38	0.38	1.60
		镀锌铁丝 22#	kg	5.50	0.03	0.17	0.03	0.17	0.03	0.17
		回库修理、保养费	元			3.04		1.52		3.15
		其他材料费	元			9.60		9.60		9.60
机械	99070906	载货汽车 装载质量 4 t	台班	453.50	0.032	14.51	0.016	7.26	0.035	15.87
	99090503	汽车式起重机 提升质量 5 t	台班	531.62	0.022	11.70	0.011	5.85	0.023	12.23
	99210103	木工圆锯机 直径 500 mm	台班	27.63	0.012	0.33	0.120	3.32	0.014	0.39

注:周长大于 3.60 m 的柱每 10 m^2 模板另增对穿螺栓 7.46 kg。

3.《计价定额》应用

1) 直接套用

当实际施工做法、人工、材料、机械价格与定额水平完全一致;或虽有不同但为了强调定额的严肃性,在定额总说明和各分部说明中均提出不准换算的情况下采用完全套用,直接使用定额中的所有信息。

在编制施工图预算的过程中直接套用《计价定额》应注意以下几点。

① 根据施工图纸的设计说明和做法说明，选择定额子目。

② 从工程内容、技术特征和施工方法等方面仔细核对项目后正确确定与之相对应的定额子目。

③ 分项工程的名称和计量单位要与定额规定的内容一致。

【例 3-8】某工地土方工程中人工平整场地的工程量是 720.56 m^2，试计算平整场地的合价和所需三类工工日总数各是多少？

【解】查《计价定额》定额编号(1-98)得：平整场地综合单价为 60.13 元/10 m^2，三类工工日数为 0.57 工日/10 m^2。因此

平整场地所需合价＝72.056×60.13＝4332.73(元)

平整场地所需三类工工日总数＝72.056×0.57＝41.07(工日)

【例 3-9】某工地有 M5 水泥砂浆砌直形砖基础，工程量为 89.18 m^3，试计算该砖基础的合价。

【解】查《计价定额》定额编号(4-1)得：砌砖基础综合单价为 406.25 元/ m^3。因此

砖基础的合价＝89.18×406.25＝36229.38(元)

2) 换算套用

(1) 换算产生原因。

当实际施工做法、人工、材料、机械与定额有出入，且定额规定允许换算，即根据两者的不同换算出实际做法的综合单价。此时应在进行换算的子目定额编号后添加"换"字。

(2) 换算原则。

为了保持预算定额的水平，在《计价定额》的说明中规定的相关换算原则如下。

①《计价定额》按 C25 以下的混凝土以 32.5 级水泥、C25 以上的混凝土以 42.5 级水泥、砌筑砂浆与抹灰砂浆以 32.5 级水泥的配合比列入综合单价；混凝土实际使用水泥级别与《计价定额》取定不符，竣工结算时以实际使用的水泥级别按配合比的规定进行调整；砌筑、抹灰砂浆使用水泥级别与《计价定额》不符时，水泥用量不调整，价差应调整。

②《计价定额》各章项目综合单价取定的混凝土、砂浆强度等级，设计与《计价定额》不符时可以调整。抹灰砂浆厚度、配合比与《计价定额》取定不符，除各章已有规定外均不调整。

③ 所有调整必须按《计价定额》相应的规定进行。

(3) 换算类型。

① 砂浆换算：如砌筑砂浆换算强度等级等。

② 混凝土换算：如换算构件混凝土、楼地面混凝土的强度和混凝土类型等。

③ 系数换算：按《计价定额》相关规定对定额子目中的人工费、机械费乘以各种系数的换算。

④ 其他换算：除上述三种情况外，《计价定额》规定的换算。

(4) 换算思路。

根据施工图设计要求选定《计价定额》中的项目，在此基础上按规定换入增加的费用减去扣除或调减的费用。表达式为

换算后的综合单价＝原综合单价＋换入的费用－换出的费用

【例 3-10】某工地有 M7.5 水泥砂浆砌直形砖基础，工程量为 89.18 m^3，试计算该砖基础的综合单价。

【解】此案例为砌筑砂浆强度等级不同而进行的换算。

查《计价定额》定额编号(4-1)得：M5 水泥砂浆砌直形砖基础综合单价为 406.25 元/m^3。

M7.5 水泥砂浆砌直形砖基础综合单价为

定额编号(4-1)换＝406.25＋0.242×182.23－43.65＝406.70(元/ m^3)

或　　　(4-1)换＝406.25＋0.242×(182.23－180.37)＝406.70(元/ m^3)

【例 3-11】某工程有 C25 圈梁 18.86 m^3，试计算该圈梁的综合单价。

【解】此案例为混凝土强度等级不同而进行的换算。

查《计价定额》定额编号(6-21)得：现浇混凝土 C20 圈梁综合单价为498.27 元/m^3。

混凝土 C25 圈梁综合单价为

定额编号(6-21)换＝498.27＋1.015×262.07－258.54＝505.73(元/ m^3)

【例 3-12】某三类工程的全现浇框架主体结构净高为 4.5 m，现浇板厚度为 100 mm，采用组合钢模板，试计算该框架柱、有梁板的组合钢模板综合单价。

【解】此案例为人工乘以相应系数而进行的换算。

《计价定额》第 874 页第 4 条规定：现浇钢筋混凝土柱、梁、墙、板的支模高度以净高(底层无地下室者需另加室内外高差)在 3.6 m 以内为准，净高超高 3.6 m 的构件其钢支撑、零星卡具及模板人工应分别乘以相应系数进行调整。

矩形柱组合钢模板综合单价

(21-26)换＝581.58＋0.07×(17.32＋14.96)＋297.66×0.30×1.37

＝706.18 (元/10 m^2)

有梁板组合钢模板综合单价

(21-56)换＝461.37＋0.07×(17.67＋24.26)＋203.36×0.30×1.37

＝547.89(元/10 m^2)

【例 3-13】某单独装饰企业承担某房屋的内装修，其中天棚平面为纸面石膏板面层，安装在 U 型轻钢龙骨上，试计算该项子目的综合单价。

【解】此案例为管理费率和利润率发生改变而进行的换算。

依据《江苏省建设工程费用定额》(2014 年)知：该企业管理费率和利润率分别为 42％，15％。而《计价定额》综合单价中管理费率和利润率分别按 25％和 12％计取，所以，综合单价换算如下

(15-45)换＝272.77＋95.20×(42％－25％＋15％－12％)

＝291.81(元/10 m^2)

【例 3-14】已知某工程编制招标控制价，其中地砖楼面清单项目特征为：20 mm 厚 1∶3 水泥砂浆找平层，5 mm 厚 1∶1 水泥砂浆结合层，400 mm×400 mm 同质地砖，白色，白水泥擦缝。试确定该地砖楼面的清单综合单价。

【解】此案例为运用《计价定额》的换算规定对清单具体子目进行组价。

《计价定额》定额编号(13-83)，计量单位为 10 m^2，结合层为 1∶2 水泥砂浆。

(13-83)换=[979.32+0.051×(308.42−275.64)]÷10=98.10(元/m^2)

【例3-15】某自卸汽车外运土方，正铲挖掘机装车，装车运距为48 km，不考虑挖土装车费用，试根据《计价定额》确定该外运土方子目的定额综合单价。

【解】此案例为因运距增加引起的综合单价重组。

根据《计价定额》定额编号(1-271)和(1-272)可知，该外运土方子目的定额综合单价为

(1-271)+(1-272)×4=76953.79+13957.32×4=132783.07(元/1000 m^3)

【例3-16】例3-15改成反铲挖掘机装车，其余条件不变，试确定该外运土方子目的定额综合单价。

【解】此案例为对机械台班量乘以相应系数而进行的换算。

《计价定额》第2页第8条规定：自卸汽车运土，按正铲挖掘机挖土考虑，如系反铲挖掘机装车，则自卸汽车运土台班量乘以系数1.10。

(1-271)换=76953.79+56141.14×0.10×1.37=84645.13(元/1000 m^3)

(1-272)换×4=(13957.32+10187.82×0.10×1.37)×4=61412.21(元/1000 m^3)

定额综合单价=84645.13+61412.21=146057.34(元/1000 m^3)

3.4 《江苏省建设工程费用定额》(2014年)

3.4.1 总则

(1) 为了规范建设工程计价行为，合理确定和有效控制工程造价，根据《计价规范》及其9本计算规范和《建筑安装工程费用项目组成》(建标〔2013〕44号)等有关规定，结合江苏省实际情况，江苏省住房和城乡建设厅组织编制了《江苏省建设工程费用定额》(以下简称本定额)。

(2) 本定额是建设工程编制设计概算、施工图预(结)算、最高投标限价(招标控制价)、标底以及调解处理工程造价纠纷的依据；是确定投标价、工程结算审核的指导；也可作为企业内部核算和制定企业定额的参考。

(3) 本定额适用于在江苏省行政区域内新建、扩建和改建的建筑与装饰、安装、市政、仿古建筑及园林绿化、房屋修缮、城市轨道交通工程等，与江苏省现行的建筑与装饰、安装、市政、仿古建筑及园林绿化、房屋修缮、城市轨道交通工程计价表(定额)配套使用，原有关规定与本定额不一致的，按照本定额规定执行。

(4) 本定额费用内容是由分部分项工程费、措施项目费、其他项目费、规费和税金组成。其中，安全文明施工措施费、规费和税金为不可竞争费，应按规定标准计取。

(5) 包工包料、包工不包料和点工说明。

① 包工包料：是施工企业承包工程用工、材料、机械的方式。

② 包工不包料：指只承包工程用工的方式。施工企业自带施工机械和周转材料的工程按包工包料标准执行。

③ 点工：适用于在建设工程中由于各种因素所造成的损失、清理等不在定额范围内的用工。

④ 包工不包料、点工的临时设施应由建设单位(发包人)提供。

(6) 本定额由江苏省建设工程造价管理总站负责解释和管理。

3.4.2 建设工程费用组成

建设工程费用由分部分项工程费、措施项目费、其他项目费、规费和税金组成。

1. 分部分项工程费

分部分项工程费是指各专业工程的分部分项工程应予列支的各项费用,由人工费、材料费、施工机具使用费、企业管理费和利润构成。

(1) 人工费。

人工费是指按工资总额构成规定,支付给从事建筑安装工程施工的生产工人和附属生产单位工人的各项费用。内容如下。

① 计时工资或计件工资:是指按计时工资标准和工作时间或对已做工作按计件单价支付给个人的劳动报酬。

② 奖金:是指对超额劳动和增收节支支付给个人的劳动报酬,如节约奖、劳动竞赛奖等。

③ 津贴补贴:是指为了补偿职工特殊或额外的劳动消耗和因其他特殊原因支付给个人的津贴,以及为了保证职工工资水平不受物价影响支付给个人的物价补贴。如流动施工津贴、特殊地区施工津贴、高温(寒)作业临时津贴、高空津贴等。

④ 加班加点工资:是指按规定支付的在法定节假日工作的加班工资和在法定日工作时间外延时工作的加点工资。

⑤ 特殊情况下支付的工资:是指根据国家法律、法规和政策规定,因病、工伤、产假、计划生育假、婚丧假、事假、探亲假、定期休假、停工学习、执行国家或社会义务等原因按计时工资标准或计时工资标准的一定比例支付的工资。

(2) 材料费。

材料费是指施工过程中耗费的原材料、辅助材料、构配件、零件、半成品或成品、工程设备的费用。内容如下。

① 材料原价:是指材料、工程设备的出厂价格或商家供应价格。

② 运杂费:是指材料、工程设备自来源地运至工地仓库或指定堆放地点所发生的全部费用。

③ 运输损耗费:是指材料在运输装卸过程中不可避免的损耗。

④ 采购及保管费:是指为组织采购、供应和保管材料、工程设备的过程中所需要的各项费用,包括采购费、仓储费、工地保管费、仓储损耗。

工程设备是指房屋建筑及其配套的构成或计划构成永久工程一部分的机电设备、金属结构设备、仪器装置等建筑设备,包括附属工程中电气、采暖、通风空调、给排水、通信及建筑智能等为房屋功能服务的设备,不包括工艺设备。具体划分标准见《建设工程计价设备材料划分标准》(GB/T 50531—2009)。明确由建设单位提供的建筑设备,其设备费用不作为计取税金的基数。

(3) 施工机具使用费。

施工机具使用费是指施工作业所发生的施工机械、仪器仪表使用费或其租赁费,包含施工机械使用费和仪器仪表使用费两项内容。

施工机械使用费：以施工机械台班耗用量乘以施工机械台班单价表示，施工机械台班单价应由下列七项费用组成。

① 折旧费：指施工机械在规定的使用年限内，陆续收回其原值的费用。

② 大修理费：指施工机械按规定的大修理间隔台班进行必要的大修理，以恢复其正常功能所需的费用。

③ 经常修理费：指施工机械除大修理以外的各级保养和临时故障排除所需的费用，包括为保障机械正常运转所需替换设备与随机配备工具附具的摊销和维护费用，机械运转中日常保养所需润滑与擦拭的材料费用及机械停滞期间的维护和保养费用等。

④ 安拆费及场外运费：安拆费指施工机械（大型机械除外）在现场进行安装与拆卸所需的人工、材料、机械和试运转费用以及机械辅助设施的折旧、搭设、拆除等费用；场外运费指施工机械整体或分体自停放地点运至施工现场或由一施工地点运至另一施工地点的运输、装卸、辅助材料及架线等费用。

⑤ 人工费：指机上司机（司炉）和其他操作人员的人工费。

⑥ 燃料动力费：指施工机械在运转作业中所消耗的各种燃料及水、电等费用。

⑦ 税费：指施工机械按照国家规定应缴纳的车船使用税、保险费及年检费等。

仪器仪表使用费：是指工程施工所需使用的仪器仪表的摊销及维修费用。

（4）企业管理费。

企业管理费是指施工企业组织施工生产和经营管理所需的费用。内容如下。

① 管理人员工资：是指按规定支付给管理人员的计时工资、奖金、津贴补贴、加班加点工资及特殊情况下支付的工资等。

② 办公费：是指企业管理办公用的文具、纸张、账表、印刷、邮电、书报、办公软件、监控、会议、水电、燃气、采暖、降温等费用。

③ 差旅交通费：是指职工因公出差、调动工作的差旅费、住勤补助费，市内交通费和误餐补助费，职工探亲路费，劳动力招募费，职工退休、退职一次性路费，工伤人员就医路费，工地转移费以及管理部门使用的交通工具的油料、燃料等费用。

④ 固定资产使用费：指企业及其附属单位使用的属于固定资产的房屋、设备、仪器等的折旧、大修、维修或租赁费。

⑤ 工具用具使用费：是指企业施工生产和管理使用的不属于固定资产的工具、器具、家具、交通工具和检验、试验、测绘、消防用具等的购置、维修和摊销费，以及支付给工人自备工具的补贴费。

⑥ 劳动保险和职工福利费：是指由企业支付的职工退职金、按规定支付给离休干部的经费，集体福利费、夏季防暑降温、冬季取暖补贴、上下班交通补贴等。

⑦ 劳动保护费：是企业按规定发放的劳动保护用品的支出。如工作服、手套、防暑降温饮料、高危险工作工种施工作业防护补贴以及在有碍身体健康的环境中施工的保健费用等。

⑧ 工会经费：是指企业按《工会法》规定的全部职工工资总额比例计提的工会经费。

⑨ 职工教育经费:是指按职工工资总额的规定比例计提,企业为职工进行专业技术和职业技能培训,专业技术人员继续教育、职工职业技能鉴定、职业资格认定以及根据需要对职工进行各类文化教育所发生的费用。

⑩ 财产保险费:指企业管理用财产、车辆的保险费用。

⑪ 财务费:是指企业为施工生产筹集资金或提供预付款担保、履约担保、职工工资支付担保等所发生的各种费用。

⑫ 税金:指企业按规定交纳的房产税、车船使用税、土地使用税、印花税等。

⑬ 意外伤害保险费:企业为从事危险作业的建筑安装施工人员支付的意外伤害保险费。

⑭ 工程定位复测费:是指工程施工过程中进行全部施工测量放线和复测工作的费用。建筑物沉降观测由建设单位直接委托有资质的检测机构完成,费用由建设单位承担,不包含在工程定位复测费中。

⑮ 检验试验费:是施工企业按规定进行建筑材料、构配件等试样的制作、封样、送达和其他为保证工程质量进行的材料检验试验工作所发生的费用。

不包括新结构、新材料的试验费,对构件(如幕墙、预制桩、门窗)做破坏性试验所发生的试样费用和根据国家标准和施工验收规范要求对材料、构配件和建筑物工程质量检测检验发生的第三方检测费用,对此类检测发生的费用,由建设单位承担,在工程建设其他费用中列支。但对施工企业提供的具有合格证明的材料进行检测不合格的,该检测费用由施工企业支付。

⑯ 非建设单位所为,四小时以内的临时停水停电费用。

⑰ 企业技术研发费:建筑企业为转型升级、提高管理水平所进行的技术转让、科技研发、信息化建设等费用。

⑱ 其他:业务招待费、远地施工增加费、劳务培训费、绿化费、广告费、公证费、法律顾问费、审计费、咨询费、投标费、保险费、联防费、施工现场生活用水电费等。

注意:对于一般计税方法,增加第19条附加税,即国家税法规定的应计入建筑安装工程造价内的城市建设维护税、教育费附加及地方教育附加。

(5) 利润。

利润是指施工企业完成所承包工程获得的盈利。

2. 措施项目费

措施项目费是指为完成建设工程施工,发生于该工程施工前和施工过程中的技术、生活、安全、环境保护等方面的费用。

根据现行工程量清单计算规范,措施项目费分为单价措施项目与总价措施项目。

1) 单价措施项目

单价措施项目是指在现行工程量清单计算规范中有对应工程量计算规则,按人工费、材料费、施工机具使用费、管理费和利润形式组成综合单价的措施项目。

单价措施项目根据专业不同,包括项目也不相同。对于建筑与装饰工程,单价措施项目包括的内容有脚手架工程;混凝土模板及支架(撑);垂直运输;超高施工增加;大型机械设备进出场及安拆;施工排水、降水。

单价措施项目中各措施项目的工程量清单项目设置、项目特征、计量单位、工程量计算规则及工作内容均按现行工程量清单计算规范执行。

2）总价措施项目

总价措施项目是指在现行工程量清单计算规范中无工程量计算规则，以总价（或计算基础乘费率）计算的措施项目。

其中各专业都可能发生的通用的总价措施项目如下。

（1）安全文明施工：为满足施工安全、文明、绿色施工以及环境保护、职工健康生活所需要的各项费用。本项为不可竞争费用。

① 环境保护包含范围：现场施工机械设备降低噪声、防扰民措施费用；水泥和其他易飞扬细颗粒建筑材料密闭存放或采取覆盖措施等费用；工程防扬尘洒水费用；土石方、建渣外运车辆冲洗、防洒漏等费用；现场污染源的控制、生活垃圾清理外运、场地排水排污措施的费用；其他环境保护措施费用。

② 文明施工包含范围："五牌一图"的费用；现场围挡的墙面美化（包括内外粉刷、刷白、标语等）、压顶装饰费用；现场厕所便槽刷白、贴面砖，水泥砂浆地面或地砖费用，建筑物内临时便溺设施费用；其他施工现场临时设施的装饰装修、美化措施费用；现场生活卫生设施费用；符合卫生要求的饮水设备、淋浴、消毒等设施费用；生活用洁净燃料费用；防煤气中毒、防蚊虫叮咬等措施费用；施工现场操作场地的硬化费用；现场绿化费用、治安综合治理费用、现场电子监控设备费用；现场配备医药保健器材、物品费用和急救人员培训费用；用于现场工人的防暑降温费、电风扇、空调等设备及用电费用；其他文明施工措施费用。

③ 安全施工包含范围：安全资料、特殊作业专项方案的编制，安全施工标志的购置及安全宣传的费用；"三宝"（安全帽、安全带、安全网）、"四口"（楼梯口、电梯井口、通道口、预留洞口），"五临边"（阳台围边、楼板围边、屋面围边、槽坑围边、卸料平台两侧），水平防护架、垂直防护架、外架封闭等防护的费用；施工安全用电的费用，包括配电箱三级配电、两级保护装置、外电防护措施费用；起重机、塔吊等起重设备（含井架、门架）及外用电梯的安全防护措施（含警示标志）费用及卸料平台的临边防护、层间安全门、防护棚等设施费用；建筑工地起重机械的检验检测费用；施工机具防护棚及其围栏的安全保护设施费用；施工安全防护通道的费用；工人的安全防护用品、用具购置费用；消防设施与消防器材的配置费用；电气保护、安全照明设施费；其他安全防护措施费用。

④ 绿色施工包含范围：建筑垃圾分类收集及回收利用费用；夜间焊接作业及大型照明灯具的挡光措施费用；施工现场办公区、生活区使用节水器具及节能灯具增加费用；施工现场基坑降水储存使用、雨水收集系统、冲洗设备用水回收利用设施增加费用；施工现场生活区厕所化粪池、厨房隔油池设置及清理费用；从事有毒、有害、有刺激性气味和强光、噪声施工人员的防护器具；现场危险设备、地段、有毒物品存放地安全标识和防护措施；厕所、卫生设施、排水沟、阴暗潮湿地带定期消毒费用；保障现场施工人员劳动强度和工作时间符合国家相关标准的增加费用等。

（2）夜间施工：规范、规程要求正常作业而发生的夜班补助，夜间施工降效，夜间照明设施的安拆、摊销，照明用电以及夜间施工现场交通标志、安全标牌、警示灯安拆等费用。

(3) 二次搬运:由于施工场地限制而发生的材料、成品、半成品等一次运输不能到达堆放地点,必须进行的二次或多次搬运费用。

(4) 冬雨季施工:在冬雨季施工期间所增加的费用,包括冬季作业、临时取暖、建筑物门窗洞口封闭及防雨措施、排水、工效降低、防冻等费用,不包括设计要求混凝土内添加防冻剂的费用。

(5) 地上、地下设施、建筑物的临时保护设施:在工程施工过程中,对已建成的地上、地下设施和建筑物进行的遮盖、封闭、隔离等必要保护措施。在园林绿化工程中,还包括对已有植物的保护。

(6) 已完工程及设备保护费:对已完工程及设备采取的覆盖、包裹、封闭、隔离等必要保护措施所发生的费用。

(7) 临时设施费:施工企业为进行工程施工所必需的生活和生产用的临时建筑物、构筑物及其他临时设施的搭设、使用、拆除等费用。

① 临时设施包括临时宿舍、文化福利及公用事业房屋与构筑物、仓库、办公室、加工厂等。

② 建筑、装饰、安装、修缮、古建园林工程规定范围内(建筑物沿边起 50 m 以内,多幢建筑两幢间隔 50 m 内)围墙、临时道路、水电、管线和轨道垫层等。

建设单位同意在施工就近地点临时修建混凝土构件预制场所发生的费用,应向建设单位结算。

(8) 赶工措施费:在现行工期定额滞后的情况下,施工合同约定工期比我省现行工期定额提前超过 30%,施工企业为缩短工期所发生的费用。如施工过程中,发包人要求实际工期比合同工期提前时,由发承包双方另行约定。

(9) 工程按质论价:施工合同约定质量标准超过国家规定,施工企业完成工程质量达到经有权部门鉴定或评定为优质工程所必须增加的施工成本费。

(10) 特殊条件下施工增加费:因地下不明障碍物,以及铁路、航空、航运等交通干扰而发生的施工降效费用。

总价措施项目中,除通用措施项目外,还包含各专业措施项目。对于建筑与装饰工程,包含的专业措施项目如下。

(1) 非夜间施工照明:为保证工程施工正常进行,在如地下室、地宫等特殊施工部位施工时所采用的照明设备的安拆、维护、摊销及照明用电等费用。

(2) 住宅工程分户验收:按《住宅工程质量分户验收规程》(DGJ32/TJ 103—2010)的要求对住宅工程进行专门验收(包括蓄水、门窗淋水等)发生的费用。室内空气污染测试不包含在住宅工程分户验收费用中,由建设单位直接委托检测机构完成,由建设单位承担费用。

3. 其他项目费

(1) 暂列金额:建设单位在工程量清单中暂定并包括在工程合同价款中的一笔款项。用于施工合同签订时尚未确定或者不可预见的所需材料、工程设备、服务的采购,施工中可能发生的工程变更、合同约定调整因素出现时的工程价款调整以及发生的索赔、现场签证确认等的费用。由建设单位根据工程特点,按有关计价规定估算;

施工过程中由建设单位掌握使用，扣除合同价款调整后如有余额，归建设单位。

（2）暂估价：建设单位在工程量清单中提供的用于支付必然发生但暂时不能确定价格的材料的单价以及专业工程的金额，包括材料暂估价和专业工程暂估价。材料暂估价在清单综合单价中考虑，不计入暂估价汇总。

（3）计日工：是指在施工过程中，施工企业完成建设单位提出的施工图纸以外的零星项目或工作所需的费用。

（4）总承包服务费：是指总承包人为配合、协调建设单位进行的专业工程发包，对建设单位自行采购的材料、工程设备等进行保管以及施工现场管理、竣工资料汇总整理等服务所需的费用。总包服务范围由建设单位在招标文件中明示，并且发承包双方在施工合同中约定。

4. 规费

规费是指政府和有关权力部门规定必须缴纳的费用。

（1）工程排污费：包括废气、污水、固体、扬尘及危险废物和噪声排污费等内容。

（2）社会保险费：企业应为职工缴纳的养老保险、医疗保险、失业保险、工伤保险和生育保险等五项社会保障方面的费用。为确保施工企业各类从业人员社会保障权益落到实处，省、市有关部门可根据实际情况制定管理办法。

（3）住房公积金：企业应为职工缴纳的住房公积金。

5. 税金

税金是指国家税法规定的应计入建筑安装工程造价内的营业税、城市建设维护税、教育费附加及地方教育附加。

（1）营业税：是指以产品销售或劳务取得的营业额为对象的税种。

（2）城市建设维护税：是为加强城市公共事业和公共设施的维护建设而开征的税，它以附加形式依附于营业税。

（3）教育费附加及地方教育附加：是为发展地方教育事业，扩大教育经费来源而征收的税种。它以营业税的税额为计征基数。

注意：营改增后，一般计税方法中税金定义及包含内容调整为“税金是指根据建筑服务销售价格，按规定税率计算的增值税销项税额”。

3.4.3 建筑工程类别划分及说明

1. 建筑工程类别划分

建筑工程类别划分见表3-11。

表3-11 建筑工程类别划分表

工程类型			单位	工程类别划分标准		
				一类	二类	三类
工业建筑	单层	檐口高度	m	≥20	≥16	<16
		跨度	m	≥24	≥18	<18
	多层	檐口高度	m	≥30	≥18	<18

续表

工程类型			单位	工程类别划分标准		
				一类	二类	三类
民用建筑	住宅	檐口高度	m	≥62	≥34	<34
		层数	层	≥22	≥12	<12
	公共建筑	檐口高度	m	≥56	≥30	<30
		层数	层	≥18	≥10	<10
构筑物	烟囱	混凝土结构高度	m	≥100	≥50	<50
		砖结构高度	m	≥50	≥30	<30
	水塔	高度	m	≥40	≥30	<30
	筒仓	高度	m	≥30	≥20	<20
	贮池	容积(单体)	m^3	≥2000	≥1000	<1000
	栈桥	高度	m	—	≥30	<30
		跨度	m	—	≥30	<30
大型机械吊装工程		檐口高度	m	≥20	≥16	<16
		跨度	m	≥24	≥18	<18
大型土石方工程		单位工程挖或填土(石)方容量	m^3	≥5000		
桩基础工程		预制混凝土(钢板)桩长	m	≥30	≥20	<20
		灌注混凝土桩长	m	≥50	≥30	<30

2. 建筑工程类别划分说明

(1) 工程类别划分是根据不同的单位工程按施工难易程度,结合我省建筑工程项目管理水平确定的。

(2) 不同层数组成的单位工程,当高层部分的面积(竖向切分)占总面积30%以上时,按高层的指标确定工程类别,不足30%的按低层的指标确定工程类别。

(3) 建筑物、构筑物高度系指设计室外地面标高至檐口顶标高(不包括女儿墙,高出屋面电梯间、楼梯间、水箱间等的高度),跨度系指轴线之间的宽度。

(4) 工业建筑工程:指从事物质生产和直接为生产服务的建筑工程,主要包括生产(加工)车间、实验车间、仓库、独立实验室、化验室、民用锅炉房、变电所和其他生产用建筑工程。

(5) 民用建筑工程:指直接用于满足人们的物质和文化生活需要的非生产性建筑,主要包括商住楼、综合楼、办公楼、教学楼、宾馆、宿舍及其他民用建筑工程。

(6) 构筑物工程:指与工业与民用建筑工程相配套且独立于工业与民用建筑的

工程，主要包括烟囱、水塔、仓类、池类、栈桥等。

(7) 桩基础工程：指天然地基上的浅基础不能满足建筑物、构筑物稳定要求而采用的一种深基础，主要包括各种现浇和预制桩。

(8) 强夯法加固地基、基础钢筋混凝土支撑和钢支撑均按建筑工程二类标准执行。深层搅拌桩、粉喷桩、基坑锚喷护壁按制作兼打桩三类标准执行。专业预应力张拉施工如主体为一类工程按一类工程取费；主体为二、三类工程均按二类工程取费。钢板桩按打预制桩标准取费。

(9) 预制构件制作工程类别划分按相应的建筑工程类别划分标准执行。

(10) 与建筑物配套的零星项目，如化粪池、检查井、围墙、道路、下水道、挡土墙等，均按三类标准执行。

(11) 建筑物加层扩建时要与原建筑物一并考虑套用类别标准。

(12) 确定类别时，地下室、半地下室和层高小于2.2 m的楼层均不计算层数。空间可利用的坡屋顶或顶楼的跃层，当净高超过2.1 m部分的水平面积与标准层建筑面积相比达到50%以上时应计算层数。底层车库(不包括地下或半地下车库)在设计室外地面以上部分不小于2.2 m时，应计算层数。

(13) 基槽坑回填砂、灰土、碎石工程量不执行大型土石方工程，按相应的主体建筑工程类别标准执行。

(14) 凡工程类别标准中，有两个指标控制的，只要满足其中一个指标即可按该指标确定工程类别。

(15) 单独地下室工程按二类标准取费，如地下室建筑面积大于等于10000 m^2则按一类标准取费。

(16) 有地下室的建筑物，工程类别不低于二类。

(17) 多栋建筑物下有连通的地下室时，地上建筑物的工程类别同有地下室的建筑物；其地下室部分的工程类别同单独地下室工程。

(18) 桩基工程类别有不同桩长时，按照超过30%根数的设计最大桩长为准。同一单位工程内有不同类型的桩时，应分别计算。

(19) 施工现场完成加工制作的钢结构工程费用标准按照建筑工程执行。

(20) 加工厂完成制作，到施工现场安装的钢结构工程(包括网架屋面)，安全文明施工措施费按单独发包的构件吊装标准执行。加工厂为施工企业自有的，钢结构除安全文明施工措施费外，其他费用标准按建筑工程执行。钢结构为企业成品购入的，钢结构以成品预算价格计入材料费，费用标准按照单独发包的构件吊装工程执行。

(21) 在确定工程类别时，对于工程施工难度很大的(如建筑造型、结构复杂，采用新的施工工艺的工程等)，以及工程类别标准中未包括的特殊工程，如展览中心、影剧院、体育馆、游泳馆等，由当地工程造价管理机构根据具体情况确定，报上级造价管理机构备案。

3. 单独装饰工程类别划分说明

(1) 单独装饰工程是指建设单位单独发包的装饰工程，不分工程类别。

(2) 幕墙工程按照单独装饰工程取费。

3.4.4 工程费用取费标准及有关规定

1. 企业管理费、利润取费标准及规定

(1) 企业管理费、利润计算基础按本定额规定执行。

(2) 包工不包料、点工的管理费和利润包含在工资单价中。

建筑工程企业管理费和利润取费标准表见表3-12和表3-13。其中,表3-12为简易计税法,表3-13为一般计税法。

表3-12 建筑工程企业管理费和利润取费标准表(简易计税法)

序号	项目名称	计算基础	企业管理费率/(%)			利润率/(%)
			一类工程	二类工程	三类工程	
一	建筑工程	人工费+施工机具使用费	31	28	25	12
二	单独预制构件制作		15	13	11	6
三	打预制桩、单独构件吊装		11	9	7	5
四	制作兼打桩		15	13	11	7
五	大型土石方工程		6			4

表3-13 建筑工程企业管理费和利润取费标准表(一般计税法)

序号	项目名称	计算基础	企业管理费率/(%)			利润率/(%)
			一类工程	二类工程	三类工程	
一	建筑工程	人工费+除税施工机具使用费	32	29	26	12
二	单独预制构件制作		15	13	11	6
三	打预制桩、单独构件吊装		11	9	7	5
四	制作兼打桩		17	15	12	7
五	大型土石方工程		7			4

2. 措施项目取费标准及规定

(1) 单价措施项目以清单工程量乘以综合单价计算。综合单价按照各专业计价定额中的规定,依据设计图纸和经建设方认可的施工方案进行组价。

(2) 总价措施项目中部分以费率计算的措施项目费率标准见表3-14和表3-15,其计费基础为:分部分项工程费-工程设备费+单价措施项目费;其他总价措施项目,按项计取,综合单价按实际或可能发生的费用进行计算。

表 3-14 措施项目费取费标准表(简易计税法)

项目	计算基础	费率/(%)	
		建筑工程	单独装饰工程
夜间施工	分部分项工程费＋单价措施项目费－工程设备费	0～0.1	0～0.1
非夜间施工照明		0.2	0.2
冬、雨季施工		0.05～0.2	0.05～0.1
已完工程及设备保护		0～0.05	0～0.1
临时设施		1～2.2	0.3～1.2
赶工措施		0.5～2	0.5～2
按质论价		1～3	1～3
住宅分户验收		0.4	0.1

注:(1) 在计取非夜间施工照明费时,建筑工程、修缮土建部分仅地下室(地宫)部分可计取;单独装饰、修缮安装部分仅特殊施工部位内施工项目可计取。

(2) 在计取住宅分户验收时,大型土石方工程、桩基工程和地下室部分不计入计费基础。

表 3-15 措施项目费取费标准表(一般计税法)

项目	计算基础	费率/(%)	
		建筑工程	单独装饰工程
夜间施工	分部分项工程费＋单价措施项目费－除税工程设备费	0～0.1	0～0.1
非夜间施工照明		0.2	0.2
冬、雨季施工		0.05～0.2	0.05～0.1
已完工程及设备保护		0～0.05	0～0.1
临时设施		1～2.3	0.3～1.2
赶工措施		0.5～2.1	0.5～2
按质论价		1～3.1	1～3
住宅分户验收		0.4	0.1

安全文明施工措施费取费标准见表 3-16 和表 3-17。其中,表 3-16 为简易计税法,表 3-17 为一般计税法。

表 3-16　安全文明施工措施费取费标准表(简易计税法)

序号	工程名称	计算基础	基本费率/(%)	省级标化增加费/(%)
一	建筑工程	分部分项工程费+单价措施项目费－工程设备费	3.0	0.7
二	单独构件吊装		1.4	—
三	打预制桩/制作兼打桩		1.3/1.8	0.3/0.4
四	大型土石方工程		1.4	—

注:(1) 对于开展市级建筑安全文明施工标准化示范工地创建活动的地区,市级标化增加费按照省级费率乘以系数 0.7 执行。

(2) 建筑工程中的钢结构工程,钢结构为施工企业成品购入或加工厂完成制作,到施工现场安装的,安全文明施工措施费率标准按单独发包的构件吊装工程执行。

(3) 大型土石方工程适用于各专业中达到大型土石方标准的单位工程。

表 3-17　安全文明施工措施费取费标准表(一般计税法)

序号	工程名称	计算基础	基本费率/(%)	省级标化增加费/(%)
一	建筑工程	分部分项工程费+单价措施项目费－除税工程设备费	3.1	0.7
二	单独构件吊装		1.6	—
三	打预制桩/制作兼打桩		1.5/1.8	0.3/0.4
四	大型土石方工程		1.5	—

【例 3-17】某建筑工程,已知无工程设备,招标文件要求创建省级建筑安全文明施工标准化工地,在投标时,该工程投标价中分部分项工程费为 4200 万元,单价措施项目费为 300 万元,请按一般计税方法计算该工程的安全文明施工措施费。

【解】查表得

计算基础＝分部分项工程费＋单价措施项目费－工程设备费

＝4200＋300－0＝4500(万元)

安全文明施工措施费＝4500×(3.1%＋0.7%)＝171(万元)

3. 其他项目取费标准及规定

(1) 暂列金额、暂估价按发包人给定的标准计取。

(2) 计日工:由发承包双方在合同中约定。

(3) 总承包服务费:应根据招标文件列出的内容和向总承包人提出的要求,参照下列标准计算。

① 建设单位仅要求对分包的专业工程进行总承包管理和协调时,按分包的专业工程估算造价的 1%计算。

② 建设单位要求对分包的专业工程进行总承包管理和协调,并同时要求提供配合服务时,根据招标文件中列出的配合服务内容和提出的要求,按分包的专业工程估算造价的 2%～3%计算。

注意:在一般计税方式下暂列金额、暂估价、总承包服务费中均不包括增值税可抵扣进项税额。

4. 规费取费标准及有关规定

(1) 工程排污费:按工程所在地环境保护等部门规定的标准缴纳,按实计取列入。

(2) 社会保险费及住房公积金按表 3-18 和表 3-19 标准计取。其中,表 3-18 为简易计税法,表 3-19 为一般计税法。

表 3-18　社会保险费及住房公积金取费标准表(简易计税法)

<table>
<tr><th>序号</th><th>工程类别</th><th>计算基础</th><th>社会保险
费率/(%)</th><th>住房公积金
费率/(%)</th></tr>
<tr><td>一</td><td>建筑工程</td><td rowspan="4">分部分项工程费+
措施项目费+
其他项目费-
工程设备费</td><td>3</td><td>0.5</td></tr>
<tr><td>二</td><td>单独预制构件制作、单独构件吊装、打预制桩、制作兼打桩</td><td>1.2</td><td>0.22</td></tr>
<tr><td>三</td><td>人工挖孔桩</td><td>2.8</td><td>0.5</td></tr>
<tr><td>四</td><td>大型土石方工程</td><td>1.2</td><td>0.22</td></tr>
</table>

注:(1) 社会保险费包括养老保险费、失业保险费、医疗保险费、工伤保险费、生育保险费。

(2) 点工和包工不包料的社会保险费及公积金已经包含在人工工资单价中。

(3) 大型土石方工程适用各专业中达到大型土石方标准的单位工程。

(4) 社会保险费费率和住房公积金费率将随着社保部门要求和建设工程实际缴纳费率的提高,适时调整。

表 3-19　社会保险费及住房公积金取费标准表(一般计税法)

<table>
<tr><th>序号</th><th>工程类别</th><th>计算基础</th><th>社会保险
费率/(%)</th><th>住房公积金
费率/(%)</th></tr>
<tr><td>一</td><td>建筑工程</td><td rowspan="4">分部分项工程费+
措施项目费+
其他项目费-
除税工程设备费</td><td>3.2</td><td>0.53</td></tr>
<tr><td>二</td><td>单独预制构件制作、单独构件吊装、打预制桩、制作兼打桩</td><td>1.3</td><td>0.24</td></tr>
<tr><td>三</td><td>人工挖孔桩</td><td>3</td><td>0.53</td></tr>
<tr><td>四</td><td>大型土石方工程</td><td>1.3</td><td>0.24</td></tr>
</table>

【例 3-18】某建筑工程编制招标控制价文件,已知无工程设备,分部分项工程费为 400 万元,单价措施项目费为 32 万元,总价措施项目费为 18 万元,其他项目费中暂列金额为 10 万元,暂估材料价为 15 万元,专业工程暂估价为 20 万元,总承包服务费为 2 万元,无计日工费。请按简易计税法计算该工程的社会保险费。

【解】根据题意,计算如下。

$$分部分项工程费=400(万元)$$

$$措施项目费=32+18=50(万元)$$

$$其他项目费=10+20+2=32(万元)$$

$$工程设备费=0$$

$$计算基础=400+50+32-0=482(万元)$$

$$社会保险费=482\times3\%=14.46(万元)$$

5. 税金计算标准及有关规定

1）简易计税法

税金包括增值税应缴纳税额、城市建设维护税、教育费附加及地方教育附加，为不可竞争费。

① 增值税应缴纳税额＝包含增值税可抵扣进项税额的税前工程造价×适用税率。税率为 3%。

②城市建设维护税＝增值税应缴纳税额×适用税率。税率为：市区 7%，县镇 5%，乡村 1%。

③ 教育费附加＝增值税应缴纳税额×适用税率。税率为 3%。

④ 地方教育附加＝增值税应缴纳税额×适用税率。税率为 2%。

以上四项合计，以包含增值税可抵扣进项额的税前工程造价为计算基础，税金费率：市区 3.36%，县镇 3.30%，乡村 2.18%。如各市另有规定的，按各市规定计取。

2）一般计税法

税金是指根据建筑服务销售价格，按规定税率计算的增值税销项税额，为不可竞争费。

税金以除税工程造价为计算基础，费率为 11%。

3.4.5 工程造价计算程序

1. 一般计税方式

(1) 工程量清单法计算程序(包工包料)见表 3-20。

表 3-20 工程量清单法计算程序(包工包料)

<table>
<tr><th>序号</th><th colspan="2">费用名称</th><th>计算公式</th></tr>
<tr><td rowspan="6">一</td><td colspan="2">分部分项工程费</td><td>清单工程量×除税综合单价</td></tr>
<tr><td rowspan="5">其中</td><td>1. 人工费</td><td>人工消耗量×人工单价</td></tr>
<tr><td>2. 材料费</td><td>材料消耗量×除税材料单价</td></tr>
<tr><td>3. 施工机具使用费</td><td>机械消耗量×除税机械单价</td></tr>
<tr><td>4. 管理费</td><td>(1+3)×费率或(1)×费率</td></tr>
<tr><td>5. 利润</td><td>(1+3)×费率或(1)×费率</td></tr>
<tr><td rowspan="3">二</td><td colspan="2">措施项目费</td><td></td></tr>
<tr><td rowspan="2">其中</td><td>单价措施项目费</td><td>清单工程量×除税综合单价</td></tr>
<tr><td>总价措施项目费</td><td>(分部分项工程费+单价措施项目费－除税工程设备费)×费率或以项计费</td></tr>
<tr><td>三</td><td colspan="2">其他项目费</td><td></td></tr>
<tr><td rowspan="4">四</td><td colspan="2">规费</td><td></td></tr>
<tr><td rowspan="3">其中</td><td>1. 工程排污费</td><td rowspan="3">(一+二+三－除税工程设备费)×费率</td></tr>
<tr><td>2. 社会保险费</td></tr>
<tr><td>3. 住房公积金</td></tr>
</table>

续表

序号	费用名称	计算公式
五	税金	[一＋二＋三＋四－(除税甲供材料费＋除税甲供设备费)/1.01]×费率
六	工程造价	一＋二＋三＋四－(除税甲供材料费＋除税甲供设备费)/1.01＋五

(2) 计价定额法计算程序(包工包料)见表 3-21。

表 3-21　计价定额法计算程序(包工包料)

序号	费用名称		计算公式
一	分部分项工程费		工程量×除税综合单价
	其中	1. 人工费	人工消耗量×人工单价
		2. 材料费	材料消耗量×除税材料单价
		3. 施工机具使用费	机械消耗量×除税机械单价
		4. 管理费	(1＋3)×费率或(1)×费率
		5. 利润	(1＋3)×费率或(1)×费率
二	措施项目费		
	其中	单价措施项目费	工程量×除税综合单价
		总价措施项目费	(分部分项工程费＋单价措施项目费－除税工程设备费)×费率或以项计费
三	其他项目费		
四	规费		
	其中	1. 工程排污费	(一＋二＋三－除税工程设备费)×费率
		2. 社会保险费	
		3. 住房公积金	
五	税金		[一＋二＋三＋四－(除税甲供材料费＋除税甲供设备费)/1.01]×费率
六	工程造价		一＋二＋三＋四－(除税甲供材料费＋除税甲供设备费)/1.01＋五

2. 简易计税方式

清包工工程(包工不包料)、甲供工程、合同开工日期在 2016 年 4 月 30 日前的建设工程,可采用简易计税方法。

(1) 工程量清单法计算程序(包工包料)见表 3-22。

表 3-22 工程量清单法计算程序(包工包料)

<table>
<tr><th>序号</th><th colspan="2">费用名称</th><th>计算公式</th></tr>
<tr><td rowspan="6">一</td><td colspan="2">分部分项工程费</td><td>清单工程量×综合单价</td></tr>
<tr><td rowspan="5">其中</td><td>1. 人工费</td><td>人工消耗量×人工单价</td></tr>
<tr><td>2. 材料费</td><td>材料消耗量×材料单价</td></tr>
<tr><td>3. 施工机具使用费</td><td>机械消耗量×机械单价</td></tr>
<tr><td>4. 管理费</td><td>(1+3)×费率或(1)×费率</td></tr>
<tr><td>5. 利润</td><td>(1+3)×费率或(1)×费率</td></tr>
<tr><td rowspan="3">二</td><td colspan="2">措施项目费</td><td></td></tr>
<tr><td rowspan="2">其中</td><td>单价措施项目费</td><td>清单工程量×综合单价</td></tr>
<tr><td>总价措施项目费</td><td>(分部分项工程费+单价措施项目费-工程设备费)×费率或以项计费</td></tr>
<tr><td>三</td><td colspan="2">其他项目费</td><td></td></tr>
<tr><td rowspan="4">四</td><td colspan="2">规费</td><td></td></tr>
<tr><td rowspan="3">其中</td><td>1. 工程排污费</td><td rowspan="3">(一+二+三-工程设备费)×费率</td></tr>
<tr><td>2. 社会保险费</td></tr>
<tr><td>3. 住房公积金</td></tr>
<tr><td>五</td><td colspan="2">税金</td><td>[一+二+三+四-(甲供材料费+甲供设备费)/1.01]×费率</td></tr>
<tr><td>六</td><td colspan="2">工程造价</td><td>一+二+三+四-(甲供材料费+甲供设备费)/1.01+五</td></tr>
</table>

(2) 计价定额法计算程序(包工包料)见表 3-23。

表 3-23 计价定额法计算程序(包工包料)

<table>
<tr><th>序号</th><th colspan="2">费用名称</th><th>计算公式</th></tr>
<tr><td rowspan="6">一</td><td colspan="2">分部分项工程费</td><td>工程量×综合单价</td></tr>
<tr><td rowspan="5">其中</td><td>1. 人工费</td><td>人工消耗量×人工单价</td></tr>
<tr><td>2. 材料费</td><td>材料消耗量×材料单价</td></tr>
<tr><td>3. 施工机具使用费</td><td>机械消耗量×机械单价</td></tr>
<tr><td>4. 管理费</td><td>(1+3)×费率或(1)×费率</td></tr>
<tr><td>5. 利润</td><td>(1+3)×费率或(1)×费率</td></tr>
<tr><td rowspan="3">二</td><td colspan="2">措施项目费</td><td></td></tr>
<tr><td rowspan="2">其中</td><td>单价措施项目费</td><td>工程量×综合单价</td></tr>
<tr><td>总价措施项目费</td><td>(分部分项工程费+单价措施项目费-工程设备费)×费率或以项计费</td></tr>
</table>

续表

序号	费用名称		计算公式
三	其他项目费		
四	规费		
	其中	1. 工程排污费	（一＋二＋三－工程设备费）×费率
		2. 社会保险费	
		3. 住房公积金	
五	税金		［一＋二＋三＋四－（甲供材料费＋甲供设备费）/1.01］×费率
六	工程造价		一＋二＋三＋四－（甲供材料费＋甲供设备费）/1.01＋五

3. 工程量清单法包工不包料工程计算程序

工程量清单法包工不包料工程计算程序见表3-24。

表3-24 工程量清单法包工不包料工程计算程序

序号	费用名称		计算公式
一	分部分项工程费中人工费		清单人工消耗量×人工单价
二	措施项目费中人工费		
	其中	单价措施项目中人工费	清单人工消耗量×人工单价
三	其他项目费		
四	规费		
	其中	工程排污费	（一＋二＋三）×费率
五	税金		（一＋二＋三＋四）×费率
六	工程造价		一＋二＋三＋四＋五

【例3-19】某二类工程，计算得其分部分项工程费为416842.56元。已知：无工程设备，机械进出场费10000元，现场安全文明施工措施费的费率为3.1%，临时设施费的费率为1.5%，冬雨季施工增加费的费率为0.1%，工程排污费的费率为0.1%，社会保险费的费率为3.2%，住房公积金的费率为0.53%，税金的费率为11%，其余费用不计，试按一般计税法计算该工程的工程造价。

【解】根据题意，计算如下。

一、分部分项工程费　　416842.56元

二、措施项目费　　30061.6元

1. 单价措施项目费：机械进出场费10000元

2. 总价措施项目费

临时设施（416842.56＋10000）×1.5%＝6402.64（元）

冬雨季施工增加费(416842.56+10000)×0.1%=426.84(元)

安全文明施工措施费(416842.56+10000)×3.1%=13232.12(元)

三、其他费用

四、规费 17116.42元

1. 工程排污费(一+二+三−除税工程设备费)×0.1%=446.9(元)

2. 社会保险费(一+二+三−除税工程设备费)×3.2%=14300.93(元)

3. 住房公积金(一+二+三−除税工程设备费)×0.53%=2368.59(元)

五、税金

[一+二+三+四−(除税甲供材料费+除税甲供设备费)/1.01]×11%=51042.26(元)

六、工程造价

一+二+三+四−(除税甲供材料费+除税甲供设备费)/1.01+五=515062.84(元)

第 4 章　建筑面积计算

【知识点及学习要求】

知识点	学习要求
知识点 1:建筑面积计算中的常用名词	了解
知识点 2:《建筑工程建筑面积计算规范》GB/T 50353—2013	熟悉
知识点 3:利用建筑面积的计算规则对实例进行计算	掌握

4.1　概述

住房和城乡建设部在广泛调查研究、认真总结经验并广泛征求意见的基础上，于 2013 年 12 月 19 日颁布了《建筑工程建筑面积计算规范》GB/T 50353—2013。规范自 2014 年 7 月 1 日起正式实施，是现行建筑面积计算的主要依据。

4.1.1　术语

1. 建筑面积(construction area)

建筑物(包括墙体)所形成的楼地面面积。

2. 自然层(floor)

按楼地面结构分层的楼层。

3. 结构层高(structure story height)

楼面或地面结构层上表面至上部结构层上表面之间的垂直距离。

4. 围护结构(building enclosure)

围合建筑空间的墙体、门、窗。

5. 建筑空间(space)

以建筑界面限定的、供人们生活和活动的场所。

6. 结构净高(structure net height)

楼面或地面结构层上表面至上部结构层下表面之间的垂直距离。

7. 围护设施(enclosure facilities)

为保障安全而设置的栏杆、栏板等围挡。

8. 地下室(basement)

室内地平面低于室外地平面的高度超过室内净高的 1/2 的房间。

9. 半地下室(semi-basement)

室内地平面低于室外地平面的高度超过室内净高的 1/3，且不超过 1/2 的房间。

10. 架空层(stilt floor)

仅有结构支撑而无外围护结构的开敞空间层。

11. 走廊(corridor)

建筑物中的水平交通空间。

12. 架空走廊(elevated corridor)

专门设置在建筑物的二层或二层以上,作为不同建筑物之间水平交通的空间。

13. 结构层(structure layer)

整体结构体系中承重的楼板层。

14. 落地橱窗(french window)

突出外墙面且根基落地的橱窗。

15. 凸窗(飘窗)(bay window)

凸出建筑物外墙面的窗户。

16. 檐廊(eaves gallery)

建筑物挑檐下的水平交通空间。

17. 挑廊(overhanging corridor)

挑出建筑物外墙的水平交通空间。

18. 门斗(air lock)

建筑物入口处两道门之间的空间。

19. 雨篷(canopy)

建筑出入口上方为遮挡雨水而设置的部件。

20. 门廊(porch)

建筑物入口前有顶棚的半围合空间。

21. 楼梯(stairs)

由连续行走的梯级、休息平台和维护安全的栏杆(或栏板)、扶手以及相应的支托结构组成的作为楼层之间垂直交通使用的建筑部件。

22. 阳台(balcony)

附设于建筑物外墙,设有栏杆或栏板,可供人活动的室外空间。

23. 主体结构(major structure)

接受、承担和传递建设工程所有上部荷载,维持上部结构整体性、稳定性和安全性的有机联系的构造。

24. 变形缝(deformation joint)

防止建筑物在某些因素作用下引起开裂甚至破坏而预留的构造缝。

25. 骑楼(overhang)

建筑底层沿街面后退且留出公共人行空间的建筑物。

26. 过街楼(overhead building)

跨越道路上空并与两边建筑相连接的建筑物。

27. 建筑物通道(passage)

为穿过建筑物而设置的空间。

28. 露台(terrace)

设置在屋面、首层地面或雨篷上的供人室外活动的有围护设施的平台。

29. 勒脚(plinth)

在房屋外墙接近地面部位设置的饰面保护构造。

30. 台阶(step)

联系室内外地坪或同楼层不同标高而设置的阶梯形踏步。

4.1.2 建筑面积的概念

建筑面积是指建筑物各层水平平面面积的总和,也就是建筑物外墙勒脚以上各层水平投影面积的总和,包括使用面积、辅助面积和结构面积。其中使用面积是指建筑物各层平面布置中可直接为生产或生活使用的净面积总和。使用面积即净面积,在民用建筑中又称居住面积。辅助面积是指建筑物各层平面布置中为辅助生产和生活所占净面积的总和(如楼梯、走廊、通道等)。使用面积与辅助面积的总和为有效面积。结构面积是指建筑物各层平面布置中的墙体、柱等结构所占面积。

建筑面积＝使用面积＋辅助面积＋结构面积

有效面积＝使用面积＋辅助面积

4.1.3 建筑面积的作用

建筑面积的作用,具体体现在以下几个方面。

1. 确定建设规模的重要指标

根据项目立项批准文件所核准的建筑面积,是初步设计的重要控制指标。对于国家投资的项目,施工图的建筑面积不得超过初步设计的 5%,否则必须重新报批。

2. 确定各项技术经济指标的基础

有了建筑面积,才能确定单位建筑面积的工程造价。

单位建筑面积的工程造价＝工程造价/建筑面积

3. 计算有关各项工程量的依据

建筑面积是计算平整场地工程量、垂直运输工程量和超高补贴费等的依据。

4. 选择概算指标和编制概算的主要依据

概算指标通常以建筑面积为计量单位。用概算指标编制概算时,要以建筑面积为计算基础。

4.2 建筑面积计算规则

4.2.1 应计算建筑面积的项目

(1) 建筑物的建筑面积应按自然层外墙结构外围水平面积之和计算。结构层高在 2.2 m 及以上的,应计算全面积;结构层高在 2.2 m 以下的,应计算 1/2 面积。

(2) 建筑物内设有局部楼层时,对于局部楼层的二层及以上楼层,有围护结构的应按其围护结构外围水平面积计算,无围护结构的应按其结构底板水平面积计算,且结构层高在 2.2 m 及以上的,应计算全面积,结构层高在 2.2 m 以下的,应计算 1/2

面积,如图 4-1 所示。

(3) 对于形成建筑空间的坡屋顶,结构净高在 2.1 m 及以上的部位应计算全面积;结构净高在 1.2 m 及以上至 2.1 m 以下的部位应计算 1/2 面积;结构净高在 1.2 m以下的部位不应计算建筑面积,如图 4-2 所示。

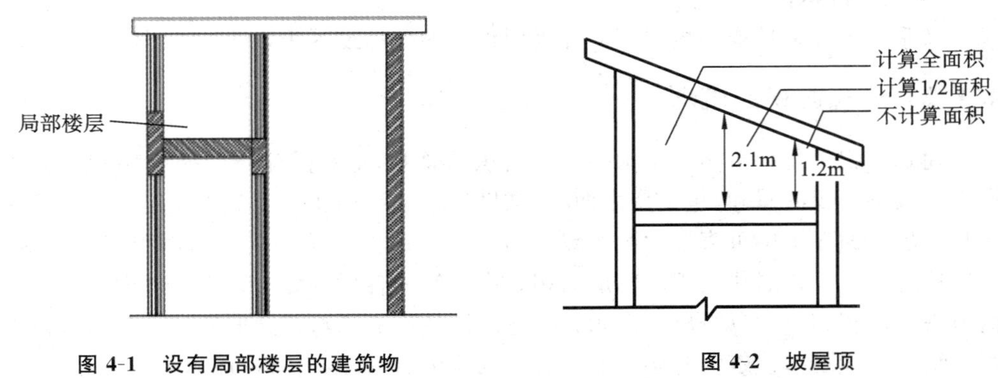

图 4-1　设有局部楼层的建筑物　　图 4-2　坡屋顶

【例 4-1】已知某房屋平面图和剖面图如图 4-3、图 4-4 所示。请计算该房屋的建筑面积。

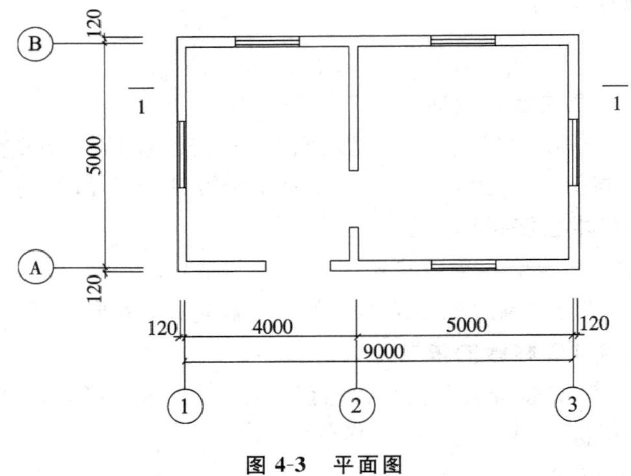

图 4-3　平面图

【解】　一层建筑面积:(9+0.24)×(5+0.24)=48.418(m^2)

二层建筑面积:(4+0.24) ×(5+0.24)=22.218(m^2)

三层建筑面积:(4+0.24) ×(5+0.24)/2=11.109(m^2)

总建筑面积=48.418+22.218+ 11.109=81.745(m^2)

【例 4-2】某砖混结构住宅楼,屋面采用双坡屋面,并利用坡屋顶的空间做阁楼层,屋盖结构层厚度 10 cm,层高、层数等如图 4-5 及图 4-6 所示,请计算该住宅的建筑面积。

【解】达到 1.2 m 但未达到 2.1 m 净高的房屋宽度=(2.10-1.90)/(5.90-4.90)×5+0.24=1.24(m)

达到 2.1 m 净高的房屋宽度=5-1=4.00(m)

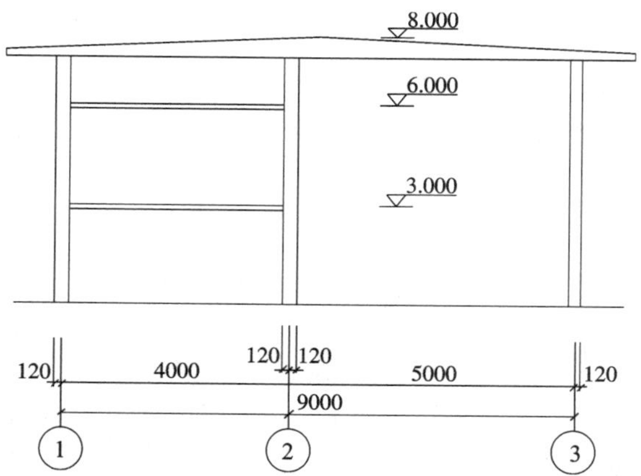

图 4-4　剖面图

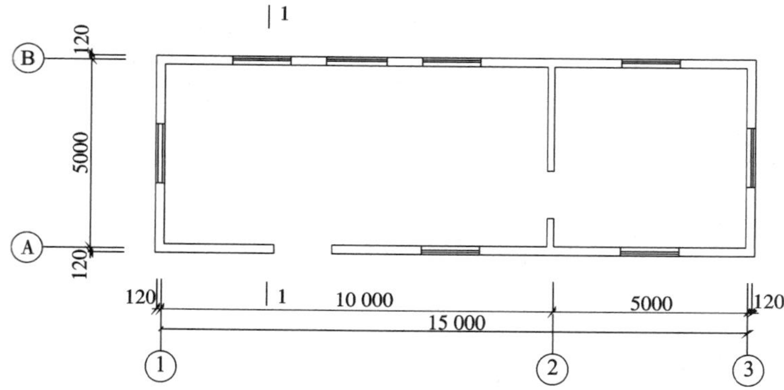

图 4-5　平面图

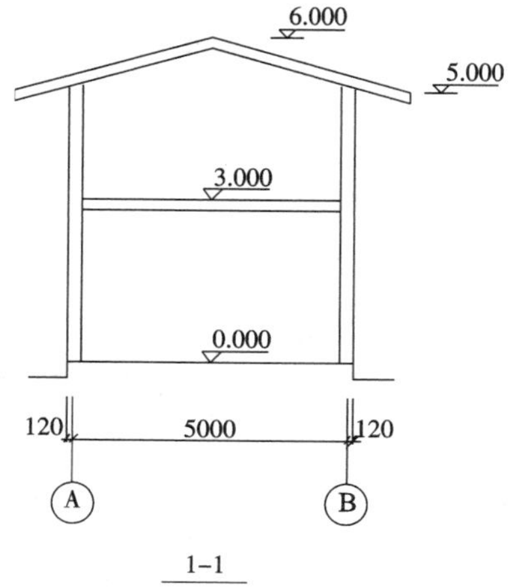

图 4-6　剖面图

阁楼部分建筑面积 $S_1=(15+0.24)\times4+(15+0.24)\times1.24/2=70.41(\text{m}^2)$

一层建筑面积 $S_2=(15+0.24)\times(5+0.24)=79.86(\text{m}^2)$

总建筑面积 $S=S_1+S_2=150.27(\text{m}^2)$

(4) 对于场馆看台下的建筑空间,结构净高在 2.1 m 及以上的部位应计算全面积;结构净高在 1.2 m 及以上至 2.1 m 以下的部位应计算 1/2 面积;结构净高在 1.2 m以下的部位不应计算建筑面积。室内单独设置的有围护设施的悬挑看台,应按看台结构底板水平投影面积计算建筑面积。有顶盖无围护结构的场馆看台应按其顶盖水平投影面积的 1/2 计算面积。

(5) 地下室、半地下室应按其结构外围水平面积计算。结构层高在 2.2 m 及以上的,应计算全面积;结构层高在 2.2 m 以下的,应计算 1/2 面积。

(6) 出入口外墙外侧坡道有顶盖的部位,应按其外墙结构外围水平面积的 1/2 计算面积,如图 4-7 所示。

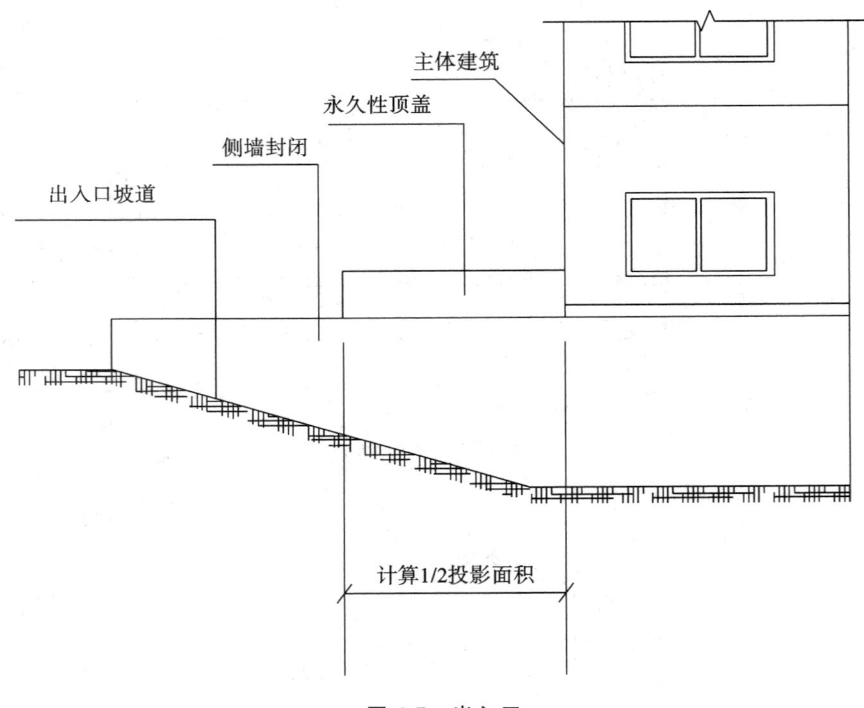

图 4-7 出入口

(7) 建筑物架空层及坡地建筑物吊脚架空层,应按其顶板水平投影计算建筑面积。结构层高在 2.2 m 及以上的,应计算全面积;结构层高在 2.2 m 以下的,应计算 1/2 面积,如图 4-8 所示。

(8) 建筑物的门厅、大厅应按一层计算建筑面积,门厅、大厅内设置的走廊应按走廊结构底板水平投影面积计算建筑面积。结构层高在 2.2 m 及以上的,应计算全面积;结构层高在 2.2 m 以下的,应计算 1/2 面积。

【例 4-3】某建筑物大厅平面图如图 4-9 所示,剖面图如图 4-10 所示,求该建筑物

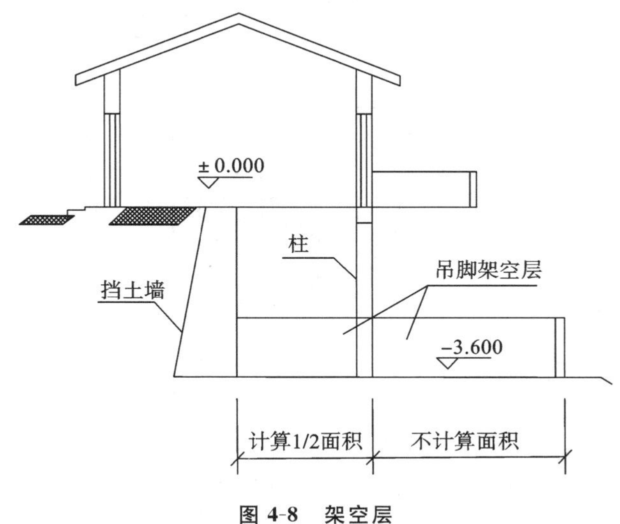

图 4-8　架空层

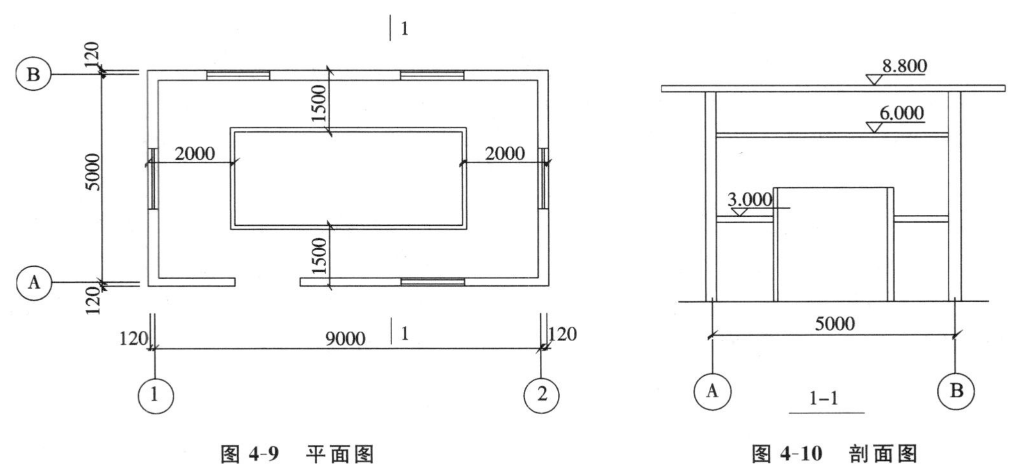

图 4-9　平面图　　　　图 4-10　剖面图

的建筑面积。

【解】　楼层建筑面积 S_1＝(9＋0.24)×(5＋0.24)×2＝96.84(m^2)

回廊建筑面积 S_2 ＝(9＋0.24)×(5＋0.24)－(9＋0.24－4)×(5＋0.24－3)

＝36.68(m^2)

总建筑面积 $S=S_1+S_2$＝133.52(m^2)

(9) 对于建筑物间的架空走廊，有顶盖和围护设施的，应按其围护结构外围水平面积计算全面积；无围护结构、有围护设施的，应按其结构底板水平投影面积计算1/2面积，如图 4-11 所示。

(10) 对于立体书库、立体仓库、立体车库，有围护结构的，应按其围护结构外围水平面积计算建筑面积；无围护结构、有围护设施的，应按其结构底板水平投影面积计算建筑面积。无结构层的应按一层计算，有结构层的应按其结构层面积分别计算。结构层高在 2.2 m 及以上的，应计算全面积；结构层高在 2.2 m 以下的，应计算 1/2

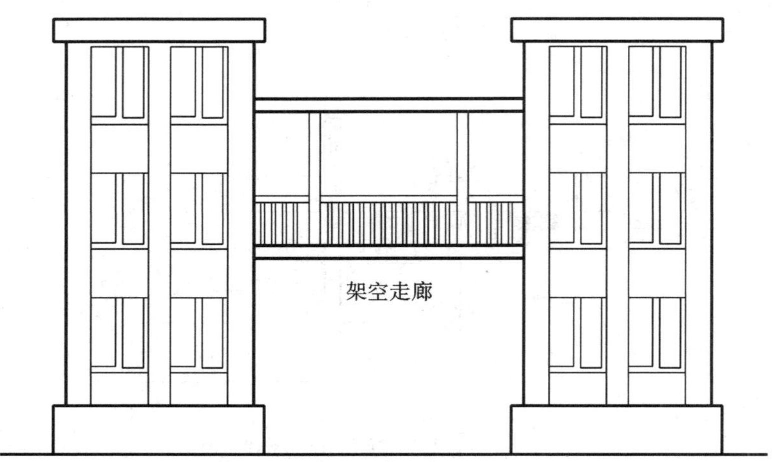

图 4-11 架空走廊

面积。

(11) 有围护结构的舞台灯光控制室,应按其围护结构外围水平面积计算。结构层高在 2.2 m 及以上的,应计算全面积;结构层高在 2.2 m 以下的,应计算 1/2 面积。

(12) 附属在建筑物外墙的落地橱窗,应按其围护结构外围水平面积计算。结构层高在 2.2 m 及以上的,应计算全面积;结构层高在 2.2 m 以下的,应计算 1/2 面积。

(13) 窗台与室内楼地面高差在 0.45 m 以下且结构净高在 2.1 m 及以上的凸(飘)窗,应按其围护结构外围水平面积计算 1/2 面积。

(14) 有围护设施的室外走廊(挑廊),应按其结构底板水平投影面积计算 1/2 面积;有围护设施(或柱)的檐廊,应按其围护设施(或柱)外围水平面积计算 1/2 面积,如图 4-12 所示。

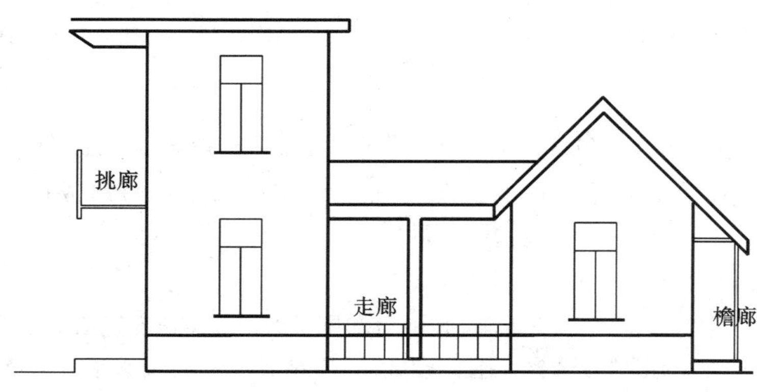

图 4-12 挑廊、檐廊

【例 4-4】某四层建筑,如图 4-13 和图 4-14 所示。墙厚为 240 mm,二层以上有全玻璃外挑走廊,院内地坪标高为－0.15 m,求该建筑物建筑面积。

【解】挑出墙外的全玻璃挑廊属有围护结构的挑廊,按结构底板水平投影面积的

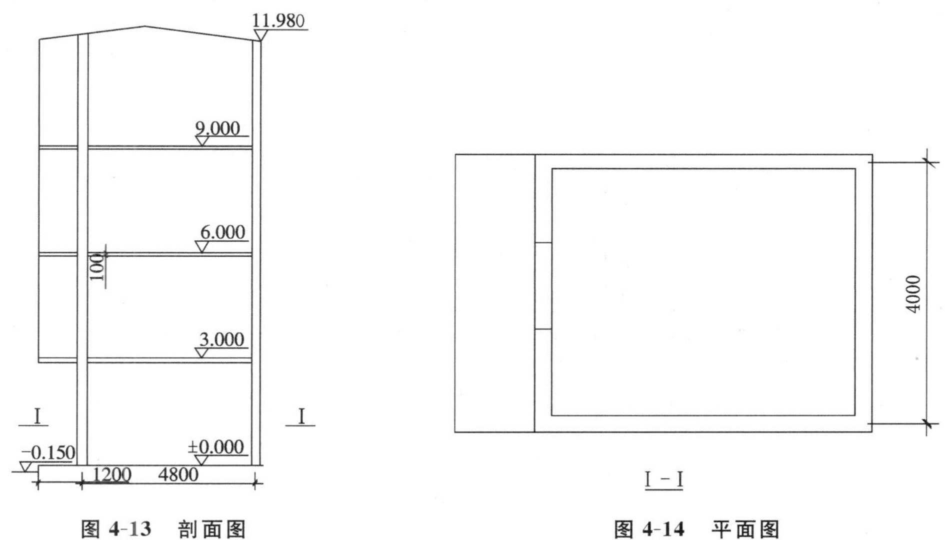

图 4-13　剖面图　　图 4-14　平面图

1/2 计算，首层外墙外 1.2 m 走道属无围护结构的檐廊，不管层高多少一律按底板面积的 1/2 计算。

首层：$(4.8+0.24)\times(4+0.24)=21.37(m^2)$

外挑檐廊：$(1.2-0.12)\times(4+0.24)\times1/2=2.29(m^2)$

二层：$(6.0+0.12)\times4.24=25.95(m^2)$

三层：$(6.0+0.12)\times4.24=25.95(m^2)$

四层：以屋面板找坡，此层最低处高度为 $11.98-9.00=2.98(m)$，大于 2.1 m 应按全面积计算，得 25.95 m^2

总建筑面积为：$21.37+2.29+25.95\times3=101.51(m^2)$

(15) 门斗应按其围护结构外围水平面积计算建筑面积，且结构层高在 2.2 m 及以上的，应计算全面积；结构层高在 2.2 m 以下的，应计算 1/2 面积，如图 4-15 所示。

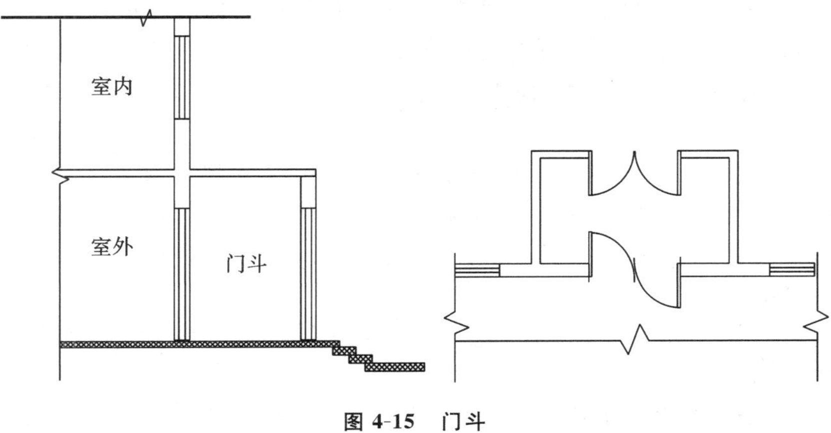

图 4-15　门斗

(16) 门廊应按其顶板的水平投影面积的 1/2 计算建筑面积；有柱雨篷应按其结

构板水平投影面积的 1/2 计算建筑面积;无柱雨篷的结构外边线至外墙结构外边线的宽度在 2.1 m 及以上的,应按雨篷结构板的水平投影面积的 1/2 计算建筑面积,如图 4-16 所示。

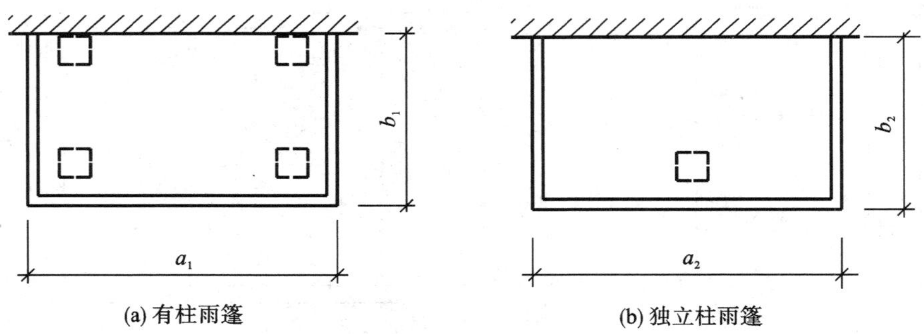

图 4-16 雨篷

(17) 设在建筑物顶部的、有围护结构的楼梯间、水箱间、电梯机房等,结构层高在 2.2 m 及以上的应计算全面积;结构层高在 2.2 m 以下的,应计算 1/2 面积,如图 4-17 所示。

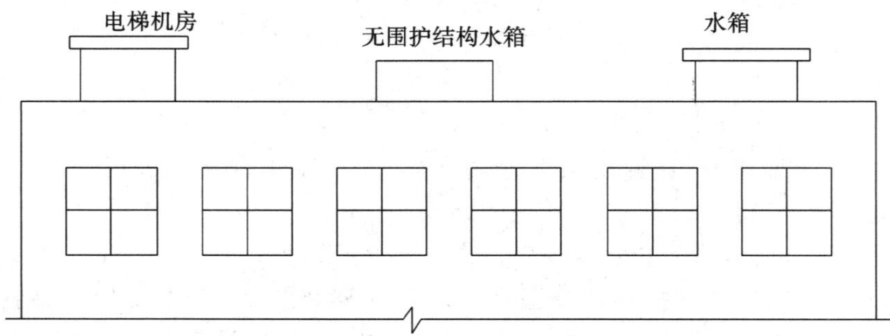

图 4-17 水箱间、电梯机房等

(18) 围护结构不垂直于水平面的楼层,应按其底板面的外墙外围水平面积计算。结构净高在 2.1 m 及以上的部位,应计算全面积;结构净高在 1.2 m 及以上至 2.1 m 以下的部位,应计算 1/2 面积;结构净高在 1.2 m 以下的部位,不应计算建筑面积,如图 4-18 所示。

(19) 建筑物的室内楼梯、电梯井、提物井、管道井、通风排气竖井、烟道,应并入建筑物的自然层计算建筑面积。有顶盖的采光井应按一层计算面积,且结构净高在 2.1 m 及以上的,应计算全面积;结构净高在 2.1 m 以下的,应计算 1/2 面积,如图 4-19、图 4-20 所示。

(20) 室外楼梯应并入所依附建筑物自然层,并应按其水平投影面积的 1/2 计算建筑面积,如图 4-21 所示。

【例 4-5】某建筑物共五层,标准层平面如图 4-22 所示,试计算该建筑物的建筑面积。

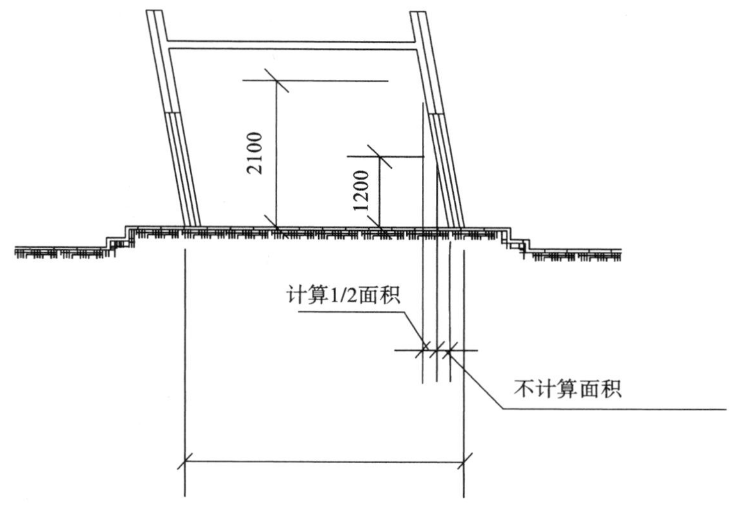

图 4-18　围护结构

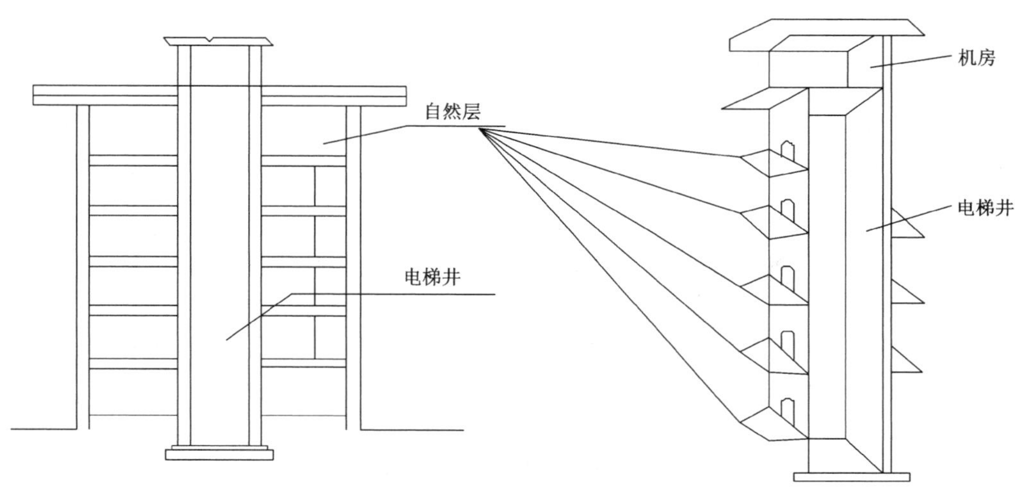

图 4-19　电梯井

【解】室外楼梯面积：1.32×3.52×0.5×4＝9.29(m^2)

总建筑面积：(5＋0.24)×(1.5＋3＋3.5＋0.24)×5＋9.29＝224.34(m^2)

(21) 在主体结构内的阳台，应按其结构外围水平面积计算全面积；在主体结构外的阳台，应按其结构底板水平投影面积计算 1/2 面积，如图 4-23 所示。

(22) 有顶盖无围护结构的车棚、货棚、站台、加油站、收费站等，应按其顶盖水平投影面积的 1/2 计算建筑面积，如图 4-24 所示。

(23) 以幕墙作为围护结构的建筑物，应按幕墙外边线计算建筑面积。

(24) 建筑物的外墙外保温层，应按其保温材料的水平截面积计算，并计入自然层建筑面积，如图 4-25 所示。

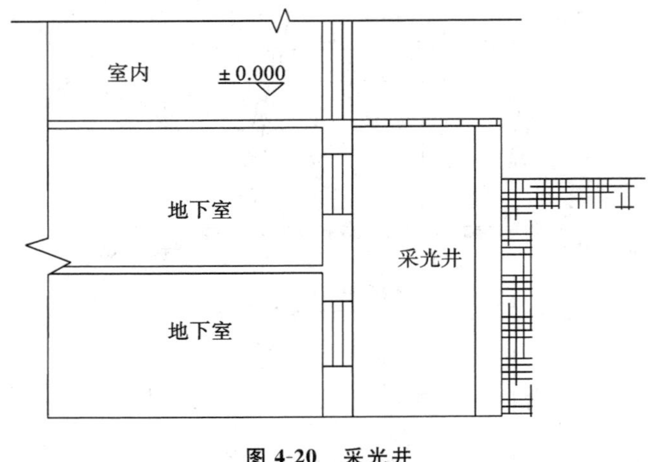

图 4-20　采光井

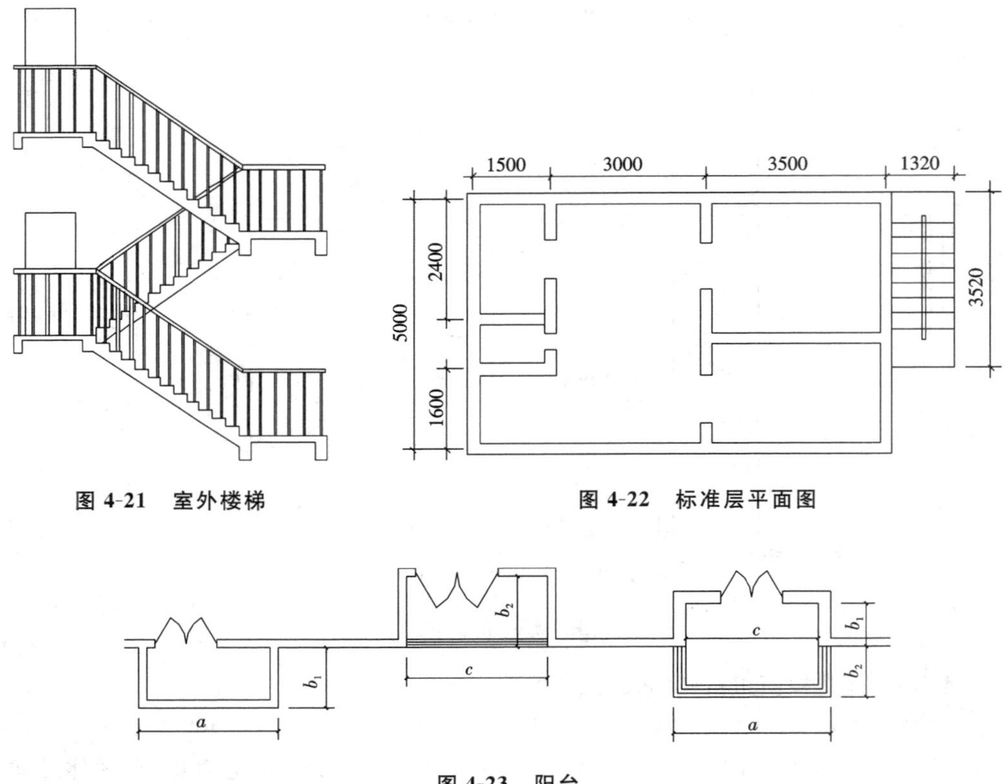

图 4-21　室外楼梯

图 4-22　标准层平面图

图 4-23　阳台

(25) 与室内相通的变形缝,应按其自然层合并在建筑物建筑面积内计算。对于高低联跨的建筑物,当高低跨内部连通时,其变形缝应计算在低跨面积内,如图 4-26 所示。

【例 4-6】某单层工业厂房平面图及剖面图如图 4-27 和图 4-28 所示。单层厂房一部分采用无梁楼盖,另一部分采用纵向框架承重,由于两部分的沉降量不同,中间

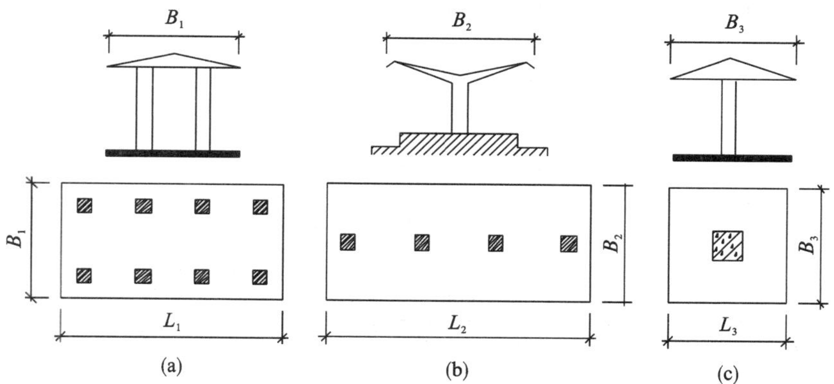

图 4-24　车棚、货棚、站台等

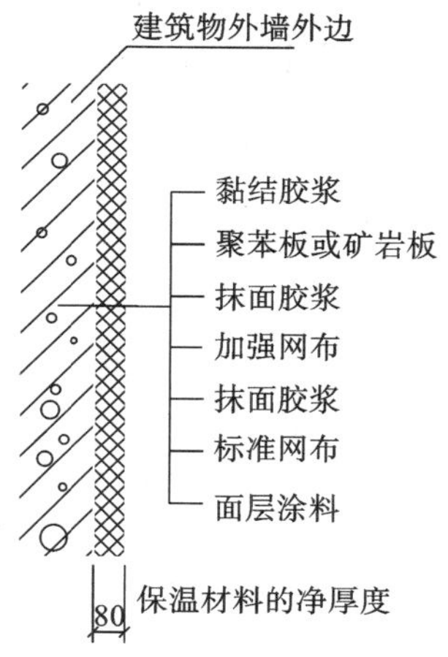

图 4-25　墙体保温

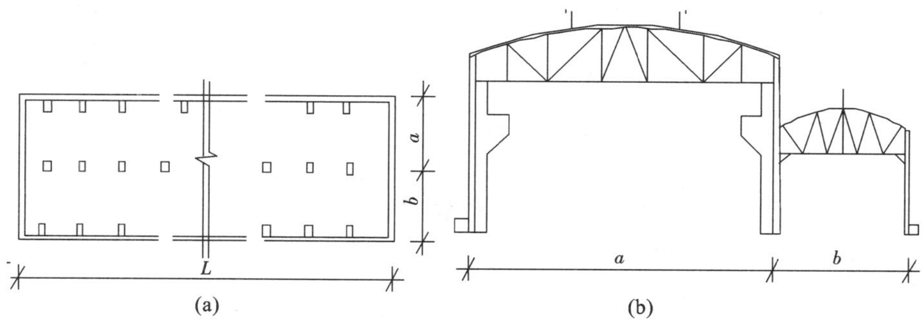

图 4-26　高低联跨建筑

(a) 平面图；(b) 立面图

设置了宽度为 300 mm 的变形缝。单层工业厂房的层高为 3.6 m，墙体除注明外均为 200 mm 厚加气混凝土墙，轴线位于柱中。计算该单层厂房的建筑面积。

【解】建筑面积分为以下三个部分。

第一部分：(3×6+0.1×2)×(12+0.1×2)=222.04(m^2)

第二部分：(5×6+0.1×2)×(12+0.1×2)=368.44(m^2)

变形缝：0.3×(12+0.1×2)=3.66(m^2)

合计：222.04+368.44+3.66=594.14(m^2)

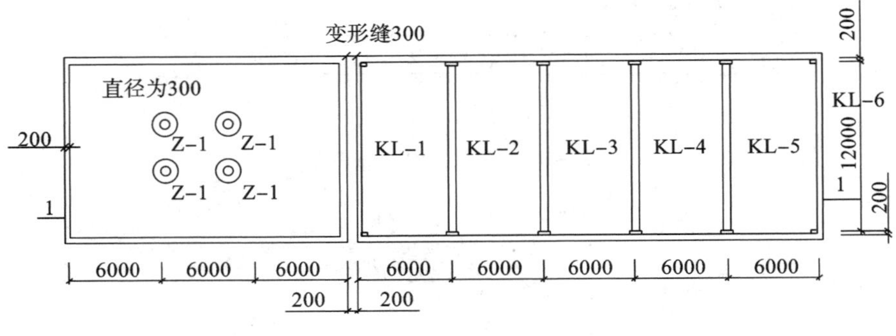

图 4-27 某单层工业厂房平面图

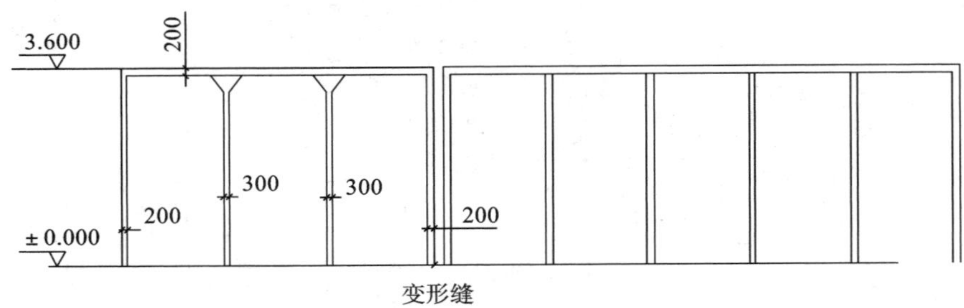

图 4-28 某单层工业厂房剖面图

(26) 对于建筑物内的设备层、管道层、避难层等有结构层的楼层，结构层高在 2.2 m 及以上的，应计算全面积；结构层高在 2.2 m 以下的，应计算 1/2 面积。

4.2.2 不应计算面积的项目

(1) 与建筑物内不相连通的建筑部件。

(2) 骑楼、过街楼底层的开放公共空间和建筑物通道，如图 4-29 所示。

(3) 舞台及后台悬挂幕布和布景的天桥、挑台等。

(4) 露台、露天游泳池、花架、屋顶的水箱及装饰性结构构件。

(5) 建筑物内的操作平台、上料平台、安装箱和罐体的平台。

(6) 勒脚、附墙柱、垛、台阶、墙面抹灰、装饰面、镶贴块料面层、装饰性幕墙，主体结构外的空调室外机搁板(箱)、构件、配件，挑出宽度在 2.1 m 以下的无柱雨篷和顶盖高度达到或超过两个楼层的无柱雨篷，如图 4-30 所示。

(7) 窗台与室内地面高差在 0.45 m 以下且结构净高在 2.1 m 以下的凸(飘)窗，

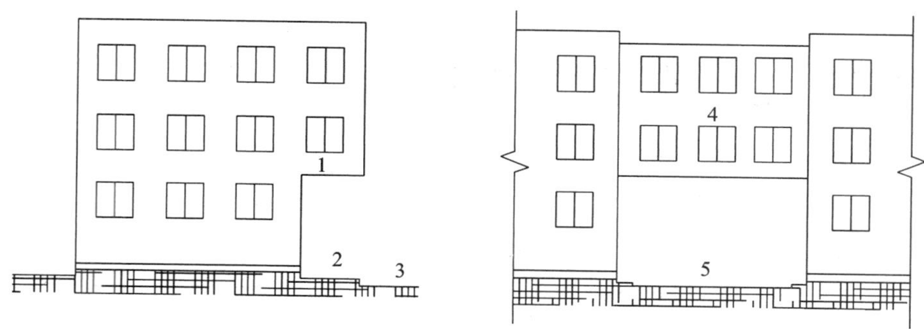

图 4-29　骑楼

1-骑楼；2-人行道；3-街道；4-过街楼；5-建筑物通道

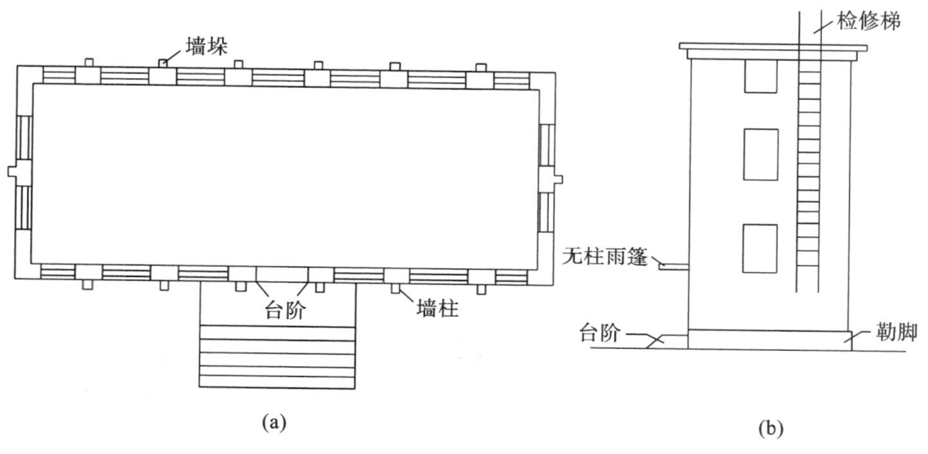

图 4-30　勒脚、附墙柱等

(a) 平面图；(b) 立面图

窗台与室内地面高差在 0.45 m 及以上的凸(飘)窗。

(8) 室外爬梯、室外专用消防钢楼梯。

(9) 无围护结构的观光电梯。

(10) 建筑物以外的地下人防通道，独立的烟囱、烟道、地沟、油(水)罐、气柜、水塔、贮油(水)池、贮仓、栈桥等构筑物。

第 5 章　土石方与基础工程清单计价

【知识点及学习要求】

知识点	学习要求
知识点 1:基础工程清单计价	掌握
知识点 2:土石方工程清单计价	掌握

5.1　基础工程清单计价

5.1.1　基础工程概述

1. 工程识图

基础工程清单计量计价的图纸依据主要为结构施工图的基础平面图及基础详图。表示建筑物相对标高±0.000 以下承受上部房屋全部荷载的构件图样称为基础图。基础平面布置及地面以下的构造情况,以基础平面图和基础剖(截)面详图表示。计算之前应详细阅读基础施工图。

1) 基础的平面布置情况

基础平面图是表明基础类型、范围、平面定位尺寸和详图剖切位置等情况的施工图,通过基础平面图主要了解工程基础的类型,基础的编号及数量或长度的起止点,轴线的分布、重复根数和所在的部位等情况并加以归纳和分析。

2) 基础的细部构造尺寸

从基础平面图上我们只能得知它的平面布置情况,而不了解它的具体构成,这需要通过识读它的基础详图来了解。基础平面图中有相关部位的剖切编号,与之对应的是相关部位的基础详图(剖面图),从详图中可知基础埋设深度和长、宽、高详细尺寸以及基础材料等。

3) 基础施工的要求

基础施工的要求,如混凝土、砖和砂浆的强度等级,防潮层敷设的高度和所用的材料等,一般不在平面图与详图中表示,而是在结构设计说明中描述。熟悉施工要求对清单项目确定及选套定额单价有重要作用。

2. 构件分类:常见基础的类型

基础:建筑地面以下的承重构件,是建筑的下部结构。它承受建筑物上部结构传下来的全部荷载,并把这些荷载连同本身的重量一起传到地基上。

基础底下的土层称为地基，地基不是建筑物的组成部分，而是基础下面承受建筑物全部荷载的土层。

从基础底面至室内地坪±0.000 处的高度，称为基础埋深。

条形基础埋入地下部分称作基础墙，其底部放大(加宽)部分，称为大放脚。

独立基础自室内地坪±0.000 以下部分称为基础柱，如果是钢筋混凝土大范围浇筑则称为满堂基础。

常见基础的类型(按构造形式分类)主要包括以下几种。

1) 独立基础

独立基础常用作钢筋混凝土柱下独立基础，又分为现浇和预制独立基础。常用的断面形式有阶梯形、锥形、杯形，如图 5-1 所示。

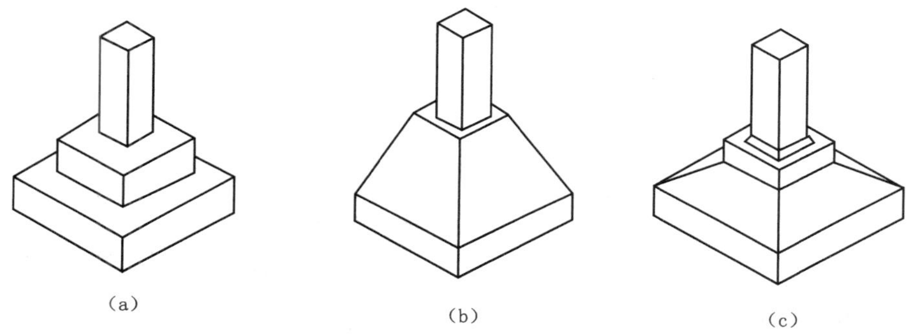

图 5-1　独立基础常用的断面形式

(a)阶梯形；(b)锥形；(c)杯形

当柱为预制构件时，基础浇筑成杯形，然后将柱子插入，并用细石混凝土嵌固，称为杯形基础。杯口外壁高度大于杯口外长边的杯形基础：$h>A$(A 为长边，即 $A>B$)，为高颈杯形基础，如图 5-2 所示。

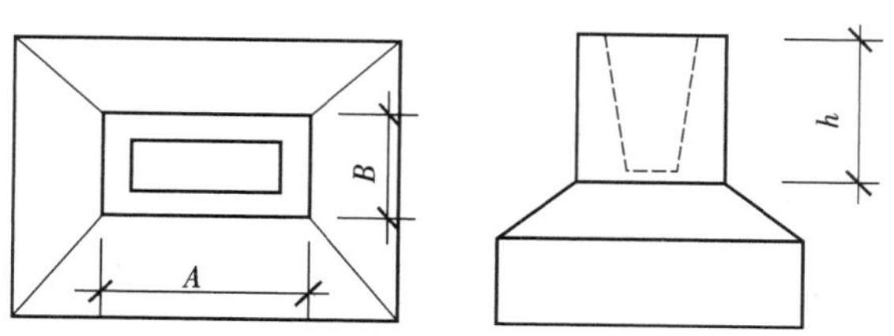

图 5-2　高颈杯形基础($h>A,A>B$)

2) 条形基础(带形基础)

条形基础有墙下条形基础和柱下条形基础。

墙下条形基础：当房屋为墙承重结构时，承重墙下一般设条形基础，常用砖、毛石砌体。其断面形式如图 5-3 所示。

柱下条形基础：在平面位置上布置独立基础受到限制，此时可把同一排上若干柱子的基础连在一起，就成为柱下条形基础，常用混凝土，如图 5-4 所示。井格基础如图 5-5 所示。

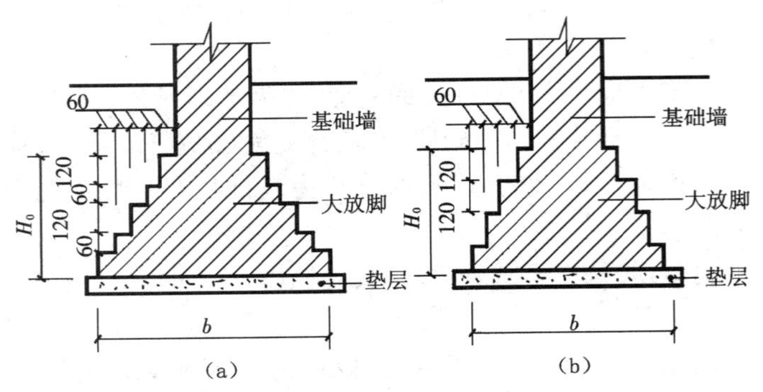

图 5-3　墙下条形基础

(a)间隔式;(b)等高式

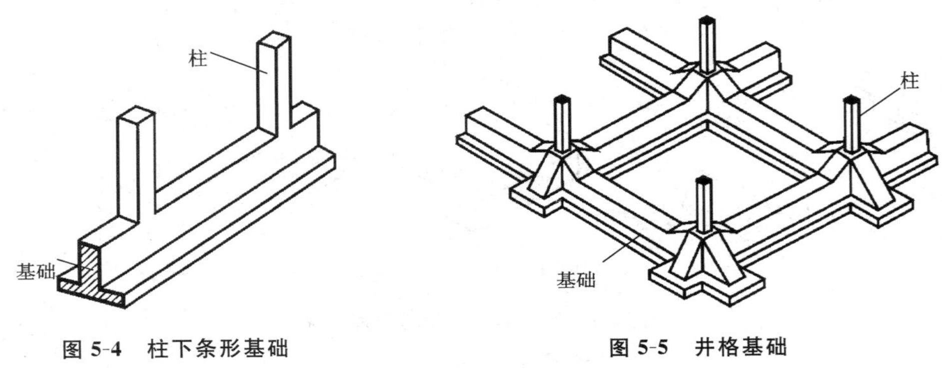

图 5-4　柱下条形基础

图 5-5　井格基础

混凝土条形基础可分为有梁式混凝土条形基础和无梁式混凝土条形基础。

有梁式混凝土条形基础指在基础中设置梁的配筋结构,反之则为无梁式混凝土条形基础。但要注意在定额中只有明梁式混凝土条形基础(突出基面的梁)才能套有梁式混凝土条形基础的定额。暗梁式混凝土条形基础和无梁式混凝土基础套无梁式混凝土条形基础定额,如图 5-6 所示。

另外,明梁式混凝土条形基础其梁高与梁宽之比在 4∶1 以内的,按有梁式混凝土条形基础计算(条形基础梁高是指梁底部到上部的高度);超过 4∶1 时,其基础底按无梁式混凝土条形基础计算,上部按墙计算,如图 5-6 所示。

3）满堂基础

筏片基础:由整片的钢筋混凝土板组成,板直接作用于地基上的基础。

板式、梁板式、不埋式筏板基础:满堂(板式)基础有梁式(包括反梁)、无梁式,应分别计算,仅带有边肋者,按无梁式满堂基础套用子目。

箱形基础:由钢筋混凝土底板、顶板和纵横墙体组成的整体结构。

满堂基础如图 5-7 所示。

4）桩基础

桩基础是由设置于土中的桩身和承接上部结构的承台共同组成,如图 5-8 所示。

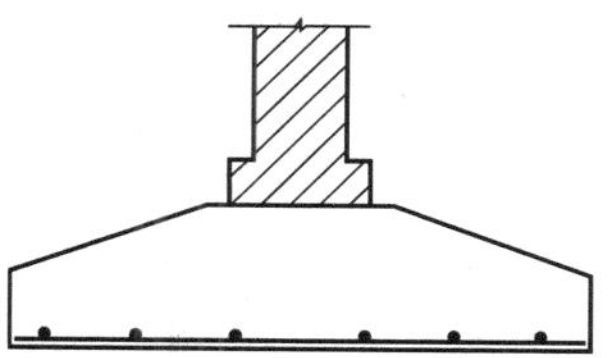

无梁式混凝土条形基础
套无梁式混凝土条形基础定额

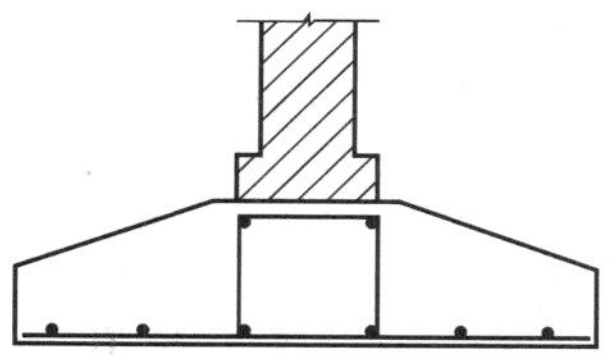

有梁式混凝土条形基础(暗梁)
套无梁式混凝土条形基础定额

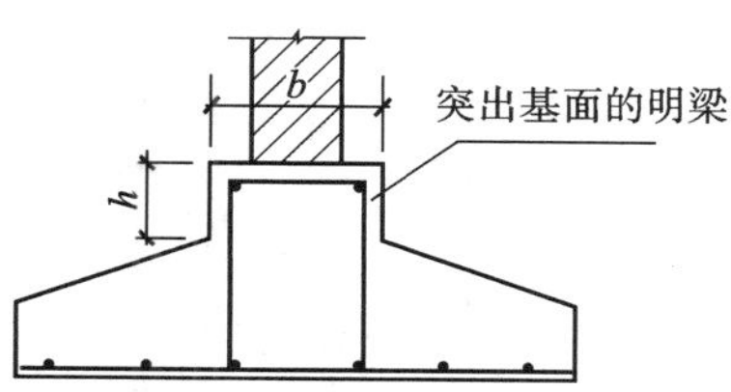

有梁式混凝土条形基础($h \leq 4b$)
套有梁式混凝土条形基础的定额

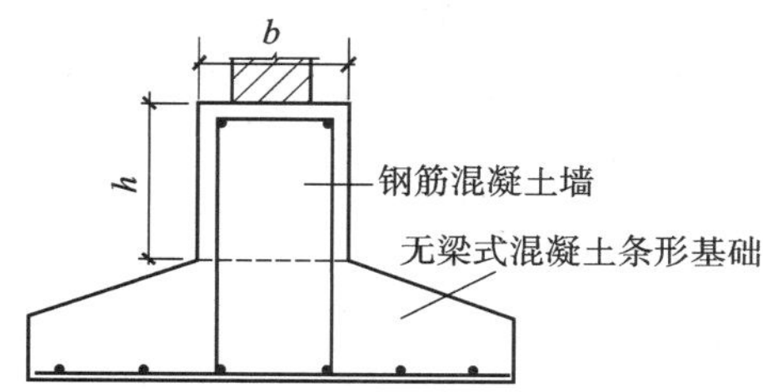

有梁式混凝土条形基础($h > 4b$)
明梁部分套钢筋混凝土墙定额
扩大面以下部分套无梁式混凝土条形基础定额

图 5-6　各种条形基础

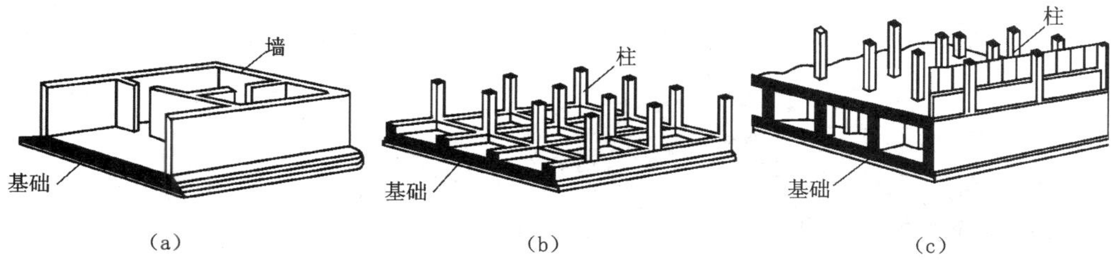

图 5-7　满堂基础

(a)板式;(b)梁板式;(c)箱形

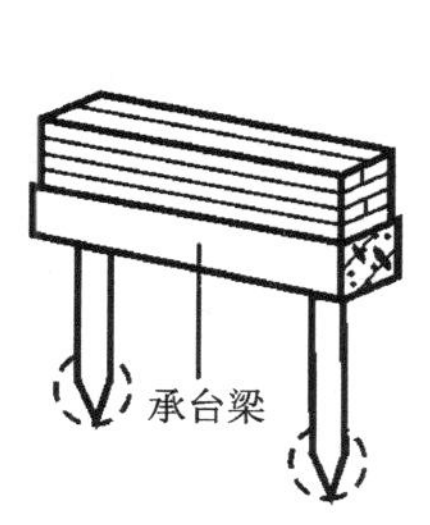

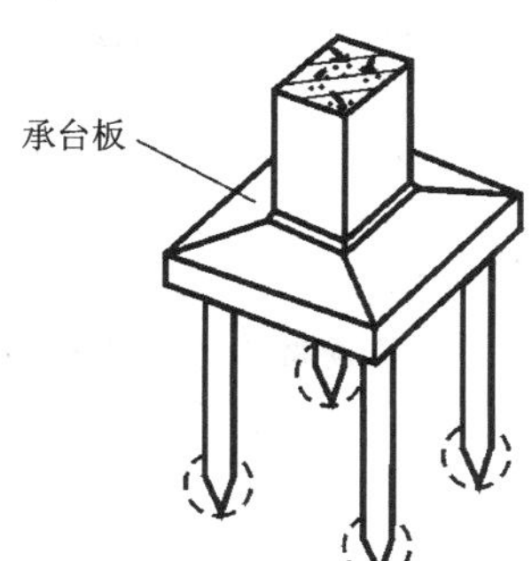

图 5-8　桩基础

3. 基础与上部结构的划分

(1) 基础与墙(柱)身使用同一种材料时,以设计室内地面为分界线(有地下室者,以地下室室内设计地面为分界线),以下为基础,以上为墙(柱)身,如图 5-9 所示。

(2) 砖、石围墙,以设计室外地坪为分界线,以下为基础,以上为墙身,如图 5-10 所示。

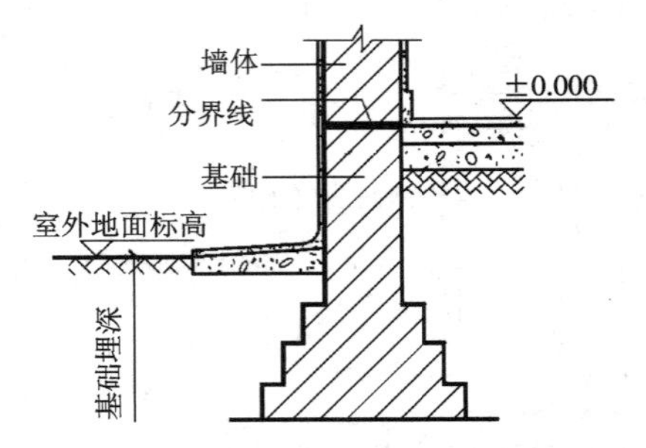

图 5-9 同种材料的基础与墙身划分界线

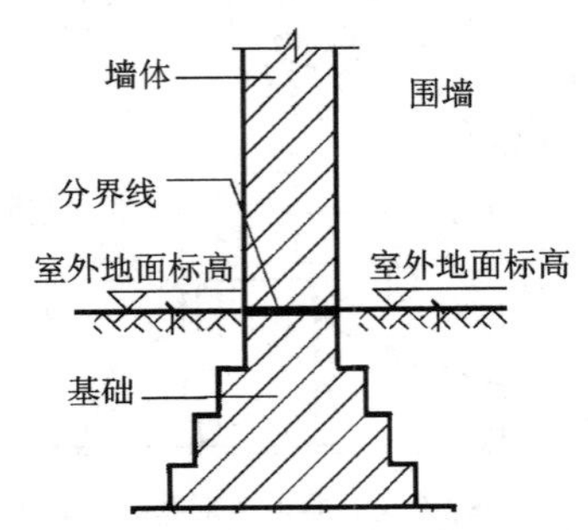

图 5-10 围墙基础与墙身划分界线

(3) 基础与墙身使用不同材料时,基础顶标高位于设计室内地面±300 mm 以内时,以不同材料为分界线;超过±300 mm 时,以设计室内地面为分界线,如图 5-11 所示。

(4) 混凝土基础与墙或柱的划分,均按基础扩大顶面为界,如图 5-12 所示。

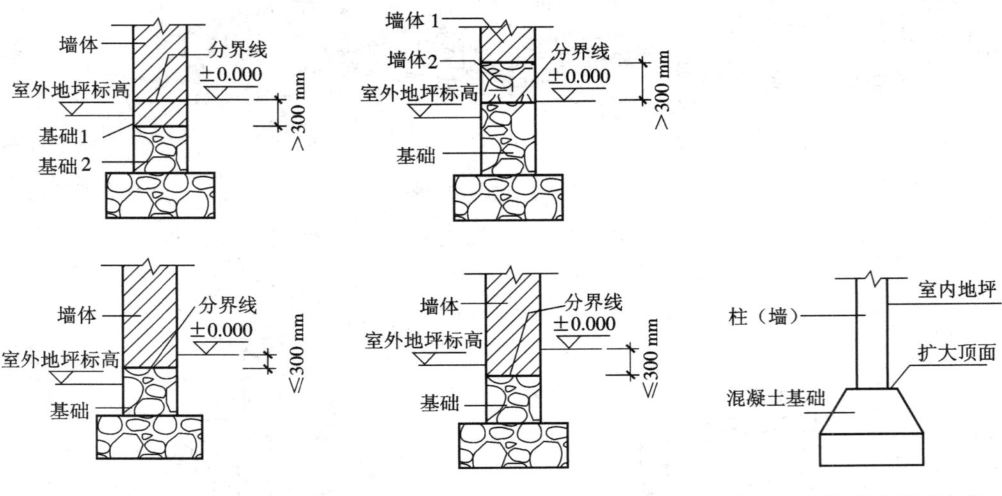

图 5-11 使用不同材料时基础与墙身划分界线

图 5-12 混凝土基础与柱(墙)的划分

4. 项目列项

基础工程相关项目列项可参见表 5-1(注:构筑物基础未在表中列出)。

表 5-1 基础工程相关项目列项

构件类型			清单项目	定额项目	
独立基础	独立砖柱基础		与砖柱合并，按砖柱计算		
	独立混凝土基础	阶梯形、锥形、杯形等	010501003 独立基础	6-8、6-185、6-308	桩承台，独立柱基基础
		高颈杯形		6-5、6-182、6-305	高颈杯形基础
	独立毛石基础		010403001 石基础	4-59	毛石基础(含独立柱基础)
条形基础	条形砖基础	直形	010401001 砖基础	4-1	直形砖基础
		圆弧		4-2	圆弧形砖基础
				4-52	防水砂浆防潮层
				4-53	防水混凝土防潮层
	条形混凝土基础	毛石混凝土	010501002 带形基础	6-2、6-179、6-302	毛石混凝土条形基础
		无梁式		6-3、6-180、6-303	无梁式混凝土条形基础
		有梁式		6-4、6-181、6-304	有梁式混凝土条形基础
	条形毛石基础		010501004 石基础	4-59	毛石基础
满堂基础		无梁式	010501006 满堂基础	6-6、6-183、6-306	无梁式满堂(板式)基础
		有梁式		6-7、6-184、6-307	有梁式满堂(板式)基础
设备基础	块体式		010501005 设备基础	6-9	二次灌浆
		毛石混凝土		6-10、6-11	毛石设备基础混凝土块体＜20 m^3(＞20 m^3)
		混凝土		6-12、6-13	设备基础混凝土块体＜20 m^3(＞20 m^3)
	框架式		按基础、梁、柱、板、墙等有关规定计算，套相应的项目		

续表

构件类型			清单项目	定额项目	
桩承台基础	混凝土桩承台	矩形、三角形、条形等	010501005 桩承台基础	6-8、6-185、6-308	桩承台,独立柱基基础
基础梁		地下框架梁、基础连梁等	010503001 基础梁	6-18、6-195、6-318	基础梁,地坑支撑梁
基础垫层			010501001 垫层	6-1、6-178、6-301	基础垫层

5.1.2 任务一:现浇混凝土桩承台、独立基础、设备基础

混凝土基础

1. 工程识图

查看基础平面图,清楚独立基础的类型、数量和强度等级;查看基础详图或基础列表,了解独立基础的长、宽、高尺寸,以及底标高、垫层种类。

2. 工作内容

工作内容包含混凝土制作、运输、浇捣、养护、地脚螺栓二次灌浆。

3. 适用范围

独立基础:块体柱基、杯形基础、壳体基础、电梯井基础等。

桩承台:浇筑在组桩上的基础。

设备基础:设备块体、框架式基础。

4. 工程量计算规则

清单工程量计算规则:按设计图示尺寸以体积计算。不扣除构件内钢筋、预埋铁件和伸入承台基础的桩头所占体积。

定额工程量:工程量计算规则与清单工程量相同。

5. 计算规则应用

计算公式:利用形体体积计算公式示例,如图 5-13 所示。

$$V=ABh_1+\frac{h_2}{6}[AB+(A+a)(B+b)+ab]$$

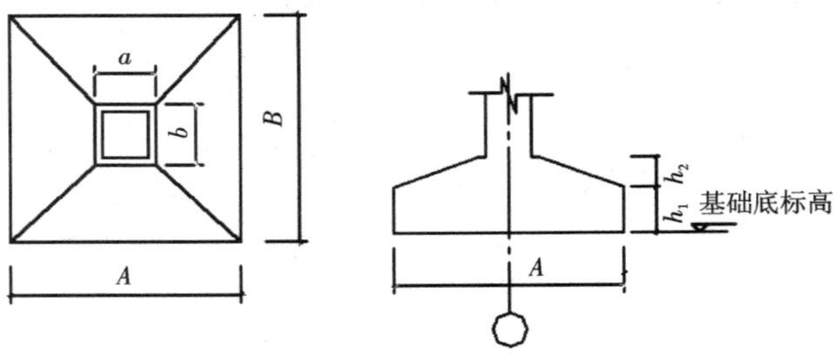

图 5-13 棱台体积计算示例图

6. 定额有关说明

(1) 毛石混凝土中的毛石掺量是按 15%计算的,构筑物中毛石混凝土的毛石掺

量是按 20%计算的，如设计要求不同时，可按比例换算毛石、混凝土数量，其余不变。

（2）独立柱基毛石混凝土，按毛石混凝土条形基础执行。

7. 案例分析

【例 5-1】某办公楼基础有独立基础 J-1、J-2 各 6 个，J-3 有 3 个，如图 5-14 所示。基础采用 C25 泵送混凝土浇筑，柱截面均为 450 mm×500 mm，计算该工程独立基础的综合单价。

	A	B	h_1	H
J-1	2300	2700	300	500
J-2	2700	3200	300	600
J-3	3000	3600	350	650

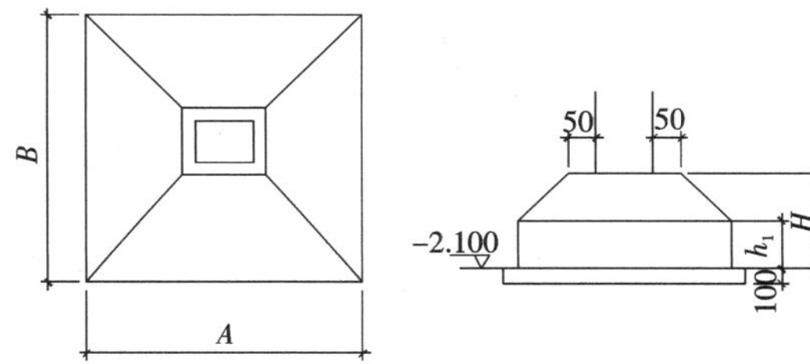

图 5-14　某办公楼基础

【解】

（1）清单工程量。

序号	项目编码	项目名称	工程量计算式	计量单位	工程量
1	010501003001	独立基础 C25 混凝土		m^3	51.56
		J-1	$\{2.3\times2.7\times0.3+\frac{0.2}{6}\times[2.3\times2.7+(2.3+0.55)\times(2.7+0.6)+0.55\times0.6]\}\times6=14.367(m^3)$		
		J-2	$\{2.7\times3.2\times0.3+\frac{0.3}{6}\times[2.7\times3.2+(2.7+0.55)\times(3.2+0.6)+0.55\times0.6]\}\times6=21.948(m^3)$		
		J-3	$\{3.0\times3.6\times0.35+\frac{0.3}{6}\times[3.0\times3.6+(3.0+0.55)\times(3.6+0.6)+0.55\times0.6]\}\times3=15.246(m^3)$		

(2) 定额工程量。

独立基础 C25 混凝土定额工程量为 51.56 m^3。

(3) 综合单价。

综合单价分析表

工程名称:某办公楼土建工程

序号	项目编码/定额编号	项目名称	单位	数量	综合单价组成/元					综合单价
					人工费	材料费	机械费	管理费	利润	
1	010501003001	独立基础	m^3	51.56	24.6	353.77	11.92	9.5	4.38	404.17
	6-185 换	桩承台,独立柱基(C25 泵送预拌混凝土)	m^3	51.56	24.6	353.77	11.92	9.5	4.38	404.17

注:混凝土强度等级与《计价定额》不同,数量不变,调单价。

6-185 换=394.25+(341.95−332.23)×1.02=404.17(元/m^3)。

8. 案例拓展

【例 5-2】如图 5-15 所示,计算图 5-15 所示独立柱下基础混凝土工程量(6 个)。

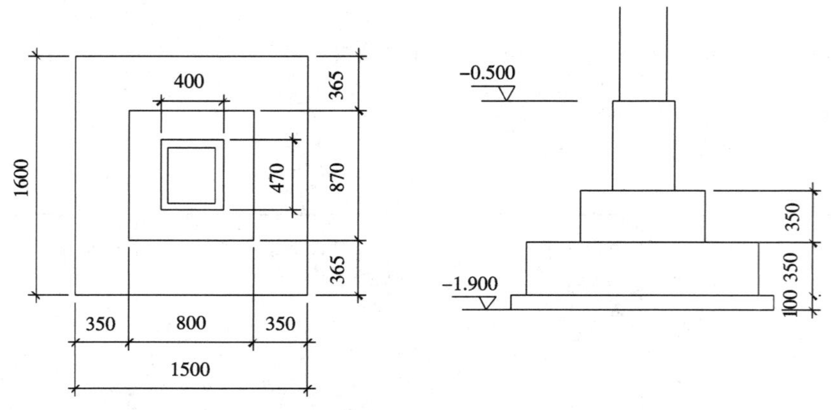

图 5-15 阶梯形独立基础

【解】

(1) 清单工程量。

序号	项目编码	项目名称	工程量计算式	计量单位	工程量
1	010501003001	独立基础		m^3	7.18
		J-1	(1.6×1.5+0.8×0.87)×0.35×6=6.502(m^3)		

续表

序号	项目编码	项目名称	工程量计算式	计量单位	工程量
			0.4×0.47×(1.9－0.1－2×0.35－0.5)×6＝0.677(m^3)		

(2) 定额工程量。

定额工程量为 7.18 m^3。

5.1.3 任务二：条形基础

1. 工程识图

查看基础平面图，弄清楚条形基础的类型、布置范围和强度等级，查看基础详图，了解带形基础的截面尺寸，以及底标高、垫层种类。

2. 工作内容

混凝土基础：包含混凝土制作、运输、浇捣、养护、地脚螺栓二次灌浆。

砖石基础：包含砂浆制作、运输、砌砖、防潮层铺设。

3. 适用范围

砖石基础：毛石条形基础、直形砖基础、圆弧形砖基础、防水砂浆墙基防潮层、混凝土墙基防潮层。

混凝土基础：无梁式混凝土条形基础、有梁式混凝土条形基础、毛石混凝土条形基础。

4. 工程量计算规则

清单工程量计算规则如下所述。

(1) 砖石基础：按设计图示尺寸以体积计算。包括附墙垛基础宽出部分体积，扣除地梁(圈梁)、构造柱所占体积，不扣除基础大放脚T形接头处的重叠部分及嵌入基础内的钢筋、铁件、管道、基础砂浆防潮层和单个面积在0.3 m^2 以内的孔洞所占体积，靠墙暖气沟的挑檐不增加。基础长度：外墙按中心线，内墙按净长线计算。

(2) 混凝土基础：按设计图示尺寸以体积计算。不扣除构件内钢筋、预埋铁件和伸入承台基础的桩头所占体积。

定额工程量：工程量计算规则与清单工程量相同。

5. 计算规则应用

砖基础体积＝(基础墙高＋大放脚折加高度)×基础宽度×基础长度

6. 定额有关说明

(1) 基础深度自设计室外地面至砖基础底表面超过1.5 m，其超过部分每立方米砌体增加人工0.041工日。

(2) 墙基防潮层的模板、钢筋应按本书相关章节的规定另行计算，设计砂浆、混凝土配合比不同单价应换算。

7. 案例分析

【例5-3】某办公楼基础如图5-16所示，构造柱240 mm×240 mm，混凝土基础采用C20泵送混凝土浇筑,标准砖基础为M10水泥砂浆砌筑,1:2防水砂浆防潮层。计算该工程相关基础的综合单价。

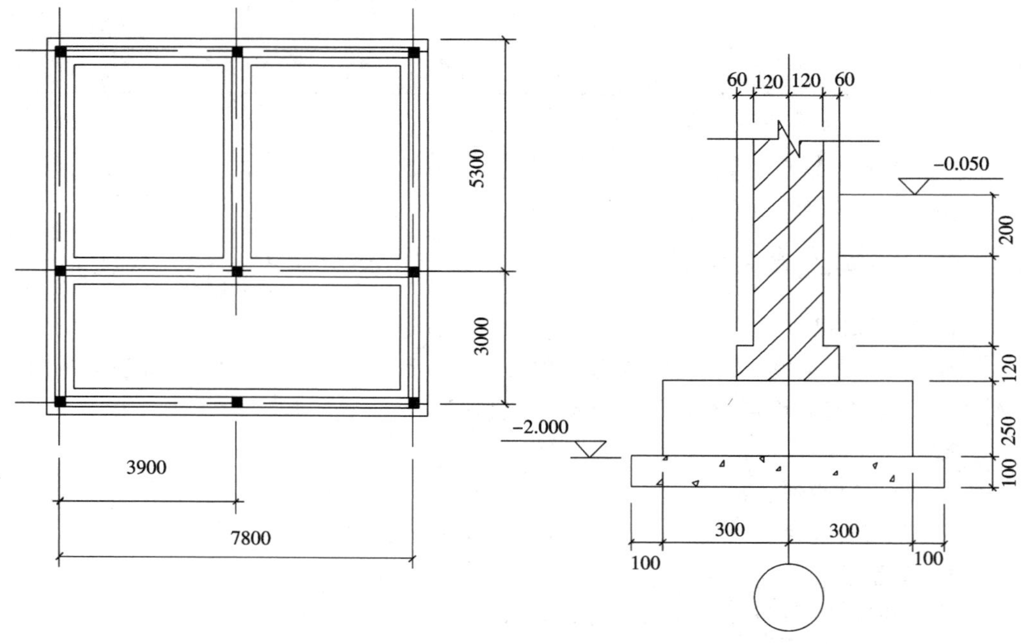

图 5-16 某办公楼基础

【解】砖基础自设计室外地面至砖基础底表面深度 2.0－0.25－0.05＝1.7(m),超过1.5 m,超高部分应另行计算。

(1) 清单工程量。

序号	项目编码	项目名称	工程量计算式	计量单位	工程量
1	010501002001	带形基础		m³	6.62
		外墙下	(7.8＋8.3)×2×0.6×0.25＝4.83(m³)		
		内墙下	[(7.8－0.6)＋(5.3－0.6)]×0.6×0.25＝1.785(m³)		
	010401001001	砖基础		m³	18.35
		外墙下	(7.8＋8.3)×2×0.24×(2.0－0.25＋0.066)＝14.034(m³)		
		内墙下	[(7.8－0.24)＋(5.3－0.24)]×0.24×(2.0－0.25＋0.066)＝5.5(m³)		
		扣构造柱	(0.24×0.24×9＋0.24×0.03×22)×(2.0－0.25)＝1.184(m³)		

（2）定额工程量。

序号	定额编号	项目名称	工程量计算式	计量单位	工程量
1	6-180	无梁式条形基础	同清单工程量	m^3	6.62
2	4-1	直形砖基础		m^3	15.62
		外墙下	(7.8＋8.3)×2×0.24×1.55＝11.978(m^3)		
		内墙下	[(7.8－0.24)＋(5.3－0.24)]×0.24×1.55＝4.694(m^3)		
		扣构造柱	(0.24×0.24×9＋0.24×0.03×22)×1.55＝1.049(m^3)		
3	4-1	直形砖基础(深度超过 1.5 m 部分)	18.35－15.62＝2.73(m^3)	m^3	2.73
4	4-52	防水砂浆墙基防潮层	[(7.8＋8.3)×2＋(7.8－0.24)＋(5.3－0.24)]×0.24＝10.756(m^2)	10 m^2	1.08

（3）综合单价。

综合单价分析表

工程名称:某办公楼土建工程

序号	项目编码/定额编号	项目名称	单位	数量	综合单价组成/元					综合单价
					人工费	材料费	机械费	管理费	利润	
1	010501002001	带形基础	m^3	6.62	24.6	345.54	11.92	9.5	4.38	395.94
	6-180	无梁式混凝土条形基础(C20泵送预拌混凝土)	m^3	6.62	24.6	345.54	11.92	9.5	4.38	395.94
2	010401001001	砖基础	m^3	18.35	102.33	261.15	6.09	28.19	13.01	410.77
	4-1	直形砖基础(M10 水泥砂浆)	m^3	15.62	98.4	256.58	5.79	27.09	12.5	400.36
	4-1 注换	直形砖基础(M10 水泥砂浆)(基础深度超过 1.5 m 部分)	m^3	2.73	101.76	256.58	5.79	27.96	12.91	405
	4-52	墙基防水砂浆防潮层	10 m^2	1.08	58.22	77.68	5.07	16.46	7.59	165.02

注:砖基础自设计室外地面至砖基础底表面深度为 2.0－0.25－0.05＝1.7(m),超过 1.5 m。

4-1 注换＝398.01＋砂浆调整(178.18－168.46)×0.242＋超高调整 0.041×82×1.38＝405(元/m^3)。

8. 案例拓展

【例 5-4】若例 5-3 中,混凝土基础如图 5-17 所示,求其清单工程量。

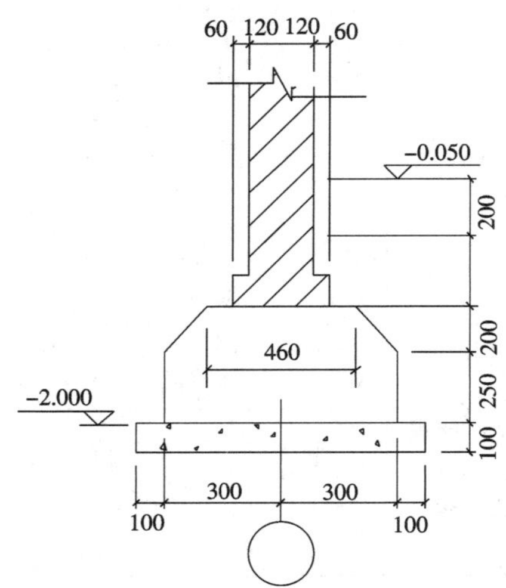

图 5-17 混凝土基础

【解】

清单工程量如下。

序号	项目编码	项目名称	工程量计算式	计量单位	工程量
1	010501002001	条形基础		m^3	11.32
		外墙下	(7.8+8.3)×2×[0.6×0.25+(0.46+0.6)×0.5×0.2]=8.243(m^3)		
		内墙下垂直面部分	[(7.8-0.6)+(5.3-0.6)]×0.6×0.25=1.785(m^3)		
		内墙下斜面部分	[(7.8-0.6+0.14)+(5.3-0.6+0.14)]×(0.46+0.6)×0.5×0.2=1.291(m^3)		

5.1.4 任务三:桩与地基基础

拓展内容:满堂基础

1. 工程识图

查看桩基础平面图,了解桩基础的数量和类型,查看桩基大样图了解桩基础的长、截面尺寸、桩顶标高。

桩

2. 工作内容

预制钢筋混凝土桩:桩制作、运输;打桩、试验桩、斜桩;送桩;管桩填充材料、刷防护材料。

混凝土灌注桩：成孔、固壁；混凝土制作、运输、灌注、振捣、养护；泥浆池及沟槽砌筑、拆除；泥浆制作、运输。

3. 项目分类

打桩工程预算项目按照打桩的施工方法和桩种划分。《计价定额》中，打桩工程包括打预制钢筋混凝土方桩及其送桩、打预制离心管桩及其送桩、静力压制钢筋混凝土方桩及其送桩、钻孔灌注混凝土桩等。这些打桩工程项目适用于一般工业与民用建筑工程的桩基础，不适用于水工建筑、公路、桥梁工程，也不适用于支架上、室内打桩。桩按施工方法可分为预制桩和灌注桩。

钢筋混凝土预制桩是应用较多的一种基桩，分为实心桩和管桩两种，主要采用打入或者压入的施工方法。预算内容有打桩、送桩和接桩三项。

送桩：利用打桩机械和送桩器将预制桩打(或送)至地下设计要求的位置，这一过程称为送桩。打桩打至设计要求的深度时，在不需接桩的情况下，用钢材制成桩帽套接于桩头顶面，用一条木或钢管内加垫层继续锤击，将桩送到设计深度。

接桩：按设计要求、按桩的总长分节预制，运至现场先将第一根桩打入，将第二根桩垂直吊起和第一根桩相连接后再继续打桩，这一工程称为接桩。常用接头有两种形式，当两根桩事先埋入预制铁件者，用电焊连接；未埋铁件，留有钢筋公母榫头者，用硫黄胶泥铺设于接头端面相互黏结，如图 5-18 所示。

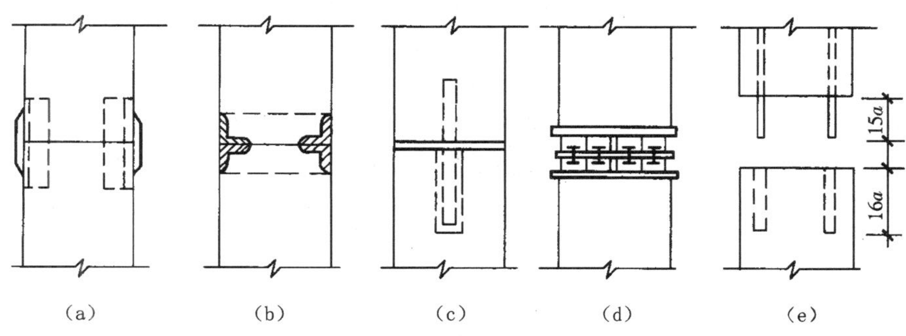

图 5-18　接桩

(a)、(b)焊接；(c)管式接合；(d)管桩螺栓；(e)硫磺砂浆锚筋

4. 工程量计算规则

清单工程量计算规则：按设计图示尺寸以桩长(包括桩尖)或根数计算；按设计图示尺寸以接头数量(板桩按接头长度)计算。

定额工程量包括以下内容。

(1) 打桩。打预制钢筋混凝土桩的体积，按设计桩长(包括桩尖，不扣除桩尖虚体积)乘以桩截面面积以立方米计算：管桩的空心体积应扣除，管桩的空心部分设计要求灌注混凝土或其他填充材料时，应另行计算，如图 5-19 所示。

(2) 接桩：按每个接头计算。

(3) 送桩：以送桩长度(自桩顶面至自然地坪另加 500 mm)乘以桩截面面积，以立方米计算。

(4) 打孔沉管、夯扩灌注桩：灌注混凝土、砂、碎石桩使用活瓣桩尖时，单打、复打

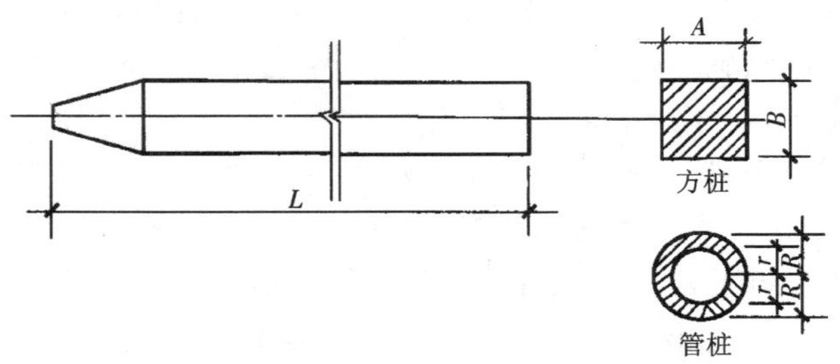

图 5-19　预制钢筋混凝土桩

桩体积均按设计桩长(包括桩尖)另加 250 mm(若设计有规定,按设计规定)乘以标准管外径,以立方米计算。使用预制钢筋混凝土桩尖时,单打、复打桩体积均按设计桩长(不包括预制桩尖)另加 250 mm 乘以标准管外径,以立方米计算。

打孔、沉管灌注桩空沉管部分,按空沉管的实体积计算。

夯扩桩体积分别按每次设计夯扩前投料长度(不包括预制桩尖)乘以标准管内径体积计算,最后管内灌注混凝土按设计桩长另加 250 mm 乘以标准管外径体积计算。

打孔灌注桩、夯扩桩使用预制钢筋混凝土桩尖的,桩尖个数另列项目计算,单打、复打的桩尖按单打、复打次数之和计算(每只桩尖 30 元)。

(5) 泥浆护壁钻孔灌注桩:钻土孔与钻岩石孔工程量应分别计算。土与岩石地层分类详见《计价定额》附表。钻土孔自自然地面至岩石表面之深度乘以设计桩截面积,以立方米计算;钻岩石孔以入岩深度乘以桩截面面积,以立方米计算。

混凝土灌入量以设计桩长(含桩尖长)另加一个直径(设计有规定的,按设计规定)乘以桩截面积,以立方米计算;地下室基础超灌高度按现场具体情况另行计算。

泥浆外运的体积等于钻孔的体积,以立方米计算。

(6) 凿灌注混凝土桩头以立方米计算,凿、截断预制方(管)桩均以根计算。

(7) 深层搅拌桩、粉喷桩加固地基,按设计长度另加 500 mm(若设计有规定,按设计规定)乘以设计截面积,以立方米计算(双轴的工程量不得重复计算),群桩间的搭接不扣除。

(8) 人工挖孔灌注混凝土桩中挖井坑土、挖井坑岩石、砖砌井壁、混凝土井壁、井壁内灌注混凝土均按图示尺寸以立方米计算。

(9) 长螺旋或旋挖法钻孔灌注桩的单桩体积,按设计桩长(含桩尖)另加 500 mm(若设计有规定,按设计规定)再乘以螺旋外径或设计截面积以立方米计算。

(10) 基坑锚喷护壁成孔及孔内注浆按设计图以延长米计算,两者工程量应相等。护壁喷射混凝土按设计图以平方米计算。

(11) 土钉支护钉土锚杆按设计图以延长米计算,挂钢筋网按设计图以平方米计算。

注:钻入岩石以Ⅳ类为准,如钻入岩石Ⅴ类时,人工、机械乘系数 1.15 调整,如钻入岩石Ⅴ类以上时,应另行调整人工、机械用量。

5. 定额有关说明

(1) 电焊接桩钢材用量，设计与定额不同时，按设计用量乘系数 1.05 调整，人工、材料、机械消耗量不变。

《计价定额》以打直桩为准，如打斜桩，斜度在 1:6以内者，按相应定额项目人工、机械乘系数 1.25，如斜度大于 1:6者，按相应定额项目人工、机械乘系数 1.43。

(2) 地面打桩坡度以小于 15°为准，大于 15°打桩按相应定额项目人工、机械乘系数 1.15。如在基坑内(基坑深度大于 1.15 m)打桩或在地坪上打坑槽内(坑槽深度大于 1.0 m)桩时，按相应定额项目人工、机械乘系数 1.11。

(3) 各种灌注桩中的材料用量预算暂按《计价定额》内的充盈系数和操作损耗计算，结算时充盈系数按打桩记录灌入量进行调整，操作损耗不变。

(4)《计价定额》打桩(包括方桩、管桩)已包括 300 m 内的场内运输，实际超过 300 m 时，应按本定额第 8 章的构件运输相应定额执行，并扣除定额内的场内运输费。

(5)《计价定额》不包括打桩、送桩后场地隆起土的清除及填桩孔的处理(包括填的材料)，现场实际发生时，应另行计算。

(6) 凿出后的桩端部钢筋与底板或承台钢筋焊接应按《计价定额》第 5 章中相应项目执行。

(7) 坑内钢筋混凝土支撑需截断时，按截断桩定额执行。

(8) 打孔沉管灌注桩分单打、复打，第一次按单打桩定额执行，在单打的基础上再次打，按复打桩定额执行。打孔夯扩灌注桩一次夯扩执行一次夯扩定额，再次夯扩时，应执行二次夯扩定额，最后在管内灌注混凝土到设计高度按一次夯扩定额执行。使用预制钢筋混凝土桩尖时，钢筋混凝土桩尖另加，定额中活瓣桩尖摊销费应扣除。

(9) 因设计修改在桩间补打桩时，补打桩按相应打桩定额项目人工、机械乘系数 1.15。

6. 案例分析

【例 5-5】某单位工程基础，设计为钢筋混凝土预制方桩，截面为 400 mm×400 mm，每根桩长 18 m(每节桩长 9 m)，共 100 根。桩顶面标高－2.6 m，室外地面标高－0.45 m，静力压桩机施工，电焊接桩。计算打桩、接桩、送桩工程量及综合单价(不考虑价差)。

【解】

(1) 清单工程量。

序号	项目编码	项目名称	工程量计算式	计量单位	工程量
1	010301001001	预制钢筋混凝土桩		m	1800
			18×100＝1800(m)		

(2) 定额工程量。

序号	定额编号	项目名称	工程量计算式	计量单位	工程量
	3-14	静力压预制方桩	0.4×0.4×18×100=288(m^3)	m^3	288
	3-18	送桩	0.4×0.4×(2.6-0.45+0.5)×100=42.4(m^3)	m^3	42.4
	3-27 换	电焊接桩	2×100=200(个)	个	200

(3) 综合单价。

综合单价分析表

工程名称:某办公楼土建工程

序号	项目编码/定额编号	项目名称	单位	数量	综合单价组成/元					综合单价
					人工费	材料费	机械费	管理费	利润	
1	010301001001	预制钢筋混凝土方桩	m	1800	5.79	9.98	24.77	2.14	1.53	44.21
	3-14	静力压预制钢筋混凝土方桩,桩长≤18 m	m^3	288	31.72	26.55	133.1	11.54	8.24	211.15
	3-18	静力压预制钢筋混凝土方桩,送桩,桩长≤18 m	m^3	42.4	30.03	16.79	107.79	9.65	6.89	171.15
	3-27.4	电焊接桩螺栓+电焊静力压桩机 120 kN	个	200	0	47.95	8.34	0.58	0.42	57.29

注:3-27.4=[静力压预制钢筋混凝土方桩桩长大于 12 m]190.36-[打桩机械](74.21+9.34)×1.12-[人工]35.26×1.12=57.29(元/个)。

7. 案例拓展

【例 5-6】某打桩工程如图 5-20 所示,设计振动沉管灌注混凝土桩 20 根,单打,桩径 ϕ450(桩管外径 ϕ426),桩设计长度 20 m,预制混凝土桩尖,经现场打桩记录单打,实际灌注混凝土 70 m^3,其余不计,计算打桩的综合单价及合价。

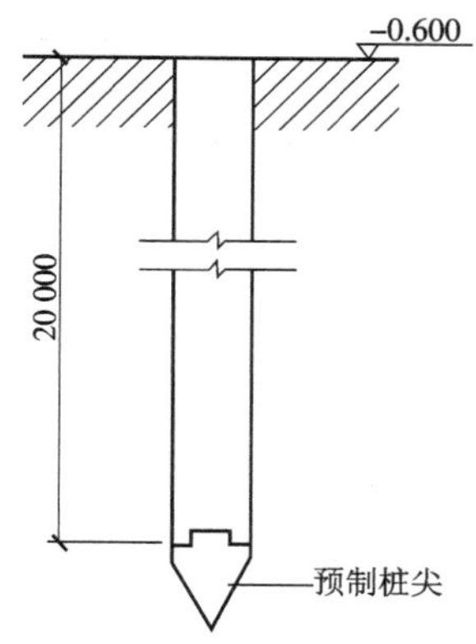

图 5-20　振动沉管灌注混凝土桩

【解】

(1) 清单工程量。

序号	项目编码	项目名称	工程量计算式	计量单位	工程量
1	010302002001	沉管灌注桩		根	20
			20		

(2) 定额工程量。

序号	定额编号	项目名称	工程量计算式	计量单位	工程量
	3-55	振动式打桩机打孔灌注桩	$3.14\times(0.426/2)^2\times(20+0.25)\times 20\ m^3=57.70\ m^3$	m^3	57.7
	补	预制桩尖	20	个	20

(3) 综合单价。

综合单价分析表

工程名称:某办公楼土建工程

序号	项目编码/定额编号	项目名称	单位	数量	综合单价组成/元					综合单价
					人工费	材料费	机械费	管理费	利润	
1	010302002001	沉管灌注桩	根	20	348.68	948.91	302.59	78.14	45.6	1723.9

续表

序号	项目编码/定额编号	项目名称	单位	数量	综合单价组成/元					综合单价
					人工费	材料费	机械费	管理费	利润	
	3-55 说 3.4	振动打拔桩机打孔灌注(C30 混凝土 31.5 mm 42.5 坍落度 75 ～ 90 mm)桩＞15 m(工程量小于 60 m^3)	m^3	57.5	121.28	319.62	105.25	27.18	15.86	589.19
	DLF99	预制桩尖	个	20	0	30	0	0	0	30

注：3-55 说 3.4＝533.37＋(97.02＋84.2)×0.25×1.19＋70/57.7×1.015×250.58－305.21－1.44＝589.19(元/m^3)(充盈系数，桩尖换算)。

5.2 土石方工程清单计价

土方工程

5.2.1 土石方工程概述

土方工程、石方工程统称为土石方工程，包括人工土石方和机械土石方两大部分。

人工土石方包括平整场地、人工挖土方(沟槽、地坑、山坡切土、淤泥、流沙)、运土、回填土、打夯及人工挖石方、爆破、清理石方等。

机械土石方包括推土机(铲运机、挖掘机)推(铲、挖)土，机械平整(碾压)场地、强夯法加固地基等。

1. 土方工程计价计算依据

计算土方工程量前，应确定下列各项资料。

(1) 土壤类别。土壤类别应根据工程地质勘察资料与“土壤划分”对照后确定。

(2) 地下水位标高。

(3) 土方、沟槽、基坑挖(填)起止标高、施工方法及运距。

(4) 其他有关资料。

2. 项目分类

1) 土壤类别划分

土壤分一类土、二类土、三类土、四类土；岩石分松石、次坚石、普坚石、特坚石。

2）干湿土分类

单位工程的干土与湿土的划分，以地质勘察资料为准，如无资料时以地下常水位为准，常水位以上为干土，常水位以下为湿土。

3）平整场地

平整场地是指建筑物场地挖、填土方厚度在±300 mm 以内及找平。

4）挖方分类

挖土方：沟槽底宽在 7 m 以上，基坑底面积在 150 m^2 以上的挖土。

挖沟槽：底宽在 7 m 以内，底长大于 3 倍底宽的挖土。

挖基坑：底长小于等于 3 倍底宽且底面积小于等于 150 m^2 的挖土。

5.2.2　任务一：平整场地

平整场地

1. 工作内容

工作内容包含土方挖填、场地找平。

2. 适用范围

平整场地适用于挖填土方厚度在±300 mm 以内及找平的场地。挖填土方厚度在±300 mm 以上的，均按“挖土方”计算。场地挖填土方量计算有方格网法和横截面法两种。横截面法计算精度较低，可用于地形起伏变化较大的地区，对于地形较平坦的地区，一般采用方格网法。

3. 工程量计算规则

清单工程量计算规则：按设计图示尺寸以建筑物首层面积计算。

定额工程量计算规则：按建筑物外墙外边线每边各加 2 m，以平方米计算。

4. 定额有关说明

机械平整场地：当道路及场地平整的工程量少于 4000 m^2 时，定额中机械含量乘系数 1.18。

5. 案例分析

【例 5-7】某工程如图 5-21 所示，其中未注明墙厚为 240 mm，计算该工程平整场地的综合单价。

【解】

(1) 清单工程量。

序号	项目编码	项目名称	工程量计算式	计量单位	工程量
1	010101004001	平整场地		m^2	74.29
			$(9.0+0.24)\times(7.8+0.24)=74.29(m^2)$		

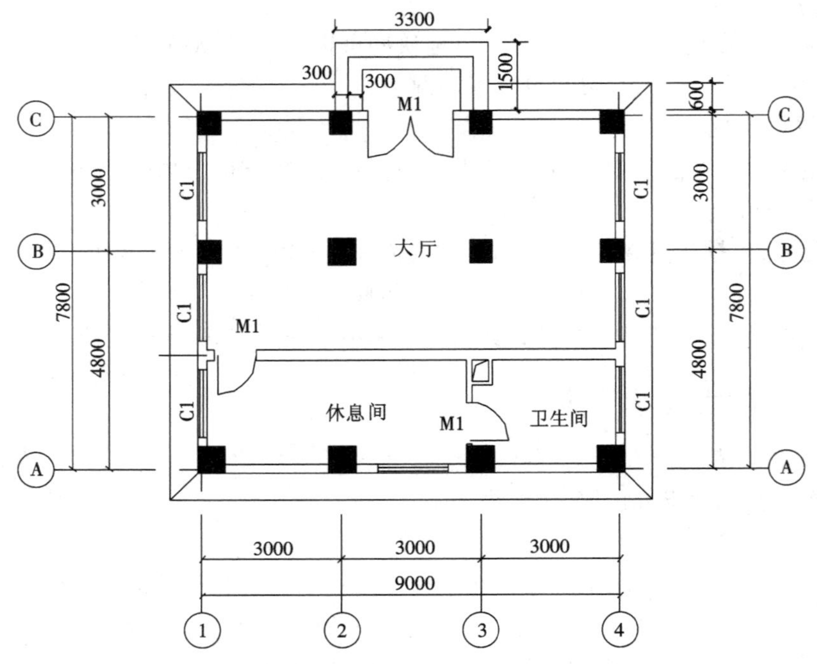

图 5-21　某工程一层平面图

(2) 定额工程量。

序号	定额编号	项目名称	工程量计算式	计量单位	工程量
	1-98	平整场地		10 m^2	15.94
1			(9.0+0.24+4.0)×(7.8+0.24+4.0) =159.41(m^2)		

(3) 综合单价。

① 采用人工平整场地。

综合单价分析表

工程名称:(略)

序号	项目编码/定额编号	项目名称	单位	数量	综合单价组成/元					综合单价
					人工费	材料费	机械费	管理费	利润	
1	010101001001	平整场地	m^2	74.29	9.42	0	0	2.45	1.13	13
	1-98	平整场地	10 m^2	15.94	43.89	0	0	11.41	5.27	60.57

② 采用推土机(75 kW)平整场地。

综合单价分析表

工程名称:(略)

序号	项目编码/定额编号	项目名称	单位	数量	综合单价组成/元					综合单价
					人工费	材料费	机械费	管理费	利润	
1	010101001002	平整场地	m^2	74.29	0.17	0	1.17	0.35	0.16	1.85
	1-273 注	推土机(75 kW)平整场地,厚≤300 mm(工程量<4000 m^2)	1000 m^2	0.159	77	0	544.82	161.67	74.62	858.11

注:机械平整场地应在措施项目中考虑机械进、退场费。

1-273 注=743.43+461.71×0.18×1.38=858.11(元/1000 m^2)。

6. 案例拓展

【例 5-8】如图 5-22 所示,计算图示工程的平整场地工程量。

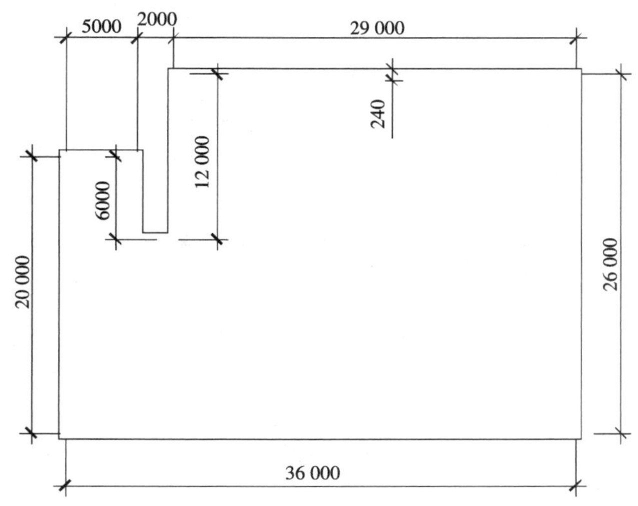

图 5-22　某工程一层平面图

【解】

(1) 清单工程量。

序号	项目编码	项目名称	工程量计算式	计量单位	工程量
1	010101001001	平整场地	(36.0+0.24)×(26+0.24)−(5.0+2.0)×(12.0−6.0)−(2.0−0.24)×6.0=898.378(m^2)	m^2	898.38

(2) 定额工程量。

序号	定额编号	项目名称	工程量计算式	计量单位	工程量
	1-98	平整场地	(36.0+0.24+4.0)×(26+0.24+4.0)−(5.0+2.0)×(12.0−6.0)=1174.89(m^2)	10 m^2	117.49

5.2.3 任务二:挖土方、挖基础土方

1. 工作内容

工作内容包含排地表水,土方开挖,挡土板支拆,基底钎探,运输。

2. 项目特征

挖土方:土壤类别,挖土平均厚度,弃土运距。

挖基础土方:土壤类别,基础类型,底宽、底面积,挖土深度,弃土运距。

3. 工程量计算规则

1) 清单工程量计算规则

(1) 挖土方:按设计图示尺寸以体积计算(底面积乘以挖土平均厚度)。

(2) 挖基础土方:按设计图示尺寸以基础垫层底面积乘以挖土深度计算。

2) 定额工程量计算规则

沟槽工程量按沟槽长度乘以沟槽截面积(m^2)计算。

沟槽长度(m):外墙按图示基础中心线长度计算,内墙按图示基础底宽加工作宽度之间净长度计算。

沟槽宽(m):按设计宽度加基础施工所需工作面宽度计算。凸出墙面的附墙烟囱、垛等体积并入沟槽土方工程量内。沟槽、基坑中土壤类别不同时,分别按其土壤类别、放坡比例以不同土壤厚度分别计算;计算放坡工程量时交接处的重复工程量不扣除,符合放坡深度规定时才能放坡,放坡高度应自垫层下表面至设计室外地坪标高计算;基础施工所需工作面宽度按《计价定额》规定计算;沟槽、基坑需支挡土板时,挡土板面积按槽、坑边实际支挡板面积(即每块挡板的最长边与挡板的最宽边之积)计算。

4. 定额有关说明

(1) 土方体积,以挖凿前的天然密实体积(m^3)为准,若虚方计算,按《计价定额》说明附表进行折算。

(2) 挖土一律以设计室外地坪标高为起点,深度按图示尺寸计算。

(3) 按不同的土壤类别、挖土深度、干湿土分别计算工程量。

(4) 在同一槽、坑内或沟内布干、湿土时应分别计算,但使用定额时,按槽、坑或沟的全深计算。

5. 案例分析

【例 5-9】在 5.1.3 例题 5-3 图 5-16 中,若室外标高为−0.45 m,混凝土垫层的土壤为三类干土,土方采用人力车运土,运距 150 m,计算挖基础土方的综合单价。

【解】

(1) 清单工程量。

序号	项目编码	项目名称	工程量计算式	计量单位	工程量
1	010101003001	挖沟槽土方		m^3	57.68
		外墙下	(7.8＋8.3)×2×(0.6＋0.1×2)×(2.0＋0.1－0.45)＝42.50(m^3)		
		内墙下	[(7.8－0.8)＋(5.3－0.8)]×(0.6＋0.1×2)×(2.0＋0.1－0.45)＝15.18(m^3)		

(2) 定额工程量。

① 垫层不支模,如图 5-23 所示。

序号	定额编号	项目名称	工程量计算式	计量单位	工程量
1	1-20	人工挖地槽,地沟三类干土深＜3 m		m^3	118.18
		垫层土方	[(7.8＋8.3)×2＋(7.8－0.8)＋(5.3－0.8)]×0.1＝4.37(m^3)		
		基础部分	断面积:[(0.6＋0.3×2)＋0.33×1.55]×1.55＝2.653(m^2)		
			长:(7.8＋8.3)×2＋(7.8－1.2)＋(5.3－1.2)＝42.9(m)		
			体积:2.653×42.9＝113.806(m^3)		

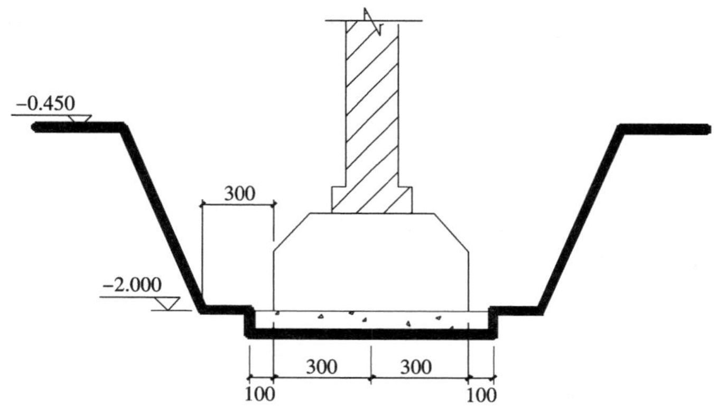

图 5-23　垫层不支模时断面

② 垫层支模,如图 5-24 所示。

序号	定额编号	项目名称	工程量计算式	计量单位	工程量
1	1-20	人工挖地槽,地沟三类干土深<3 m		m^3	122.33
			断面积:[(0.6+0.3×2)+0.33×1.65]×1.65=2.878(m^2)		
			长:(7.8+8.3)×2+(7.8−1.4)+(5.3−1.4)=42.5(m)		
			体积:2.878×42.5=122.33(m^3)		

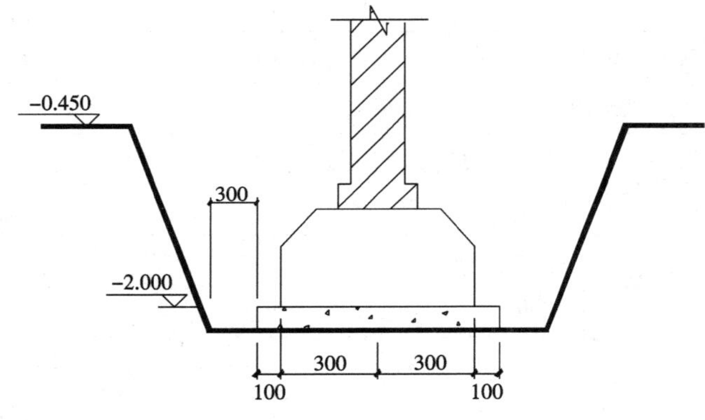

图 5-24　垫层支模时断面

③ 垫层支模、支挡土板(厚 10 mm),如图 5-25 所示。

序号	定额编号	项目名称	工程量计算式	计量单位	工程量
1	1-20	人工挖地槽,地沟三类干土深<3 m		m^3	70.95
			[(7.8+8.3)×2+(7.8−1.42)+(5.3−1.42)]×1.65=70.95(m^3)		
2	1-85	支挡土板		10 m^2	13.88
			[(7.8+8.3)×2+(7.8−1.42)+(5.3−1.42)]×2×1.65−1.4×1.65×4=130.878(m^2)		

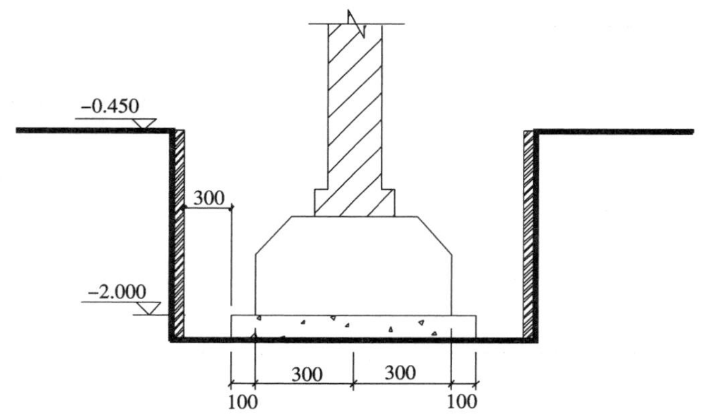

图 5-25　垫层支模、支挡土板时断面

(3) 综合单价。

① 垫层不支模。

综合单价分析表

工程名称:(略)

序号	项目编码/定额编号	项目名称	单位	数量	综合单价组成/元					综合单价
					人工费	材料费	机械费	管理费	利润	
1	010101003001	挖沟槽土方	m^3	57.68	83.62	0	0	21.75	10.02	115.39
	1-20	人工挖沟槽底宽≤3 m,一类干土深≤3 m	m^3	118.2	20.02	0	0	5.21	2.4	27.63
	1-92+1-95×2	单(双)轮车运土,运距≤150 m	m^3	118.2	20.79	0	0	5.41	2.49	28.69

② 垫层支模:(略)。

③ 垫层支模、支挡土板(厚 10 mm)。

综合单价分析表

工程名称:(略)

序号	项目编码/定额编号	项目名称	单位	数量	综合单价组成/元					综合单价
					人工费	材料费	机械费	管理费	利润	
1	010101003002	挖沟槽土方	m^3	57.68	83.81	14.4	2.98	22.57	10.4	134.16
	1-20.1	在挡土板、沉箱下及打桩后坑内挖地槽、地沟,一类干土深<3 m	m^3	70.95	26.18	0	0	6.81	3.14	36.13

续表

序号	项目编码/定额编号	项目名称	单位	数量	综合单价组成/元					综合单价
					人工费	材料费	机械费	管理费	利润	
	1-92+1-95×2	单(双)轮车运土,运距≤150 m	m^3	70.95	20.79	0	0	5.41	2.49	28.69
	1-85	支挡土板	10 m^2	13.09	114.73	63.46	13.12	33.24	15.34	239.89

6. 案例拓展

【例 5-10】如图 5-14 所示,已知室内外高差为 0.3 m,混凝土垫层(考虑支模、放坡),土壤为三类干土,土方采用人力车运土,运距 200 m,计算图示 J-1 人工挖土工程量。

【解】

(1) 清单工程量。

序号	项目编码	项目名称	工程量计算式	计量单位	工程量
1	010101004001	挖基坑土方		m^3	82.65
		J-1	(2.3+0.2)×(2.7+0.2)×(2.1+0.1−0.3)×6=82.65(m^3)		

(2) 定额工程量。

序号	定额编号	项目名称	工程量计算式	计量单位	工程量
1	1-60	人工挖地坑,三类干土深<3 m		m^3	176.84
		J-1	$\frac{(2.1+0.1-0.3)}{6}\times[(2.3+0.2+0.6)\times(2.7+0.2+0.6)+4\times(2.3+0.2+0.6+0.33\times1.9)\times(2.7+0.2+0.6+0.33\times1.9)+(2.3+0.2+0.6+2\times0.33\times1.9)\times(2.7+0.2+0.6+2\times0.33\times1.9)]\times6=176.841$ (m^3)		

（3）综合单价。

综合单价分析表

工程名称:（略）

序号	项目编码/定额编号	项目名称	单位	数量	综合单价组成/元					综合单价
					人工费	材料费	机械费	管理费	利润	
1	010101004001	挖基坑土方	m^3	82.65	148.27	0	0	38.56	17.78	204.61
	1-60	人工挖基坑，底面积≤20 m^2，三类干土深≤3 m	m^3	176.8	45.43	0	0	11.81	5.45	62.69
	1-92+1-95×3	单（双）轮车运土，运距≤200 m	m^3	176.8	23.87	0	0	6.21	2.86	32.94

5.2.4　任务三:土石方回填

1. 工作内容

土石方回填的工作内容包含装卸、运输，回填，分层碾压、夯实。

2. 适用范围

土石方回填的适用范围包括场地回填、室内（房心）回填、基础回填。

3. 工程量计算规则

（1）清单工程量计算规则包括以下内容。

① 场地回填:回填面积乘以平均回填厚度。

② 室内回填:主墙间净面积乘以回填厚度。

③ 基础回填:挖方体积减去设计室外地坪以下埋设的基础体积（包括基础垫层及其他构筑物）。

（2）定额工程量计算规则:回填土区分夯填、松填以立方米计算。

① 基槽、坑回填土体积＝挖土体积－设计室外地坪以下埋设的体积（包括基础垫层、柱、墙基础及柱等）。

② 室内回填土体积按主墙间净面积乘以填土厚度计算，不扣除附垛及附墙烟囱等体积。

4. 案例分析

【例 5-11】如图 5-14 所示，结合例 5-10，计算图示基础 J-1 夯填回填土综合单价。

【解】

（1）清单工程量。

序号	项目编码	项目名称	工程量计算式	计量单位	工程量
1	010103001001	回填方		m^3	62.18
		J-1	挖方体积:82.65 m^3		
			扣垫层体积:(2.3+0.2)×(2.7+0.2)×0.1×6=4.35(m^3)		
			扣基础体积:14.367 m^3(见例 5-1)		
			扣柱体积:0.45×0.5×(2.1−0.5−0.3)×6=1.755(m^3)		
			小计:82.65−4.35−14.367−1.755=62.178(m^3)		

(2) 定额工程量。

序号	定额编号	项目名称	工程量计算式	计量单位	工程量
1	1-104	基(槽)坑夯填回填土		m^3	156.37
		J-1	挖方体积:176.84 m^3		
			扣垫层体积:4.35 m^3		
			扣基础体积:14.367 m^3		
			扣柱体积:1.755 m^3		
			小计:176.84−4.35−14.367−1.755=156.368(m^3)		

(3) 综合单价。

综合单价分析表

工程名称:(略)

序号	项目编码/定额编号	项目名称	单位	数量	综合单价组成/元					综合单价
					人工费	材料费	机械费	管理费	利润	
1	010103001001	回填方	m^3	62.18	114.25	0	2.67	30.41	14.01	161.34
	1-104	基(槽)坑夯填回填土	m^3	156.4	21.56	0	1.06	5.88	2.71	31.21
	1-92+1-95×3	单(双)轮车运土,运距≤200 m	m^3	156.4	23.87	0	0	6.21	2.86	32.94

5. 案例拓展

【例 5-12】如图 5-26 所示，已知室内外高差为 0.45 m，未注明墙厚为 200 mm。水泥砂浆地面做法为：碎石垫层干铺 100 mm 厚，C10 混凝土垫层 60 mm 厚不分格，水泥砂浆地面面层 20 mm 厚。人力车运土 200 m，计算图示地面夯填回填土综合单价。

【解】

（1）清单工程量。

序号	项目编码	项目名称	工程量计算式	计量单位	工程量
1	010103001001	回填方		m^3	17.58
		面积	大厅：(7.80－2.5－0.2)×(9.0－0.2)＝44.88(m^2)		
			休息间、卫生间：(2.5－0.2)×(9.0－0.2)＝20.24(m^2)		
		体积	(44.88＋20.24)×(0.45－0.1－0.06－0.02)＝17.582(m^3)		

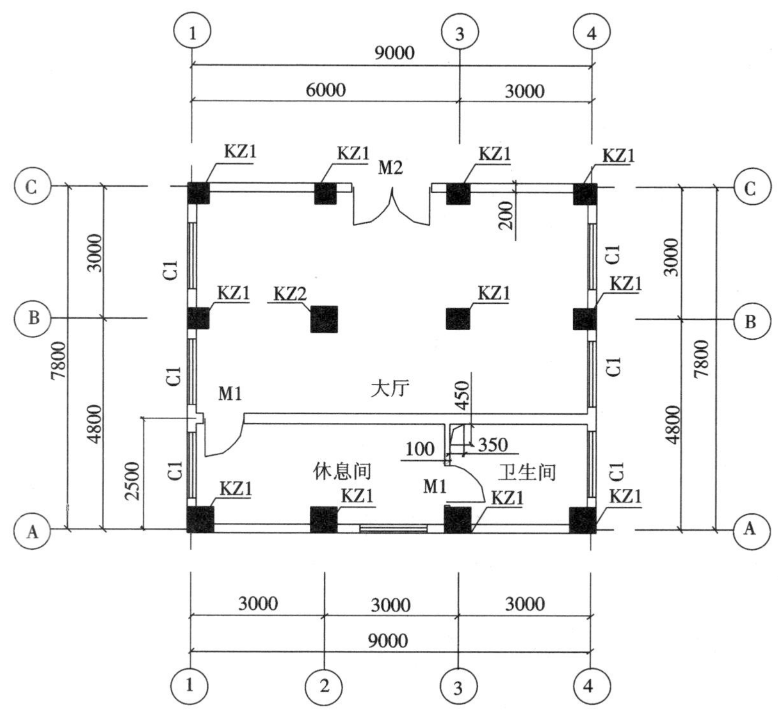

图 5-26　某建筑物一层建筑平面图

（2）定额工程量。

定额工程量同清单工程量。

(3) 综合单价。

综合单价分析表

工程名称:(略)

序号	项目编码/定额编号	项目名称	单位	数量	综合单价组成/元					综合单价
					人工费	材料费	机械费	管理费	利润	
1	010103001002	回填方	m^3	17.58	43.89	0	0.63	11.58	5.34	61.44
	1-102	地面夯填回填土	m^3	17.58	20.02	0	0.63	5.37	2.48	28.5
	1-92+1-95×3	单(双)轮车运土,运距≤200 m	m^3	17.58	23.87	0	0	6.21	2.86	32.94

【例 5-13】若上例中地面结构层总厚度为 500 mm,计算相关土方综合单价。

【解】因地面结构层总厚度为 500 mm,大于室内外高差,故此处不再回填,而应采用挖土方。

(1) 清单工程量。

序号	项目编码	项目名称	工程量计算式	计量单位	工程量
1	010101002001	挖一般土方		m^3	3.26
			(44.88+20.24)×(0.5−0.45)=3.256 (m^3)		

(2) 定额工程量。

定额工程量同清单工程量。

(3) 综合单价。

拓展内容:土方工程真题讲解

综合单价分析表

工程名称:(略)

序号	项目编码/定额编号	项目名称	单位	数量	综合单价组成/元					综合单价
					人工费	材料费	机械费	管理费	利润	
1	010101002001	挖一般土方	m^3	3.26	43.12	0	0	11.22	5.17	59.51
	1-3	人工挖土方三类土	m^3	3.26	19.25	0	0	5.01	2.31	26.57
	1-92+1-95×3	单(双)轮车运土,运距≤200 m	m^3	3.26	23.87	0	0	6.21	2.86	32.94

第 6 章　主体结构工程清单计价

【知识点及学习要求】

知识点	学习要求
知识点 1:框架结构、混合结构概述	了解
知识点 2:钢筋混凝土墙、预制构件、石砌体计价	熟悉
知识点 3:现浇混凝土柱、梁、板计价;砖砌墙体、砌块砌体计价	掌握

6.1　框架结构工程清单计价

6.1.1　框架结构概述

框架结构是采用柱、梁、板组成承重骨架,以各种轻质材料的板材墙作为建筑的分隔和围护构件的。这种结构承重、围护构件分工明确,空间分隔布局灵活,自重轻,整体性好,是目前应用范围较广的一种结构形式,适用于各种要求的工业与民用建筑。

1. 框架结构的类型

框架按所用材料分为钢框架和钢筋混凝土框架。钢框架自重轻,施工速度快,但耐火性差,造价高,适用于高层和超高层建筑;钢筋混凝土框架防火性能好,材料供应易保证,工业化程度高,造价较低,更符合我国国情。因此,目前主要采用这一结构类型。

钢筋混凝土框架按施工方法不同,分为全现浇、全装配和装配整体式三种。

钢筋混凝土框架结构主要有以下三种类型,如图 6-1 所示。

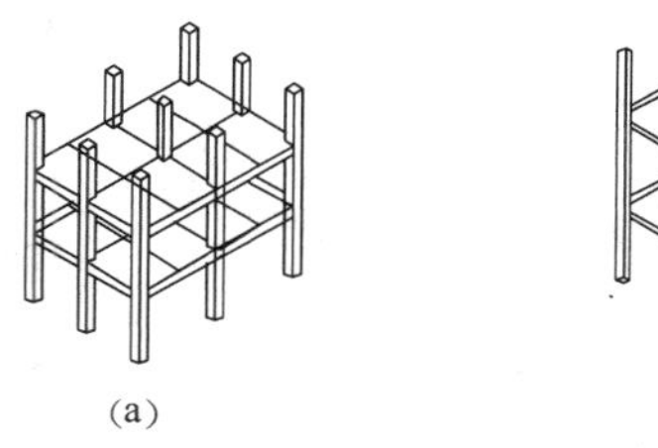

(a)

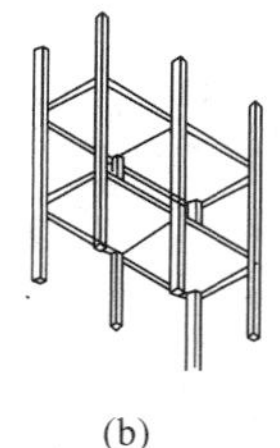

(b)

(c)

图 6-1　钢筋混凝土框架结构

(a)梁板柱框架结构;(b)板柱框架结构;(c)框架-剪力墙结构

1）梁板柱框架结构

它是由现浇或预制的梁、板、柱组成。框架由梁、柱组成,楼板搁置在框架上,适用范围较广。

2）板柱框架结构

它是由板、柱组成的框架。楼板可以是梁板合一的肋形楼板，也可以是实心大楼板。3）框架-剪力墙结构

它是在以上两种框架中设置了剪力墙。剪力墙的作用不仅是承受由楼板传来的竖向荷载，更主要的是承受由楼板传来的水平剪力。加设剪力墙后，框架的刚度增大了许多，所以该结构在高层建筑中采用得较为普遍。

2. 构件连接

装配式钢筋混凝土框架的构件连接主要包括以下内容。

1）梁与柱的连接

梁与柱的连接是梁板柱框架的主要节点构造。梁与柱通常在柱顶进行连接，常用的连接方法是叠合梁现浇连接与浆锚叠压连接，如图 6-2 所示。

2）楼板与柱的连接

在板柱框架中，楼板直接支承在柱上。板柱连接方法也可采用现浇连接和浆锚叠压连接，如图 6-3 所示。

3）框架与墙板的连接

框架轻板建筑的内外墙均为围护分隔构件，可采用轻质材料制成。内墙板一般采用空心石膏板、加气混凝土板和纸面石膏板，外墙板除要具有足够的承载力和刚度外，还应满足保温、隔热、密闭和美观等要求。外墙板与框架的几种连接方式如图 6-4 所示。

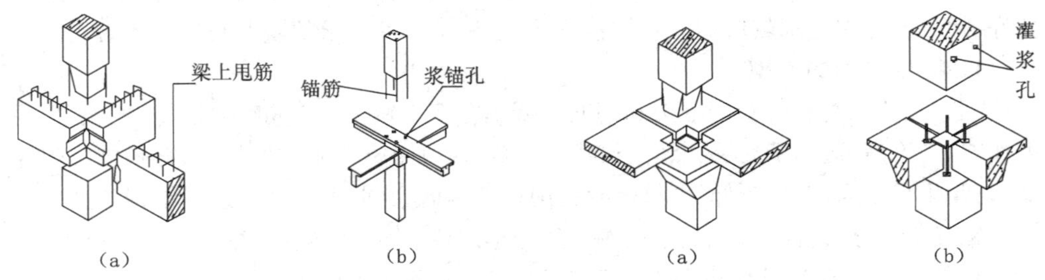

图 6-2　梁与柱的连接

(a)叠合梁现浇连接；(b)浆锚叠压连接

图 6-3　楼板与柱的连接

(a)现浇连接；(b)浆锚叠压连接

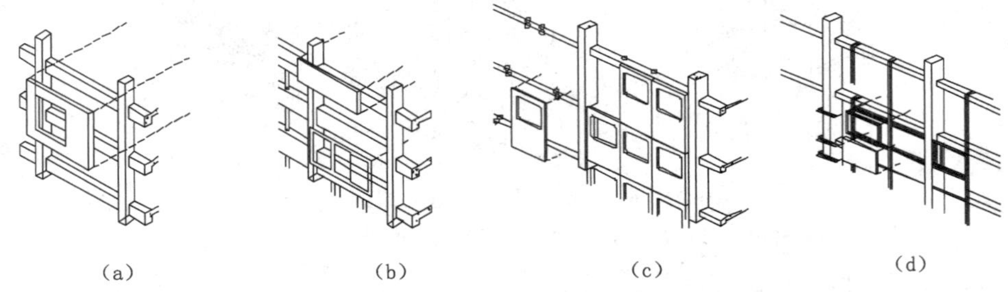

图 6-4　框架与墙板的连接

(a)固定在框架外侧；(b)固定在框架间；(c)固定在框架上；(d)固定在附加墙架上

3. 项目列项

框架工程相关项目列项见表 6-1。

表 6-1　框架工程相关项目列项

构件类型			清单项目	定额项目	
现浇柱	有梁板柱	矩形、圆形、多边形	010502001 矩形柱 010502003 异形柱	6-14～6-16、 6-190～6-192、 6-313～6-315	矩形柱，圆形柱，多边形柱，L 形、T 形、十字形柱
	无梁板柱				
	框架柱				
	构造柱		010502002 构造柱	6-17、6-316	构造柱
现浇梁	矩形梁	直形	010503002 矩形梁	6-19、5-194、6-318	单梁、框架梁、连续梁
	异形梁	直形	010503003 异形梁	6-20、6-195、6-319	异形梁、挑梁
	圈梁	直形	010503004 圈梁	6-21、6-196、6-320	圈梁
	过梁	直形	010503005 过梁	6-22、6-197、6-321	过梁
现浇墙	直形墙	直形	010504001 直形墙	6-24～6-27、6-199～6-202 等	地下室墙、地面以上直形墙
	弧形墙	弧形	010504002 弧形墙	6-24～6-27、6-199～6-202 等	地面以上弧形墙
现浇板	有梁板	直形	010505001 有梁板	6-32、6-207、6-331	有梁板
	无梁板	直形	010505002 无梁板	6-33、6-208、6-332	无梁板
	平板	直形	010505003 平板	6-34、6-209、6-333	平板
预制混凝土	矩形柱	直形	010509001 矩形柱	6-61、6-62、6-229、6-230 等	矩形柱
	矩形梁	直形	010510001 矩形梁	6-65、6-233、6-357	矩形梁
	过梁	直形	010510003 过梁	6-67、6-235、6-359	过梁
	平板	直形	010512001 平板	6-77、6-369	平板

6.1.2 框架结构计价

框架结构计价

6.1.2.1 任务一:现浇钢筋混凝土柱

1. 工程识图

查看柱平面图,清楚柱的类型、数量、截面尺寸和编号。

查看柱详图,清楚柱的长、宽、高尺寸。

2. 工作内容

(1) 模板及支架(撑)制作、安装、拆除、堆放、运输及清理模内杂物、刷隔离剂等。

(2) 混凝土制作、运输、浇筑、振捣、养护。

3. 项目特征

(1) 混凝土类别。

(2) 混凝土强度等级。

注:混凝土类别指清水混凝土、彩色混凝土等,如在同一地区既使用预拌(商品)混凝土,又允许现场搅拌混凝土时,应该注明。

4. 工程量计算规则

1) 清单工程量计算规则

该规则为按设计图示尺寸以体积计算。不扣除构件内钢筋、预埋铁件所占体积。型钢混凝土柱扣除构件内型钢所占体积,其柱高包括以下内容。

(1) 有梁板的柱高,自柱基上表面(或楼板上表面)至上一层楼板上表面之间的高度计算,如图 6-5 所示。

(2) 无梁板的柱高,自柱基上表面(或楼板上表面)至柱帽下表面之间的高度计算,如图 6-6 所示。

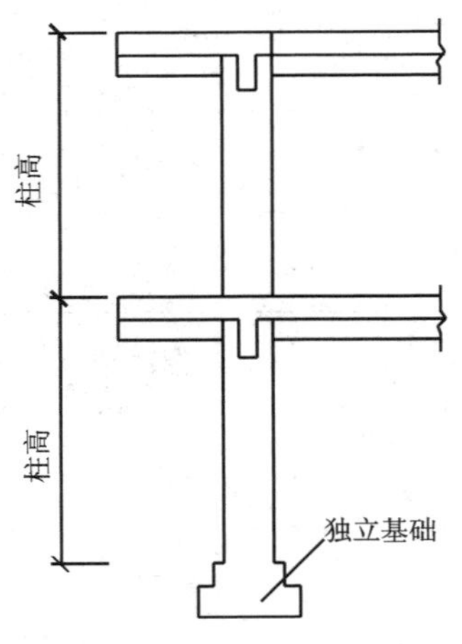

图 6-5 有梁板柱高

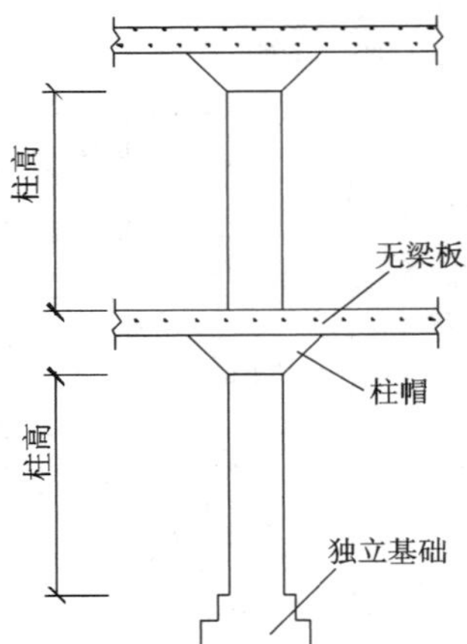

图 6-6 无梁板柱高

(3) 框架柱的柱高,自柱基上表面至柱顶高度计算,如图 6-7 所示。

(4) 构造柱按全高计算,嵌接墙体部分(马牙槎)并入柱身体积,如图 6-8 所示。

(5) 依附柱上的牛腿和升板的柱帽,并入柱身体积计算,如图 6-9 所示。

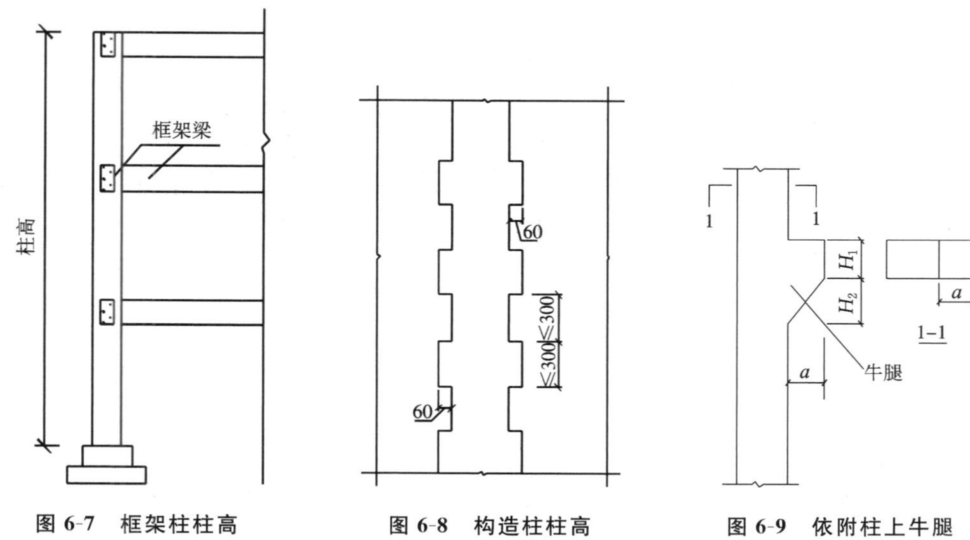

图 6-7　框架柱柱高　　图 6-8　构造柱柱高　　图 6-9　依附柱上牛腿

2）定额工程量计算规则

该规则为按图示断面尺寸乘柱高以体积计算，应扣除构件内型钢体积。

柱高按下列规定确定。

① 有梁板的柱高，应自柱基上表面(或楼板上表面)至上一层楼板上表面之间的高度计算，不扣除板厚。

② 无梁板的柱高，自柱基上表面(或楼板上表面)至柱帽下表面之间的高度计算。

③ 有预制板的框架柱柱高，自柱基上表面至柱顶高度计算。

④ 构造柱按全高计算，与砖墙嵌接部分的混凝土体积并入柱身体积内计算。

⑤ 依附柱上的牛腿和升板的柱帽，并入相应柱身体积内计算。

⑥ L 形、T 形、十字形柱，按 L 形、T 形、十字形柱相应定额执行。当两边之和超过 2000 mm 时，按直形墙相应定额执行。

5. 工程清单项目有关说明

矩形柱是指横截面为矩形的柱子，异形柱是指其横截面为异形的柱子。二者适用于各型柱，除无梁板柱的高度计算至柱帽下表面外，其他柱都计算全高，但应注意以下几点：

(1) 单独的薄壁柱根据其截面形状，确定以异形柱或矩形柱编码列项；

(2) 柱帽的工程量计算在无梁板体积内；

(3) 混凝土柱上的钢牛腿按钢构件工程量清单项目设置中零星钢构件编码列项。

6. 案例分析

【例 6-1】某厂房有现浇带牛腿的 C25 钢筋混凝土柱(见图 6-10)20 根，其下柱长 L_1＝6.5 m，截面尺寸为 600 mm×500 mm；上柱长 L_2＝2.5 m，截面尺寸 400 mm×500 mm，牛腿参数：h＝500 mm，c＝200 mm，α＝45°。计算该混凝土柱的清单和定额工程量，并分析其综合单价。

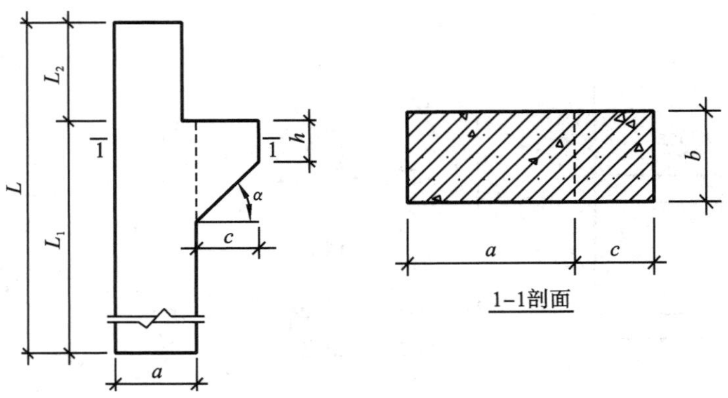

图 6-10　带牛腿柱

【解】

(1) 清单工程量。

序号	项目编码	项目名称	工程量计算式	计量单位	工程量
1	010502001001	矩形柱 C25 混凝土		m^3	50.2
		Z	牛腿下底 $h_1=0.5+0.2\times1=0.7(m)$ $\{0.6\times0.5\times6.5+0.4\times0.5\times2.5+[\frac{1}{2}\times(0.5+0.7)\times0.2\times0.5]\}\times20=50.2(m^3)$		

(2) 定额工程量。

矩形牛腿柱 C25 混凝土工程量$=50.2\ m^3$。

(3) 综合单价。

综合单价分析表

工程名称:某厂房土建工程

序号	项目编码/定额编号	项目名称	单位	数量	综合单价组成/元					综合单价
					人工费	材料费	机械费	管理费	利润	
1	010502001001	矩形柱	m^3	1.00	157.44	272.63	10.85	42.07	20.19	503.18
	6-14 换	矩形牛腿柱(C25 自拌混凝土)	m^3	1.00	157.44	272.63	10.85	42.07	20.19	

注:混凝土强度等级与《计价定额》不同,数量不变,调单价。

6-14 换$=506.05-(261.01-258.14)=503.18$(元/$m^3$)。

7. 案例拓展

【例 6-2】某一层办公室底层平面及构造柱如图 6-11 所示，层高为 3.3 m，楼面为 100 mm 现浇平板，圈梁为 240 mm×250 mm，构造柱截面为 240 mm×240 mm，留马牙槎（5 皮 1 收），计算该层混凝土构造柱清单和定额工程量。

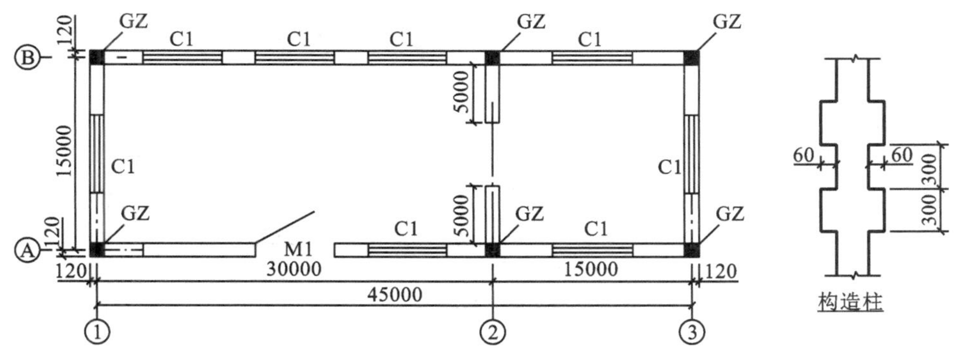

图 6-11　办公室平面及构造柱

【解】

(1) 知识准备。

为了增强结构的整体性和抗震能力，在混合结构墙体内增设钢筋混凝土构造柱，构造柱与砖墙用马牙槎咬接成整体。计算构造柱工程量时，与墙身嵌接部分的体积（马牙槎）也并入柱身的工程量内。

构造柱一般是先砌墙后浇混凝土，在砌墙时一般每隔五皮砖（约 300 mm）留一马牙槎缺口以便咬接，每缺口按 60 mm 留槎。计算柱断面面积时，槎口平均每边按 30 mm 计入柱宽。

构造柱与墙体连接示意图和连接形式分别如图 6-12、图 6-13 所示。

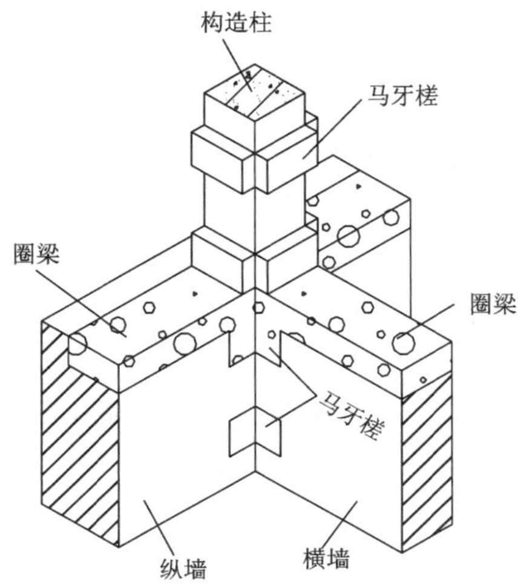

图 6-12　构造柱与墙体连接示意图

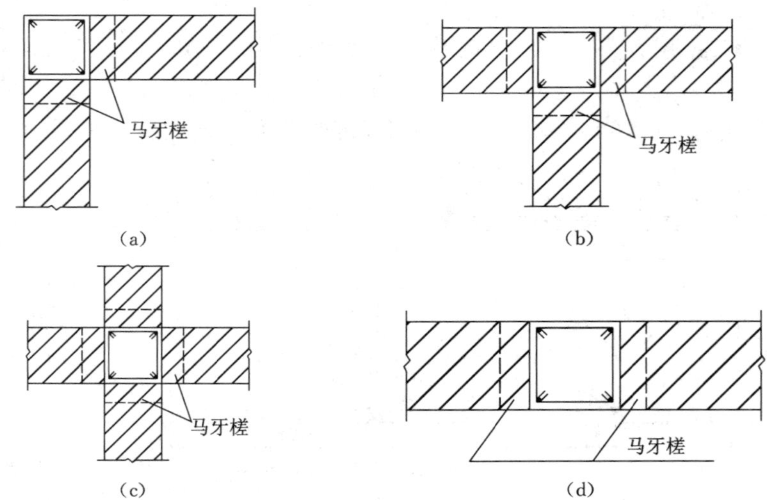

图 6-13　构造柱与墙体连接形式

(a)L 形;(b)T 形;(c)十字形;(d)一字形

(2)清单工程量。

序号	项目编码	项目名称	工程量计算式	计量单位	工程量
1	010502002001	构造柱		m^3	1.474
		GZ	外墙:(0.24×0.24×6+0.24×0.03×12)×3.3=1.426(m^3)		
			内墙:0.24×0.03×2×3.3=0.048(m^3)		

(3)定额工程量。

构造柱工程量=1.47 m^3。

6.1.2.2　任务二:现浇钢筋混凝土梁

1. 工程识图

查看梁平面图,清楚梁的类型、数量、截面尺寸和编号。

查看梁详图,弄清楚梁的长、宽、高。

2. 工作内容

(1)模板及支架(撑)制作、安装、拆除、堆放、运输及清理模内杂物、刷隔离剂等。

(2)混凝土制作、运输、浇筑、振捣、养护。

3. 项目特征

(1)混凝土类别。

(2)混凝土强度等级。

4. 工程量计算规则

(1)清单工程量计算规则:按设计图示尺寸以体积计算。不扣除构件内钢筋、预埋铁件所占体积，伸入墙内的梁头、梁垫并入梁体积内，如图 6-14 所示。型钢混凝土梁扣除构件内型钢所占体积。

梁长包括以下内容。

① 梁与柱连接时，梁长算至柱侧面，如图 6-15 所示。

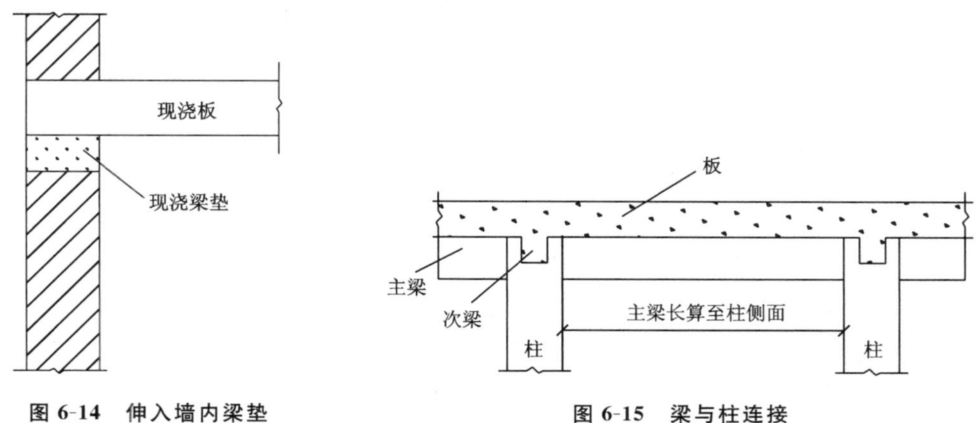

图 6-14　伸入墙内梁垫

图 6-15　梁与柱连接

② 主梁与次梁连接时，次梁长算至主梁侧面，如图 6-16 所示。

③ 梁(单梁、框架梁、圈梁、过梁)与板整体现浇时，梁高算至板底，如图 6-17 所示。

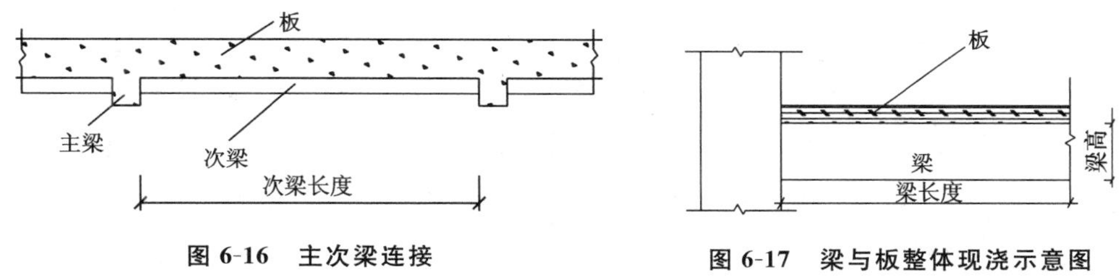

图 6-16　主次梁连接

图 6-17　梁与板整体现浇示意图

④ 圈梁与过梁连接时，分别套用圈梁、过梁项目。过梁长度按设计规定计算，设计无规定时，按门窗洞口宽度两端各加 250 mm 计算，如图 6-18 所示。

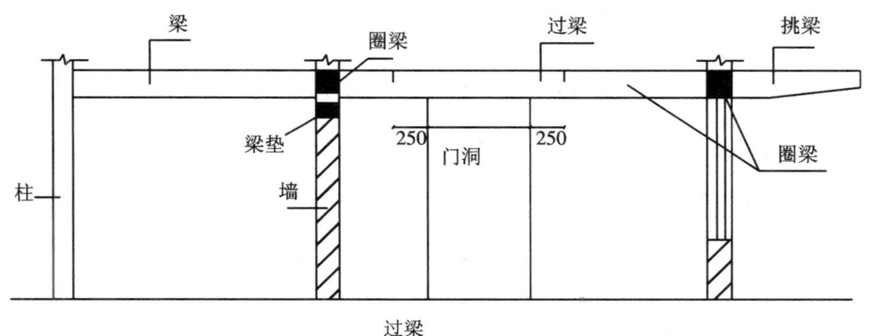

图 6-18　过梁长度示意图

⑤ 圈梁与梁连接时，圈梁体积应扣除伸入圈梁内的梁体积，如图 6-19 所示。

(2) 定额工程量计算规则：工程量计算规则与清单工程量相同。

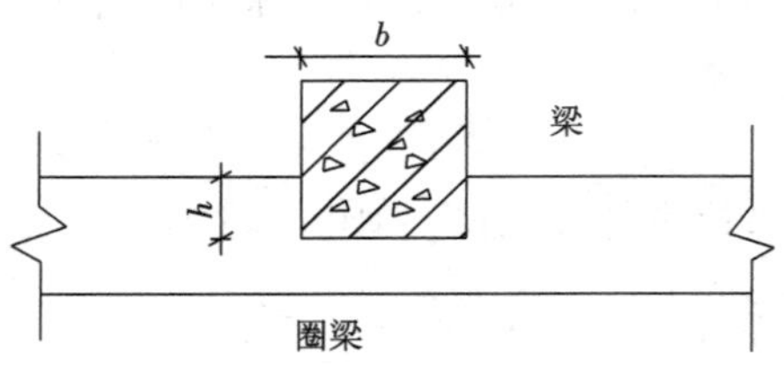

图 6-19　圈梁与梁连接图

5. 工程清单项目有关说明

矩形梁是指横截面为矩形的梁;异形梁是指截面为异形的梁;圈梁是指为提高房屋的整体刚性在内外墙上设置的连续封闭的钢筋混凝土梁;过梁是指跨越一定空间以承受屋盖或楼板、墙传来的荷载的钢筋混凝土构件。

6. 案例分析

【例 6-3】某工程有现浇混凝土花篮梁 10 根,梁两端有现浇梁垫,混凝土强度等级为 C25 自拌混凝土,尺寸如图 6-20 所示。计算该混凝土花篮梁的清单和定额工程量,并分析其综合单价。

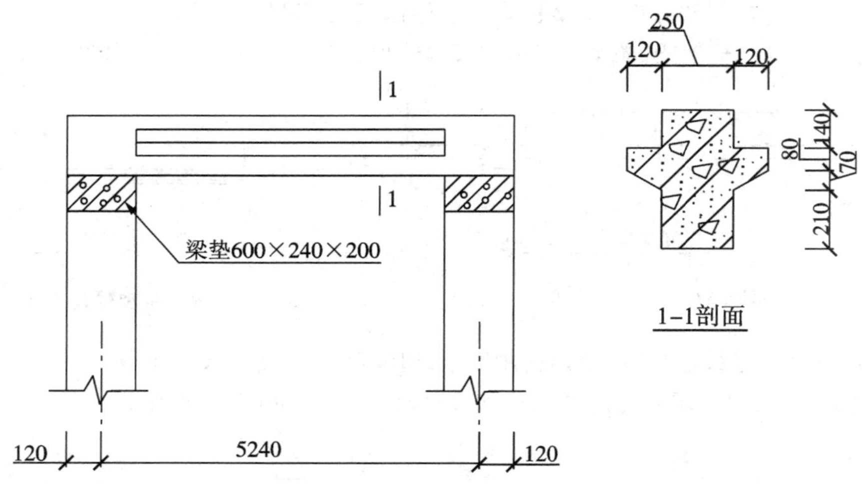

图 6-20　现浇混凝土花篮梁

【解】

(1) 清单工程量。

序号	项目编码	项目名称	工程量计算式	计量单位	工程量
1	010503003001	异形梁 C25 混凝土		m^3	8.81
		YXL	{0.6×0.24×0.2×2+0.25×0.5×5.48+[($\frac{1}{2}$×0.07×0.12×2+0.12×0.08×2)×5]}×10=8.81(m^3)		

（2）定额工程量。

异形梁 C25 混凝土工程量＝8.81 m^3。

（3）综合单价。

综合单价分析表

工程名称:某工程土建项目

序号	项目编码/定额编号	子目名称	单位	数量	综合单价组成/元					综合单价
					人工费	材料费	机械费	管理费	利润	
1	010503003001	异形梁	m^3	1.00	121.36	274.69	10.29	32.91	15.80	455.05
	6-20 换	异形梁（C25 混凝土）	m^3	1.00	121.36	274.69	10.29	32.91	15.80	

注:混凝土强度等级与《计价定额》不同,数量不变,调单价。

6-20 换＝458.00－(264.98－262.07)×1.015＝455.05(元/m^3)。

【例 6-4】某层平面布置如图 6-21 所示。圈梁尺寸为 240 mm×240 mm,在门窗洞口处有圈梁、过梁,并在四个转角处设置尺寸为 240 mm×240 mm 的构造柱。试求圈梁、过梁的清单工程量。

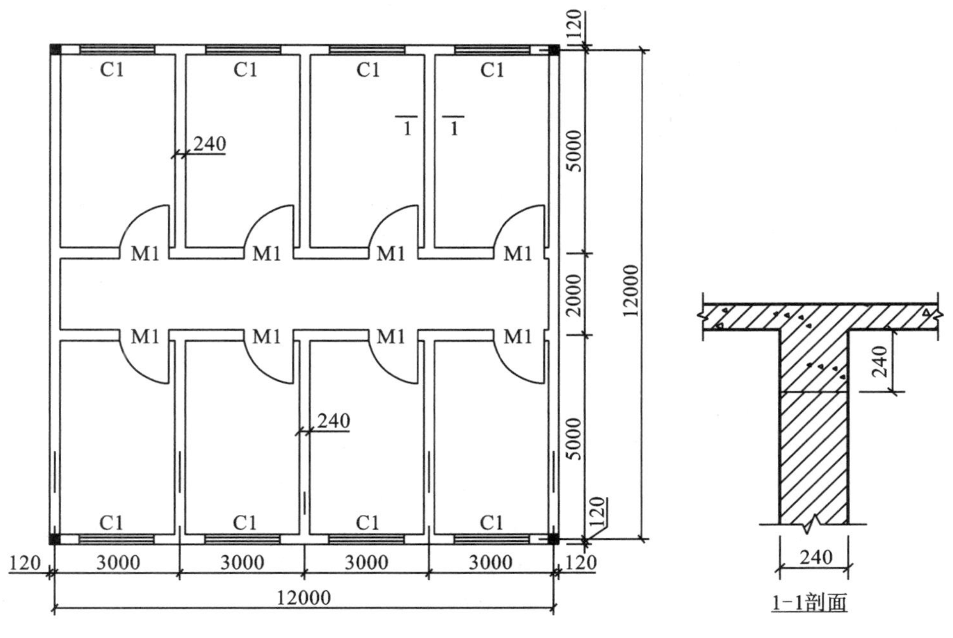

图 6-21　某层平面布置图

【解】清单工程量如下。

序号	项目编码	项目名称	工程量计算式	计量单位	工程量
1	010503004001	圈梁		m^3	3.867

续表

序号	项目编码	项目名称	工程量计算式	计量单位	工程量
		QL	外墙：(12＋12)×2×0.24×0.24＝2.765(m^3) 内墙：[(12－0.24)×2＋(5－0.24)×6]×0.24×0.24＝3.000(m^3) 扣构造柱：0.24×0.24×0.24×4＝0.055(m^3) 扣过梁：1.843 m^3		
2	010503005001	过梁		m^3	1.843
		GL	(1.2＋0.25×2)×0.24×0.24×8＋(1.8＋0.25×2)×0.24×0.24×8＝1.843(m^3)		

注：在圈梁代替过梁时，圈梁的工程量要扣除按过梁计算的工程量，套定额时应分别套圈梁、过梁定额，而不是统一按圈梁计算套价的。

6.1.2.3 任务三：现浇钢筋混凝土板

1. 工程识图

查看板平面图，清楚板的类型、数量、截面尺寸和编号。

查看板详图，清楚板的长、宽、高尺寸。

2. 工作内容

(1) 模板及支架(撑)制作、安装、拆除、堆放、运输及清理模内杂物、刷隔离剂等。

(2) 混凝土制作、运输、浇筑、振捣、养护。

3. 项目特征

(1) 混凝土类别。

(2) 混凝土强度等级。

4. 工程量计算规则

(1) 清单工程量计算规则：按设计图示尺寸以体积计算。不扣除构件内钢筋、预埋铁件及单个面积小于等于0.3 m^2 的柱、垛以及孔洞所占体积。有梁板(包括主、次梁与板)按梁、板体积之和计算。无梁板按板和柱帽体积之和计算。各类板伸入墙内的板头并入板体积内计算，薄壳板的肋、基梁并入薄壳体积内计算。

(2) 定额工程量计算规则：按图示面积乘板厚以体积计算(梁板交接处不得重复计算)。不扣除单个面积在0.3 m^2 以内的柱、垛以及孔洞所占体积。应扣除构件中压形钢板所占体积。

有梁板(包括主、次梁)按梁、板体积之和计算。有后浇板带时，后浇板带(包括主、次梁)应扣除。厨房、卫生间墙下设计有素混凝土防水坎时，工程量并入板内，执行有梁板定额。

无梁板按板和柱帽之和以体积计算。

平板按体积计算。各类板伸入墙内的板头并入板体积内计算。

5. 工程清单项目有关说明

有梁板又称肋形楼板，是由一个方向或两个方向的梁连成一体的板构成的，如图 6-22 所示。

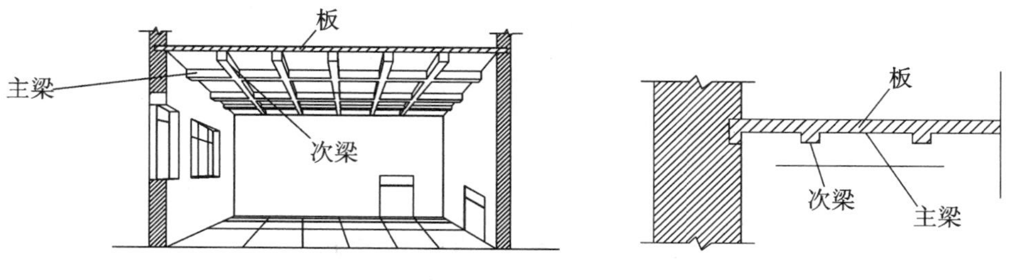

图 6-22　有梁板

井式楼板也是由梁、板组成的，没有主次梁之分，梁的截面一致，因此是双向布置梁，形成井格。井格与墙垂直的称为正井式，井格与墙倾斜呈 45°布置的称为斜井式，如图 6-23 所示。

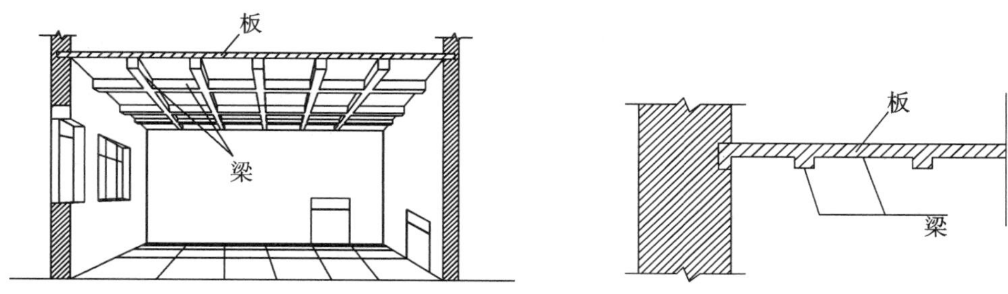

图 6-23　井式楼板

无梁板是将楼板直接支承在墙、柱上。为增加柱的支承面积和减小板的跨度，在柱顶上加柱帽和托板，柱子一般按正方格布置，如图 6-24 所示。

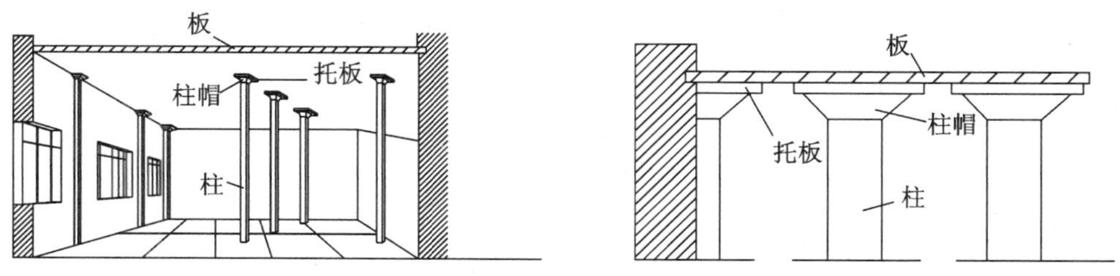

图 6-24　无梁板

平板既无柱支承又非现浇梁板结构，是周边直接由墙来支承的现浇钢筋混凝土板。

6. 案例分析

【例 6-5】某工程有 C30 自拌现浇钢筋混凝土有梁板 10 块，如图 6-25 所示，墙厚 240 mm。计算该有梁板的清单和定额工程量，并分析其综合单价。

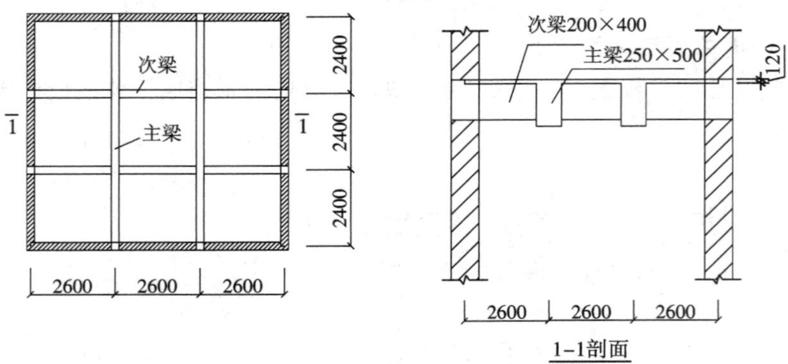

图 6-25　现浇钢筋混凝土有梁板

【解】

(1) 清单工程量。

序号	项目编码	项目名称	工程量计算式	计量单位	工程量
1	010505001001	有梁板 C30 混凝土		m^3	89.97
		YLB	现浇板:2.6×3×2.4×3×0.12×10 =67.39(m^3) 板下梁:[0.25×(0.5－0.12)×(2.4×3+0.24)×2+0.2×(0.4－0.12)×(2.6×3－0.25×2+0.24)×2]×10 =22.58(m^3) 有梁板:67.39+22.58=89.97(m^3)		

(2) 定额工程量。

C30 混凝土有梁板工程量=89.97 m^3。

(3) 综合单价。

综合单价分析表

工程名称:某工程土建项目

序号	项目编码/定额编号	子目名称	单位	数量	综合单价组成/元					综合单价
					人工费	材料费	机械费	管理费	利润	
1	010505001001	有梁板	m^3	1.00	91.84	290.03	10.64	25.62	12.30	430.43
	6-32	有梁板(C30 自拌混凝土)	m^3	1.00	91.84	290.03	10.64	25.62	12.30	

【例 6-6】某工程 C30 非泵送现浇钢筋混凝土无梁板，尺寸如图 6-26 所示，计算该无梁板的清单和定额工程量，并分析其综合单价。

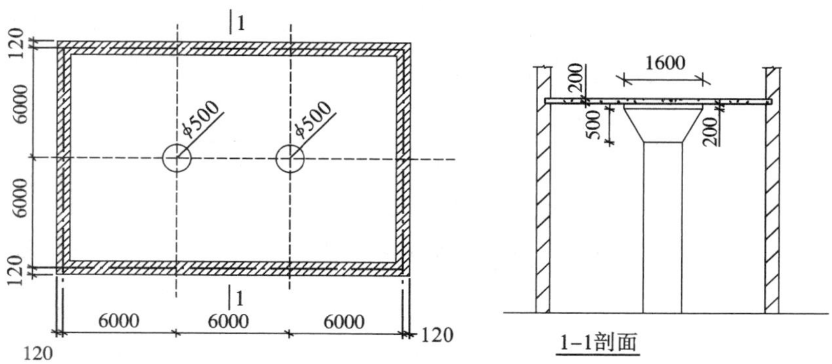

图 6-26　现浇钢筋混凝土无梁板

【解】

（1）清单工程量。

$$\text{圆台体积}=\frac{1}{3}\pi h(R_1^2+R_2^2+R_1R_2)$$

序号	项目编码	项目名称	工程量计算式	计量单位	工程量
1	010505002001	无梁板 C30 混凝土		m^3	44.95
		WLB	现浇板：6×3×6×2×0.2=43.2(m^3) 板下柱帽：3.14×0.8×0.8×0.2×2+(0.25×0.25+0.8×0.8+0.25×0.8)×3.14×$\frac{0.5}{3}$×2=1.75(m^3) 无梁板：43.2+1.75=44.95(m^3)		

（2）定额工程量。

C30 混凝土无梁板工程量=44.95 m^3。

（3）综合单价。

综合单价分析表

工程名称：某工程土建项目

序号	项目编码/定额编号	子目名称	单位	数量	综合单价组成/元					综合单价
					人工费	材料费	机械费	管理费	利润	
1	010505002001	无梁板	m^3	1.00	51.66	366.97	1.70	13.34	6.40	440.07

续表

序号	项目编码/定额编号	子目名称	单位	数量	综合单价组成/元					综合单价
					人工费	材料费	机械费	管理费	利润	
	5-315	无梁板(C30非泵混凝土)	m^3	1.00	51.66	366.97	1.70	13.34	6.40	

【例 6-7】某现浇 C30 框架结构平面布置如图 6-27 所示,柱截面尺寸 600 mm×600 mm,梁截面尺寸 300 mm×600 mm,现浇板厚 100 mm,试计算有梁板的清单工程量。

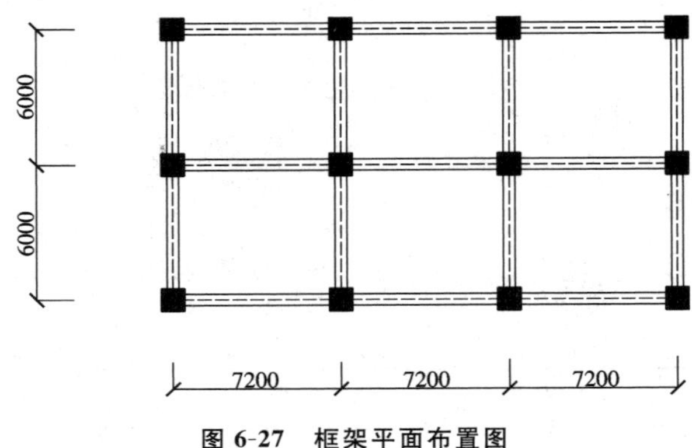

图 6-27 框架平面布置图

【解】清单工程量如下 。

序号	项目编码	项目名称	工程量计算式	计量单位	工程量
1	010505001001	有梁板 C30 混凝土		m^3	42.26
		YLB	现浇板外形体积:(7.2×3+0.15×2)×(6×2+0.15×2)×0.1=26.94(m^3) 板下梁体积:[(7.2−0.6)×9+0.2×(6 −0.6)×8]×0.3×(0.6 −0.1)=15.39(m^3) 板中柱头体积:0.6×0.6×0.1×2=0.072(m^3) 有梁板:26.94+15.39−0.072=42.26(m^3)		

注:有梁板中,板与柱重叠的那部分称为柱头,柱头工程量是计算在柱中的,所以,有梁板工程量中要将其扣除。《计算规范》中又规定不扣除单个面积 0.3 m^2 内的柱所占体积,故此题只需扣除中间的两根穿板柱的柱头。

7. 案例拓展

拓展内容:有梁板

【例 6-8】某三类建筑的全现浇框架主体结构如图 6-28 所示,图中轴线为柱中,现浇混凝土均为 C30 自拌,板厚 100 mm。用《计价定额》计算该框架合价。

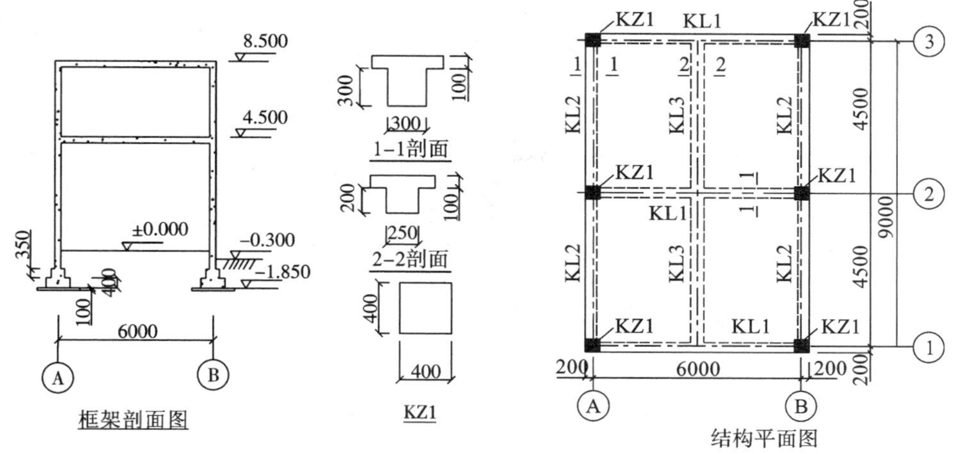

图 6-28　全现浇框架主体结构布置图

【解】

(1) 定额工程量。

序号	定额编号	项目名称	工程量计算式	计量单位	工程量
1	6-14	C30 混凝土柱	6×0.4×0.4×(8.5+1.85−0.4−0.35−2×0.1)=9.02(m^3)	m^3	9.02
2	6-32	C30 混凝土有梁板	现浇板:(6+0.4)×(9+0.4)×0.1=6.02(m^3) 板下梁:KL1=3×0.3×(0.4−0.1)×(6−2×0.2)=1.51(m^3) KL2=4×0.3×0.3×(4.5−2×0.2)=1.48(m^3) KL3=2×0.25×(0.3−0.1)×(4.5+0.2−0.3−0.15)=0.43(m^3) 有梁板:(6.02+1.51+1.48+0.43)×2=18.88(m^3)	m^3	18.88

(2) 套定额。

序号	定额编号	项目名称	计量单位	工程量	综合单价/元	合价/元
1	6-14	C30 混凝土柱	m^3	9.02	506.05	4564.57
2	6-32	C30 混凝土有梁板	m^3	18.88	430.43	8126.52
		合计				12691.09

【例 6-9】如图 6-29 所示，某一层三类建筑楼层结构图，设计室外地面到板底高度为 4.2 m，轴线为梁(墙)中，混凝土为 C25，板厚 100 mm，用《计价定额》计算现浇混凝土有梁板、圈梁的混凝土合价。

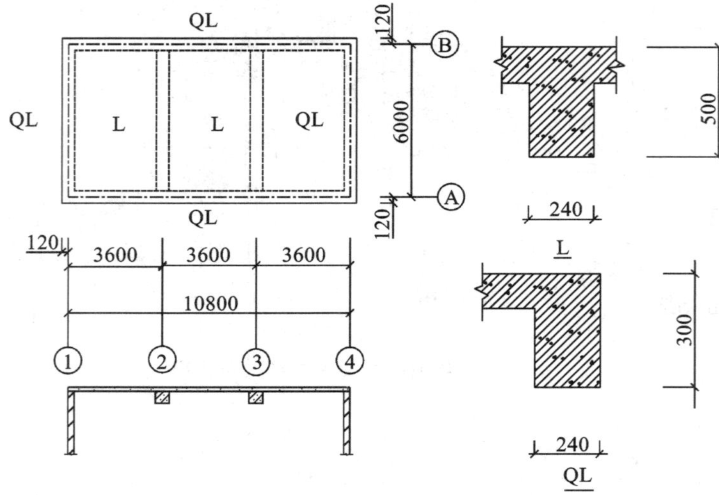

图 6-29 楼层结构图

【解】

(1) 定额工程量。

序号	定额编号	项目名称	工程量计算式	计量单位	工程量
1	6-21	C25 混凝土圈梁	0.24×(0.3−0.1)×[(10.8+6)×2−0.24×4]=1.57(m³)	m³	1.57
2	6-32	C25 混凝土有梁板	现浇板：(10.8+0.24)×(6+2×0.12)×0.1=6.89(m³) 板下梁：0.24×(0.5−0.1)×(6+2×0.12)×2=1.20(m³) 有梁板：6.89+1.20=8.09(m³)	m³	8.09

(2) 套定额。

序号	定额编号	项目名称	计量单位	工程量	综合单价/元	合价/元
1	6-21 换	C25 混凝土圈梁	m³	1.57	505.73	794.00
2	6-32 换	C25 混凝土有梁板	m³	8.09	427.33	3457.10
		合计				4251.10

注：6-21 换=498.27−258.54+1.015×262.07=505.73(元/m³)；

6-32 换=430.43−276.61+1.015×269.47=427.33(元/m³)。

【例6-10】如图6-30所示，某工程现浇混凝土框架柱，尺寸见表6-2，采用预拌(商品)混凝土，混凝土强度等级为C35，试计算现浇混凝土框架柱清单工程量，并编制工程量清单。

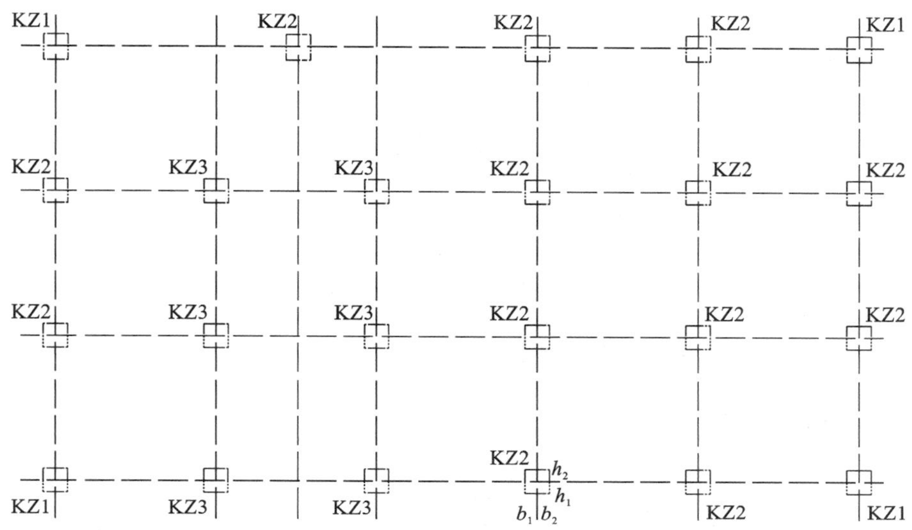

图6-30　框架柱结构位置图

表6-2　现浇混凝土框架柱尺寸

柱号	标高/m	$h\times b$/(mm×mm)	h_1/mm	h_2/mm	b_1/mm	b_2/mm
KZ1	−1.2～3.9	500×500	250	250	250	250
	3.9～11.7	450×500	250	200	250	250
	11.7～17.7	400×450	250	150	225	225
KZ2	−1.2～7.8	500×550	250	250	275	275
	7.8～14.7	450×500	250	200	250	250
	14.7～17.7	400×450	250	150	225	225
KZ3	−1.2～11.7	450×500	250	200	250	250
	11.7～17.7	400×450	250	150	225	225

【解】

(1) KZ1有4根，KZ2有13根，KZ3有6根，框架柱体积计算如下。

$V_{KZ1}=[0.5\times0.5\times(1.2+3.9)+0.45\times0.5\times(11.7-3.9)+0.4\times0.45\times(17.7-11.7)]\times4=16.44(m^3)$

$V_{KZ2}=[0.5\times0.55\times(1.2+7.8)+0.45\times0.5\times(14.7-7.8)+0.4\times0.45\times(17.7-14.7)]\times13=59.38(m^3)$

$V_{KZ3}=[0.45\times0.5\times(1.2+11.7)+0.4\times0.45\times(17.7-11.7)]\times6=23.90(m^3)$

(2) 工程量清单编制如下。

框架柱工程量清单

序号	项目编码	项目名称	项目特征	单位	工程量	综合单价/元	合价/元
1	010502001001	矩形柱KZ1	柱高5.1 m,截面500 mm×500 mm; 柱高7.8 m,截面450 mm×500 mm; 柱高6 m,截面400 mm×450 mm 混凝土种类:预拌(商品)混凝土 混凝土强度等级:C35	m^3	16.44		
2	010502001002	矩形柱KZ2	柱高9 m,截面500 mm×550 mm;柱高6.9 m,截面450 mm×500 mm;柱高3 m,截面400 mm×450 mm 混凝土种类:预拌(商品)混凝土 混凝土强度等级:C35	m^3	59.38		
3	010502001003	矩形柱KZ3	柱高12.9 m,截面450 mm×500 mm; 柱高6 m,截面400 mm×450 mm 混凝土种类:预拌(商品)混凝土 混凝土强度等级:C35	m^3	23.90		

6.1.2.4 任务四:现浇钢筋混凝土墙

1. 工作内容

(1) 模板及支架(撑)制作、安装、拆除、堆放、运输及清理模内杂物、刷隔离剂等。

(2) 混凝土制作、运输、浇筑、振捣、养护。

2. 项目特征

(1) 混凝土类别。

(2) 混凝土强度等级。

3. 工程量计算规则

(1) 清单工程量计算规则:按设计图示尺寸以体积计算。不扣除构件内钢筋、预埋铁件所占体积,扣除门窗洞口及单个面积大于0.3 m^2 的孔洞所占体积,墙垛及突出墙面部分并入墙体体积内计算。

(2) 定额工程量计算规则:外墙按图示中心线(内墙按净长)乘墙高、墙厚以立方米计算,应扣除门、窗洞口及大于0.3 m^2 的孔洞所占体积。单面墙垛其突出部分并入墙体体积内计算,双面墙垛(包括墙)按柱计算。

墙高的确定:墙与梁平行重叠,墙高算至梁顶面;当设计梁宽超过墙宽时,梁、墙分别按相应项目计算。墙与板相交,墙高算至板底面。屋面混凝土女儿墙按直(圆)形墙以体积计算。

4. 工程清单项目有关说明

地下室墙厚在 350 mm 以内者，称为直形墙。它也适用于电梯井。应注意与墙相连接的薄壁柱按墙项目编码列项。

弧形墙是指墙身形状为弧形的构筑物。它也可用于电梯井。

5. 案例分析

【例 6-11】某工程有一 C30 非泵送现浇钢筋混凝土墙，尺寸如图 6-31 所示，计算该墙体的清单和定额工程量，并分析其综合单价。

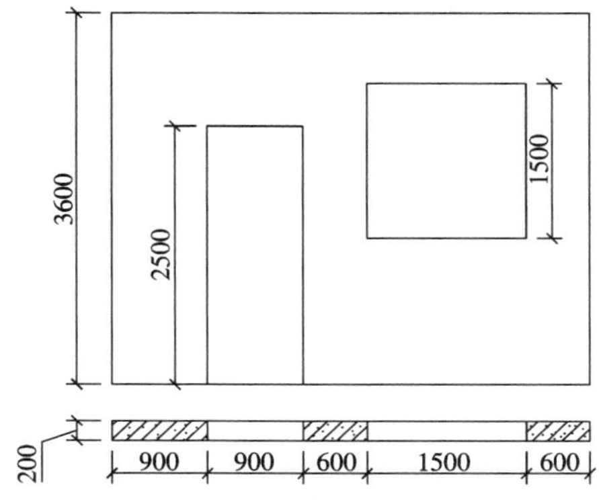

图 6-31 现浇钢筋混凝土墙

【解】

(1) 清单工程量。

序号	项目编码	项目名称	工程量计算式	计量单位	工程量
1	010504001001	混凝土直形墙 C30 混凝土		m^3	2.34
		Q	$V=(0.9\times2+0.6\times2+1.5)\times3.6\times0.2-(2.5\times0.9+1.5\times1.5)\times0.2=2.34(m^3)$		

(2) 定额工程量。

C30 混凝土墙工程量＝2.34 m^3。

(3) 综合单价。

综合单价分析表

工程名称:某工程土建项目

序号	项目编码/定额编号	项目名称	单位	数量	综合单价组成/元					综合单价
					人工费	材料费	机械费	管理费	利润	
1	010504001001	混凝土墙	m^3	1.00	86.10	369.85	2.88	22.25	10.68	491.76
	6-325	混凝土墙(C30 非泵送混凝土)	m^3	1.00	86.10	369.85	2.88	22.25	10.68	

【例 6-12】如图 6-32 所示为某混凝土剪力墙，计算 C30 混凝土墙的清单工程量。

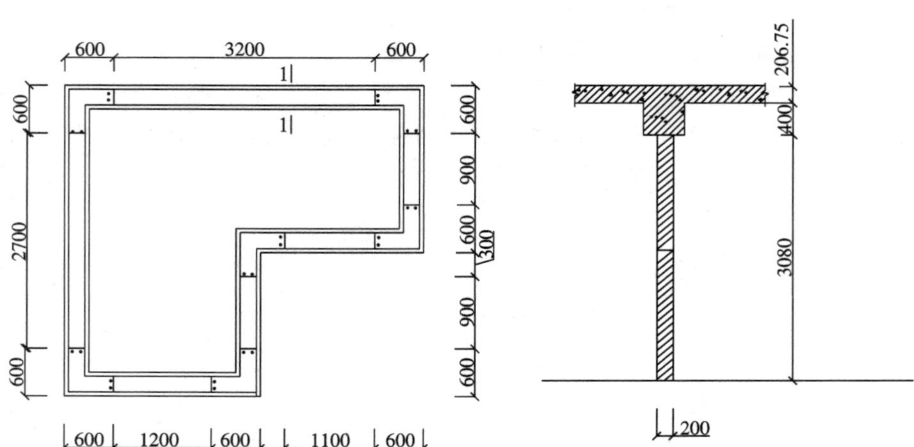

图 6-32　某混凝土剪力墙

【解】清单工程量如下。

序号	项目编码	项目名称	工程量计算式	计量单位	工程量
1	010504001001	直形墙		m^3	9.49
			横向：[(3.2＋0.6×2)＋(1.1＋0.6×2)＋(1.2＋0.6×2)]×0.2×3.08＝5.606(m^3) 纵向：[(2.7＋0.3×2)＋(0.9＋0.3×2)＋(0.9＋0.3×2)]×0.2×3.08＝3.881(m^3)		

注：对于与墙同厚的混凝土剪力墙中的暗柱应并入墙的工程量内计算。

6.1.2.5　任务五：预制钢筋混凝土柱

1. 工作内容

(1) 构件安装。

(2) 砂浆制作、运输。

(3) 接头灌缝、养护。

2. 项目特征

(1) 图代号。

(2) 单件体积。

(3) 安装高度。

(4) 混凝土强度等级。

(5) 砂浆强度等级、配合比。

3. 工程量计算规则

(1) 清单工程量计算规则：按设计图示尺寸以体积计算。不扣除构件内钢筋、预埋铁件所占体积。以根计量，按设计图示尺寸以数量计算。以根计量，必须描述单件体积。

(2) 定额工程量计算规则：混凝土工程量按图示尺寸实体体积以 m^3 计算，不扣除构件内钢筋、铁件及 0.3 m^2 以内的孔洞体积。

4. 工程清单项目有关说明

预制混凝土柱是指在预制构件加工厂或施工现场外按照要求预先制作，然后再运到施工现场装配而成的钢筋混凝土柱。预制混凝土柱的制作场地应平整坚实，并做好排水处理。当采用重叠浇筑时，柱与柱之间应做好隔离层。

5. 案例分析

【例 6-13】某工程有六根预制工字形柱，如图 6-33 所示。计算其清单工程量。

【解】V =（上柱体积＋牛腿部分体积＋下柱体积－工字形槽口体积）×根数

$$=\{(0.4\times0.4\times2.4)+[\frac{1}{2}\times0.2\times(1+0.8)\times0.4+1\times0.4\times0.4]+(10.8\times0.8\times0.4)-\frac{1}{2}\times(8.5\times0.5+8.45\times0.45)\times0.15\times2\}\times6$$

$$=17.18(m^3)$$

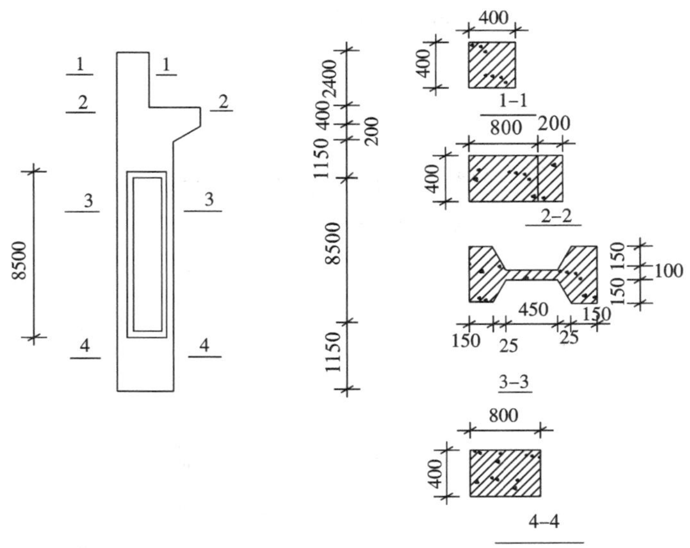

图 6-33　预测工字形柱

6.1.2.6　任务六：预制钢筋混凝土梁

1. 工作内容

(1) 构件安装。

(2) 砂浆制作、运输。

(3) 接头灌缝、养护。

2. 项目特征

(1) 图代号。

(2) 单件体积。

(3) 安装高度。

(4) 混凝土强度等级。

(5) 砂浆强度等级、配合比。

3. 工程量计算规则

(1) 清单工程量计算规则:按设计图示尺寸体积以 m^3 计算。不扣除构件内钢筋、预埋铁件所占体积。以根计量,按设计图示尺寸以数量计算。以根计量,必须描述单件体积。

(2) 定额工程量计算规则:混凝土工程量按图示尺寸实体体积以 m^3 计算,不扣除构件内钢筋、铁件及 0.3 m^2 以内的孔洞体积。

4. 工程清单项目有关说明

预制混凝土梁适用于各种预制梁,有相同截面、长度的预制混凝土梁的工程量可按根数合并计算。

清单预制混凝土梁种类有矩形梁(010510001)、异形梁(010510002)、过梁(010510003)、拱形梁(010510004)、鱼腹式吊车梁(010510005)、风道梁(010510006)。

5. 案例分析

【例 6-14】如图 6-34 所示某工程门窗预制过梁。已知过梁截面尺寸均为 400 mm×300 mm,计算其清单工程量。

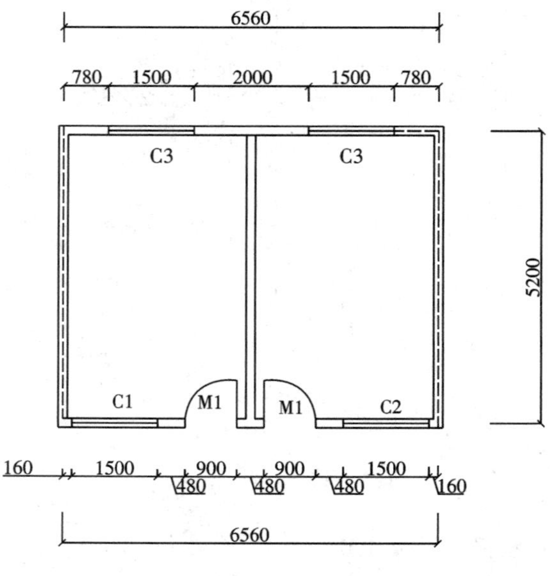

图 6-34 某工程门窗预制过梁

【解】清单工程量如下。

序号	项目编码	项目名称	工程量计算式	计量单位	工程量
1	010510003001	预制过梁		m^3	1.267
		过梁体积：[(1.5+0.25×2)×2+(0.9+0.24×2)×2+(1.5+0.24+0.16)×2]×0.4×0.3=1.267(m^3)			

注：因 M1 与 C1、C2 的距离，以及两个 M1 之间的距离均为 480 mm，小于两端搁置长度之和 500 mm，若此时过梁长度还按门窗洞口宽度每边加 250 mm，则不符合实际应用要求。所以此时门过梁两边各加 240 mm；窗一边加 240 mm，一边加 160 mm。

本题表示的是预算中的细节问题，也是大多数人易忽略的地方，若计算中有大量这样的失误，将会对预算造成影响。

6.2 混合结构工程清单计价

6.2.1 混合结构概述

混合结构不是指单一的结构形式，如混凝土、木结构、钢结构等，而是指多种结构形式混合而成的一种结构。其承重的主要构件是用钢筋混凝土和砖木建造的。如一幢房屋的梁用钢筋混凝土制成，以砖墙为承重墙；或者梁用木材建造，柱用钢筋混凝土建造。本节主要介绍砖砌体结构。

1. 墙体的分类

(1) 按墙体所处位置不同可分为外墙和内墙。

(2) 按墙体受力情况不同可分为承重墙和非承重墙，如图 6-35 所示。

(3) 按墙体构造方式不同可分为实体墙、空斗墙和组合墙，如图 6-36 所示。

(4) 按墙体材料不同可分为砖墙、石墙、混凝土墙、砌块墙等。

(5) 按墙体施工方法不同分为叠砌式、现浇整体式和装配式等墙体。

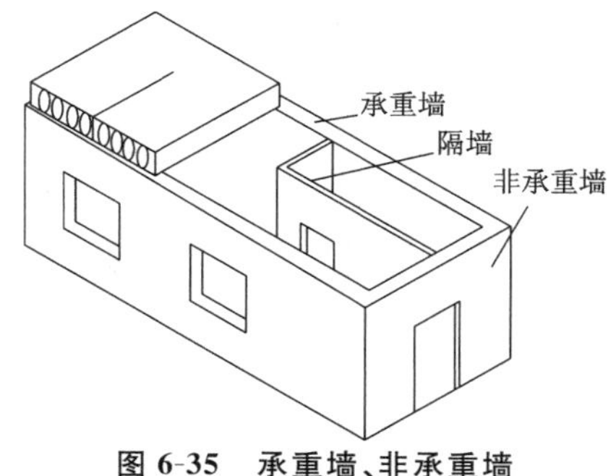

图 6-35 承重墙、非承重墙

2. 有关概念

(1) 砌体结构：由砌体和砂浆砌筑而成的墙、柱作为建筑物主要受力结构，是砖砌体、砌块砌体和石砌体的统称。

砖砌体包括烧结普通砖、烧结多孔砖、蒸压灰砂砖、蒸压粉煤灰砖等砌体；砌块砌体包括混凝土、轻骨料混凝土砌块无筋和配筋砌体；石砌体包括料石和毛石砌体。

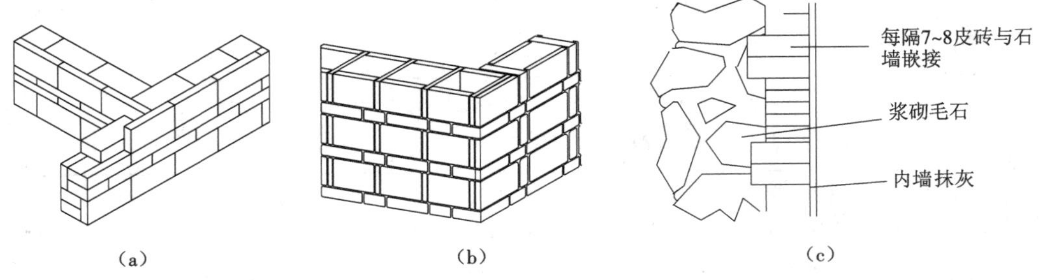

图 6-36 实体墙、空斗墙、组合墙

(a)实体墙;(b)空斗墙;(c)组合墙

(2) 烧结普通砖:以黏土、页岩、煤矸石或粉煤灰为主要材料,经过焙烧而成的实心或孔洞率不大于规定值且外形符合规定的砖,分为烧结黏土砖、烧结页岩砖、烧结煤矸石砖、烧结粉煤灰砖等。

(3) 烧结多孔砖:以黏土、页岩、煤矸石或粉煤灰为主要材料,经过焙烧而成的孔洞率不小于25%,孔的尺寸小而数量多,主要用于承重部分的砖,简称多孔砖。分P型和M型砖,常用的型号有KM1、KP1、KP2,如图6-37所示。

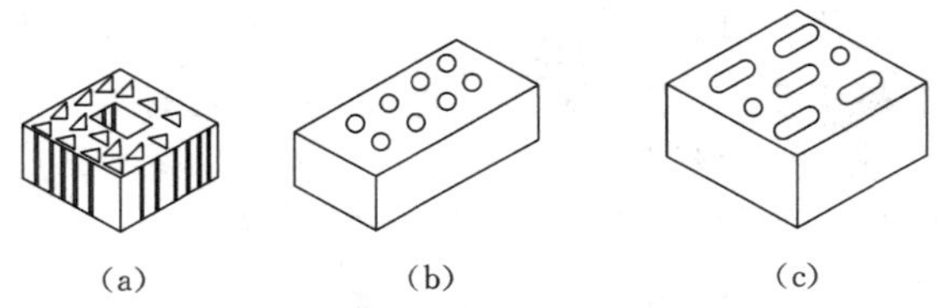

图 6-37 常用烧结多孔砖

(a)KM1;(b)KP1;(c)KP2

(4) 填充墙:指在墙体的内外皮砌体之间填充保温材料(炉渣、炉渣混凝土)构成的夹层墙,多用于框架结构中先浇筑柱、梁、板,后砌筑的墙体。

(5) 空花墙:指用普通黏土砖砌筑的透空墙,空花部分墙厚多为120 mm或240 mm,常用做围墙,如图6-38所示。

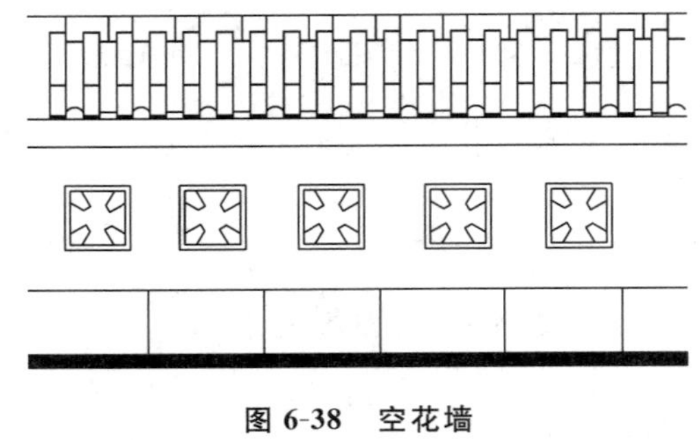

图 6-38 空花墙

(6) 空心砖墙:指用空心砖砌筑的墙体。常见的空心砖有页岩空心砖、煤矸石空心砖。常用的有4孔和6孔,用作非承重墙。

(7) 空斗砖墙:指一般用标准砖砌筑,使墙体内形成许多空腔的墙体。如一斗一卧、二斗一卧、三斗一卧及空斗等砌法，适用于非承重墙或临时墙体，如图 6-39 所示。

（8）砖挑檐：砖墙砌筑时，在屋檐、窗台等处的一种砌筑构造形式，如图 6-40 所示。

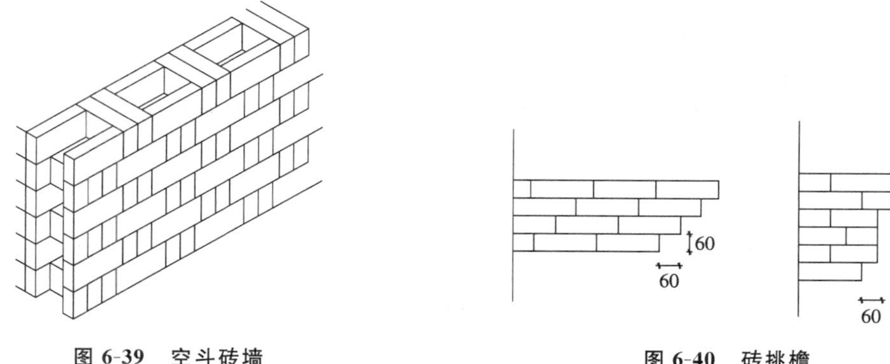

图 6-39　空斗砖墙

图 6-40　砖挑檐

（9）砌块墙：指用尺寸比普通砖大的砌块砌筑的墙，用于非承重墙。常见的砌块有硅酸盐砌块、陶粒空心砖砌块、粉煤灰硅酸盐砌块、加气混凝土砌块、混凝土空心砌块等。

（10）框架间墙：指框架结构中填砌在框架梁柱间作为围护结构的墙体。

3. 项目列项

砌筑工程相关项目列项见表 6-3。

表 6-3　砌筑工程相关项目列项

构件类型		清单项目	定额项目	
砖砌体	实心砖墙	010401003	4-33～4-44	标准砖砌内墙，外墙
	空斗墙	010401006	4-45、4-46	一斗一卧，二斗一卧
	空花墙	010401007	4-47	空花墙
	填充墙	010401008	4-48、4-49	炉渣，炉渣混凝土
	实心砖柱	010401009	4-3、4-4	砖柱方形、圆形
	砖检查井	010401011	12-51～12-70	砖窨井、化粪池砌筑、粉刷
砌块砌体	砌块墙	010402001	4-5～4-20	混凝土砌块墙、空心砌块墙
石砌体	石墙	010403003	4-62、4-63	毛石墙
			4-65、4-66	方整石墙
	石挡土墙	010403004	4-64	挡土墙
	石护坡	010403009	4-60、4-61	护坡
零星砌体、明沟、地沟	零星砌体	010401012	4-55	砖砌台阶
			4-57、4-58	多孔砖小型砌体
	砖地沟、明沟	010401014	4-56	标准砖地沟，明沟
垫层	垫层	010404001	4-94～4-112	基础垫层（混凝土垫层除外）

6.2.2 混合结构计价

6.2.2.1 任务一:砖砌墙体

1. 工程识图

砖墙是用砖和砂浆按一定规律和组砌方式砌筑而成的。按所用砖块不同,有实心砖墙、多孔砖墙、空心砖墙。砖墙根据其在建筑物中的位置不同而名称有所不同,如图 6-41 所示。

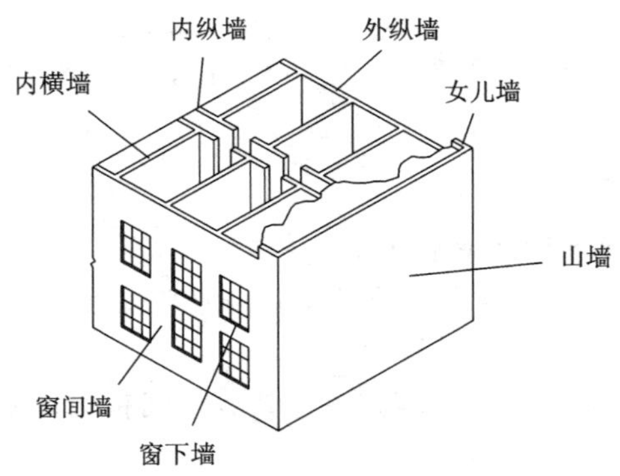

图 6-41 砖墙

实心砖墙的厚度根据承重、保温、隔声等要求,一般有 115 mm(半砖墙)、240 mm(一砖墙)、365 mm(一砖半墙)。其中 240 mm 砖墙有多种组砌方式,如图 6-42 所示;多孔砖墙厚一般有 115 mm、190 mm、240 mm,如图 6-43 所示;空心砖墙厚一般有 90 mm、115 mm、190 mm,如图 6-44 所示。

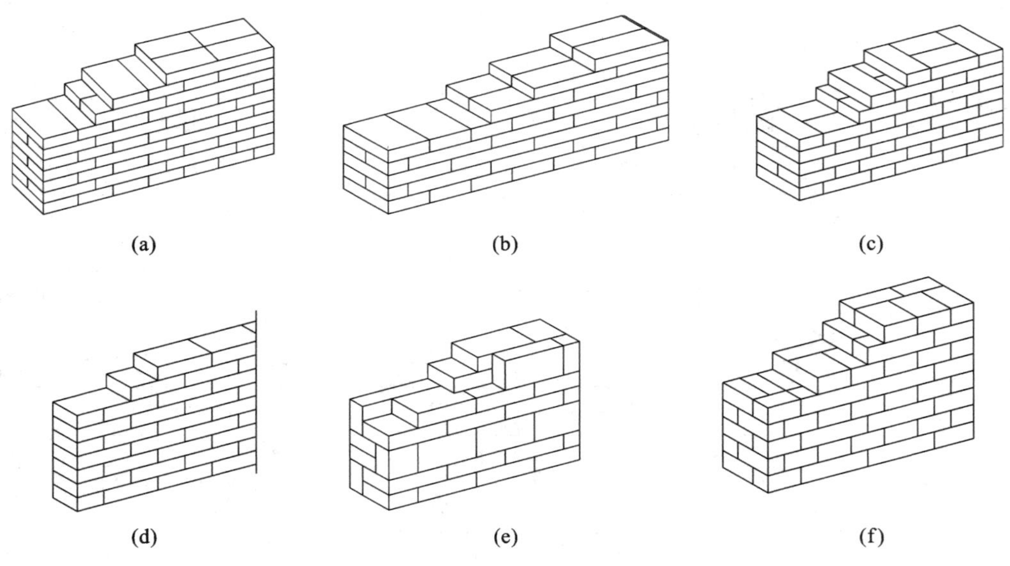

图 6-42 实心砖墙

(a)240 mm 砖墙(一顺一丁式);(b)240 mm 砖墙(多顺一丁式);(c)240 mm 砖墙(十字式);
(d)115 mm 砖墙;(e)180 mm 砖墙;(f)365 mm 砖墙

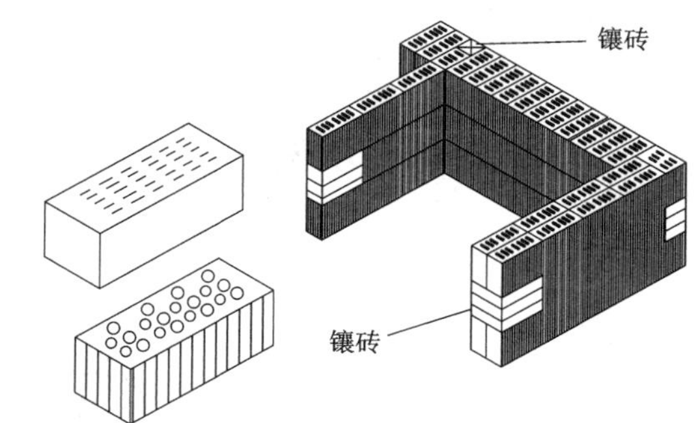

图 6-43　多孔砖墙

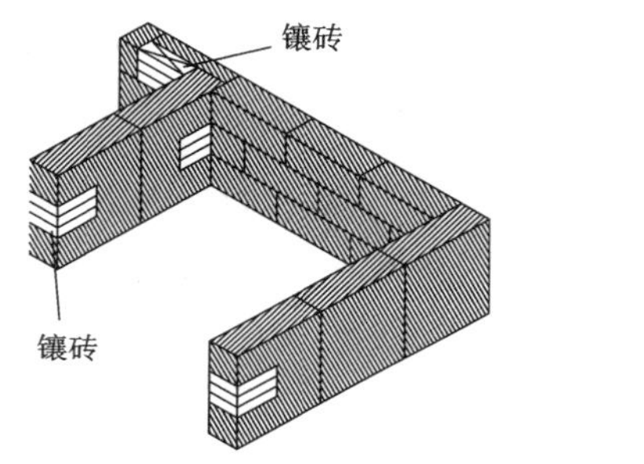

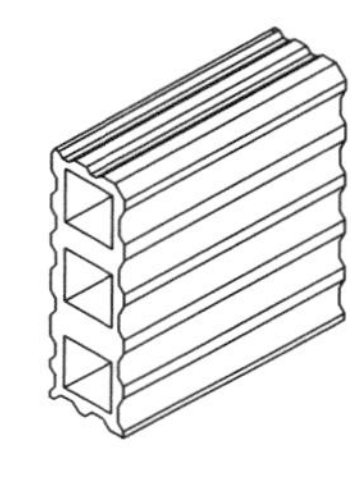

图 6-44　空心砖墙

2. 工作内容

(1) 实心砖墙:砂浆制作、运输;砌砖;刮缝;砖压顶砌筑;材料运输。

(2) 空斗墙:砂浆制作、运输;砌砖;装填充料;刮缝;材料运输。

(3) 空花墙:砂浆制作、运输;砌砖;装填充料;刮缝;材料运输。

(4) 填充墙:砂浆制作、运输;砌砖;装填充料;刮缝;材料运输。

3. 项目特征

(1) 实心砖墙:砖品种、规格、强度等级;墙体类型;砂浆强度等级、配合比。

(2) 空斗墙:砖品种、规格、强度等级;墙体类型;砂浆强度等级、配合比。

(3) 空花墙:砖品种、规格、强度等级;墙体类型;砂浆强度等级、配合比。

(4) 填充墙:砖品种、规格、强度等级;墙体类型;勾缝要求;砂浆强度等级。

4. 工程量计算规则

(1) 清单工程量计算规则。

① 实心砖墙:按设计图示尺寸以体积计算。扣除门窗洞口,过人洞,空圈,嵌入墙内的钢筋混凝土柱、梁、圈梁、挑梁、过梁,及凹进墙内的壁龛、管槽、暖气槽、消火栓箱所占体积。不扣除梁头、板头、檩头、垫木、木楞头、沿缘木、木砖、门窗走头(见图 6-45)、砖墙内加固钢筋、木

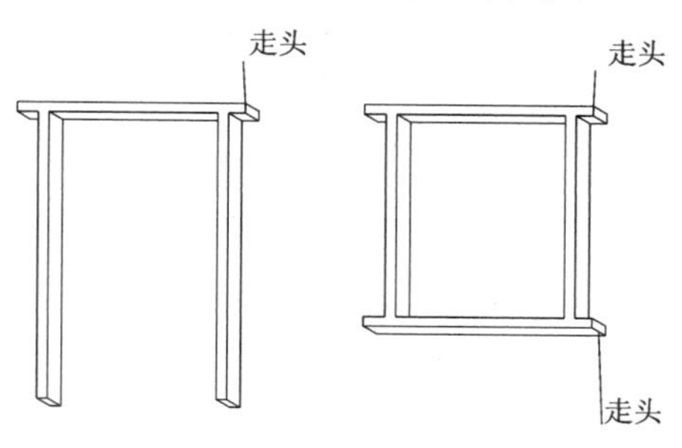

图 6-45　门窗走头

筋、铁件、钢管及单个面积不大于0.3 m^2的孔洞所占体积。凸出墙面的腰线、挑檐(见图 6-46)、压顶、窗台线、虎头砖(见图 6-47)、砖砌窗套(见图 6-48)的体积亦不增加。凸出墙面的砖垛并入墙体体积内计算。

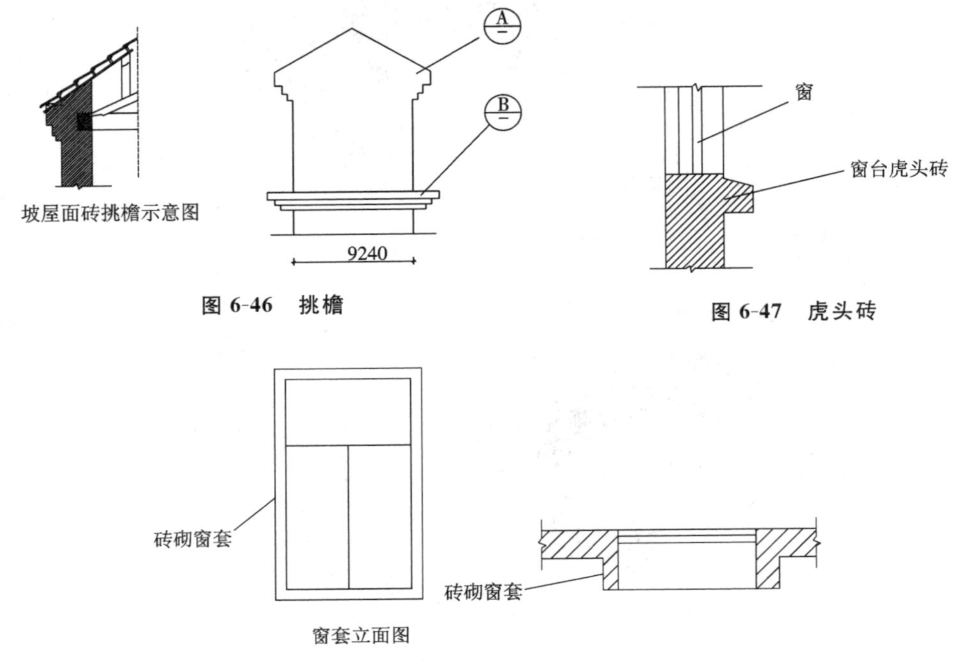

图 6-46 挑檐

图 6-47 虎头砖

图 6-48 砖砌窗套

墙身长度:外墙按中心线,内墙按净长计算。

墙身高度:外墙为斜(坡)屋面无檐口天棚者算至屋面板底,如图 6-49 所示;有屋架且室内外均有天棚者算至屋架下弦底另加 200 mm,如图 6-50 所示;无天棚者算至屋架下弦底另加 300 mm,出檐宽度超过 600 mm 时按实砌高度计算;平屋面算至钢筋混凝土板底,如图 6-51 所示。

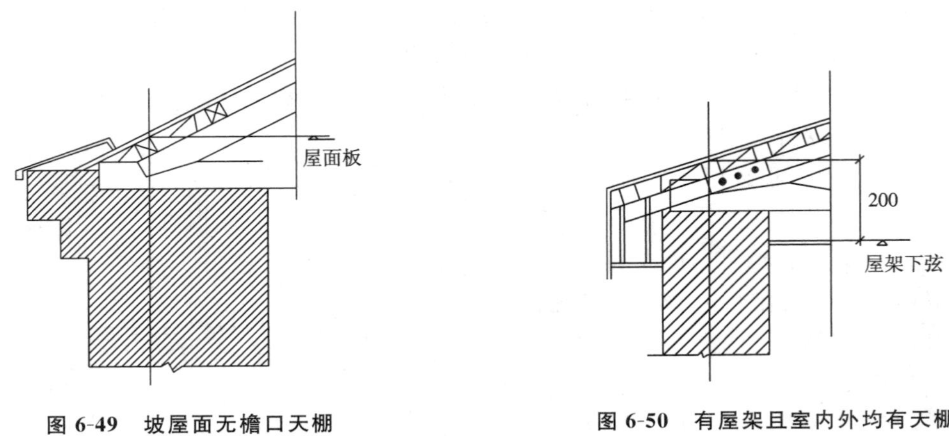

图 6-49 坡屋面无檐口天棚

图 6-50 有屋架且室内外均有天棚

内墙:位于屋架下弦者,算至屋架下弦底, 如图 6-52 所示;无屋架者算至天棚底另加 100 mm，如图 6-53 所示；有钢筋混凝土楼板隔层者算至楼板顶；有框架梁时算至梁底，如图 6-54 所示。

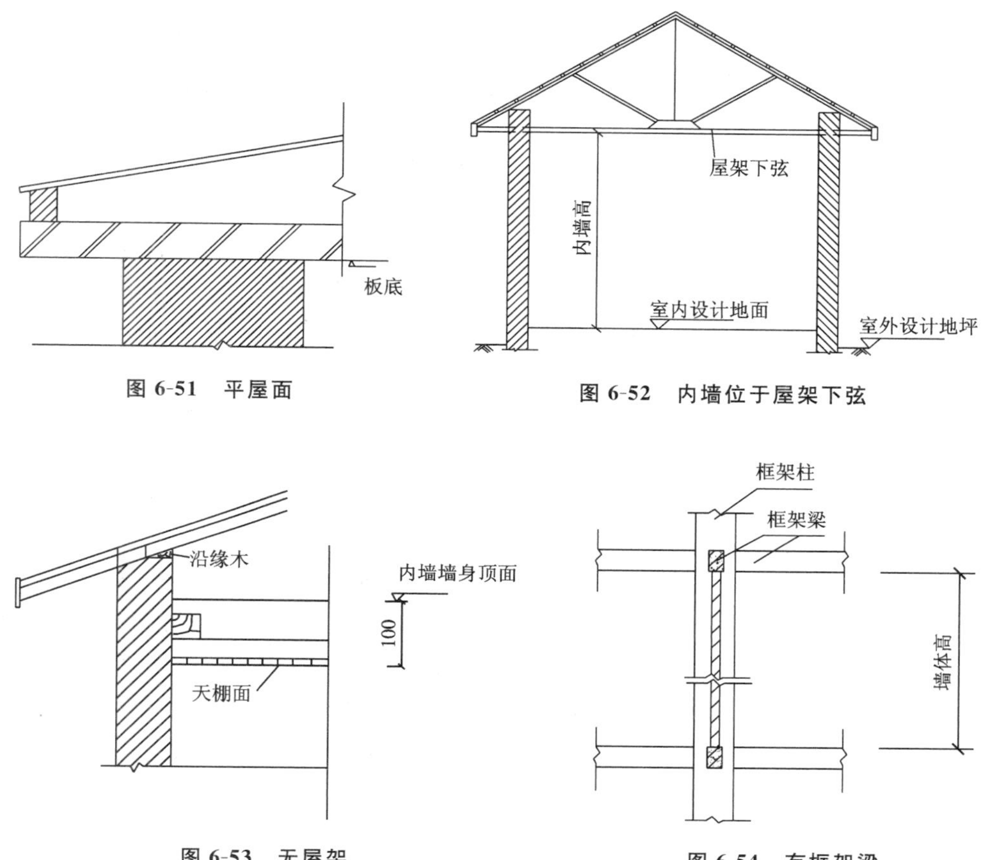

图 6-51　平屋面

图 6-52　内墙位于屋架下弦

图 6-53　无屋架

图 6-54　有框架梁

女儿墙：从屋面板上表面算至女儿墙顶面（如有混凝土压顶时算至压顶下表面）。

内、外山墙：按其平均高度计算。

框架间墙：不分内外墙按墙体净尺寸以体积计算。

围墙：高度算至压顶上表面（如有混凝土压顶时算至压顶下表面），围墙柱并入围墙体积内。

② 空斗墙：按设计图示尺寸以空斗墙外形体积计算，墙角、内外墙交接处、门窗洞口立边、窗台砖及屋檐处的实砌部分体积并入空斗墙体积内。

③ 空花墙：按设计图示尺寸以空花部分外形体积计算，不扣除空洞部分体积。

④ 填充墙：按设计图示尺寸以填充墙外形体积计算。

（2）定额工程量计算规则。

① 实砌砖墙：实砌墙分内、外墙。不同厚度，分别按墙长乘墙高乘相应厚度以立方米计算。

标准砖墙体厚度按表 6-4 规定计算。

表 6-4　标准砖墙体计算厚度表

墙厚	$\frac{1}{4}$砖	$\frac{1}{2}$砖	$\frac{3}{4}$砖	1 砖	$1\frac{1}{2}$砖	2 砖
砖墙计算厚度/mm	53	115	178	240	365	490

墙身长度:外墙按外墙中心线,内墙按内墙净长线计算。弧形墙按中心线处长度计算。

墙身高度:设计有明确高度时以设计高度计算,未明确时按下列规定计算。

外墙:坡(斜)屋面无檐口天棚者,算至墙中心线屋面板底;有屋架且室内外均有天棚者,算至屋架下弦底面另加 200 mm;无天棚者,算至屋架下弦另加 300 mm,出檐高度超过 600 mm 时按实砌高度计算;有现浇钢筋混凝土平板楼层者,算至平板底面;有女儿墙者,自外墙梁(板)顶面至图示女儿墙顶面;有混凝土压顶者,算至压顶底面。

内墙:内墙位于屋架下,算至屋架下弦底;无屋架者,算至天棚底另加 100 mm;有钢筋混凝土楼板隔层者,算至楼板底;有框架梁时,算至梁底面。

计算墙体工程量时,应扣除门窗,洞口,嵌入墙内的钢筋混凝土柱、梁、过梁、圈梁、挑梁,及凹进墙内的壁龛、管槽、暖气槽、消火栓箱所占体积;不扣除梁头、板头、檩头、垫木、木楞头、沿缘木、木砖、门窗走头、砖墙内加固钢筋、木筋、铁件、钢管及每个面积在 0.3 m^2 以下的孔洞等所占的体积。突出墙面的腰线、挑檐、压顶、窗台线、虎头砖、门窗套的体积亦不增加。凸出墙面的砖垛并入墙体体积内计算。

附墙烟囱、通风道、垃圾道按其外形体积并入所依附的墙体体积内合并计算,不扣除每个横截面小于 0.1 m^2 的孔洞体积。

围墙:按设计图示尺寸以体积计算。围墙附垛、围墙柱及砖压顶应并入墙身工程量内。砖砌围墙上有混凝土花格、混凝土压顶时,混凝土花格及压顶另列项目,按“混凝土工程”相应项目计算,其围墙高度算至混凝土压顶下表面。

② 空斗墙:按设计图示尺寸以空斗墙外形体积计算。墙角、内外墙交接处、门窗洞口立边、窗台砖、屋檐处的实砌部分体积,并入空斗墙体积内。空斗墙的窗间墙、窗台下、楼板下、梁头下等的实砌部分,按零星砌砖定额计算。

③ 空花墙:按设计图示尺寸以空花部分的外形体积计算,不扣除空洞部分体积。空花墙外有实砌墙,其实砌部分应以体积另列项目计算。

④ 填充墙:按设计图示尺寸以填充墙外形体积计算,其实砌部分及填充料已包括在定额内,不另计算。

5. 工程清单项目有关说明

(1) 实心砖墙:实心砖墙是用砂浆为胶结材料将砖黏结在一起形成墙体构筑物。实心砖墙可分为外墙、内墙、围墙、双面混水墙(见图 6-55)、双面清水墙(见图 6-56)、单面清水墙、直形墙、弧形墙等。

女儿墙的砖压顶、围墙的砖压顶突出墙面部分不计算体积,压顶顶面凹进墙面的

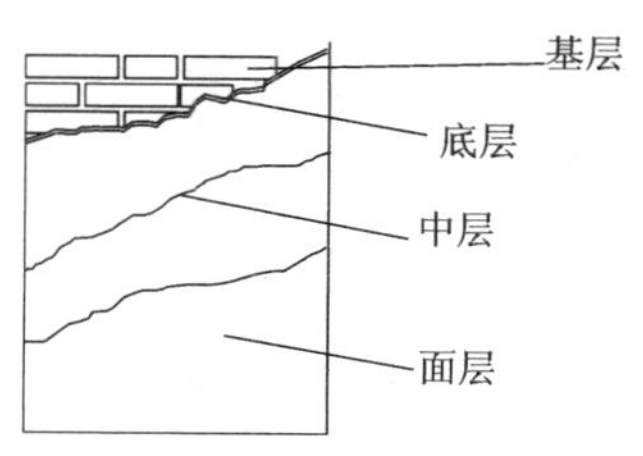

图 6-55　混水砖墙

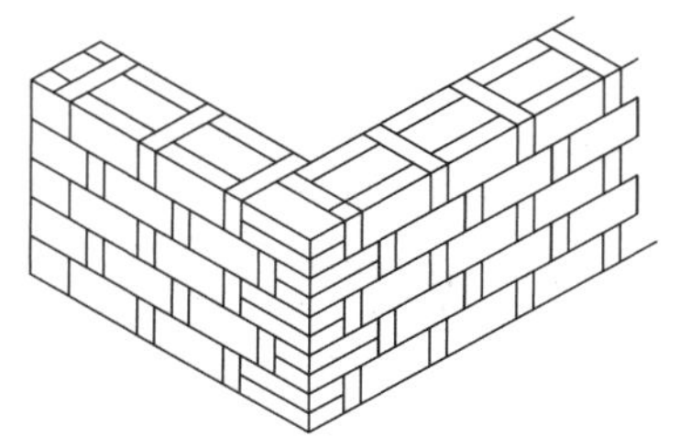

图 6-56　清水砖墙

部分也不扣除(包括一般围墙的抽屉檐、棱角檐、仿瓦砖檐等)。

墙内砖平碹(见图 6-57)、砖拱碹、砖过梁(见图 6-58),应包括在报价内。

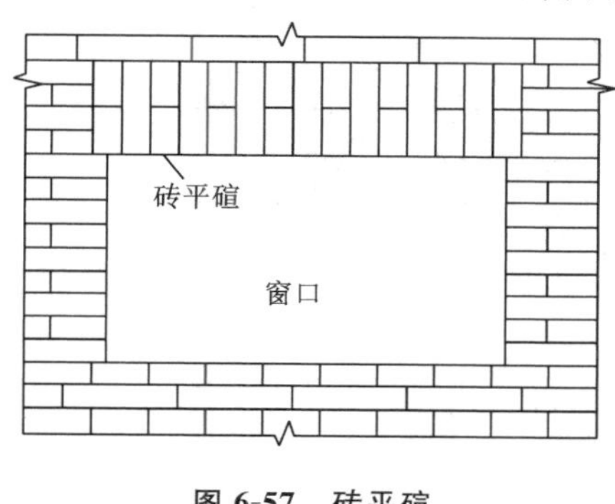

图 6-57　砖平碹

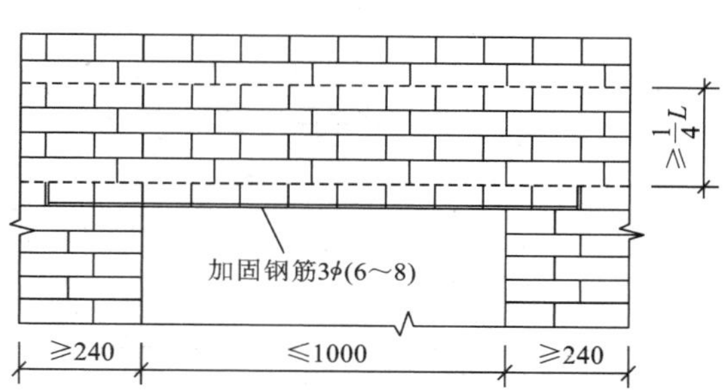

图 6-58　钢筋砖过梁

(2) 空斗墙:空斗墙中窗间墙、窗台下、楼板下、梁头下的实砌部分应另行计算,按零星砌砖项目编码列项。

(3) 空花墙:空花部分外形体积应包括空花的外框。使用混凝土花格砌筑的空花墙,分别对实砌墙体与混凝土花格计算工程量,混凝土花格按混凝土及钢筋混凝土预制零星构件编码列项。

6. 案例分析

砖基础+砖墙体

【例 6-15】某单层建筑物平面如图 6-59 所示。现浇平屋面,层高 3.6 m,净高 3.48 m,外墙为一砖半(标准砖)混合砂浆 M5 砌筑,内墙为一砖(标准砖)混合砂浆 M5 砌筑,墙体埋件体积及门窗表分别见表 6-5、表 6-6。计算该墙体的清单和定额工程量,并分析其综合单价。

表 6-5　墙体埋件体积

墙身名称	埋件体积/ m^3		
	构造柱体积	过梁体积	圈梁体积
365 外墙	1.98	0.587	2.74
240 内墙	—	0.032	0.86

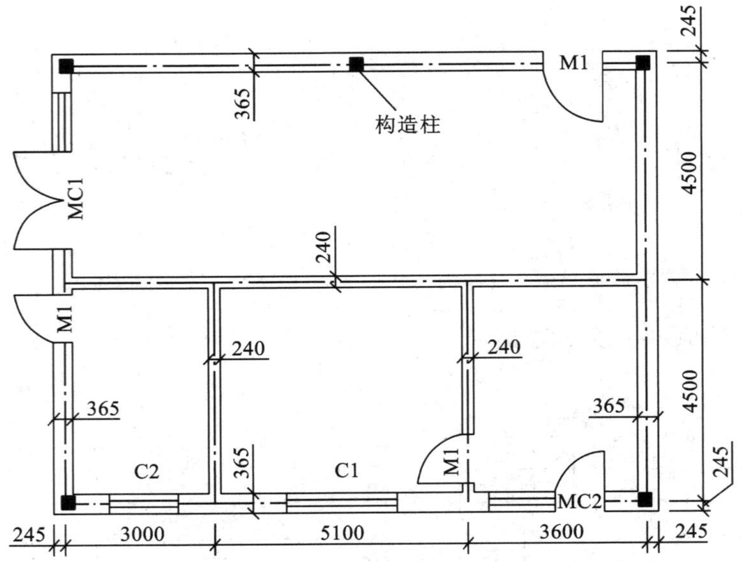

图 6-59　建筑物平面图

表 6-6　门窗表

门窗编号	洞口尺寸/mm		数量	备　　注
	宽	高		
C1	2400	1800	1	铝合金窗
C2	1800	1800	1	铝合金窗
MC1	3000	2700	1	铝合金门连窗，窗尺寸同 C2
MC2	2400	2700	1	铝合金门连窗，窗尺寸 1500 mm×1800 mm
M1	1000	2700	3	铝合金门

【解】

(1) 清单工程量。

序号	项目编码	项目名称及工程量计算式	计量单位	工程量
1	010401003001	实心砖外墙，厚 365 mm	m^3	38.95
		外墙长：[(11.7+0.0625×2)+(9+0.0625×2)]×2 =41.9(m) 外墙身门窗面积：2.4×1.8+1.8×1.8+1×2.7×2 +(1.8×1.8+1.2×2.7)+(1.5×1.8+0.9×2.7)=24.57(m^2) 外墙清单工程量：(41.9×3.48－24.57)×0.365－(1.98+0.587+2.74)=38.95(m^3)		

续表

序号	项目编码	项目名称及工程量计算式	计量单位	工程量
2	010401003002	实心砖内墙，厚 240 mm	m^3	15.76
		内墙长：(11.7－0.12×2)＋(4.5－0.12×2)×2＝19.98(m) 内墙身门窗面积：1×2.7＝2.7(m^2) 内墙清单工程量：(19.98×3.6－ 2.7)×0.24－(0.032＋0.82)＝15.76(m^3)		

(2) 定额工程量。

外墙定额工程量同外墙清单工程量 V＝38.95 m^3。

内墙长：(11.7－0.12×2)＋(4.5－0.12×2)×2＝19.98(m)

内墙身门窗面积：1×2.7＝2.7(m^2)

内墙定额工程量：(19.98×3.48－ 2.7)×0.24－(0.032＋0.82)＝15.19(m^3)

(3) 综合单价。

综合单价分析表

序号	项目编码/定额编号	项目名称	单位	数量	综合单价组成/元					综合单价
					人工费	材料费	机械费	管理费	利润	
1	010401003001	实心砖墙	m^3	1.00	93.28	265.52	5.55	24.71	11.86	400.92
	4-38 换		m^3	1.00	93.28	265.52	5.55	24.71	11.86	
2	010401003002	实心砖墙	m^3	1.00	108.24	270.39	5.76	28.50	13.68	426.57
	4-41		m^3	1.00	108.24	270.39	5.76	28.50	13.68	

注：① 4-38 换＝412.91＋(193－181.5)×0.259＝415.89(元)；

② 一砖内墙清单工程量与定额工程量计算规则不同(墙高取值)，故人工费为 96.76×(15.19÷15.76)＝93.28(元)。其余各项价格以此类推得出。

【例 6-16】某工程砖围墙如图 6-60 所示。已知基础采用毛石基础，用 M10 水泥砂浆；上部采用标准砖 M7.5 水泥砂浆砌筑。计算该围墙的清单和定额工程量，并分析其综合单价。

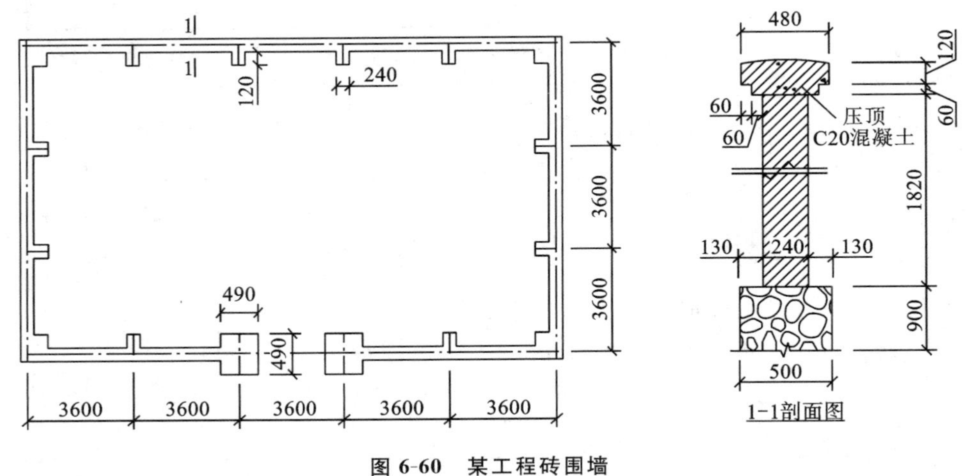

图 6-60 某工程砖围墙

【解】

(1) 清单工程量。

序号	项目编码	项目名称及工程量计算式	计量单位	工程量
1	010401003001	实心砖围墙,厚 240 mm	m^3	24.87
		围墙长:(18+10.8)×2−3.6−0.49=53.51(m) 围墙身:53.51×1.82×0.24=23.37(m) 围墙垛:0.24×0.12×1.82×(10+2) =0.63(m^3) 门柱:0.49×0.49×1.82×2=0.87(m^3) 围墙:23.37+0.63+0.87=24.87(m^3)		

(2) 定额工程量。

实心砖围墙体积=24.87 m^3。

(3) 综合单价。

综合单价分析表

序号	项目编码/定额编号	项目名称	单位	数量	综合单价组成/元					综合单价
					人工费	材料费	机械费	管理费	利润	
1	010401003001	实心砖围墙	m^3	1.00	120.54	270.12	5.64	31.55	15.14	442.99
	4-54 换	砖围墙	m^3	1.00	120.54	270.12	5.64	31.55	15.14	

注:砂浆品种不同,4-54 换=442.49+(195.20−193)×0.228=442.99(元)。

7. 案例拓展

【例 6-17】某单层建筑物如图 6-61、图 6-62 所示。墙身为 M5 混合砂浆砌筑

MU10 标准黏土砖，内外墙厚均为 240 mm；现浇平屋面，板厚 120 mm。GZ 断面为 240 mm×240 mm，高度从基础圈梁到女儿墙顶；门窗洞口上全部采用预制钢筋混凝土过梁。M1，1500 mm×2700 mm；M2，1000 mm×2700 mm；C1，1800 mm×1800 mm；C2，1500 mm×1800 mm。计算该工程砖砌体清单工程量。

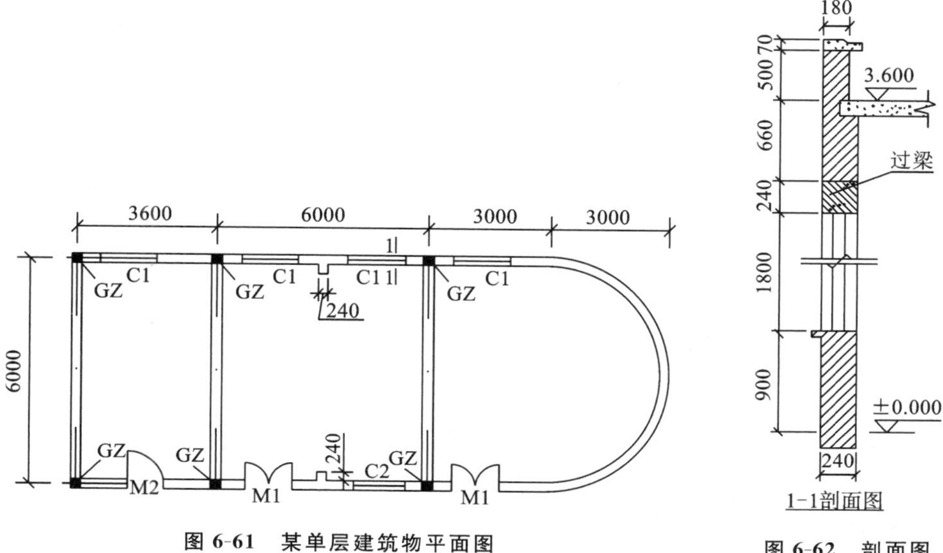

图 6-61　某单层建筑物平面图

图 6-62　剖面图

【解】清单工程量如下 。

序号	项目编码	项目名称及工程量计算式	计量单位	工程量
1	010401003001	实心砖外墙，厚 240 mm	m^3	25.11
		外墙长：6+(3.6+6+3)×2+π×3=40.62(m) 外墙身门窗面积：1.8×1.8×4+1.5×1.8+1.5×2.7×2+1×2.7=26.46(m^2) 扣 GZ 体积：(0.24×0.24×6+0.24×0.03×12)×(3.6−0.12)=1.503(m^3) 扣 YGL 体积：[(1.5+0.5)×2+(1+0.5)+(1.8+0.5)×4+(1.5+0.5)]×0.24×0.24=0.962(m^3) 外墙体积：(40.62×3.48−26.46)×0.24−1.503−0.962=25.11(m^3) 其中，弧形墙体积：3.48×π×3×0.24=7.87(m^3)		
2	010401003002	实心砖内墙，厚 240 mm	m^3	9.85
		内墙长：(6−0.24×2)×2=11.52(m) 扣 GZ 体积：0.24×0.03×4×3.6=0.104(m^3) 内墙体积：11.52×3.6×0.24−0.104=9.85(m^3)		

续表

序号	项目编码	项目名称及工程量计算式	计量单位	工程量
3	010401003003	实心砖女儿墙,厚 180 mm	m^3	3.44
		女儿墙长:6+(3.6+6+3)×2+π×3=40.62(m) 扣 GZ 体积:(0.24×0.24×6+0.24×0.03×12)×0.5=0.216(m^3) 女儿墙体积:40.62×0.5×0.18−0.216=3.44(m^3)		

6.2.2.2 任务二:砌块砌体

1. 工作内容

(1) 砂浆制作、运输。

(2) 砌砖、砌块。

(3) 勾缝。

(4) 材料运输。

2. 项目特征

(1) 砌块品种、规格、强度等级。

(2) 墙体类型。

(3) 砂浆强度等级。

3. 工程量计算规则

(1) 清单工程量计算规则。

按设计图示尺寸以体积计算。扣除门窗洞口,过人洞,空圈,嵌入墙内的钢筋混凝土柱、梁、圈梁、挑梁、过梁,及凹进墙内的壁龛、管槽、暖气槽、消火栓箱所占体积;不扣除梁头、板头、模头、垫木、木楞头、沿缘木、木砖、门窗走头、砖墙内加固钢筋、木筋、铁件、钢管及单个面积 0.3 m^2 以内的孔洞所占体积,凸出墙面的腰线、挑檐、压顶、窗台线、虎头砖、门窗套的体积不增加,凸出墙面的砖垛并入墙体体积内计算。

墙身长度:外墙按中心线,内墙按净长计算。

墙身高度:外墙为斜(坡)屋面无檐口天棚者,算至屋面板底;有屋架且室内外均有天棚者,算至屋架下弦底另加 200 mm;无天棚者,算至屋架下弦底另加 300 mm;出檐宽度超过 600 mm 时,按实砌高度计算;平屋面算至钢筋混凝土板底。

内墙:位于屋架下弦者,算至屋架下弦底;无屋架者,算至天棚底另加 100 mm;有钢筋混凝土楼板隔层者,算至楼板顶;有框架梁时,算至梁底。

女儿墙:从屋面板上表面算至女儿墙顶面(如有压顶时算至压顶下表面)。

内、外山墙:按其平均高度计算。

框架间墙:不分内外墙按墙体净尺寸以体积计算。

围墙:高度算至压顶上表面(如有混凝土压顶时算至压顶下表面),围墙柱并入围墙体积内。

(2) 定额工程量计算规则。

① 多孔砖墙、空心砖墙,工程量按图示墙厚以立方米计算;不扣除砖孔空心部分

体积。

② 加气混凝土、硅酸盐砌块及小型空心砌块墙，工程量按图示尺寸以立方米计算，砌块本身空心体积不予扣除。

③ 砌块墙、多孔砖墙中，窗台虎头砖、腰线、门窗洞边接槎用标准砖已包括在定额内。

4. 工程清单项目有关说明

空心砖墙是指一种中间有空气隔热的双层普通石砌体墙。砌块是指一种新型的墙体材料。一般利用地方资源或工业废渣制成。

空心砖墙、砌块墙项目适用于各种规格的空心砖和砌块砌筑的各种类型的墙体。应注意：嵌入空心砖墙、砌块墙的实心砖不扣除。

5. 案例分析

【例 6-18】某框架结构间内外墙用砌块砌筑，如图 6-63 所示。C1，2700 mm×1800 mm；C2，1500 mm×1800 mm；M1，1500 mm×2400 mm；M2，900 mm×2100 mm；KZ1，400 mm×400 mm，框架间净高 6300 mm。计算该工程砌体清单工程量。

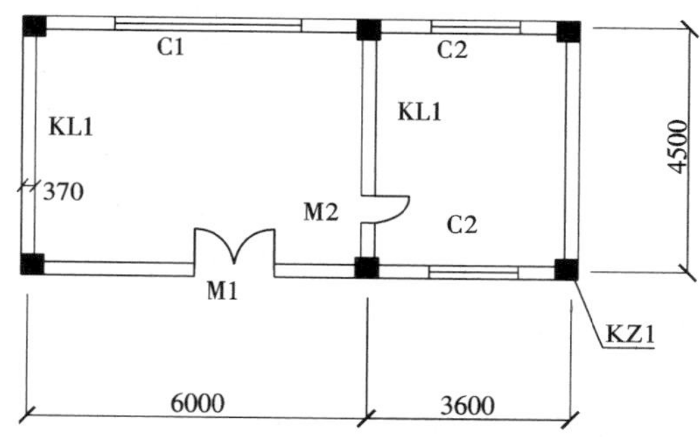

图 6-63　某框架结构建筑平面图

【解】清单工程量如下。

序号	项目编码	项目名称及工程量计算式	计量单位	工程量
1	010402001001	砌块外墙，厚 365 mm	m^3	54.27
		外墙长：[(6－0.4)＋(3.6－0.4)＋(4.5－0.4)]×2 ＝25.8(m) 外墙身门窗面积：1.5×2.4＋2.7×1.8＋1.5×1.8×2 ＝13.86(m^2) 外墙体积：(25.8×6.3－13.86)×0.365＝54.27(m^3)		
2	010402001002	砌块内墙，厚 365 mm	m^3	8.74
		内墙长：4.5－0.4＝4.1(m) 内墙身门窗面积：0.9×2.1＝1.89(m^2) 内墙体积：(4.1×6.3－1.89)×0.365＝8.74(m^3)		

小结:框架结构是指钢筋混凝土梁、柱连接而承重的结构,框架结构的砌体不承重,起分隔和围护作用。因此,计算墙体工程量时,计算长度应按柱间净距计算。

6. 案例拓展

【例 6-19】某单层建筑物,框架结构,尺寸如图 6-64 所示。墙身用 M5 混合砂浆砌筑加气混凝土砌块,厚度为 240 mm;女儿墙砌筑煤矸石空心砖,混凝土压顶截面尺寸 240 mm×60 mm,墙厚均为 240 mm;隔墙为 120 mm 厚实心砖墙。框架柱至女儿墙顶,截面尺寸 240 mm×240 mm,框架梁截面尺寸 240 mm×500 mm,门窗洞口上均采用现浇钢筋混凝土过梁,截面尺寸 240 mm×180 mm。M1,1560 mm×2700 mm; M2,1000 mm×2700 mm;C1,1800 mm×1800 mm;C2,1560 mm×1800 mm。试计算墙体清单工程量。

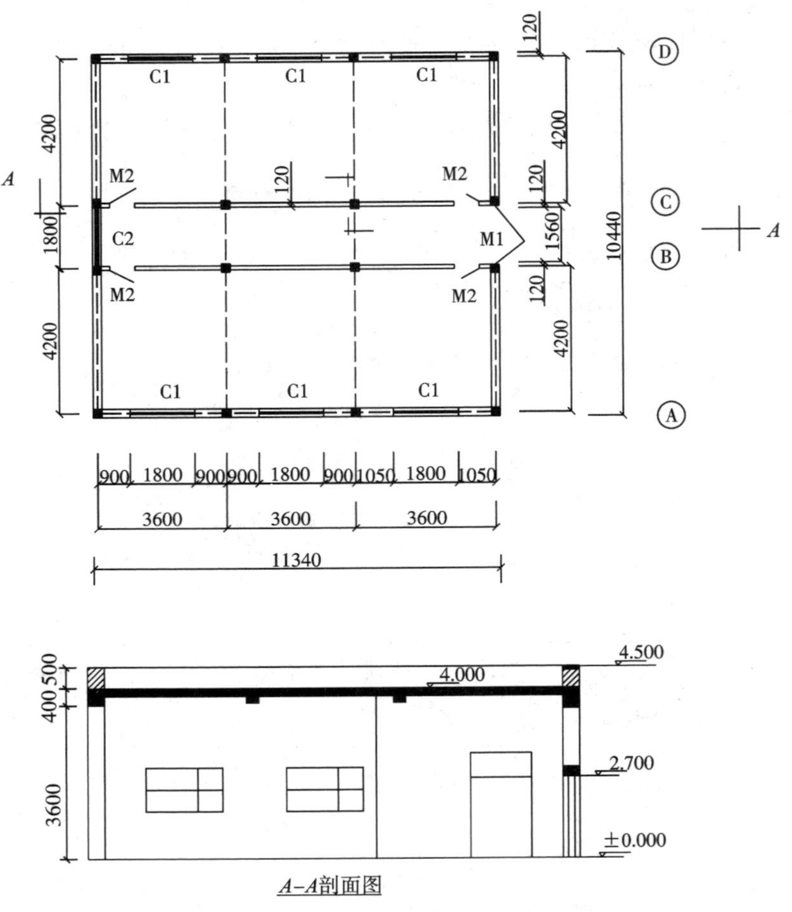

图 6-64 某单层建筑物平面图

【解】清单工程量如下。

序号	项目编码	项目名称及工程量计算式	计量单位	工程量
1	010402001001	砌块外墙,厚 240 mm	m^3	27.24

续表

序号	项目编码	项目名称及工程量计算式	计量单位	工程量
		外墙长：[(11.34－0.24)＋(10.44－0.24)－0.24×6]×2＝39.72(m) 外墙身门窗面积：1.8×1.8×6＋1.56×1.8＋1.56×2.7＝26.46(m^2) 扣 GL 体积：[(1.8＋0.5)×6＋1.56×2]×0.24×0.18＝0.731(m^3) 外墙体积：(39.72×3.6－26.46)×0.24－0.731＝27.24(m^3)		
2	010402001002	空心砖女儿墙，厚 240 mm	m^3	4.19
		女儿墙体积：39.72×(0.5－0.06)×0.24＝4.19(m^3)		
3	010401003001	实心内墙，厚 120 mm	m^3	7.67
		内墙长：(11.34－0.24－0.24×3)×2＝20.76(m) 内墙身门窗面积：1×2.7×4＝10.8(m^2) 内墙体积：(20.76×3.6－10.8)×0.12＝7.67(m^3)		

6.2.2.3　任务三：石砌体

石砌体清单子目如表 6-3 所示，本节以石挡土墙为例。

1. 工作内容

(1) 砂浆制作、运输。

(2) 吊装。

(3) 砌石。

(4) 变形缝、泄水孔、压顶抹灰。

(5) 滤水层。

(6) 勾缝。

(7) 材料运输。

2. 项目特征

(1) 石料种类、规格。

(2) 石表面加工要求。

(3) 勾缝要求。

(4) 砂浆强度等级、配合比。

3. 工程量计算规则

(1) 清单工程量计算规则。

按设计图示尺寸以体积计算。

(2) 定额工程量计算规则。

① 毛石墙、方整石墙按图示尺寸以体积计算。方整石墙单面出垛，墙垛并入墙身工程量内；双面出垛，墙垛按柱计算。标准砖镶砌门、窗口立边、窗台虎头砖、钢筋

砖过梁等按实砌砖体积另列项目计算，套“零星砌砖”定额。

② 毛石、方整石台阶均以图示尺寸按体积计算，毛石台阶按毛石基础定额执行。

③ 毛石砌体打荒、錾凿、剁斧按砌体裸露外表面积计算(錾凿包括打荒，剁斧包括打荒、整凿，打荒、錾凿、剁斧不能同时列入)。

4. 工程清单项目有关说明

挡土墙是指防止山坡岩土坍塌而修筑的承受土侧压力的墙式构筑物。砌筑毛石挡土墙时毛石的中部厚度不宜小于 200 mm；每砌 3～4 皮毛石为 1 个分层高度，每个分层高度应找平一次；外露面的灰缝厚度不得大于 40 mm，2 个分层高度间的错缝不得小于 80 mm，如图 6-65 所示。

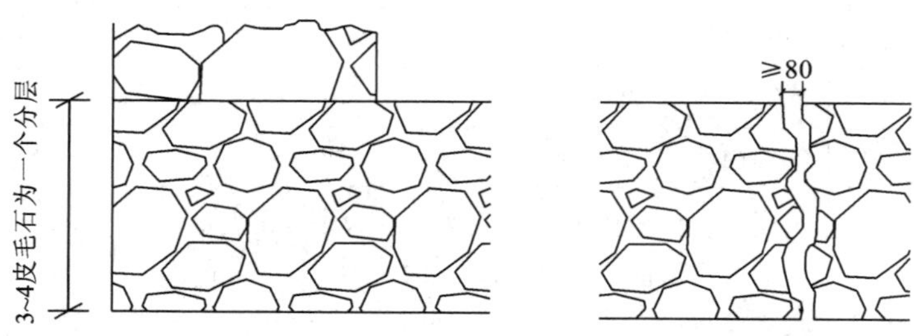

图 6-65　毛石挡土墙砌筑示意图

5. 案例分析

【例 6-20】某挡土墙工程用 M2.5 混合砂浆砌筑毛石，尺寸如图 6-66 所示。原浆勾缝，长度为 200 m。计算其清单工程量。

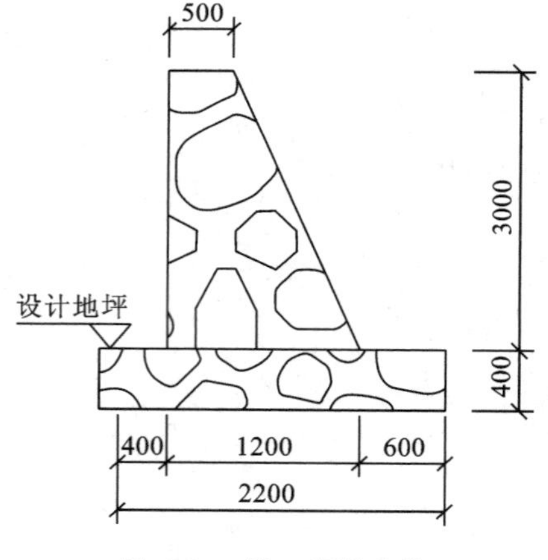

图 6-66　某工程挡土墙

【解】

清单工程量如下。

序号	项目编码	项目名称及工程量计算式	计量单位	工程量
1	010403001001	石基础，M2.5 混合砂浆砌筑	m^3	176

续表

序号	项目编码	项目名称及工程量计算式	计量单位	工程量
		$V=0.4\times2.2\times200=176(\mathrm{m}^3)$		
2	010403004001	毛石挡土墙,M2.5混合砂浆砌筑,原浆勾缝	m^3	510
		$V=(0.5+1.2)\times3/2\times200=510(\mathrm{m}^3)$		

注:挡土墙与基础划分,以较低一侧的设计地坪为界,以下为基础,以上为墙身。

第 7 章　楼梯、阳台及其他构件清单计价

【知识点及学习要求】

知识点	学习要求
知识点 1:楼梯、阳台等构件的含义、种类等基本概念	了解
知识点 2:楼梯、阳台等构件工程量的计算规则	熟悉
知识点 3:楼梯、阳台等实例工程量的计算	掌握

7.1　楼梯概述

楼梯在建筑物中作为楼层间交通用的构件,一般由楼梯段、楼梯平台、栏杆(栏板)和扶手三部分组成(见图 7-1)。每个楼梯段的踏步一般不应超过 18 级,亦不应少于 3 级。

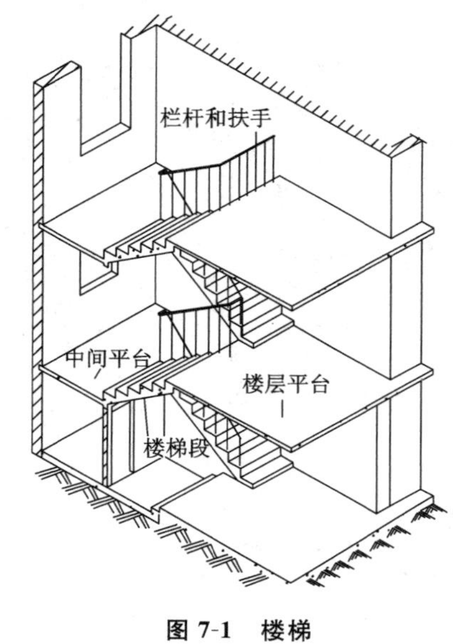

图 7-1　楼梯

7.1.1　楼梯的组成

楼梯主要由以下部分组成。

(1) 楼梯段:楼梯的主要使用和承重部分,它由若干个连续的踏步组成。

(2) 楼梯平台:楼梯段两端的水平段,主要用来解决楼梯段的转向问题,人们在上下楼层时能够缓冲休息。

(3) 楼梯井:相邻楼梯段和平台所围成的上下连通的空间。

(4) 栏杆(栏板)和扶手:设置在楼梯段和平台临空侧的围护构件,应有一定的强度和安全度,并应在上部设置供人们扶持用的扶手。

7.1.2　楼梯的类型

1. 按材料分类

楼梯按材料分为木楼梯、钢筋混凝土楼梯和钢楼梯等。

2. 按楼梯设置的位置分类

楼梯按其设置的位置分为室内楼梯和室外楼梯。

3. 按使用性质分类

楼梯按使用性质分为主要楼梯、辅助楼梯和防火楼梯等。

4. 按楼梯的形式分类

楼梯按不同的形式分为单跑楼梯、双跑折角楼梯、三跑楼梯、四跑楼梯、双跑平行楼梯、双跑直楼梯、双分式楼梯、双合式楼梯、八角形楼梯、圆形楼梯、螺旋形楼梯、弧形楼梯、剪刀式楼梯以及交叉式楼梯等，如图 7-2 所示。

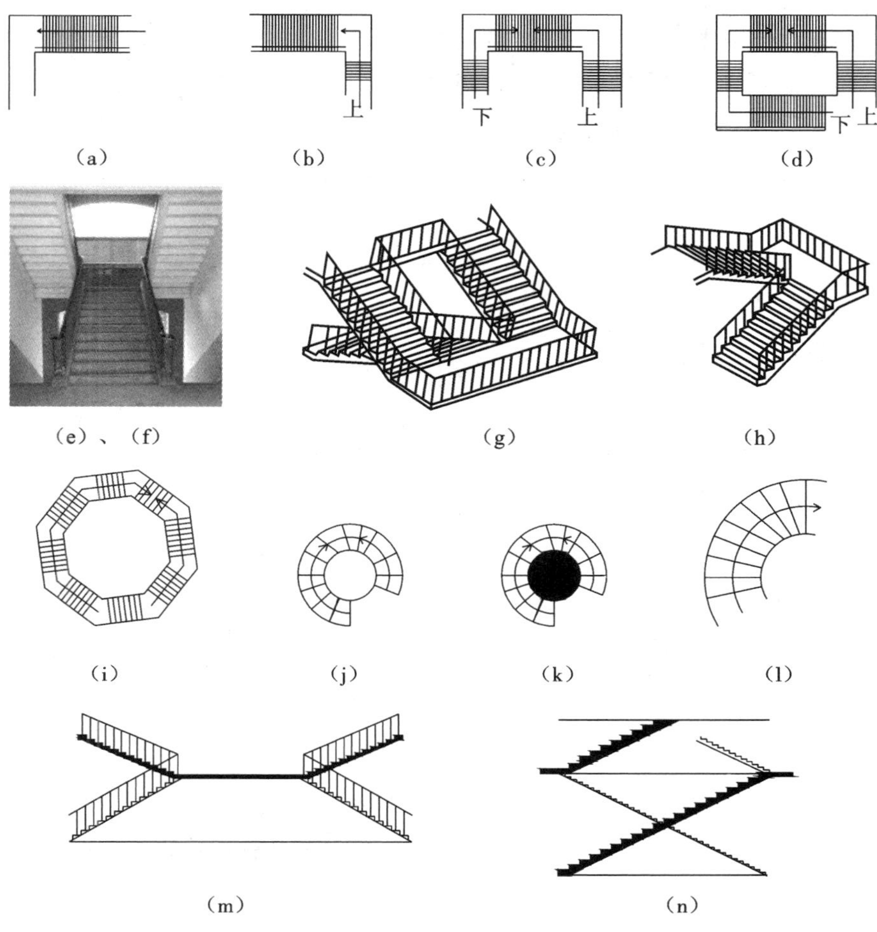

图 7-2　楼梯形式

(a)单跑楼梯；(b)双跑折角楼梯；(c)三跑楼梯；(d)四跑楼梯；
(e)双跑平行楼梯；(f)双跑直楼梯；(g)双分式楼梯；(h)双合式楼梯；
(i)八角形楼梯；(j)圆形楼梯；(k)螺旋形楼梯；(l)弧形楼梯；(m)剪刀式楼梯；(n)交叉式楼梯

5. 按楼梯间的平面形式分类

楼梯按楼梯间的平面形式分为封闭式楼梯、非封闭式楼梯、防烟楼梯等(见图 7-3)。

7.1.3　楼梯项目列项

现浇混凝土楼梯项目列项如表 7-1 所示。

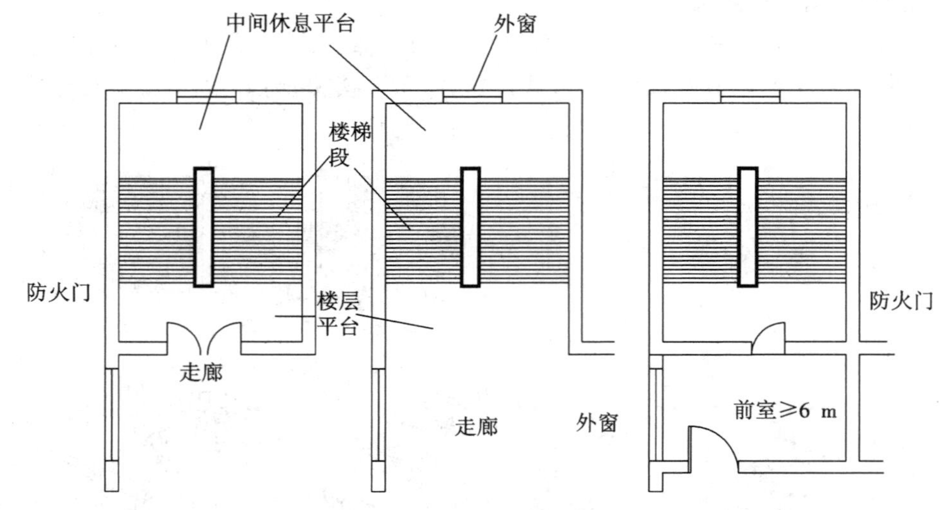

图 7-3　楼梯间的平面形式

表 7-1　现浇混凝土楼梯项目列项

项目编码	项目名称	项目特征	计量单位	工程量计算规则	工程内容
010506001	直形楼梯	① 混凝土强度等级； ② 混凝土拌和料要求	m^2	① 以平方米计量，按设计图示尺寸以水平投影面积计算。不扣除宽度小于等于 500 mm 的楼梯井，伸入墙内部分不计算； ② 以立方米计量，按设计图示尺寸以体积计算	混凝土制作、运输、浇筑、振捣、养护
010506002	弧形楼梯				

装配式建筑中大量使用的预制装配式楼梯项目如表 7-2 所示。

表 7-2　预制装配式楼梯项目

项目编码	项目名称	项目特征	计量单位	工程量计算规则	工作内容
010513001	楼梯	① 楼梯类型； ② 单件体积； ③ 混凝土强度等级； ④ 砂浆(细石混凝土)强度等级	m^3;段	① 以立方米计量，按设计图示尺寸以体积计算。扣除空心踏步板空洞体积； ② 以段计量，按设计图示数量计算	① 模板制作、安装、拆除、堆放、运输及清理模内杂物、刷隔离剂等； ② 混凝土制作、运输、浇筑、振捣、养护； ③ 构件运输、安装； ④ 砂浆制作、运输； ⑤ 接头灌缝、养护

7.1.4　任务一：楼梯

1. 工作内容

工作内容包括混凝土制作、运输、浇筑、振捣、养护。

2. 适用范围

（1）直形楼梯。

（2）弧形楼梯。

3. 工程量计算规则

按设计图示尺寸以水平投影面积计算。不扣除宽度小于 500 mm 的楼梯井，伸入墙内部分不计算。整体楼梯水平投影面积包括休息平台、平台梁、斜梁和楼梯的连接梁。当无连接梁时，以楼梯的最后一个踏步边缘加 300 mm 计算。

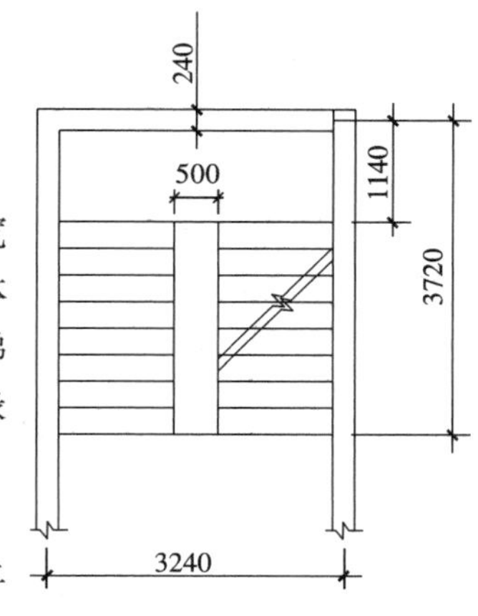

图 7-4　现浇整体楼梯

4. 案例分析

【例 7-1】现浇整体式钢筋混凝土楼梯，水平投影平面如图 7-4 所示，计算一层楼梯混凝土工程量。

【解】现浇整体楼梯混凝土工程量按楼梯水平投影面积计，不扣除宽度小于 500 mm 的楼梯井，当整体式楼梯与楼层连接无连接梁时，以楼梯最后一个踏步边缘加 300 mm 计算楼梯间的范围，清单工程量如下。

序号	项目编码	项目名称	工程量计算式	计量单位	工程量
1	010506001001	直形楼梯		m^2	10.5
			楼梯间宽：3240－240＝3000(mm)		
			楼梯间长：3720＋300－120＝3900(mm)		
			楼梯井面积：500×(3720－1140)＝1290000(mm^2)，即 1.29 m^2		
			3.0×3.9－1.29＝10.41(m^2)		

【例 7-2】某建筑采用现浇整体楼梯，楼梯共 3 层自然层，楼梯间净长 7 m、净宽 4 m，楼梯井宽 460 mm、长 3.2 m，计算现浇整体楼梯混凝土工程量。

【解】现浇整体楼梯按设计图示尺寸以水平投影面积计算，不扣除宽度小于 500 mm 的楼梯井，由于本建筑有 3 个自然层，楼梯按水平投影面积应计算 2 段，所以混凝土工程量为 7×4×2＝56(m^2)。

7.2 阳台、雨篷

7.2.1 阳台概述

1. 含义

阳台是多层建筑中与房间相连的室外平台,它提供了一个室外活动的小空间,人们可以在阳台上休息、眺望以及从事家务等活动。

2. 类型

阳台按与外墙的相对位置,可分为凸阳台(也叫挑阳台)、凹阳台、半凹半挑阳台及转角阳台,如图 7-5 所示。

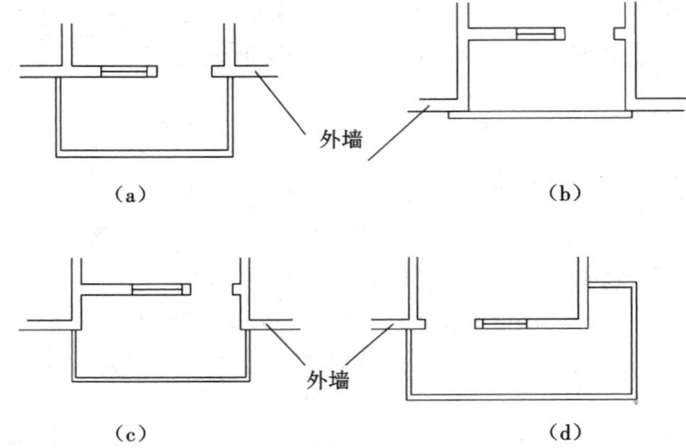

图 7-5　阳台类型

(a)凸阳台;(b)凹阳台;(c)半凹半挑阳台;(d)转角阳台

凸阳台的承重构件目前都采用钢筋混凝土结构,按施工方式有现浇钢筋混凝土结构和预制钢筋混凝土结构。

1) 现浇钢筋混凝土凸阳台

现浇钢筋混凝土凸阳台有三种结构类型,多用于阳台形状特殊及抗震设防要求较高的地区,如图 7-6 所示。

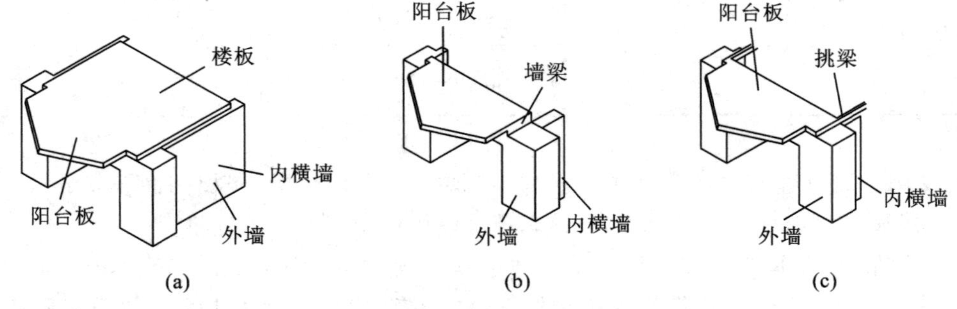

图 7-6　现浇钢筋混凝土凸阳台

(a)挑板式;(b)压梁式;(c)挑梁式

2）预制钢筋混凝土凸阳台

预制钢筋混凝土凸阳台有四种结构类型。其施工速度快，但抗震性能较差，常用于抗震设防要求不高的地区，如图 7-7 所示。

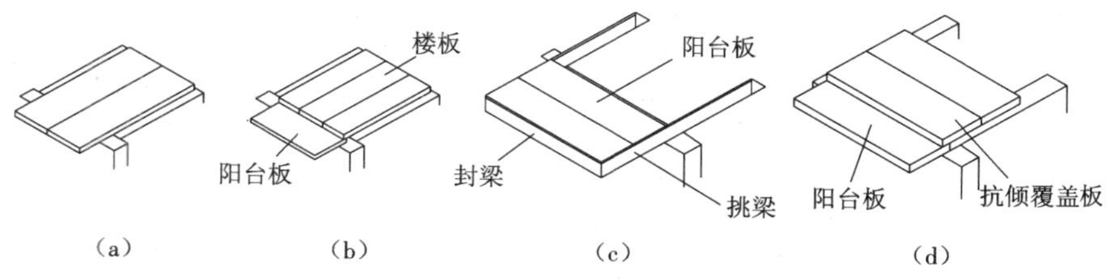

图 7-7　预制钢筋混凝土凸阳台

(a)挑板外伸式；(b)楼板压重式；(c)挑梁式；(d)抗倾覆板式

3）项目列项

雨篷、阳台项目列项见表 7-3。

表 7-3　雨篷、阳台项目列项

项目编码	项目名称	项目特征	计量单位	工程量计算规则	工程内容
010505008	雨篷、悬挑板、阳台板	① 板厚；② 混凝土强度等级	m^3	按设计图示尺寸以墙外部分体积计算，包括伸出墙外的牛腿和雨篷反挑檐的体积	

7.2.2　雨篷概述

1. 含义

雨篷指建筑物入口处位于外门上部用以遮挡雨水、保护外门免受雨水侵害的水平构件 。

建筑物入口处的雨篷还具有标识引导作用，同时也代表着建筑物本身的规模、空间文化的理性精神。因此，主入口雨篷的设计和施工尤为重要。

2. 类型

当代建筑的雨篷形式多样，根据材料和结构可分为钢筋混凝土雨篷、钢结构悬挑雨篷、玻璃采光雨篷和软面折叠多用雨篷等。

1）钢筋混凝土雨篷

传统的钢筋混凝土雨篷，当挑出长度较大时，雨篷由梁、板、柱组成，其构造与楼板相同；当挑出长度较小时，雨篷与凸阳台一样做成悬臂构件，一般由雨篷梁和雨篷板组成，如图 7-8 所示。

2）钢结构悬挑雨篷

钢结构悬挑雨篷由支撑系统、骨架系统和板面系统三部分组成。

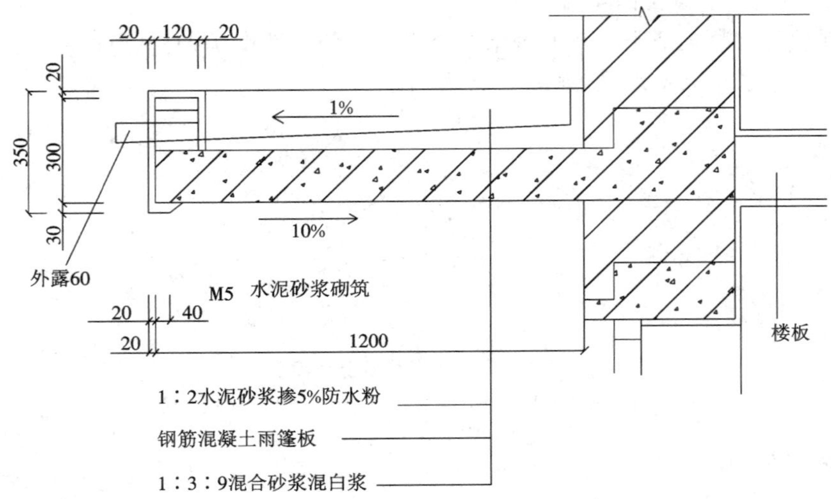

图 7-8　钢筋混凝土雨篷

3）玻璃采光雨篷

玻璃采光雨篷是用阳光板、钢化玻璃作雨篷面板的新型透光雨篷。其特点是结构轻巧，造型美观，透明、新颖，富有现代感，它也是现代建筑中广泛采用的一种雨篷。

7.2.3　任务二：阳台、雨篷

【例 7-3】现有一有连接梁式现浇混凝土雨篷如图 7-9 所示，求有梁式现浇混凝土雨篷工程量。

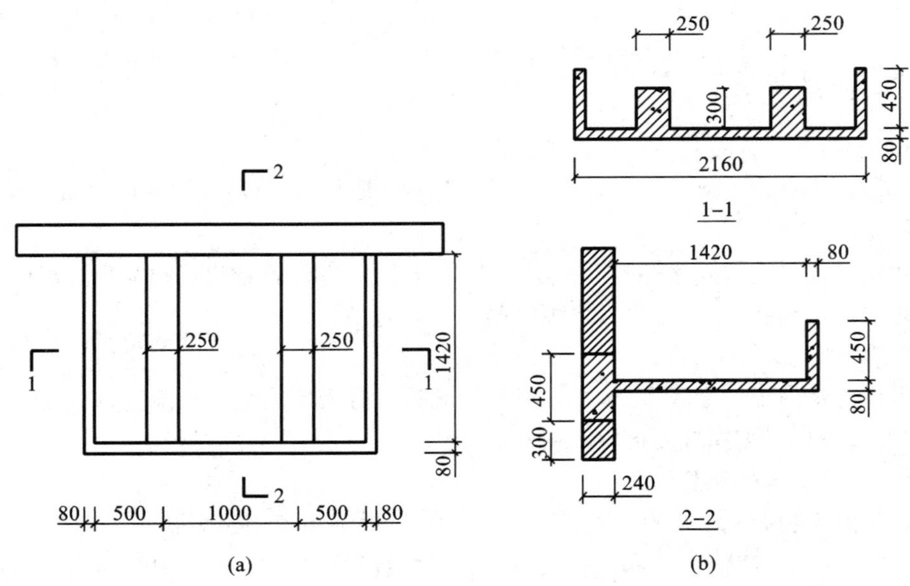

图 7-9　现浇混凝土雨篷

(a)平面图；(b)剖面图

【解】

(1) 清单工程量。

本工程雨篷计量时，要注意墙内的 240 mm×450 mm 梁的项目划分。《计价规范》中有下述说明："现浇挑檐、天沟板、雨篷、阳台与板（包括屋面板、楼板）连接时，以外墙外边线为分界线；与圈梁（包括其他梁）连接时，以梁外边线为分界线。外边线以外为挑檐、天沟、雨篷或阳台。"该说明可简要理解为雨篷与楼层结构的分界"有梁按梁，无梁按墙"。一般来讲，雨篷板大多设计为外挑结构，与框架梁连接的结构形式最为常见，本工程墙内的 240 mm×450 mm 梁可视为框架梁或圈梁，不计入雨篷工程量。

序号	项目编码	项目名称	工程量计算式	计量单位	工程量
1	010505008001	雨篷		m^3	0.65
		雨篷板	(1.42+0.08)×2.16×0.08=0.259(m^3)		
		250 mm×300 mm 反梁	0.25×0.3×1.42×2=0.213(m^3)		
		翻边(三面)	0.08×0.45×(1.42×2+2.16)=0.18(m^3)		

(2) 定额工程量。

本工程应注意选择正确的定额项目。《计价定额》中有下述说明："雨篷挑出超过 1.5 m、柱式雨篷，不执行雨篷定额，另按相应有梁板和柱定额执行。雨篷三个檐边往上翻的为复式雨篷，仅为平板的为板式雨篷。"本工程雨篷挑出宽度为 1.5 m 且三个檐边往上翻，应套用复式雨篷定额。

序号	定额编号	项目名称	工程量计算式	计量单位	工程量
1	6-48	自拌混凝土复式雨篷		10 m^2	0.324
		复式雨篷	(1.42+0.08)×2.16=3.24(m^2)		

(3) 综合单价。

注意雨篷的混凝土按设计用量加 1.5%损耗率计算，并按相应定额进行调整。

综合单价分析表

工程名称：某工程土建项目

序号	项目编码/定额编号	子目名称	单位	数量	综合单价组成/元					综合单价	合价
					人工费	材料费	机械费	管理费	利润		
1	010505008001	雨篷	m^3	0.65						517.17	336.16

续表

序号	项目编码/定额编号	子目名称	单位	数量	综合单价组成/元					综合单价	合价
					人工费	材料费	机械费	管理费	利润		
	6-48	自拌混凝土复式雨篷	10 m^2	0.324	184.50	297.62	18.05	50.64	24.31	575.12	186.34
	6-50	雨篷混凝土含量每增减	m^3	0.3	162.36	254.72	16.25	44.65	21.43	499.41	149.82

注:雨篷的混凝土设计用量为 0.65 m^3,考虑损耗为 $0.65\times(1+1.5\%)=0.66(m^3)$。6-48 定额中混凝土材料用量为 $1.11\times0.324=0.36(m^3)$,实际混凝土会比定额增加用量为 $0.66-0.36=0.3(m^3)$,继续套用 6-50 定额。

【例 7-4】现有一现浇混凝土阳台如图 7-10 所示,求现浇混凝土阳台工程量,其中,墙厚 240 mm。

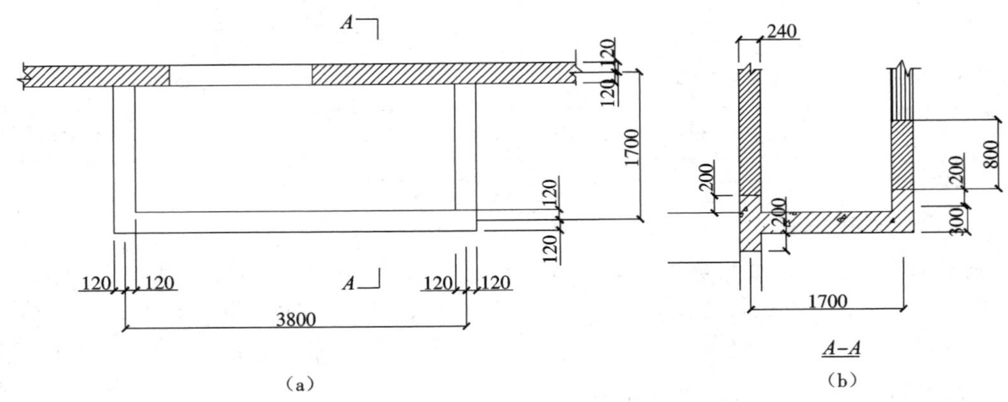

图 7-10 现浇混凝土阳台

(a)平面图;(b)剖面图

【解】

(1) 清单工程量。

与例 7-3 类似,本工程计算阳台工程量时,要注意墙内的 240 mm×450 mm 梁的项目划分。《计价规范》中有下述说明:“现浇挑檐、天沟板、雨篷、阳台与板(包括屋面板、楼板)连接时,以外墙外边线为分界线;与圈梁(包括其他梁)连接时,以梁外边线为分界线。外边线以外为挑檐、天沟、雨篷或阳台。”该说明可简要理解为阳台与楼层结构的分界“有梁按梁,无梁按墙”。一般来讲,阳台板大多设计为外挑结构,与框架梁连接的结构形式最为常见,本工程墙内的 240 mm×450 mm 梁可视为框架梁或圈梁,不计入阳台工程量。

序号	项目编码	项目名称	工程量计算式	计量单位	工程量
1	010505008001	阳台板		m^3	3.45

续表

序号	项目编码	项目名称	工程量计算式	计量单位	工程量
		阳台板	0.3×1.7×(3.8+0.24)=2.06(m^3)		
		翻边(三面)	0.2×[3.8+(1.7−0.12)×2]=1.392(m^3)		

(2) 定额工程量。

本工程应注意选择正确的定额项目。《计价定额》中有下述说明:"阳台挑出超过1.8 m,不执行阳台定额,另按相应有梁板定额执行。"本工程阳台挑出宽度为1.7 m,应套用阳台定额。

序号	定额编号	项目名称	工程量计算式	计量单位	工程量
1	6-49	自拌混凝土阳台		10 m^2	0.69
		阳台	1.7×(3.8+0.24)=6.868(m^2)		

(3) 综合单价。

注意阳台的混凝土按设计用量加1.5%损耗率计算,并按相应定额进行调整。

综合单价分析表

工程名称:某工程土建项目

序号	项目编码/定额编号	子目名称	单位	数量	综合单价组成/元					综合单价	合价
					人工费	材料费	机械费	管理费	利润		
1	010505008001	阳台板	m^3	3.45						509.15	1756.58
	6-49	自拌混凝土阳台	10 m^2	0.69	255.02	423.70	26.00	70.26	33.72	808.70	558.00
	6-50	阳台混凝土含量每增减	m^3	2.4	162.36	254.72	16.25	44.65	21.43	499.41	1198.58

注:阳台的混凝土设计用量为3.45 m^3,考虑损耗为3.45×(1+1.5%)=3.5(m^3)。6-49定额中混凝土材料用量为1.6×0.69=1.1(m^3),实际混凝土会比定额增加用量为3.5−1.1=2.4(m^3),继续套用6-50定额。

【例7-5】如图7-11所示,完成自拌混凝土C30浇筑的有梁式现浇混凝土雨篷的清单计价。

【解】

(1) 清单工程量。

计量思路同例7-3。

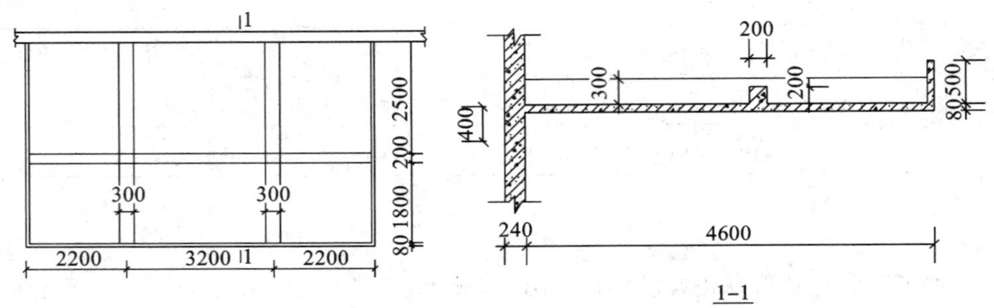

图 7-11 有梁式现浇混凝土雨篷

序号	项目编码	项目名称	工程量计算式	计量单位	工程量
1	010505008001	雨篷		m^3	4.55
		雨篷板	(2.2×2+3.2)×4.6×0.08=2.797(m^3)		
		300 mm×300 mm 反梁	0.3×0.3×(4.6−0.08)×2=0.814(m^3)		
		200 mm×200 mm 反梁	0.2×0.2×(7.6−0.08×2−0.3×2)=0.274(m^3)		
		翻边(三面)	0.08×0.5×[(4.6−0.04)×2+(7.6−0.08)]=0.666(m^3)		

(2) 定额工程量。

本工程应注意选择正确的定额项目。《计价定额》中有下述说明:"雨篷挑出超过1.5 m、柱式雨篷,不执行雨篷定额,另按相应有梁板和柱定额执行。雨篷三个檐边往上翻的为复式雨篷,仅为平板的为板式雨篷。"本工程雨篷挑出宽度为4.6 m,应套用有梁板定额。

序号	定额编号	项目名称	工程量计算式	计量单位	工程量
1	6-32	自拌混凝土有梁板		m^3	4.55
			同清单工程量		

(3) 综合单价。

综合单价分析表

工程名称:某工程土建项目

序号	项目编码/定额编号	子目名称	单位	数量	综合单价组成/元					综合单价	合价
					人工费	材料费	机械费	管理费	利润		
1	010505008001	雨篷	m^3	4.55						430.43	1958.46

续表

序号	项目编码/定额编号	子目名称	单位	数量	综合单价组成/元					综合单价	合价
					人工费	材料费	机械费	管理费	利润		
	6-32	自拌混凝土有梁板	m^3	4.55	91.84	290.03	10.64	25.62	12.30	430.43	1958.46

7.3　散水、明沟

7.3.1　散水基本概念

1. 散水定义

散水是沿建筑物外墙四周设置的向外倾斜的坡面。其作用是把屋面下落的雨水排到远处，进而保护墙基不受雨水等侵蚀。

散水的宽度应根据土壤性质、气候条件、建筑物的高度和屋面排水形式确定，一般为 600～1000 mm。当屋面采用无组织排水时，散水宽度应大于檐口挑出长度 200～300 mm。为保证排水顺畅，一般散水的坡度为 3%～5%，散水的外缘应高出室外地坪 30～50 mm。散水的常用材料为混凝土、水泥砂浆、卵石、块石等。

2. 散水类型

散水类型如图 7-12 所示。

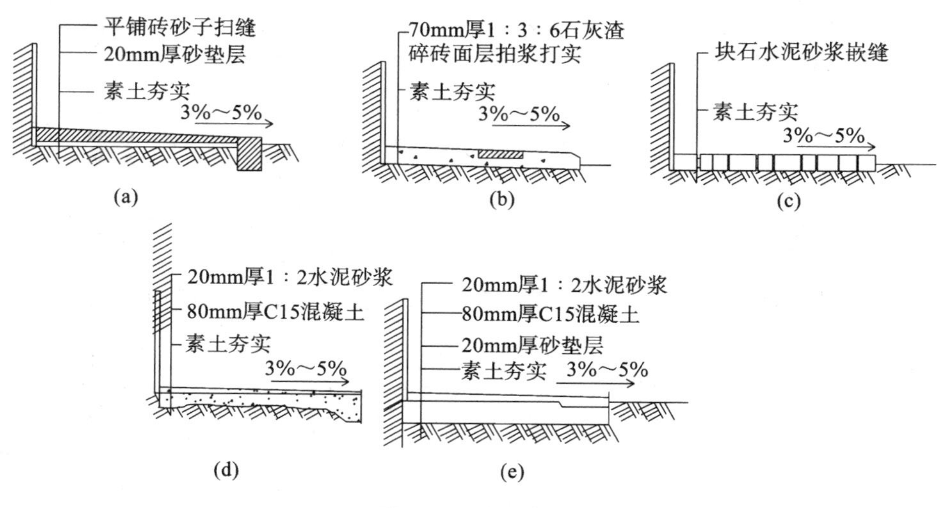

图 7-12　散水类型

(a)砖散水；(b)三合土散水；(c)块石散水；
(d)混凝土散水；(e)季节性冰冻地区的散水

3. 项目列项

散水、坡道项目列项见表 7-4。

表 7-4 散水、坡道项目列项

项目编码	项目名称	项目特征	计量单位	工程量计算规则	工程内容
010507001	散水、坡道	① 垫层材料种类、厚度； ② 面层厚度； ③ 混凝土强度等级； ④ 混凝土拌和料要求； ⑤ 填塞材料种类	m^2	按设计图示尺寸以面积计算。不扣除单个 0.3 m^2以内的孔洞所占面积	① 地基夯实； ② 铺设垫层； ③ 混凝土制作、运输、浇筑、振捣、养护； ④ 变形缝填塞

【例 7-6】如图 7-13 所示，该工程的混凝土散水按《室外工程》(苏 J08—2006)施工，完成散水工程的清单计价。

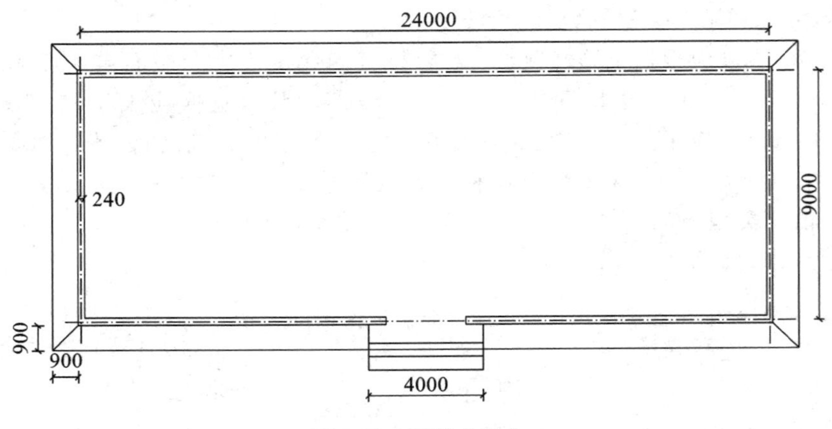

图 7-13 混凝土散水

【解】

(1) 清单工程量。

按设计图示尺寸以水平投影面积计算，注意要扣减台阶所占的面积。

序号	项目编码	项目名称	工程量计算式	计量单位	工程量
1	010507001001	散水		m^2	59.9
			[(24+0.24+0.9+9+0.24+0.9)×2−4]×0.9=59.904(m^2)		

(2) 定额工程量。

按水平投影面积以平方米计算，扣除踏步、斜坡、花台等的长度。

序号	项目编码	项目名称	工程量计算式	计量单位	工程量
1	13-163	混凝土散水		10 m^2	5.99
			同清单工程量		

（3）综合单价。

混凝土散水按《室外工程》（苏 J08—2006）编制，采用其他图集时，材料可以调整，其他不变。

综合单价分析表

工程名称：某工程土建项目

序号	项目编码/定额编号	子目名称	单位	数量	综合单价组成/元					综合单价	合价
					人工费	材料费	机械费	管理费	利润		
1	010507001001	散水	m^2	59.9						62.24	3728.12
	13-163	混凝土散水	10 m^2	5.99	191.06	346.20	10.54	50.40	24.19	622.39	3728.12

7.3.2　明沟

明沟是设置在外墙四周的排水沟，它将水有组织地导向集水井，然后流入排水系统。

明沟一般用素混凝土现浇，或用砖石铺砌成 180 mm 宽、150 mm 深的沟槽，然后用水泥砂浆抹面。沟底应有不小于 1%的坡度，以保证排水通畅。

第 8 章　钢筋工程清单计价

【知识点及学习要求】

知识点	学习要求
知识点 1:钢筋的种类、规格、连接方式等	了解
知识点 2:平法施工图中的钢筋表示方法	熟悉
知识点 3:钢筋长度的计算及钢筋工程报价	掌握

8.1　一般知识

钢筋按照生产条件的不同分为:热轧钢筋、冷拉钢筋、热处理钢筋和冷拔低碳钢丝等。

《混凝土结构设计规范》(2015 年版)(GB 50010—2010)及钢筋平法图集中的钢筋分为:HPB300、HRB335、HRBF335、HRB400、HRBF400、RRB400、HRB500、HRBF500 等级别。

HPB 为 hot-rolled plain steel bar 的英文缩写,即热轧光圆钢筋。HRB 为 hot-rolled ribbed bar 的英文缩写,即热轧带肋钢筋。RRB 为 remained-heat-treatment ribbed-steel bar 的英文缩写,即余热处理带肋钢筋。加上尾字母 F 代表细晶粒热轧钢筋。英文缩写后的阿拉伯数字表示钢筋的屈服强度标准值,单位 MPa。例如,HRB400 表示屈服强度标准值为 400 MPa 的热轧带肋钢筋。

根据新版混凝土结构设计规范的要求,纵向受力普通钢筋宜采用 HRB400、HRB500、HRBF400、HRBF500 钢筋,也可采用 HRB335、HRBF335、HPB300、RRB400 钢筋;箍筋宜采用 HRB400、HRBF400、HPB300、HRB500、HRBF500 钢筋,也可采用 HRB335、HRBF335 钢筋;预应力筋宜采用预应力钢丝、钢绞线和预应力螺纹钢筋。

8.2　钢筋一般表示法

受力钢筋表示为:

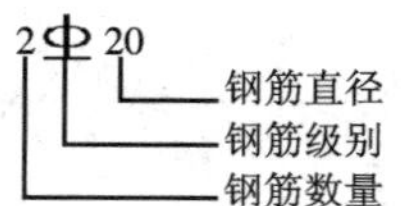

分布筋表示为：

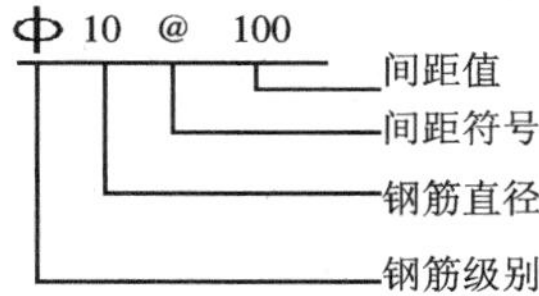

8.3　涉及钢筋长度的一些因素

8.3.1　规范的选择

不同的规范选择，决定其节点的计算要求不同。目前实行的规范主要有以下几种。

(1)《混凝土结构施工图平面整体表示方法制图规则和构造详图(现浇混凝土框架、剪力墙、梁、板)》(16G 101-1)。

(2)《混凝土结构施工图平面整体表示方法制图规则和构造详图(现浇混凝土板式楼梯)》(16G 101-2)。

(3)《混凝土结构施工图平面整体表示方法制图规则和构造详图(独立基础、条形基础、筏形基础及桩基承台)》(16G 101-3)。

(4)《混凝土结构设计规范》(2015 年版)(GB 50010—2010)。

(5)《建筑抗震设计规范》(GB 50011—2010)。

(6)《高层建筑混凝土结构技术规程》(JGJ 3—2010)。

(7)《混凝土结构工程施工质量验收规范》(GB 50204—2015)。

(8)《建筑物抗震构造详图》(多层和高层钢筋混凝土房屋)(20G329-1)。

8.3.2　混凝土保护层厚度

混凝土保护层是指最外层钢筋的外边缘至混凝土表面的距离。其作用主要是：

(1) 减少混凝土开裂后纵向钢筋的锈蚀；

(2) 高温时减缓钢筋温度的上升；

(3) 使纵筋与混凝土有较好的黏结。

受力钢筋的混凝土保护层最小厚度参见表 8-1。

表 8-1　混凝土保护层最小厚度　　单位:mm

环境类别	板、墙	梁、柱
一	15	20
二 a	20	25
二 b	25	35
三 a	30	40

续表

环境类别	板、墙	梁、柱
三 b	40	50

注:针对混凝土保护层的最小厚度还有以下规定。

① 表中混凝土保护层厚度是指最外层钢筋外边缘至混凝土表面的距离,适用于设计使用年限为50年的混凝土结构。

② 构件中受力钢筋的保护层厚度不应小于钢筋的公称直径。

③ 设计使用年限为100年的混凝土结构,一类环境中,最外层钢筋的保护层厚度不应小于表中数值的1.4倍;二、三类环境中,应采取专门的有效措施。

④ 混凝土强度等级不大于C25时,表中保护层厚度应增加5 mm。

⑤ 基础底面钢筋的保护层厚度,有混凝土垫层时应从垫层顶面算起,且不应小于40 mm。

8.3.3 环境类别

从表8-1中可以看出,混凝土保护层厚度与其构件所在的环境有直接联系,混凝土结构的环境类别见表8-2。

表8-2 混凝土结构的环境类别

<table>
<tr><th colspan="2">环境类别</th><th>条件</th></tr>
<tr><td colspan="2">一</td><td>室内正常环境;无侵蚀性静水浸没环境</td></tr>
<tr><td rowspan="2">二</td><td>a</td><td>室内潮湿环境;非严寒和非寒冷地区的露天环境、无侵蚀性的水或土壤直接接触的环境;严寒和寒冷地区的冰冻线以下与无侵蚀性的水或土壤直接接触的环境</td></tr>
<tr><td>b</td><td>干湿交替环境;水位频繁变动环境;严寒和寒冷地区的露天环境;严寒和寒冷地区冰冻线以上与无侵蚀性的水或土壤直接接触的环境</td></tr>
<tr><td colspan="2">三</td><td>盐渍土环境;受除冰盐作用环境;海岸环境</td></tr>
<tr><td colspan="2">四</td><td>海水环境</td></tr>
<tr><td colspan="2">五</td><td>受人为或自然的侵蚀性物质影响的环境</td></tr>
</table>

8.3.4 钢筋锚固

锚固是指为了使钢筋不被拔出就必须有一定的埋入长度,使得钢筋能通过黏结应力把拉拔传递给混凝土,此埋入长度即为锚固。基本锚固长度符号为 l_{ab};抗震基本锚固长度符号为 l_{abE}。

影响钢筋锚固值计算的要素:钢筋种类、抗震等级、混凝土强度等级及特殊条件下的修正系数 ζ_a。

在支座锚固处的纵向受拉钢筋,如计算中充分利用其强度时,则伸入支座的锚固长度不应小于表 8-3 的规定。如支座长度不能满足上述要求时，可采用 90°向上弯折增长锚固长度，或采用其他锚固措施，如钢筋末端焊钢板或角钢等。纵向受拉钢筋不宜在受拉区截断，如必须截断时，应伸至按计算不需要该钢筋的截面以外，伸出的锚固长度不应小于表 8-3 的锚固长度和构件截面有效高度之和。按表 8-3 计算锚固长度时，在任何情况下，受拉钢筋的锚固长度不应小于 200 mm。纵向受压钢筋在跨中截断时，必须伸至按计算不需要该钢筋的截面以外，其伸出的锚固长度不应小于 $15d$；但对绑扎骨架中末端弯钩的光圆钢筋不应小于 $20d$。表 8-3 列出了受拉钢筋基本锚固长度 l_{ab}、l_{abE}，表 8-4 列出了受拉钢筋锚固长度修正系数 ζ_a。

表 8-3　受拉钢筋基本锚固长度

受拉钢筋基本锚固长度 l_{ab}、l_{abE}										
钢筋种类	抗震等级	混凝土强度等级								
		C20	C25	C30	C35	C40	C45	C50	C55	C60
HPB300	一、二级(l_{abE})	$45d$	$39d$	$35d$	$32d$	$29d$	$28d$	$26d$	$25d$	$24d$
	三级(l_{abE})	$41d$	$36d$	$32d$	$29d$	$26d$	$25d$	$24d$	$23d$	$22d$
	四级(l_{abE}) 非抗震(l_{ab})	$39d$	$34d$	$30d$	$28d$	$25d$	$24d$	$23d$	$22d$	$21d$
HRB335 HRBF335	一、二级(l_{abE})	$44d$	$38d$	$33d$	$31d$	$29d$	$26d$	$25d$	$24d$	$24d$
	三级(l_{abE})	$40d$	$35d$	$31d$	$28d$	$26d$	$24d$	$23d$	$22d$	$22d$
	四级(l_{abE}) 非抗震(l_{ab})	$38d$	$33d$	$29d$	$27d$	$25d$	$23d$	$22d$	$21d$	$21d$
HRB400 HRBF400 RRB400	一、二级(l_{abE})	—	$46d$	$40d$	$37d$	$33d$	$32d$	$31d$	$30d$	$29d$
	三级(l_{abE})	—	$42d$	$37d$	$34d$	$30d$	$29d$	$28d$	$27d$	$26d$
	四级(l_{abE}) 非抗震(l_{ab})	—	$40d$	$35d$	$32d$	$29d$	$28d$	$27d$	$26d$	$25d$
HRB500 RRB500	一、二级(l_{abE})	—	$55d$	$49d$	$45d$	$41d$	$39d$	$37d$	$36d$	$35d$
	三级(l_{abE})	—	$50d$	$45d$	$41d$	$38d$	$36d$	$34d$	$33d$	$32d$
	四级(l_{abE}) 非抗震(l_{ab})	—	$48d$	$43d$	$39d$	$36d$	$34d$	$32d$	$31d$	$30d$

注：① l_a 不应小于 200 mm；

② 锚固长度修正系数 ζ_a 按表 8-4 取用，当多于一项时，可按连乘积算，但不应小于 0.6；

③ ζ_{aE} 为抗震锚固长度修正系数，对一、二级抗震等级取 1.15，对三级抗震等级取 1.05，对四级抗震等级取 1.00。

表 8-4　受拉钢筋锚固长度修正系数 ζ_a

锚固条件		ζ_a	
带肋钢筋的公称直径大于 25 mm		1.10	—
环氧树脂涂层带肋钢筋		1.25	
施工过程中易受扰动的钢筋		1.10	
锚固区保护层厚度	$3d$	0.80	中间时按内插值，d 为锚固钢筋直径
	$5d$	0.70	

注：① HPB300 级钢筋末端应做 180°弯钩，弯后平直段长度不应小于 $3d$，但作受压钢筋时可不做弯钩；

② 当锚固钢筋的保护层厚度不大于 $5d$ 时，锚固钢筋长度范围内应设置横向构造钢筋，其直径不应小于 $d/4$（d 为锚固钢筋的最大直径）；对梁、柱等构件间距不应大于 $5d$，对板、墙等构件间距不应大于 $10d$（d 为锚固钢筋的最小直径），且均不应大于 100 mm。

纵向钢筋弯钩与机械锚固形式：16 G101-1 图集中还提出了钢筋末端配置弯钩和机械锚固来减小锚固长度的方式，且广泛应用于框架柱、剪力墙、框架梁的节点构造中。其原理是利用受力钢筋端部锚头（弯钩、贴焊锚筋、焊接锚板或螺栓锚头）对混凝土的局部挤压作用加大锚固承载力，如图 8-1 所示。

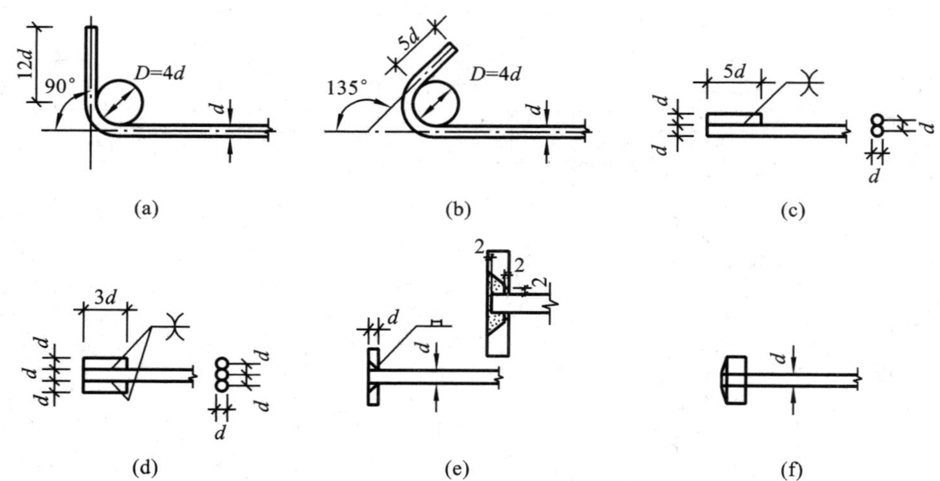

图 8-1　几种连接方式下的锚固长度

(a)末端带 90°弯钩；(b)末端带 135°弯钩；(c)末端一侧贴焊锚筋；(d)末端两侧贴焊锚筋；(e)末端与钢板穿孔塞焊；(f)末端带螺栓锚头

针对以上 6 种连接方式下的锚固长度有以下规定。

(1) 当纵向受拉普通钢筋末端采用弯钩或机械锚固措施时，包括弯钩或锚固端头在内的锚固长度（投影长度）可取为基本锚固长度的 60%。

(2) 焊缝和螺纹长度应满足承载力的要求，螺栓锚头的规格应符合相关标准的要求。

(3) 螺栓锚头和焊接钢板的承压面积不应小于锚固钢筋截面面积的 4 倍。

(4) 螺栓锚头和焊接锚板的钢筋净距小于 $4d$ 时应考虑群锚效应的不利影响。

(5) 截面角部的弯钩和一侧贴焊钢筋的布筋方向宜向截面内侧偏置。

(6) 受压钢筋不应采用末端弯钩和一侧贴焊的锚固形式。

新的锚固形式下，将需要对每种锚固形式统计锚固接头，单独计算造价。对应的采用机械锚固节点的构件纵向受力钢筋的计算条件和方法也将变化。工程造价工作人员需要参考工程设计图纸中构件所采用的某种指定的锚固形式。

8.3.5　弯钩

用于绑扎骨架中的光圆受力筋(HPB300)，除轴心受压构件外，均应在末端做弯钩。变形钢筋、焊接骨架和焊接网中的光圆钢筋，其末端可不做弯钩；但如设计有要求时，则应按设计要求做弯钩。HPB300 光圆钢筋末端应做 180°的弯钩，其弯弧内直径不应小于钢筋直径的 2.5 倍，弯钩的弯后平直部分长度不应小于钢筋直径的 3 倍；而 HRB335、HRB400 钢筋只需做 90°或 135°的弯折，其弯弧内直径不应小于钢筋直径的 4 倍，弯钩的弯后平直部分长度应符合设计要求；钢筋做不大于 90°的弯折时，弯折处的弯弧内直径不应小于钢筋直径的 5 倍。除焊接封闭环式箍筋外，箍筋的末端均应做弯钩，弯钩形式应符合设计要求。当设计无具体要求时，应符合下列规定。

(1) 箍筋弯钩的弯弧内直径除应满足上述规定外，尚应不小于受力钢筋直径。

(2) 箍筋弯钩的弯折角度：对一般结构，不应小于 90°；对有抗震等要求的结构，应为 135°。

(3) 箍筋弯后平直部分长度：对无抗震要求的结构，不宜小于箍筋直径的 5 倍；对有抗震要求的结构，不应小于箍筋直径的 10 倍。

8.3.6　搭接

钢筋的接头有焊接连接、机械连接和绑扎连接等几种形式，由于钢筋通过连接接头传力的性能不如整根钢筋，因此设置钢筋连接原则为：①钢筋的接头宜设置在受力较小处；②同一纵向受力钢筋在同一受力区段内不宜设置两个或两个以上接头，以保证钢筋的承载、传力性能；③设置在同一构件内的接头，应相互错开；④接头距钢筋弯起点的距离不应小于钢筋直径的 10 倍。

接头面积允许百分率。同一连接区段内，纵向钢筋搭接接头面积百分率为该区段内有搭接接头的纵向受力钢筋截面面积与全部纵向受力钢筋截面面积的比值。

(1) 钢筋绑扎搭接接头连接区段的长度为 $1.3l_1$(l_1为搭接长度)，凡搭接接头中点位于该连接区段长度内的搭接接头均属于同一连接区段，如图 8-2 所示。

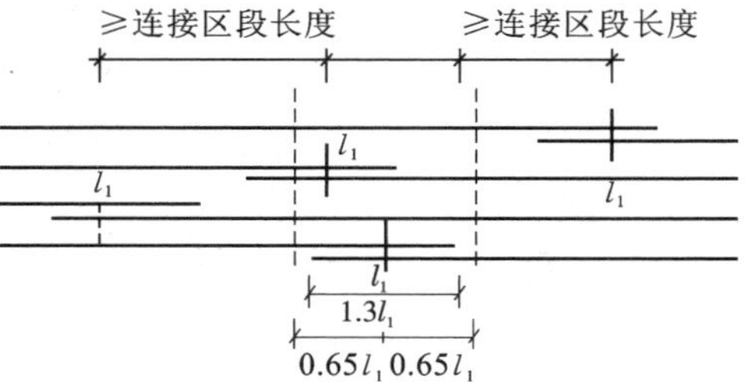

图 8-2　同一连接区段内的纵向受力钢筋绑扎搭接接头

绑扎接头搭接长度：

① 纵向受拉钢筋绑扎搭接接头的搭接长度应根据位于同一连接区段内的钢

筋搭接接头面积百分率公式计算：$l_l=\zeta_1 l_a$。有抗震要求的计算公式为：$l_{lE}=\zeta_1 l_{aE}$。式中 l_a(l_{aE})指纵向受拉钢筋的锚固长度(抗震锚固长度)，按前文所述“钢筋锚固”确定；ζ_1 指纵向受钢筋搭接长度修正系数，按表 8-5 取用。

表 8-5　纵向受拉钢筋搭接长度修正系数 ζ_1

纵向钢筋搭接接头面积百分率/(%)	≤25	50	100
修正系数 ζ_1	1.2	1.4	1.6

② 构件中的纵向受压钢筋，当采用搭接连接时，其受压搭接长度不应小于纵向受拉钢筋搭接长度的 0.7 倍，且在任何情况下不应小于 200 mm。

(2) 纵向受力钢筋机械连接接头及焊接接头连接区段的长度为 $35d$(d 为纵向受力钢筋的较大直径)，且不小于 500 mm，凡接头中点位于该连接区段长度内的接头均属于同一连接区段。

焊接接头的类型有闪光对焊、帮条电弧焊(双面、单面焊)、搭接电弧焊(双面、单面焊)、坡口平焊、坡口立焊、电渣压力焊、钢筋与钢板搭接焊、电阻点焊、预埋件丁字接头(接头埋弧压力焊、贴角焊与接头穿孔塞焊)以及气压焊等。这里介绍几种施工中常用的焊接接头。

① 对焊是两根钢筋沿着整个接角面连接的方法，它适用于水平钢筋非施工现场连接。对焊对钢筋端面要求不严格，可以免去钢筋端面磨平工序，因而简化了操作，提高了工效，所以是目前普遍采用的焊接方法。

② 搭接电弧焊适用于直径 10～40 mm 的Ⅰ～Ⅲ级钢筋和直径 10～25 mm 的余热处理Ⅲ级钢筋，焊接时宜采用双面焊，焊接长度为 $5d$，不能进行双面焊时，也可采用单面焊，焊接长度为 $10d$，也是施工中常用的焊接方法。

③ 电渣压力焊是近年来兴起的一项新的钢筋竖向连接技术，因其生产率高、施工简单、节能、节材、接头质量可靠安全，成本低而得以广泛应用。它只适用于直径 10～40 mm 的Ⅰ、Ⅱ级热轧钢筋的现浇钢筋混凝土结构中竖向钢筋或斜向钢筋的连接。

对于各种焊接连接、机械连接和绑扎连接这三种连接方式，都有以下规定。

(1) d 为相互连接两根钢筋中较小直径；当同一构件内不同连接钢筋计算连接区段长度不同时取大值。

(2) 凡接头中点位于连接区段长度内者，连接接头均属同一连接区段。

(3) 同一连接区段内纵向钢筋搭接接头面积百分率，为该区段内有连接接头的纵向受力钢筋截面面积与全部纵向钢筋截面面积的比值(当直径相同时，图示钢筋连接接头面积百分率为 50%)。

(4) 当受拉钢筋直径大于 25 mm 及受压钢筋直径大于 28 mm 时，不宜采用绑扎搭接。

(5) 轴心受拉及小偏心受拉构件中纵向受力钢筋不应采用绑扎搭接。

(6) 纵向受力钢筋连接位置宜避开梁端、柱端箍筋加密区。如必须在此连接时，应采用机械连接或焊接。

(7) 机械连接和焊接接头的类型及质量应符合国家现行有关标准的规定。

(8) 梁、柱类构件的纵向受力钢筋绑扎搭接区域内箍筋设置要求见 16G101-1 图集。

8.3.7 箍筋中常见的 135°弯钩下料长度的算法

《混凝土结构施工图平面整体表示方法制图规则和构造详图》(现浇混凝土框架、剪力墙、梁、板)》(16G101-1)图集中，带 135°弯钩的梁、柱封闭箍筋构造如图 8-3 所示。

通过分析大量实际施工案例，箍筋直径取为 8 mm 或 10 mm 的情况较多，因此图 8-3 中的“10d，75 mm 中较大值”即可认为是 10d。其断面几何尺寸如图 8-4 所示。

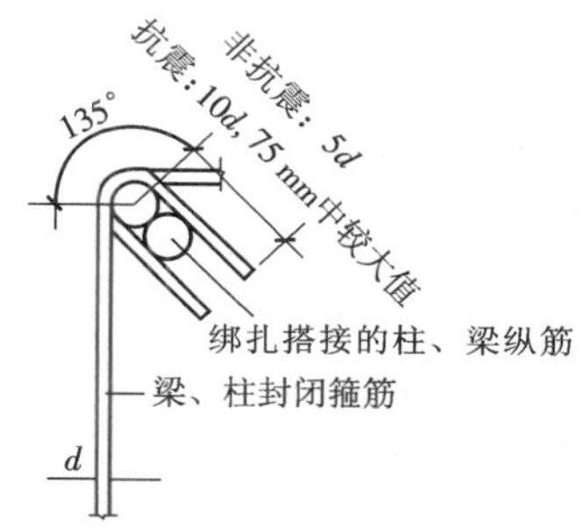

图 8-3　带 135°弯钩的梁、柱封闭箍筋构造

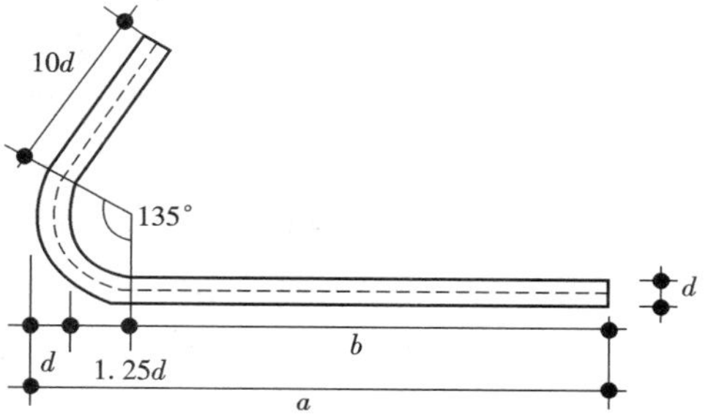

图 8-4　135°箍筋断面几何尺寸

半径为：$1.25d+0.5d=1.75d$。

周长为：$2\times 3.1416\times 1.75d=11d$。

根据弧长计算式可得 135°的弧长为：$(11d/360°)\times 135°=4.13d$。

根据上式得到下料长度为：

$$
\begin{aligned}
l &= 4.13d+10d+b=14.13d+(a-d-1.25d)\\
&= a+11.9d
\end{aligned}
$$

式中，弯钩直线段长度取 10d，是基于绝大多数情况下箍筋直径为 8 mm 以上。

8.4 框架梁钢筋工程清单计价

1. 工程识图

查看框架梁平法施工图中的集中标注，认识框架梁的编号、类型、截面尺寸和跨数(两端不悬挑、一端悬挑或两端悬挑)，认识箍筋直径及布置方式，认识主筋直径及布置方式。

查看框架梁平法施工图中的原位标注，认识框架梁主筋的直径及布置方式。

结合以上认识，对框架梁内钢筋规格、种类建立起基本的概念。

2. 工作内容

工作内容包含钢筋(网、笼)制作、运输，钢筋(网、笼)安装。

3. 适用范围

以《混凝土结构施工图平面整体表示方法制图规则和构造详图(现浇混凝土框架、剪力墙、梁、板)》(16G101-1)为设计和建造标准的楼层框架梁、屋面框架梁。

4. 工程量计算规则

清单工程量计算规则:按设计图示钢筋(网)长度(面积)乘以单位理论质量计算。

定额工程量计算规则:定额工程量计算规则与清单工程量计算规则相同。

5. 计算规则应用

计算方法:区分不同钢筋直径和形式,先计算钢筋长度,再利用单根质量求得总质量。

6. 定额有关说明

《计价定额》将现浇混凝土构件钢筋项目按直径分为 12 mm 以内、25 mm 以内、25 mm 以外三个定额项目,在此范围内的钢筋质量可以合并计算。

7. 框架梁钢筋计算的一般方法

梁的钢筋包括纵筋和箍筋两大类。纵筋按分布位置和作用不同,有上部钢筋(上部贯通钢筋,支座非贯通钢筋,架立钢筋);下部钢筋;中部钢筋(侧面纵向构造钢筋,抗扭钢筋)。其他钢筋形式有箍筋和拉筋。

1) 梁上部钢筋长度计算方法

梁上部钢筋的形式:上部贯通钢筋、支座非贯通钢筋、架立钢筋。

(1) 上部贯通钢筋长度。

上部贯通钢筋长度计算公式:

长度=各跨净跨值 l_n 之和+各支座宽度+左、右锚固长度

① 当为楼层框架梁时,锚固长度取值讨论。

根据楼层框架梁纵筋在端支座的锚固要求可知 l。

当端支座宽度 h_c-柱保护层厚度≥l_{aE}时,锚固长度=端支座宽度 h_c-柱保护层厚度。

当端支座宽度 h_c-柱保护层厚度<l_{aE}时,锚固长度=端支座宽度 h_c-柱保护层厚度+15d。

② 当为屋面框架梁时,锚固长度取值讨论。

根据屋面框架梁纵筋与框架柱纵筋的构造要求:柱纵筋锚入梁中和梁纵筋锚入柱中两种形式,顶层屋面框架梁纵筋的锚固长度计算也有两种形式。

当采用柱纵筋锚入梁中的锚固形式时,

锚固长度=端支座宽度 h_c-柱保护层厚度+梁高-梁保护层厚度

当采用梁纵筋锚入柱中的锚固形式时,锚固长度=端支座宽度 h_c-柱保护层厚度+1.7l_{abE}。

③ 端支座范围内不同纵筋的净距问题。

框架梁纵筋的上部、下部的各排纵筋锚入柱内均应满足构造要求,同时,保证混凝土与钢筋更好的握裹,不同位置的纵筋弯折长度 15d 之间应有不小于 25 mm 的净距要求。若梁纵筋的钢筋直径按 25 mm 计,各排框架梁纵筋锚入柱内的水平段长度差值可取为 50 mm。

（2）支座非贯通钢筋长度。

端支座非贯通钢筋长度计算公式：

端支座非贯通钢筋长度＝负弯矩钢筋延伸长度＋锚固长度

中间支座非贯通钢筋长度计算公式：

中间支座非贯通钢筋长度＝2×负弯矩钢筋延伸长度＋支座宽度

当支座间净跨值较小，左右两跨值较大时，常将支座上部的负弯矩钢筋在中间较小跨贯通设置，此时，负弯矩钢筋的长度计算方法为

负弯矩钢筋长度＝左跨负弯矩钢筋延伸长度＋右跨负弯矩钢筋延伸长度＋中间较小跨净跨值＋2×中间支座宽度

① 非贯通钢筋的延伸长度。

非贯通纵筋位于上部纵筋第一排时，其延伸长度为 $l_n/3$，非贯通纵筋位于第二排时为 $l_n/4$，若由多于三排的非通长钢筋设计，则依据设计确定具体的截断位置。端支座处，l_n 取值为本跨净跨值；中间支座处，l_n 取值为左右两跨梁净跨值的较大值。

② 锚固长度。

同上部贯通钢筋长度计算公式中的锚固长度中①③条。

（3）架立钢筋长度。

架立钢筋长度计算公式：

架立钢筋长度＝本跨净跨值－左右非贯通纵筋伸出长度＋2×搭接长度

① 搭接长度。

当梁上部纵筋既有贯通钢筋又有架立钢筋时，架立钢筋与非贯通钢筋的搭接长度为 150 mm。

② 非贯通纵筋伸出长度同上。

2）梁下部钢筋长度计算方法

梁下部钢筋的形式：下部贯通钢筋、下部非贯通钢筋、下部不伸入支座的钢筋。

（1）下部贯通钢筋长度。

下部贯通钢筋长度计算公式同上部贯通钢筋长度计算公式。

（2）下部非贯通钢筋长度。

下部非贯通钢筋长度计算公式：

下部非贯通钢筋长度＝净跨值＋左锚固长度＋右错固长度

① 梁纵筋在端支座的锚固要求同上部贯通钢筋分析内容；

② 梁纵筋在中间支座锚固取值为 $\max(0.5h_c+5d, l_{aE})$，当梁的截面尺寸变化时，则应参考相应的标准构造要求取值。

（3）下部不伸入支座钢筋长度。

下部不伸入支座钢筋长度计算公式：

下部不伸入支座钢筋长度＝净跨值 $l_n-2\times0.1l_n=0.8l_n$

3）梁中部钢筋长度计算方法

梁中部钢筋的形式：构造钢筋（G）和受扭钢筋（N）。

构造钢筋长度计算公式：

构造钢筋长度＝净跨值＋$2\times15d$

受扭钢筋长度计算公式：

$$受扭钢筋长度=净跨值+2\times锚固长度$$

① 锚固长度取值。

构造钢筋的锚固长度值为 $15d$，受扭钢筋的锚固长度取值与下部纵向受力钢筋相同，通常取 $\max(0.5h_c+5d, l_{aE})$。

②梁中部钢筋宜分跨布置。

当梁中部钢筋各跨不同时，应分跨计算，当全跨布置完全相同时，可整体计算。

4）箍筋和拉筋计算方法

箍筋和拉筋计算包括二者长度和根数的计算。

箍筋根数计算公式：

$$箍筋根数=2\times\left(\frac{加密区长度-50}{加密区间距}+1\right)+\left(\frac{非加密区长度}{非加密区间距}-1\right)$$

拉筋根数计算公式：

$$拉筋根数=\frac{梁净跨-2\times 50}{非加密区箍筋间距\times 2}+1$$

8. 案例分析

【例 8-1】框架梁 KL，如图 8-5 所示，混凝土强度等级为 C30，二级抗震设计，钢筋定尺为 8 m，当梁通筋 $d>22$ mm 时，选择焊接接头，柱的断面均为 500 mm×500 mm，环境类别为一类，纵向受力钢筋采用 HRB400 钢筋，箍筋采用 HPB300 钢筋。计算钢筋工程量并报价。(钢筋理论质量Φ 25 为 3.86 kg/m，Φ 10 为 0.617 kg/m。)

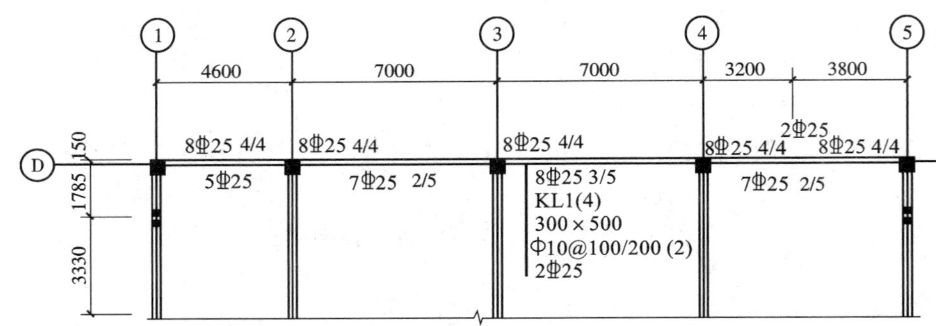

图 8-5 例 8-1 题图

【解】平法标注解释：本例中框架梁共计 4 跨，梁截面尺寸为宽 300 mm，高 500 mm，箍筋采用 HPB300 直径为 10 mm 的双肢箍，加密区间隔为 100 mm，非加密区间隔 200 mm，上部贯通钢筋为 2 根直径 25 mm 的 HRB400 钢筋。第一跨跨中、②号轴线支座处、③号轴线支座处、④号轴线支座处、⑤号轴线支座处均有 8 根直径 25 mm 的 HRB400 钢筋，分两排，上下两排均 4 根(含 2 根贯通钢筋在内)。第一跨下部 5 根直径 25 mm 的 HRB400 钢筋；第二跨 7 根直径 25 mm 的 HRB400 钢筋，分两排，上排 2 根，下排 5 根；第三跨 8 根直径 25 mm 的 HRB400 钢筋，分两排，上排 3 根，下排 5 根；第四跨 7 根直径 25 mm 的 HRB400 钢筋，分两排，上排 2 根，下排 5 根。

单面焊接长度为 $10d$，双面焊 $5d$。

本例中，混凝土保护层的最小厚度为 20 mm，纵向受拉钢筋抗震基本锚固长度 l_{abE} 为 $44d$。

端支座处梁上部钢筋伸入柱内的锚固长度为 $0.4l_{aE}$，弯头长度为 $15d$，梁内长度第一排为 $l_n/3$，第二排为 $l_n/4$，如图 8-6 所示。

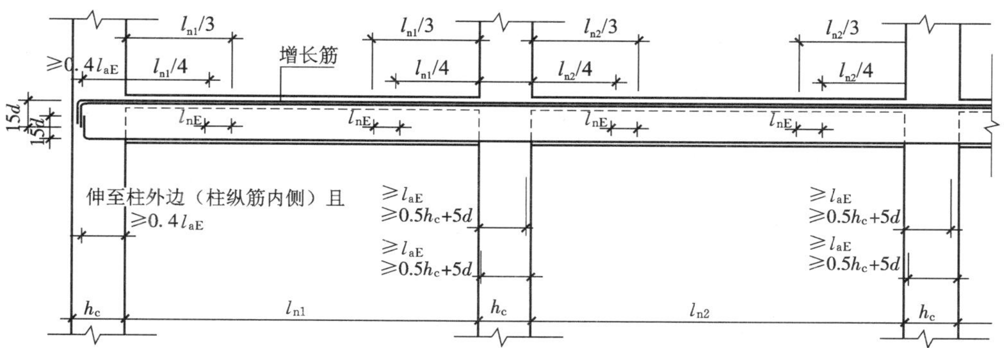

图 8-6　一、二级抗震等级楼层框架梁 KL 纵向钢筋构造

端支座处梁下部钢筋伸入柱内的锚固长度为 $0.4l_{aE}$，弯头长度为 $15d$，伸入跨中支座取 $\max(l_{aE}, 0.5h_c+5d)$。h_c 为柱截面沿框架方向的高度。

梁下部钢筋不能在柱内锚固时，可在节点外搭接，如图 8-7 所示。

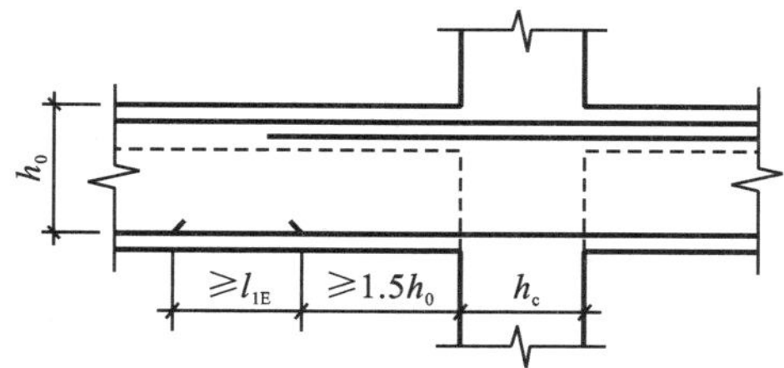

图 8-7　中间层中间节点梁下部钢筋在节点外搭接

箍筋分为加密区和非加密区，加密区设置在支座两侧，箍筋间距为 100 mm，非加密区在跨中位置，箍筋间距为 200 mm，如图 8-8 所示。

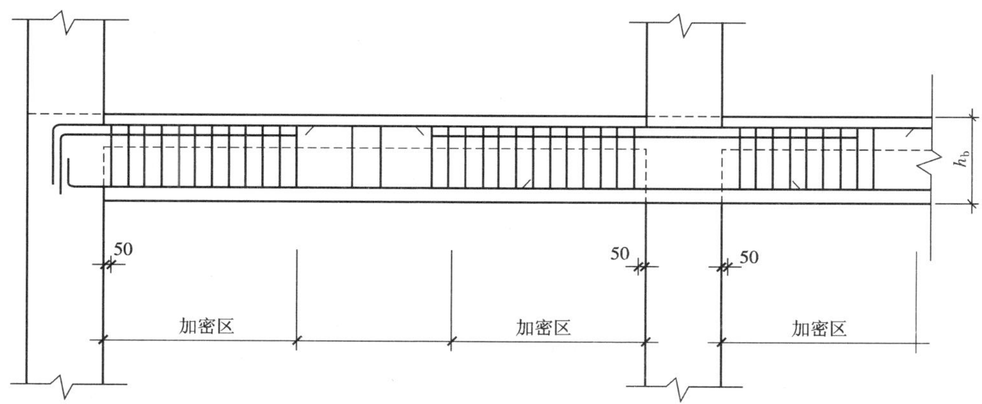

图 8-8　抗震框架梁 KL 箍筋加密区范围

其计算表格如下：

编号	直径	简图	单根长度计算式	根数	长度/m	质量/kg
1	Φ 25		4.6+7.0×3−0.5+3×10d+0.4×40d×2+15d×2=27.400(m) 若双面焊 5d=27.025 m	2	54.800 54.050	211.528 或 208.633
2	Φ 25		4.6−0.5+0.4×40d+15d+0.5+6.5/3=7.542(m)	2	15.084	58.224
3	Φ 25		4.6−0.5+0.4×40d+15d+0.5+6.5/4=7.000(m)	4	28.000	108.080
4	Φ 25		6.5/3×2+0.5=4.833(m)	2×2	19.332	74.622
5	Φ 25		6.5/4×2+0.5=3.750(m)	2×4	30.000	115.800
6	Φ 25		6.5/3+0.4×40d+15d=2.942(m)	2	5.884	22.712
7	Φ 25		6.5/4+0.4×40d+15d=2.400(m)	4	9.600	37.056
8	Φ 25		4.1+0.4×40d+15d+h_c+1.5h_0=6.125(m)	5	30.625	118.213
9	Φ 25		6.5+(h_c+1.5h_0)×2+10d=9.250(m) 若双面焊 5d=9.125(m)	7	64.750 63.875	249.935 或 246.558
10	Φ 25		6.5+(h_c+1.5h_0)×2+10d=9.250(m) 若双面焊 5d=9.125(m)	8	74.000 73.000	285.640 或 281.780
11	Φ 25		6.5+0.4×40d+15d+(h_c+1.5h_0)=8.525(m)	7	59.675	230.346
12	Φ 10		(0.3−0.02×2)×2+(0.5−0.02×2)×2+24d=1.680(m)	148	248.640	153.411

综合单价分析表

序号	项目编码/定额编号	子目名称	单位	数量	综合单价组成/元					综合单价	合价
					人工费	材料费	机械费	管理费	利润		
1	010515001001	现浇构件钢筋	t	0.153	885.60	4149.06	79.11	241.18	115.77	5470.72	837.02
	5-1	现浇混凝土构件钢筋Φ 12 以内	t	0.153	885.60	4149.06	79.11	241.18	115.77	5470.72	837.02
2	010515001002	现浇混凝土钢筋	t	1.512	523.98	4167.49	82.87	151.71	72.82	4998.87	7558.29
	5-2	现浇混凝土构件钢筋Φ 25 以内	t	1.512	523.98	4167.49	82.87	151.71	72.82	4998.87	7558.29

【例 8-2】如图 8-9 所示，某工程二层②轴处有 1 根三级抗震要求的楼面框架梁 KL2，其混凝土强度等级为 C30，受力筋采用 HRB400 级钢筋。1/A、2/A 轴上各有 1 根框架连系梁以②轴框架梁作为支座，框架连系梁的截面尺寸为 240 mm×600 mm，混凝土强度等级为 C30。该工程楼层各主梁有次梁处均附加箍筋，每边 3 根，间距 50 mm，直径同梁内箍筋，附加吊筋为 HRB335 钢筋，直径 16 mm，放成两排。②轴处柱的尺寸为 450 mm×500 mm，偏心设置，轴内侧 380 mm，外侧 120 mm。环境类别为一类。计算②轴处楼面框架梁 KL2 的钢筋工程量。

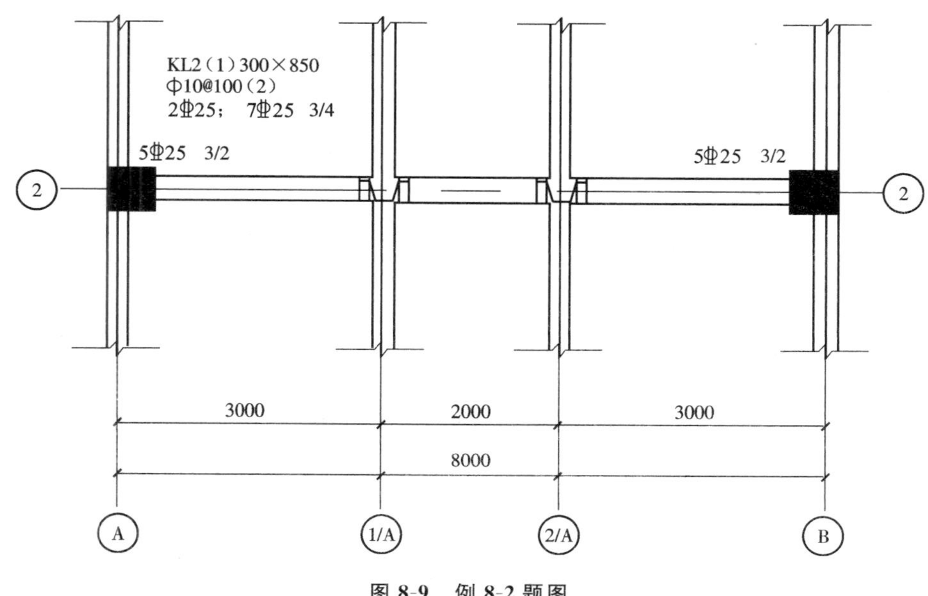

图 8-9　例 8-2 题图

【解】平法标注解释：本例中框架梁 KL2 共计一跨，梁截面尺寸为宽 300 mm，高 850 mm，箍筋采用 HPB300 级钢直径为 10 mm 的双肢箍，间隔为 100 mm。上部贯通钢筋为 2 根直径 25 mm 的 HRB400 级钢筋；A 轴和 B 轴支座处有 3 根直径 25 mm的上部支座钢筋，其中 1 根和 2 根贯通钢筋放在梁上部第一排，第二排放置另外 2 根支座钢筋。梁下部放置 7 根直径 25 mm 的 HRB400 级钢筋，分两排，上排 3 根，下排 4 根。

本例中，纵向受拉钢筋抗震锚固长度 l_{abE} 为 $37d$。

端支座处梁上部钢筋伸入柱内的锚固长度为 $0.4l_{aE}$，弯头长度为 $15d$，梁内长度第一排为 $l_n/3$，第二排为 $l_n/4$。

端支座处梁下部钢筋伸入柱内的锚固长度为 $0.4l_{aE}$，弯头长度为 $15d$。

附近吊筋采用 45°弯起，下部平直段为次梁宽两边各加 50 mm，上部平直段各为 $20d$。如图 8-10 所示。

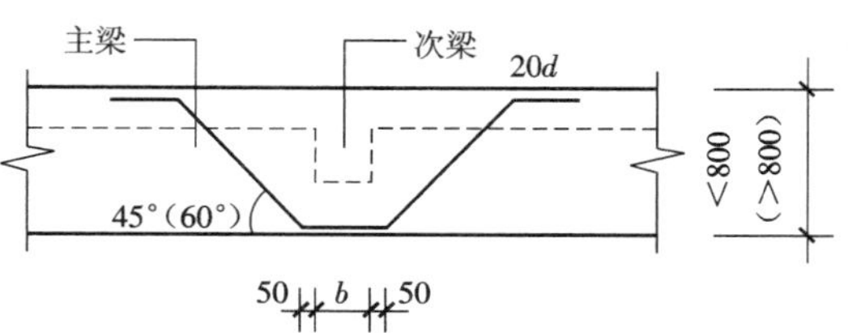

图 8-10　附加吊筋构造

其计算过程如下：

A、B 轴之间梁的净跨长度 $l_n=8-$

0.38×2=7.24(m)

锚固长度 $l_{aE}=37d=0.925$(m)

混凝土保护层厚度 $c=0.02$(m)

其计算表格如下:

编号	直径	简图	单根长度计算式/m	根数	长度/m	质量/kg
	KL2 中纵向钢筋					
1	Φ 25		$l_n+2\times0.4l_{aE}+2\times15d=8.730$(m)	2	17.460	67.396
2	Φ 25		$l_n/3+0.4l_{aE}+15d=3.158$(m)	2	6.316	24.380
3	Φ 25		$l_n/4+0.4l_{aE}+15d=2.555$(m)	4	10.220	39.449
4	Φ 25		$l_n+2\times0.4l_{aE}+2\times15d=8.730$(m)	7	61.110	235.885
5	Φ 10		$(0.3-0.04)\times2+(0.85-0.04)\times2+24d=2.380$(m)	68	161.840	99.855
	KL2 中附加吊筋和附加箍筋(共两处)					
6	Φ 16		$0.34+1.414\times(0.85-2\times0.025)+2\times20d=2.125$(m)	4	8.500	13.43
7	Φ 10		$(0.3-0.04)\times2+(0.85-0.04)\times2+24d=2.380$(m)	12	28.560	17.622

8.5 框架柱钢筋工程清单计价

1. 工程识图

查看框架柱平法施工图的标注,认识框架柱的编号、类型、截面尺寸和所在位置(中柱、边柱或角柱),认识箍筋直径及布置方式,认识主筋直径及布置方式。

对框架梁内钢筋规格、种类建立起基本的概念。

2. 工作内容

工作内容包括钢筋(网、笼)制作、运输,钢筋(网、笼)安装。

3. 适用范围

以《混凝土结构施工图平面整体表示方法制图规则和构造详图(现浇混凝土框架、剪力墙、梁、板)》(16G101-1)为设计和建造标准的框架柱。

4. 工程量计算规则

清单工程量计算规则:按设计图示钢筋(网)长度(面积)乘以单位理论质量计算。

定额工程量计算规则:工程量计算规则与清单工程量规则相同。

5. 计算规则应用

计算方法：区分不同钢筋直径和形式，先计算钢筋长度，再利用单根质量求得总质量。

6. 定额有关说明

《计价定额》中，将现浇混凝土构件钢筋项目按直径分为 12 mm 以内、25 mm 以内、25 mm 以外三个定额项目，在此范围内的钢筋质量可以合并计算。

7. 框架柱钢筋计算的一般方法

柱中的钢筋主要有纵筋和箍筋两种形式。纵筋的主要计算内容有：基础插筋、地下室纵筋、首层纵筋、中间层纵筋、顶层纵筋（分边柱、角柱和中柱计算）、变截面柱纵筋等。另外，需要计算的钢筋还有：顶层柱外侧钢筋角部按构造要求设置的附加钢筋，各层柱纵向钢筋连接接头的个数。箍筋的主要计算内容有：箍筋（含一字形拉筋）的长度、根数计算两个方面。

1）柱纵筋计算方法

（1）基础插筋钢筋量计算。

柱纵筋在基础中的插筋计算公式为：

短插筋长度＝插筋锚固长度＋基础插筋非连接区（＋搭接长度 l_{lE}）

长插筋长度＝插筋锚固长度＋基础插筋非连接区＋错开间距（＋搭接长度 l_{lE}）

（2）地下室纵筋计算。

地下室纵筋长度计算公式为：

地下室纵筋长度＝地下室层高－本层非连接区＋上层非连接区（＋搭接长度 l_{lE}）

（3）首层纵筋计算。

首层纵筋长度计算公式：

首层纵筋长度＝首层层高－本层非连接区＋上层非连接区（＋搭接长度 l_{lE}）

根据构造要求，首层非连接区 $\geqslant H_n/3$，上层非连接区为 $\max(H_n/6, 500, h_c)$

（4）中间层纵筋计算。

中间层纵筋长度计算公式：

纵筋长度＝中间层层高－本层非连接区＋上层非连接区（＋搭接长度 l_{lE}）

（5）顶层纵筋计算。

由于顶层框架柱与梁的锚固要求，顶层柱内侧纵筋与外侧纵筋的构造要求不同，其计算方法也有区别。

顶层外侧纵筋长度计算公式：

顶层外侧纵筋长度＝顶层层高－本层非连接区－顶层梁高＋柱外侧纵筋锚固长度

顶层内侧纵筋长度计算公式：

顶层内侧纵筋长度＝顶层层高－本层非连接区－顶层梁高＋柱内侧纵筋锚固长度

2）柱箍筋（含一字形拉筋）计算方法

柱箍筋计算包括柱箍筋长度计算及柱箍筋根数计算两大部分内容。

（1）柱箍筋长度计算。

箍筋常用的复合方式为 $m\times n$ 肢箍形式，由外封闭箍筋、小封闭箍筋和单肢箍形式组成，箍筋长度计算即为复合箍筋总长度的计算，其各自的计算方法如下。

单肢箍（拉筋）长度计算方法为：

单肢箍（拉筋）长度＝截面尺寸 b 或 h－柱保护层厚度×2＋2×$d_{拉筋}$＋2×弯钩长度

外封闭箍筋(大双肢箍)长度计算方法为：

$$外封闭箍筋(大双肢箍)长度=(b-2\times柱保护层厚度)\times2+(h-2\times柱保护层厚度)\times2+2\times弯钩长度$$

小封闭箍筋(小双肢箍)长度计算方法为：

$$小封闭箍筋(小双肢箍)长度=\left[\frac{b-2\times柱保护层厚度-2\times外箍筋直径-纵筋直径}{纵筋根数-1}\times间距个数+纵筋直径+2\times小箍筋直径\right]\times2+(h-2\times柱保护层厚度)\times2+2\times弯钩长度$$

(2) 柱箍筋根数计算。

柱箍筋在楼层中，按加密与非加密区分布。其计算方法如下。

① 基础插筋在基础内的箍筋。

$$根数=\frac{插筋竖直锚固长度-基础保护层}{500}+1$$

② 基础相邻层或一层箍筋。

$$根数=\frac{\frac{H_n}{3}-50}{加密间距}+\frac{\max\left(\frac{H_n}{6},500,h_c\right)}{加密间距}+\frac{节点梁高}{加密间距}+\left(\frac{非加密区长度}{非加密区间距}\right)+\left(\frac{2.3l_{lE}}{\min(100,5d)}\right)+1$$

③ 中间层及顶层箍筋。

$$根数=\frac{\max\left(\frac{H_n}{6},500,h_c\right)-50}{加密间距}+\frac{\max\left(\frac{H_n}{6},500,h_c\right)}{加密间距}+\frac{节点梁高-c}{加密间距}+\left(\frac{非加密区长度}{非加密区间距}\right)+\left(\frac{2.3l_{lE}}{\min(100,5d)}\right)+1$$

8. 案例分析

【例 8-3】图 8-11 所示为某三层现浇框架柱施工图的一部分，该工程结构层高度

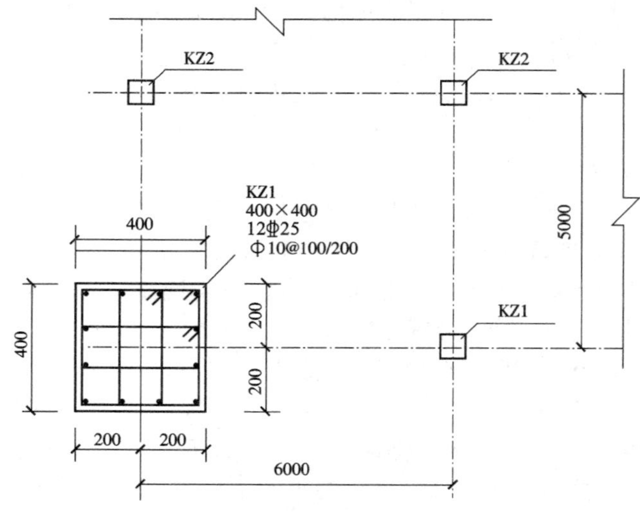

图 8-11 例 8-3 题图

4.2 m，三类工程，混凝土框架抗震等级为三级，环境类别为一类。其中，柱的混凝土为 C35，柱下为独立基础，独立基础高 1000 mm，每层的框架梁高 600 mm。其顶层为现浇板，板厚 100 mm。柱中纵向钢筋均采用闪光对焊连接，每层均分两批接头。

请根据下图及有关规定，计算一根角柱 KZ1 的钢筋用量。

【解】

抗震 KZ 纵向钢筋连接构造如图 8-12 所示。

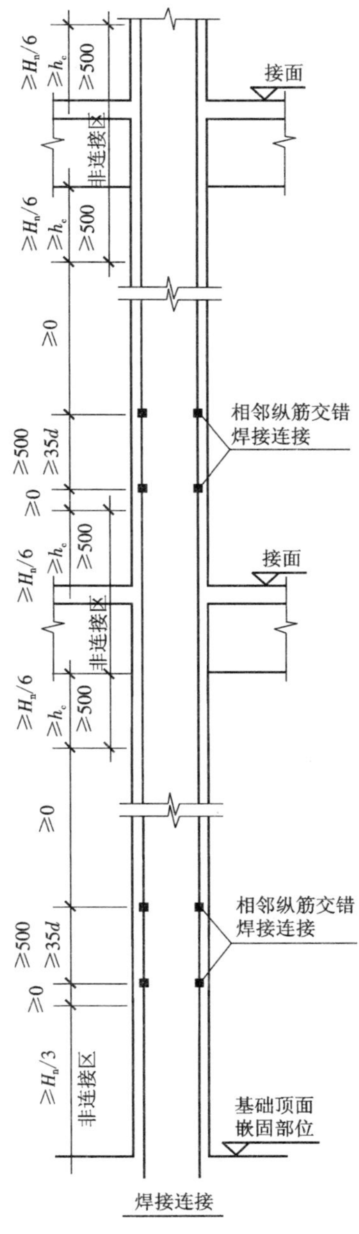

图 8-12　抗震 KZ 纵向钢筋连接构造

本例中 $l_{abE}=34d=0.85$ m，由于 $1.5l_{abE}=1.275$ m＞(梁高＋柱宽)＝(0.6＋0.4) m＝1.0 m，柱顶纵向钢筋构造应选择《混凝土结构施工图平面整体表示方法制图规则和构造详图(现浇混凝土框架、剪力墙、梁、板)》(16G101-1)第 67 页节点②做法，如图 8-13 所示。

查表：$l_{abE}=34d=0.85$ m

保护层厚度 $c=0.02$ m

楼层的柱净高 $H_n=4.2-0.6=3.6$(m)

柱截面长边尺寸 $h_c=0.4$ m

Φ 25 单位质量：3.86 kg/m。

Φ 10 单位质量：0.617 kg/m。

柱顶内侧钢筋构造应选择《混凝土结构施工图平面整体表示方法制图规则和构造详图(现浇混凝土框架、剪力墙、梁、板)》(16G101-1)第 68 页节点②做法，如图8-14 所示。

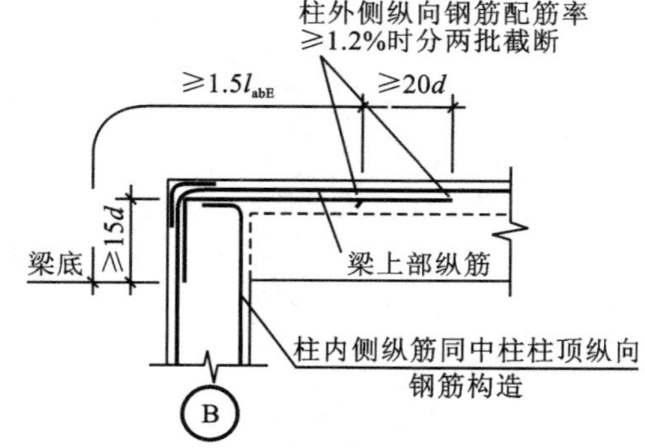

图 8-13 抗震 KZ 边柱和角柱纵向钢筋构造

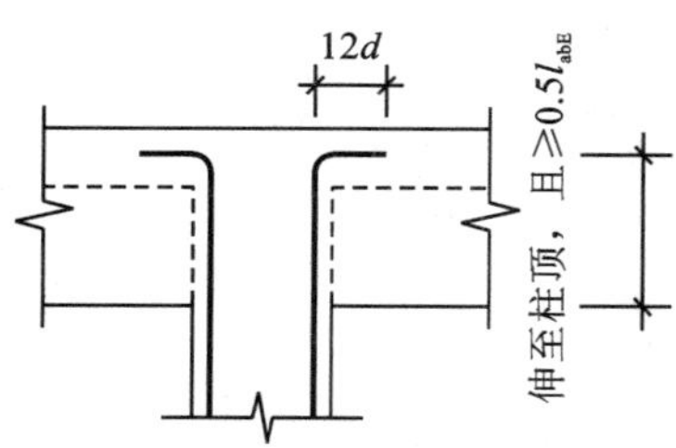

图 8-14 中柱柱顶纵向钢筋构造

其计算表格如下：

编号	级别规格	简图	单根长度计算式/m	单根长度/m	根数	总长度/m	质量/kg
		基础部分					
1	Φ 25		0.15＋[(1.0－0.1)＋H_n/3]	2.250	6	13.500	52.110
2	Φ 25		0.15＋[(1.0－0.1)＋H_n/3＋max(0.5,35d)]	3.125	6	18.750	72.375
		一层					
	Φ 25		4.2－(4.2－0.6)/3＋max(H_n/6,h_c,0.5)	3.600	12	43.200	166.752

编号	级别规格	简图	单根长度计算式/m	单根长度/m	根数	总长度/m	质量/kg
		二层					
	⏀25	——	$4.2-\max(H_n/6, h_c, 0.5)+\max(3.6/6, 0.4, 0.5)$	4.200	12	50.400	194.544
		顶层(三层)					
		柱外侧纵筋 7⏀25					
	⏀25	——	$4.2-\max(H_n/6, h_c, 0.5)-0.6+1.5l_{aE}$	4.275	4	17.100	66.006
	⏀25	——	$4.2-[\max(H_n/6, h_c, 0.5)+\max(35d, 0.5)]-0.6+1.5l_{aE}+20d$	3.900	3	11.700	45.162
		柱内侧纵筋 5⏀25					
	⏀25	——	$4.2-\max(H_n/6, h_c, 0.5)-0.6+\max(0.6-c, 0.5l_{abE})+12d$	3.880	2	7.760	29.954
	⏀25	——	$4.2-[\max(H_n/6, h_c, 0.5)+\max(35d, 0.5)]-0.6+\max(0.6-c, 0.5l_{abE})+12d$	3.005	3	9.015	34.798
		箍筋(未考虑基础部分)					
	Φ10	▭	$(a-2c)\times 2+(b-2c)\times 2+24d$	1.680	94	157.920	97.437
	Φ10	▭	$[(0.4-0.02\times 2-0.01\times 2-0.025)/3+0.025+0.01\times 2]\times 2+0.36+24d$	1.260	94	118.400	73.077
	Φ10	▭	$[(0.4-0.02\times 2-0.01\times 2-0.025)/3+0.025+0.01\times 2]\times 2+0.36+24d$	1.260	94	118.400	73.077

综合单价分析表

序号	项目编码/定额编号	子目名称	单位	数量	综合单价组成/元					综合单价	合价
					人工费	材料费	机械费	管理费	利润		
1	010515001001	现浇构件钢筋	t	0.244	885.60	4149.06	79.11	241.18	115.77	5470.72	1334.86
	5-1	现浇混凝土构件钢筋Φ 12 以内	t	0.244	885.60	4149.06	79.11	241.18	115.77	5470.72	1334.86
2	010515001002	现浇混凝土钢筋	t	0.662	523.98	4167.49	82.87	151.71	72.82	4998.87	3309.25
	5-2	现浇混凝土构件钢筋Φ 25 以内	t	0.662	523.98	4167.49	82.87	151.71	72.82	4998.87	3309.25

【例 8-4】某框架柱如图 8-15 所示，KZ1 为边柱，C30 混凝土，四级抗震，环境类别为一类，采用焊接连接，主筋采用 HRB400 级钢筋，在基础内水平弯折为 150 mm，基础箍筋 2 根，主筋的交错位置、箍筋的加密位置及长度按“16G101-1 规范”计算，求其

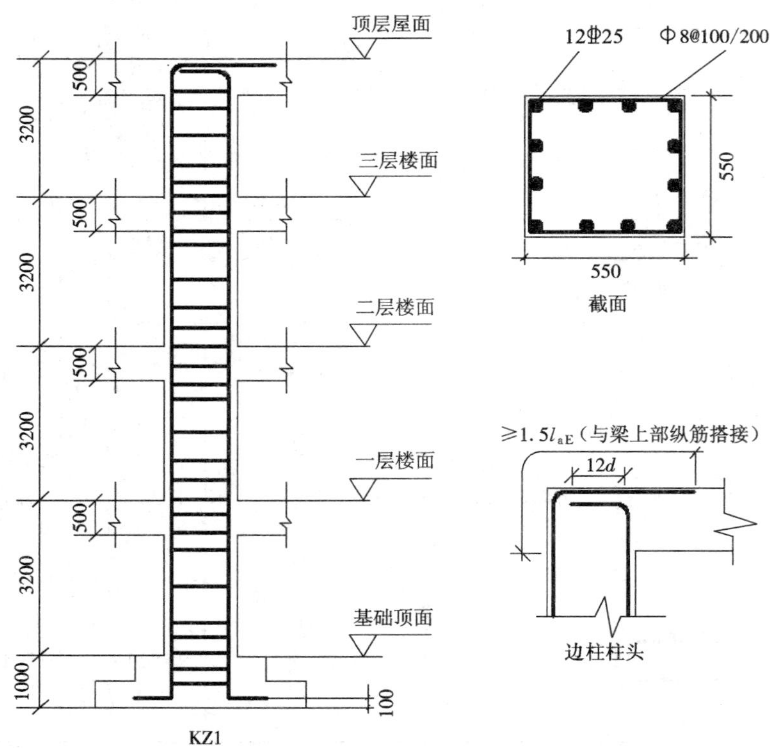

图 8-15 例 8-4 题图

钢筋工程量。

【解】查表：$l_{aE}=35d=35\times0.025=0.875$(m)

保护层厚度 $c=0.02$ m

楼层的柱净高 $H_n=3.2-0.5=2.7$(m)

柱截面长边尺寸 $h_c=0.55$ m。

Φ 25 单位质量：3.86 kg/m。

Φ 18 单位质量：0.395 kg/m。

其计算表格如下：

编号	级别规格	简图	单根长度计算式/m	单根长度/m	根数	总长度/m	质量/kg
		基础部分					
1	Φ 25		$0.15+[(1.0-0.1)+H_n/3]$	1.950	6	11.700	45.162
2	Φ 25		$0.15+[(1.0-0.1)+H_n/3+\max(0.5,35d)]$	2.825	6	16.950	65.427
		一层					
	Φ 25		$3.2-(3.2-0.5)/3+\max(H_n/6,h_c,0.5)$	2.850	12	34.200	132.012
		二层					
	Φ 25		$3.2-\max(H_n/6,h_c,0.5)+\max(H_n/6,h_c,0.5)$	3.200	12	38.400	148.224
		三层					
	Φ 25		$3.2-\max(H_n/6,h_c,0.5)+\max(H_n/6,h_c,0.5)$	3.200	12	38.400	148.224
		顶层					
		柱外侧纵筋 7 Φ 25					
	Φ 25		$3.2-\max(H_n/6,h_c,0.5)-0.5+1.5l_{aE}$	3.463	4	13.852	53.469
	Φ 25		$3.2-[\max(H_n/6,h_c,0.5)+\max(35d,0.5)]-0.5+1.5l_{aE}$	2.588	3	7.764	29.969
		柱内侧纵筋 5 Φ 25					
	Φ 25		$3.2-\max(H_n/6,h_c,0.5)-c+12d$	2.930	2	5.860	22.620
	Φ 25		$3.2-[\max(H_n/6,h_c,0.5)+\max(35d,0.5)]-c+12d$	2.055	3	6.165	23.797
		箍筋					
	Φ 8		$(a-2c)\times2+(b-2c)\times2+24d$	2.232	102	227.664	89.927

请思考:若上面两题中的 KZ 为中柱,其钢筋工程量应为多少?(请参考《混凝土结构施工图平面整体表示方法制图规则和构造详图(现浇混凝土框架、剪力墙、梁、板)》(16G101-1)68 页——抗震 KZ 中柱柱顶纵向钢筋构造)

8.6 现浇板钢筋工程清单计价

1. 工程识图

查看板平法施工图,认识板内钢筋直径、形式和布置位置。

(1) 底筋:布置在板底部,承受正弯矩的受力钢筋。

(2) 负筋:又分为支座负筋和跨板负筋,布置在板上部,承受负弯矩的受力钢筋。

2. 工作内容

工作内容包括钢筋(网、笼)制作运输,钢筋(网、笼)安装。

3. 适用范围

以《混凝土结构施工图平面整体表示方法制图规则和构造详图(现浇混凝土框架、剪力墙、梁、板)》(16G101-1)为设计和建造标准的楼层板、屋面板。

4. 工程量计算规则

清单工程量计算规则:按设计图示钢筋(网)长度(面积)乘以单位理论质量计算。

定额工程量计算规则:工程量计算规则与清单工程量规则相同。

5. 计算规则应用

计算方法:区分不同钢筋直径和形式,先计算钢筋长度,再利用单根质量求得总质量。

6. 定额有关说明

《计价定额》将现浇混凝土构件钢筋项目按直径分为 12 mm 以内、25 mm 以内、25 mm 以外三个定额项目,在此范围内的钢筋质量可以合并计算。

7. 案例分析

【例 8-5】某现浇板配筋如图 8-16 所示,图中梁宽度均为 300 mm,板厚 100 mm,板的保护层厚度为 15 mm,计算板中钢筋的工程量并报价。

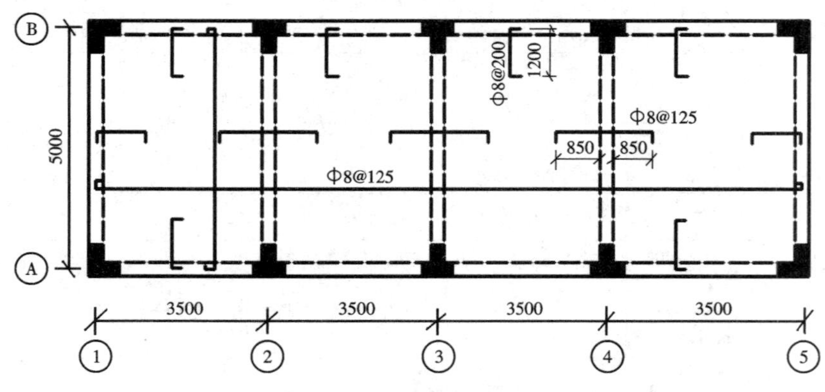

图 8-16 例 8-5 题图

【解】

其计算表格如下：

编号	直径	简图	单根长度计算式/m	根数	数量/m	质量/kg
1	1、5 支座Φ 8		1.2+2×(0.1−0.03)=1.34	48	64.32	25.41
2	2～4 支座Φ 8		2×0.85+0.3+2×(0.1−0.03)=2.14	114	243.96	96.36
3	A、B 支座Φ 8		1.34	132	176.88	69.87
4	横向下部Φ 8		5+0.3−2×0.015+2×6.25×0.008=5.37	66	354.42	140.00
5	纵向下部Φ 8		4×3.5+0.3−0.03+2×6.25×0.008=14.37	32	459.84	181.64

综合单价分析表

序号	项目编码/定额编号	子目名称	单位	数量	综合单价组成/元					综合单价	合价
					人工费	材料费	机械费	管理费	利润		
1	010515001001	现浇构件钢筋	t	0.51	885.60	4149.06	79.11	241.18	115.77	5470.72	2790.07
	5-1	现浇混凝土构件钢筋Φ 12 以内	t	0.51	885.60	4149.06	79.11	241.18	115.77	5470.72	2790.07

8.7　钢构件工程清单计价

1. 工程识图

认识简单的钢构件形式。

2. 工作内容

工作内容包括制作、运输、安装、探伤、刷油漆。

3. 工程量计算规则

清单工程量计算规则：按设计图示尺寸以质量计算。不扣除孔眼、切边、切肢的质量，焊条、铆钉、螺栓等不另增加质量，不规则或多边形钢板以其外接矩形面积乘以厚度乘以单位理论质量计算。

定额工程量计算规则：工程量计算规则与清单工程量规则相同。

4. 案例分析

【例 8-6】求图 8-17 所示上柱钢支撑的制作工程量。

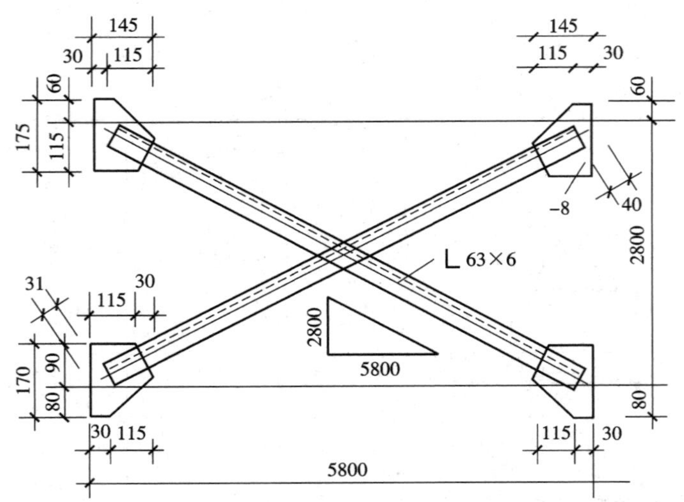

图 8-17 例 8-6 题图

【解】

(1) 求角钢质量。

中心线长度 $=\sqrt{2.8^2+5.8^2}=6.44$(m)

净长 $=6.44-0.031-0.04=6.37$(m)

角钢单位长度质量查有关材料手册为 5.72 kg/m。

角钢质量 $=6.37\times2\times5.72=72.87$(kg)

(2) 求节点质量。

上节点板面积 $=0.145\times0.175=0.0254$(m^2)

下节点板面积 $=0.145\times0.17=0.0247$(m^2)

合计:$(0.0254+0.0247)\times2=0.1002$($m^2$)

8 mm 钢板单位面积质量,查有关材料手册为 62.8 kg/m^2。

节点板质量 $=0.1002\times62.8=6.29$(kg)

(3) 一副上柱支撑制作工程量 $=72.87+6.29=79.16$(kg),即 0.079 2 t

综合单价分析表

序号	项目编码/定额编号	子目名称	单位	数量	综合单价组成/元					综合单价	合价
					人工费	材料费	机械费	管理费	利润		
1	010606001001	钢支撑	t	0.079	1148.82	4612.50	627.31	444.03	213.14	7045.80	556.62
	7-28	柱间钢支撑制作	t	0.079	1148.82	4612.50	627.31	444.03	213.14	7045.80	556.62

第 9 章　屋盖工程清单计价

【知识点及学习要求】

知识点	学习要求
知识点 1:平屋面及坡屋面的几种常见构造	了解
知识点 2:屋面防水的几种做法	熟悉
知识点 3:屋面卷材防水工程量计算及报价	掌握

9.1　木屋架工程

1. 工程识图

认识木结构屋架构造,了解基本的木结构构件及相应的工程量计算规则。

2. 工作内容

工作内容包括制作、运输、安装以及刷防护材料、油漆。

3. 工程量计算规则

清单工程量计算规则:按设计图示数量以“榀”计量。

定额工程量计算规则:檩木按立方米计算;屋面木基层按屋面斜面积计算;封檐板按图示檐口外围长度计算,博风板按水平投影长度乘以屋面坡度系数 C 后,单坡加 300 mm,双坡加 500 mm。

4. 计算规则应用

计算方法:分析各种木结构构件,按不同构件相应的计算规则计算。

5. 案例分析

【例 9-1】某单层房屋的黏土瓦屋面如图 9-1 所示,屋面坡度为 1∶2,连续方木檩条断面为 120 mm×180 mm@1000 mm(每个支承点下放置檩条托木,断面为 120 mm×120 mm×240 mm),上钉方木椽子,断面为 40 mm×60 mm@400 mm,挂瓦条断面为 30 mm×30 mm@330 mm,端头钉三角木,断面为 60 mm×75 mm 对开,封檐板和博风板断面为 200 mm×20 mm,计算该屋面木基层的工程量。

【解】(1) 檩条。

根数:$5.0\times\sqrt{1+2^2}/1+1=13$

檩条体积:$0.12\times0.18\times(20.24+2\times0.3)\times13\times1.05$(接头)$=6.144(m^3)$

檩条托木体积:$0.12\times0.12\times0.24\times13\times5=0.225(m^3)$

小计:$6.369\ m^3$

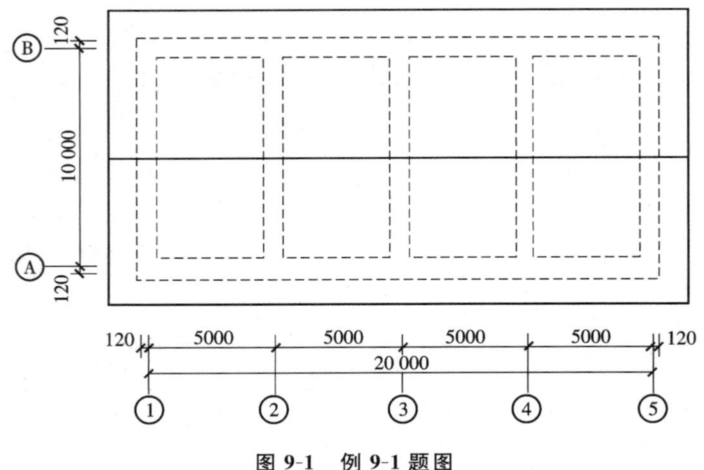

图 9-1　例 9-1 题图

(2) 椽子及挂瓦条。

$(20.24+2\times0.3)\times(10.0+0.24+2\times0.3)\times\sqrt{1+2^2}/2=252.57(m^2)$

(3) 三角木。

$(20.24+2\times0.3)\times2=41.68(m)$

(4) 封檐板和博风板。

封檐板:$(20.24+2\times0.3)\times2=41.68(m)$

博风板:$[(10.0+0.24+2\times0.32)\times\sqrt{1+2^2}/2+0.5]\times2=25.33(m)$

小计:67.01 m

9.2 屋面卷材防水

1. 工程识图

了解屋面卷材防水的施工做法,掌握相应的工程量计算规则。

2. 工作内容

工作内容包括基层处理、抹找平层、刷底油、铺油毡卷材、接缝、嵌缝及铺保护层。

3. 工程量计算规则

清单工程量计算规则:按设计图示尺寸以面积计算。斜屋顶(不包括平屋顶找坡)按斜面积计算,平屋顶按水平投影面积计算。不扣除房上烟囱、风帽底座、风道、屋面小气窗和斜沟所占面积。屋面的女儿墙、伸缩缝和天窗等处的弯起部分,并入屋面工程量内,如图纸无规定,伸缩缝、女儿墙的弯起高度按 250 mm 计算,天窗弯起高度按 500 mm 计算并入屋面工程量内;檐沟、天沟按展开面积并入屋面工程量内。

定额工程量计算规则:与清单工程量规则相同。

4. 计算规则应用

计算方法:先按规则求得屋面防水卷材所占平面面积,再考虑弯起高度部分。

5. 案例分析

【例 9-2】有一两坡水二毡三油卷材屋面，尺寸如图 9-2 所示。屋面防水层构造层次为：预制钢筋混凝土空心板、1∶2水泥砂浆找平层、冷底子油一道、二毡三油一砂防水层。试分别计算以下情况时的屋面工程量：①当有女儿墙，屋面坡度为 1∶4时；②当有女儿墙，坡度为 3%时；③当无女儿墙，有挑檐，坡度为 3%时。

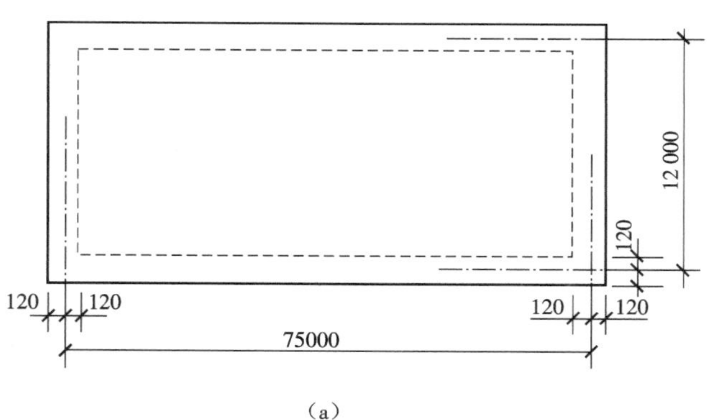

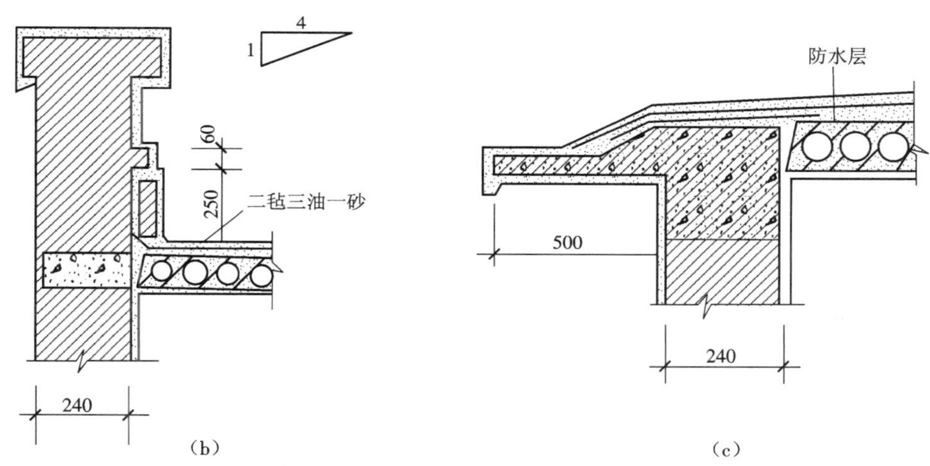

图 9-2　例 9-2 题图

(a)平面图；(b)女儿墙；(c)挑檐

【解】(1) 屋面坡度为 1∶4时，相应角度为 14°02′，延尺系数 C=1.0308，则：

$$S=(75-0.24)\times(12-0.24)\times1.0308+0.25\times(75-0.24+12-0.24)\times2$$
$$=906.26+43.26=949.52(\mathrm{m}^2)$$

(2) 有女儿墙，坡度为 3%，可以近似按平屋面计算，则：

$$S=(75-0.24)\times(12-0.24)+0.25\times(75-0.24+12-0.24)\times2$$
$$=879.18+43.26=922.44(\mathrm{m}^2)$$

(3) 无女儿墙，有挑檐，坡度为 3%，需要考虑挑檐部分，则：

$$S=(75+0.24)\times(12+0.24)+[(75+0.24+12+0.24)\times2+4\times0.5]\times0.5$$
$$=1009.42(\mathrm{m}^2)$$

综合单价分析表

序号	项目编码/定额编号	子目名称	单位	数量	综合单价组成/元					综合单价
					人工费	材料费	机械费	管理费	利润	
1	010902001001	屋面卷材防水	m^2	922.44	3.80	43.14	0.21	1.00	0.48	48.62
	9-75 换	1∶2水泥砂浆屋面有分格缝厚 20 mm	10 m^2	92.244	2.24	6.30	0.21	0.61	0.29	96.43
	9-30	二毡三油防水卷材	10 m^2	92.244	1.56	36.84		0.39	0.19	389.78

【例 9-3】计算如图 9-3 所示卷材屋面工程量。女儿墙与楼梯间出屋面墙交接处，卷材弯起高度取 250 mm。

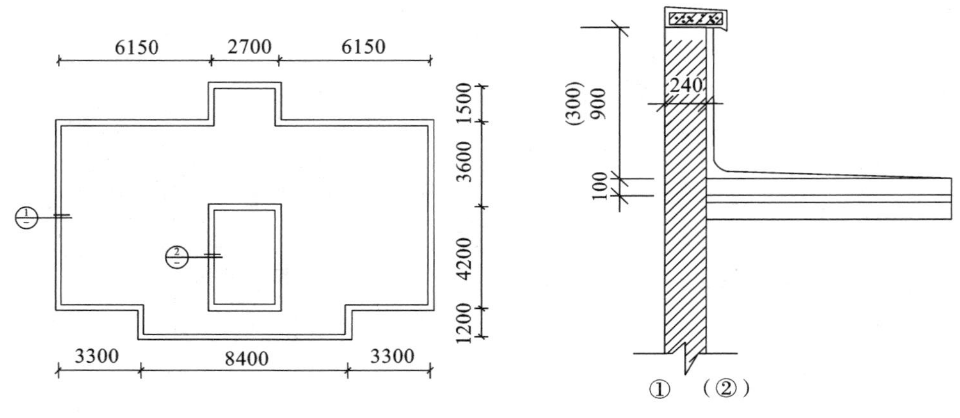

图 9-3 例 9-3 题图

【解】

清单工程量：按设计图示尺寸以水平投影面积计算，注意要增加弯起部分的面积，弯起部分在楼层平台上有两处，分别是女儿墙、楼梯间外墙处；在楼梯间顶面有一处，就是女儿墙处。

序号	项目编码	项目名称及工程量计算式	计量单位	工程量
1	010904001001	楼面卷材防水	m^2	141.17
		楼层平台加楼梯间顶面：(3.3×2+8.4−0.24)×(4.2+3.6−0.24)+(8.4−0.24)×1.2+(2.7−0.24)×1.5−(2.7+0.24)×(4.2+0.24)+(2.7−0.24)×(4.2−0.24)=121.76(m^2)		

续表

序号	项目编码	项目名称及工程量计算式	计量单位	工程量
		楼层平台女儿墙弯起部分：0.25×(15－0.24＋10.5－0.24)×2＝12.51(m^2)		
		楼梯间外墙弯起部分：0.25×(2.7＋0.24＋4.2＋0.24)×2＝3.69(m^2)		
		楼梯间顶面女儿墙弯起部分：0.25×(2.7－0.24＋4.2－0.24)×2＝3.21(m^2)		

第 10 章　装饰装修工程清单计价

【知识点及学习要求】

知识点	学习要求
知识点 1:楼地面工程清单计价	掌握
知识点 2:墙、柱面工程清单计价	掌握
知识点 3:天棚工程清单计价	掌握
知识点 4:门窗工程清单计价	掌握
知识点 5:油漆、涂料工程清单计价	熟悉

10.1　装饰装修工程概述

建筑装饰工程是指在工程技术与建筑艺术综合创作的基础上,对建筑物或构筑物的局部或全部进行装饰的一种再创作的艺术活动,是建筑业不可分割的重要组成部分。

《房屋建筑与装饰工程工程量计算规范》(GB 50854—2013)中装饰装修工程量清单项目主要包括楼地面装饰工程;墙、柱面装饰与隔断、幕墙工程;天棚工程;油漆、涂料、裱糊工程;其他装饰工程。基于此,本章从楼地面工程,墙、柱面工程,天棚工程,门窗工程,油漆、涂料工程等方面对装饰装修工程清单项目计价进行讲解。

10.2　楼地面工程

楼地面工程

楼地面是底层地面和楼层地面的总称。

广义地说,底层地面和楼层地面包括承受荷载的结构层和满足使用要求的饰面层,有的楼地面为了满足找坡、隔声、弹性、保温、防水或敷设管线等功能的需要,还需要在中间增加垫层。狭义地说,楼地面是指在普通的水泥地面、混凝土地面、砖地面以及灰土垫层等各种基层的表面上所加做的饰面层。

建筑物的地坪一般由承受荷载的结构层(垫层)、基层和面层三个主要部分组成。

1. 工程识图

楼地面工程清单计价的图纸依据主要为建筑施工图的建筑平面图及建筑设计施

工说明。

楼地面装修图识读时应注意：

(1) 建筑主体结构的开间和进深等尺寸、主要装修尺寸；

(2) 地面材料拼花造型标注尺寸、地面的标高；

(3) 地面的造型、各功能空间的地面的铺装形式，选用材料的名称、规格；

(4) 工艺做法和详图尺寸及装修要求等文字说明。

2. 项目分类

1) 常见楼地面的类型

(1) 按施工工艺的角度进行划分，可以分为现制整体式楼地面和块料式楼地面等。

(2) 按使用要求的不同可划分为普通楼地面、特种楼地面等。

(3) 按材料的不同还可划分为木楼地面、软质制品楼地面等。

2) 整体式楼地面

整体式楼地面主要包括水泥砂浆楼地面(见图 10-1)、细石混凝土楼地面、水磨石楼地面(见图 10-2)及涂布楼地面等。

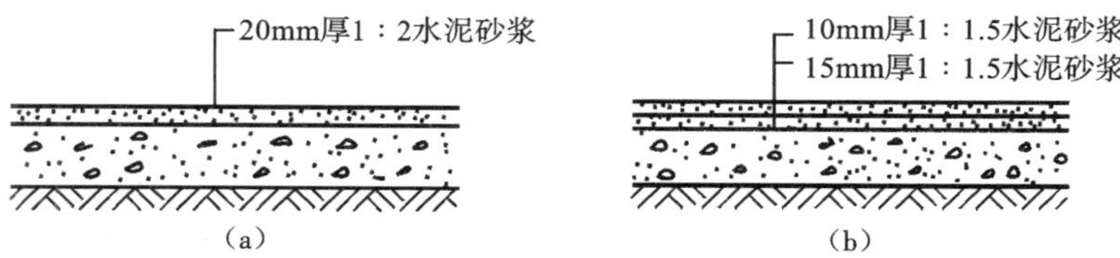

图 10-1　水泥砂浆楼地面

(a)单层；(b)双层

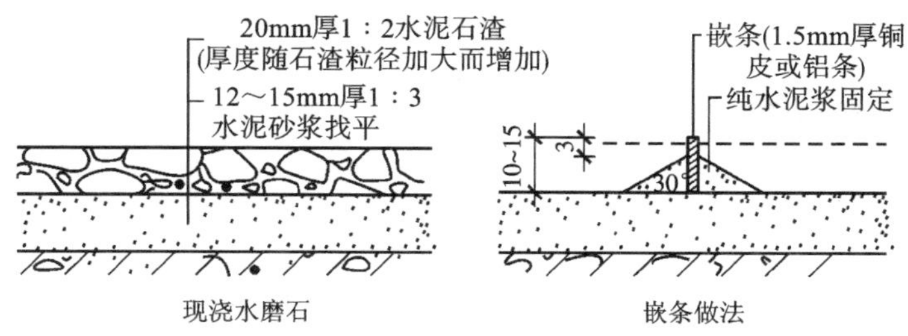

图 10-2　现浇水磨石楼地面

水磨石楼地面按其面层的效果，可分为普通水磨石和彩色水磨石。

普通水磨石是以普通水泥为胶结料，掺入不同色彩、不同粒径的大理石或花岗岩碎石，经过搅拌、成型、养护、研磨等工序而制成的一种具有一定装饰效果的人造石材。

彩色水磨石是以白水泥或彩色水泥为胶结料，掺入不同色彩的石子所制成的。

水磨石找平层一般用 10～20 mm 厚的 1∶3水泥砂浆找平。面层的厚度，根据石子粒径有不同的要求，一般为 10～15 mm。分格条常用的有铜条、铝条和玻璃条三种,其中铜分格条装饰效果和耐久性最好,一般用于彩色水磨石地面。颜料在彩色水磨石拌和物中的掺量,以水泥质量百分率计。

3）块料式楼地面

块料式楼地面是指以陶瓷地砖、陶瓷锦砖、缸砖、水泥砖以及预制水磨石、大理石板、花岗石板等板材铺砌的地面。这一类楼地面尽管面层材料使用性能和装饰效果各异,但其基层处理和中间找平层、黏结材料要求和构造做法较为相似,如图 10-3 所示。

找平层是面层与结构层的过渡层,其作用主要是保证结构层表面的平整度。黏结层用以保证找平层和面层之间的牢固黏结。其所用材料一般为 1∶4～1∶3的普通水泥砂浆或干硬性水泥砂浆。面层的构造主要解决板与板之间的接缝设计问题,板块之间的缝隙应进行勾缝处理。其材料为素水泥浆或质量比为 1∶1的水泥细砂浆。

(1）陶瓷锦砖(又称马赛克):为高温烧成的小型块材,陶瓷锦砖有不同大小、形状和颜色之分,并由此可以组合成各种图案,使饰面能达到一定的艺术效果。陶瓷锦砖出厂前已按照各种图案反贴在牛皮纸上,以便于施工,如图 10-4 所示。

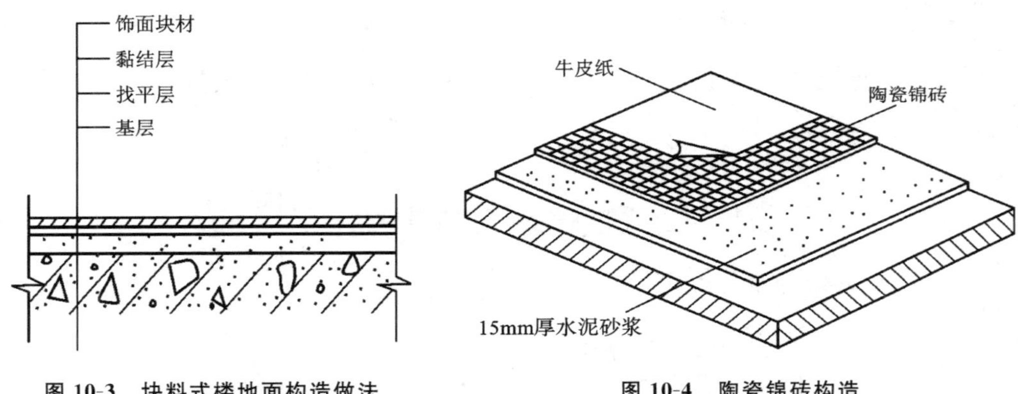

图 10-3　块料式楼地面构造做法　　　　图 10-4　陶瓷锦砖构造

(2）缸砖:是用陶土烧制而成的一种无釉砖块,具有质地坚硬、耐磨、耐水、耐酸碱、易清洁等特点,其构造如图 10-5 所示。

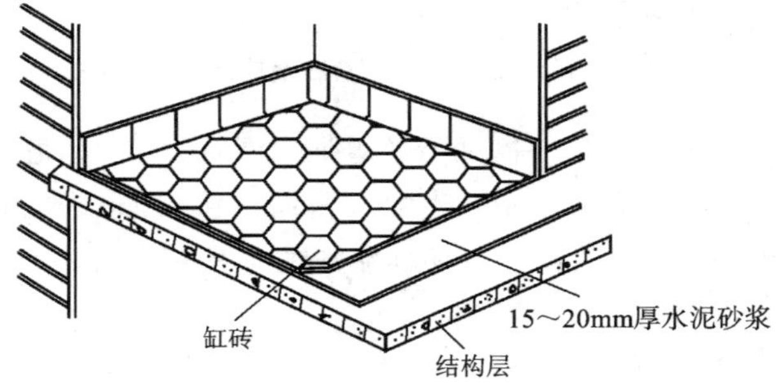

图 10-5　缸砖地面构造

（3）陶瓷地砖：是以优质陶土为原料，再加入其他材料配成生料，经半干压成型后于 1100 ℃左右焙烧而成的。根据其面层的装饰，又可分为釉面砖和无釉面砖。其主要类型有彩釉砖、釉面砖、仿石砖、仿花岗岩抛光地砖、瓷质砖、劈开砖及红地砖等，其楼地面构造如图 10-6 所示。

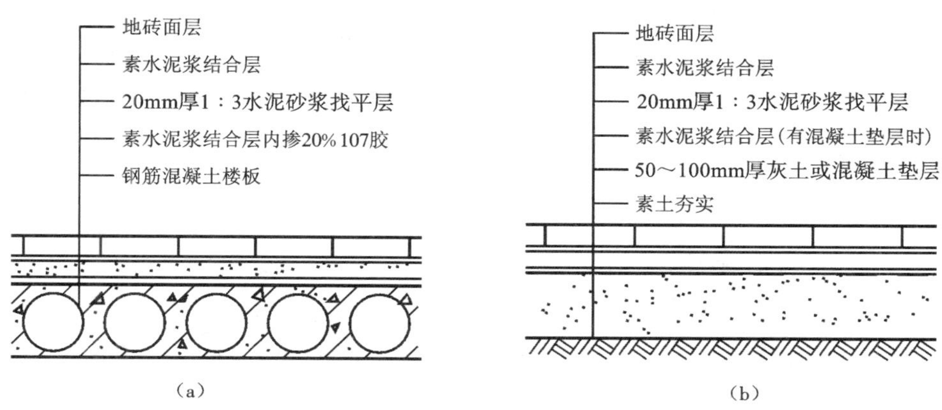

图 10-6　陶瓷地砖楼地面构造

（a）楼地面；（b）地面

（4）大理石、花岗岩地面：花岗岩楼面由基层、垫层和面层三部分组成，如图 10-7 所示。

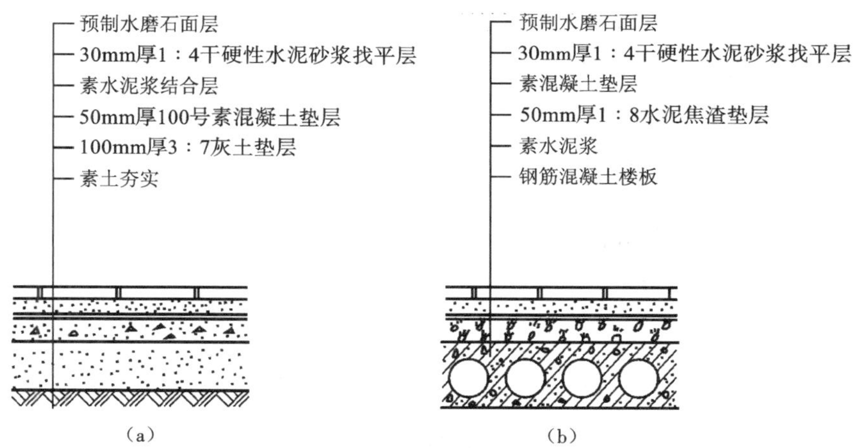

图 10-7　花岗岩楼地面构造

（a）地面；（b）楼地面

（5）活动地板：是由各种装饰板材经高分子合成、胶结剂胶合而成的活动木地板及抗静电特性的铸铅活动地板和复合抗静电活动地板等，配以龙骨、橡胶垫、橡胶条和可供调节的金属支架等组成，如图 10-8 所示。活动地板按面板材质可分为复合贴面活动地板和金属活动地板两类。支架有拆装式支架、固定式支架、卡锁格栅式支架和刚性龙骨支架四种。

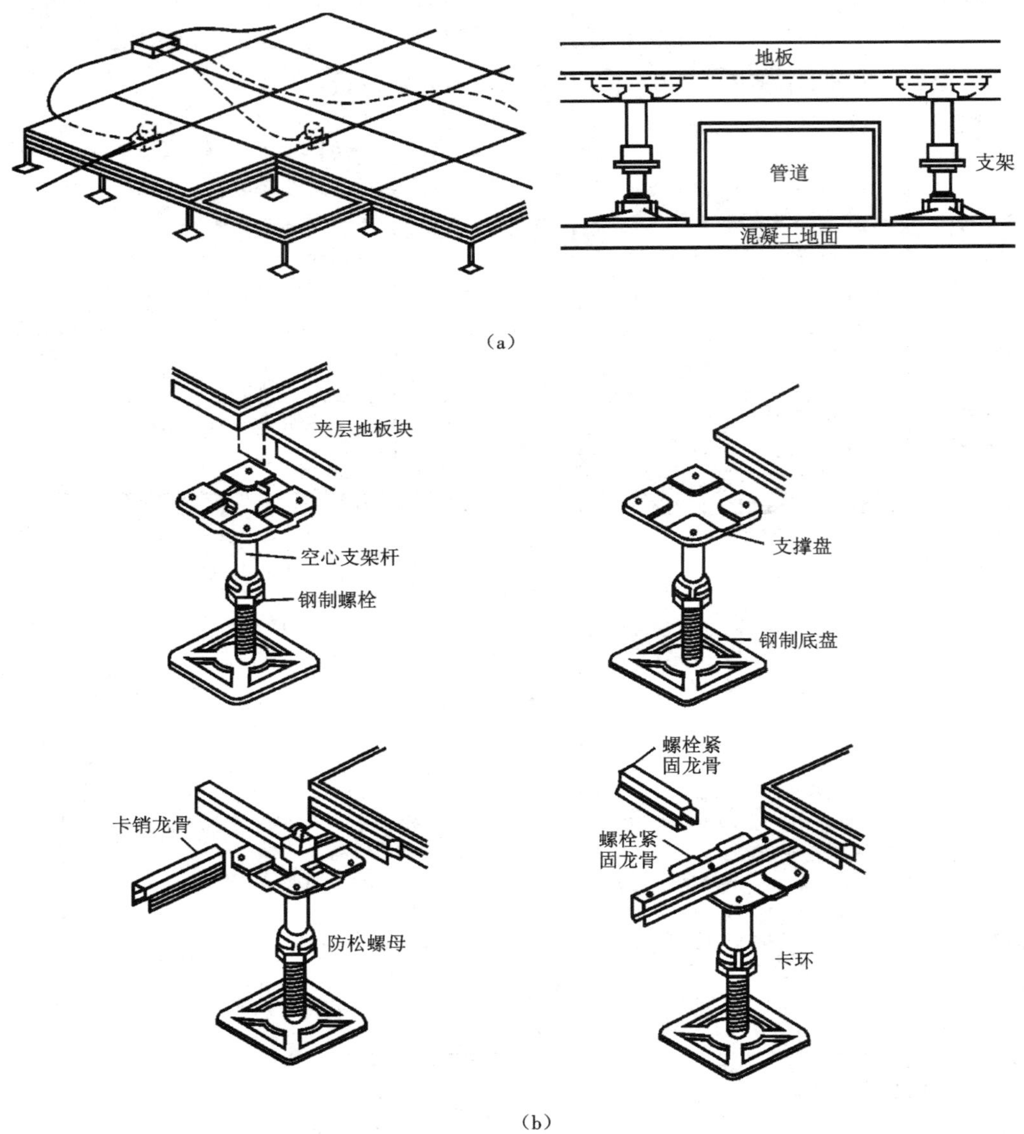

图 10-8　活动夹层地板

(a)活动夹层地板构造;(b)支架构造

(6) 木楼地面:是指楼地面表面由木板铺钉或硬质木块胶合而成的地面。

按其构造形式,可以分为架空式(空铺式)木地面、实铺式木地面和粘贴式木地面。

按形状可以分为条木地板、硬木拼花地板、碎拼木地板等。

按面层材料可以分为实木地板、实木复合地板、强化木地板等。

① 粘贴式木地面。

粘贴式木地面是将面板直接粘贴在基层毛地板上。粘贴法采用的胶黏剂有石油沥青、聚氨酯、聚醋酸乙烯乳胶等，如图 10-9 所示。

② 实铺式木地面。

单层做法是在固定的木格栅上，铺钉一层长条形硬木面板即可，如图 10-10 所示。

双层做法是在木格栅上，先铺钉一层软质木毛板，然后在其上再铺钉一层硬木面板，如图 10-11 所示。

木地板的拼缝形式一般有四种，即企口缝、平头接缝、裁口缝和错口缝。另外，在一些较为高档的做法中，还有板条接缝等做法，如图 10-12 所示。

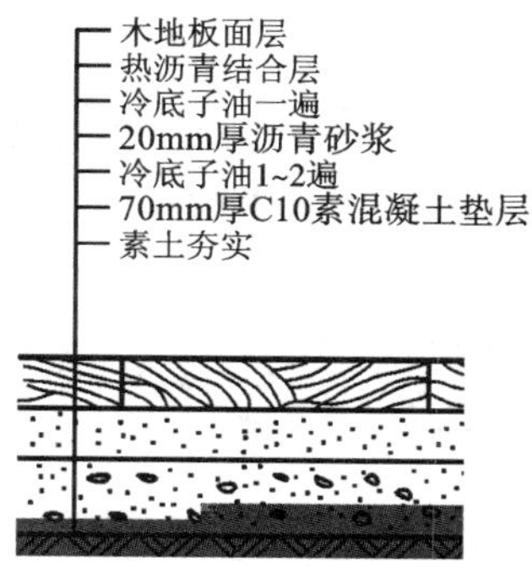

图 10-9　粘贴式木地面构造

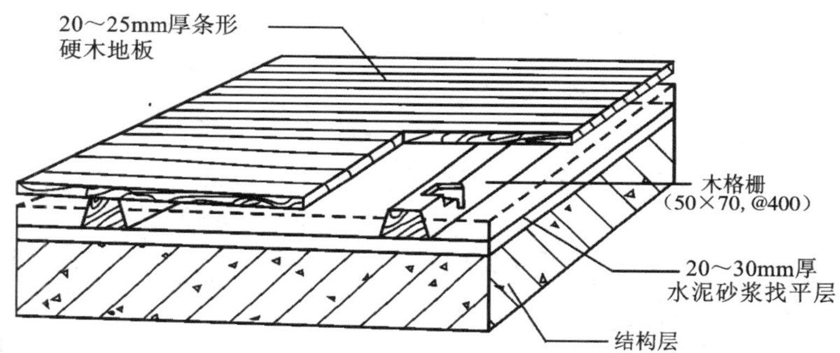

图 10-10　单层实铺式木楼地面装饰构造

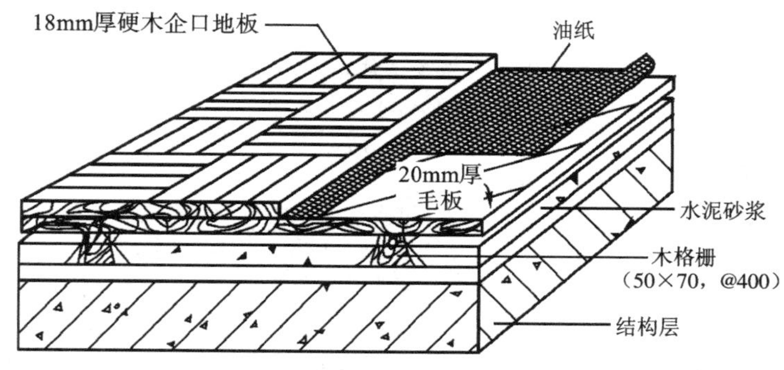

图 10-11　双层实铺式木楼地面装饰构造

③ 架空式木地面。

架空式木地面的基层包括地垄墙(或砖墩)、垫木、格栅、剪刀撑及毛地板等几个部分，如图 10-13 所示。地垄墙一般采用红砖砌筑，其厚度应根据架空的高度及使用条件来确定。

④ 复合木地板。

强化木地板(以中、高密度纤维板为基材的强化木地板或以刨花板为基材的强化木地板)与实木复合地板(三层实木复合地板、多层实木复合地板、细木工复合地板)统称为复合木地板。

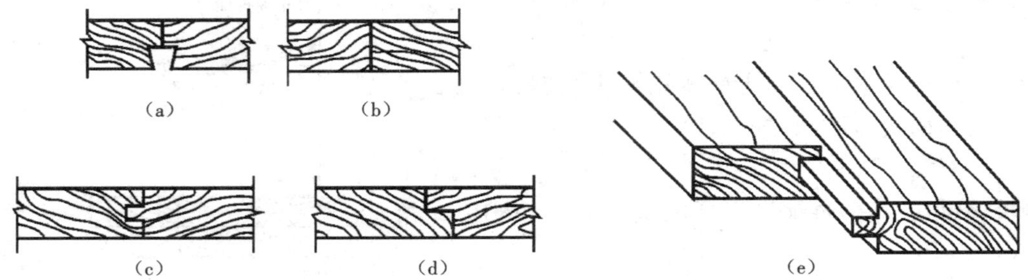

图 10-12 木地板的拼缝形式

(a)裁口缝;(b)平头接缝;(c)企口缝;(d)错口缝;(e)板条接缝

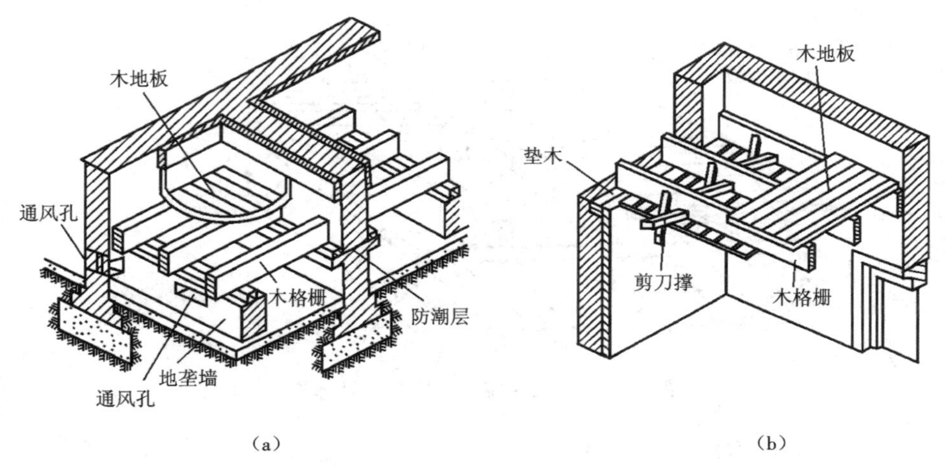

图 10-13 架空式木楼地面构造

(a)架空木地面装饰构造;(b)架空木楼面装饰构造

⑤ 人造软质制品地面。

地毯楼地面是一种高档的地面覆盖材料,可以用在木地板上,也可以用于水泥等其他地面上,所以地毯被广泛用于宾馆、住宅等各类建筑之中。

地毯的铺设,如果从固定地毯的方法上分类,可分为固定式铺设和活动式(不固定)铺设两种。固定式就铺设范围而言,又有满铺和局部铺设之分。满铺可以选择固定与活动式两种形式。局部铺设一般采用固定式,如图 10-14 所示。

⑥ 踢脚板。

踢脚板的构造方式有三种:与墙面相平、凸出和凹进,其高度一般为 120～150 mm,如图 10-15 所示。不同材质的踢脚板的构造形式又有所不同。

10.2.1 任务一:整体面层

1. 工程识图

查看建筑平面图及建筑设计说明,注意砂浆的配合比、分层厚度等构造要求。

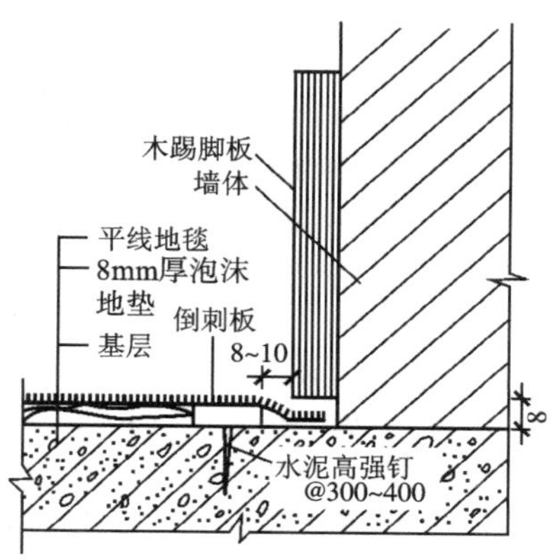

图 10-14　地毯固定示意图

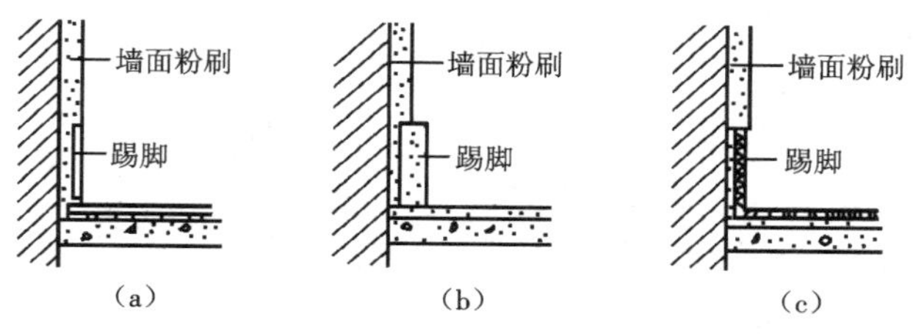

图 10-15　踢脚板的形式

(a)相平；(b)凸出；(c)凹进

2. 工作内容

工作内容包括基层清理、抹找平层、防水层铺设、面层铺设、嵌缝条安装、磨光、酸洗、打蜡。

3. 项目特征

(1) 找平层厚度、砂浆配合比。

(2) 防水层厚度、材料种类。

(3) 面层厚度、砂浆(水泥石子浆、混凝土)配合比。

(4) 嵌条材料种类、规格。

(5) 石子种类、规格、颜色。

(6) 颜料种类、颜色。

(7) 图案要求。

(8) 磨光、酸洗、打蜡要求。

4. 项目列项

楼地面工程整体面层的相关项目列项可参见表 10-1。

表 10-1 整体面层的相关项目列项

构件类型			清单项目	定额项目	
楼地面整体面层	水泥砂浆楼地面		011101001 水泥砂浆楼地面	13-15～13-21	地面找平层
				13-22、13-23	水泥砂浆楼地面厚 20 mm
	现浇水磨石楼地面		011101002 现浇水磨石楼地面	13-15～13-21	地面找平层
				13-30～13-33	水磨石楼地面
				13-105	水磨石嵌铜条
	细石混凝土楼地面		011101003 细石混凝土楼地面	13-15～13-21	地面找平层
					(《计价定额》中未收入该项目)
	自流平地面		011101005 自流平地面	13-15～13-21	地面找平层
				13-41～13-43	自流平地面面层

5. 工程量计算规则

1) 清单工程量计算规则

该规则为按设计图示尺寸以面积计算。

(1) 扣除凸出地面构筑物、设备基础、室内管道、地沟等所占面积。

(2) 不扣除间壁墙和 0.3 m^2 以内的柱、垛、附墙烟囱及孔洞所占面积。

(3) 门洞、空圈、暖气包槽、壁龛的开口部分不增加面积。

2) 定额工程量计算规则

整体面层、找平层:按主墙间净空面积以平方米计算。

(1) 应扣除凸出地面建筑物、设备基础、地沟等所占面积。

(2) 不扣除柱、垛、间壁墙、附墙烟囱及面积在 0.3 m^2 以内的孔洞所占体积。

(3) 门洞、空圈、暖气包槽、壁龛的开口部分亦不增加面积。

6. 计算规则应用

注意清单工程量与定额工程量计算规则在不扣除项目的描述上的不同。

7. 定额有关说明

(1) 混凝土、砂浆强度等级及抹灰厚度的设计与定额规定不同时,可以换算。

(2) 整体面层子目中均包括基层与装饰面层。找平层砂浆设计厚度不同,按每增、减 5 mm 找平层调整。黏结层砂浆厚度与定额不符时,按设计厚度调整。地面防潮层按定额的相应项目执行。

(3) 楼地面项目,均不包括踢脚线工料。

(4) 水磨石面层定额项目已包括酸洗打蜡工料,设计不做酸洗打蜡时,应扣除定额中的酸洗打蜡材料费及人工 0.51 工日/10 m^2,其余项目均不包括酸洗打蜡,应另列项目计算。

8. 案例分析

【例 10-1】某工程的平面图如图 10-16 所示,已知地面做法:碎石垫层干铺

100 mm厚，C15 混凝土垫层 60 mm 厚，不分格，水泥砂浆地面面层 20 mm 厚。计算水泥砂浆地面的综合单价。

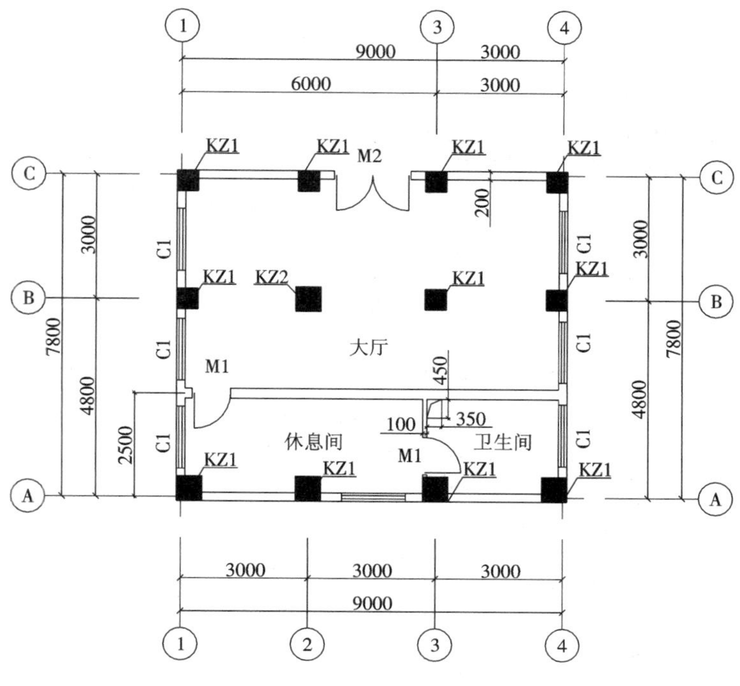

图 10-16　某工程平面图

【解】

(1) 清单工程量。

序号	项目编码	项目名称	工程量计算式	计量单位	工程量
1	011101001001	水泥砂浆楼地面		m^2	64.76
			大厅：(7.80－2.5－0.2)×(9.0－0.2)＝44.88(m^2)		
			扣柱：0.6×0.6×1＝0.36(m^2)(＞0.3 m^2)		
			休息间、卫生间：(2.5－0.2)×(9.0－0.2)＝20.24(m^2)		

(2) 定额工程量。

序号	定额编号	项目名称	工程量计算式	计量单位	工程量
1	13-9	碎石垫层	[(7.80－2.5－0.2)×(9.0－0.2)＋(2.5－0.2)×(9.0－0.2)]×0.1＝6.51(m^3)	m^3	6.51

续表

序号	定额编号	项目名称	工程量计算式	计量单位	工程量
2	13-11	混凝土垫层	[(7.80－2.5－0.2)×(9.0－0.2)＋(2.5－0.2)×(9.0－0.2)]×0.06＝3.91(m^3)	m^3	3.91
3	13-22	水泥砂浆楼地面	(7.80－2.5－0.2)×(9.0－0.2)＋(2.5－0.2)×(9.0－0.2)＝65.12(m^2)	10 m^2	6.51

(3) 综合单价。

综合单价分析表

工程名称:(略)

序号	项目编码/定额编号	项目名称	单位	数量	综合单价组成/元					综合单价
					人工费	材料费	机械费	管理费	利润	
1	010404001001	垫层	m^3	6.51	43.46	107.31	0.94	11.54	5.33	168.58
	13-9	垫层,碎石干铺	m^3	6.51	43.46	107.31	0.94	11.54	5.33	168.58
2	010501001001	垫层	m^3	3.91	58.22	321.55	1.08	15.42	7.12	403.39
	13-13	垫层(C15 非泵送预拌混凝土)不分格	m^3	3.91	58.22	321.55	1.08	15.42	7.12	403.39
3	011101001001	水泥砂浆楼地面	m^2	64.76	7.38	5.23	0.48	2.04	0.94	16.07
	13-22	水泥砂浆楼地面厚 20 mm	10 m^2	6.476	73.8	52.32	4.83	20.44	9.44	160.83

9. 案例拓展

【例 10-2】如图 10-16 所示,楼地面采用水磨石面层,做法:水泥砂浆 1∶3找平层 20 mm,白水泥彩色石子浆 1∶2(氧化铁红)面层,厚 20 mm,嵌铜条(2 mm×15 mm),设计净含量 2.05 m/m^2。不酸洗打蜡,计算该水磨石楼地面综合单价。

【解】《计价定额》中,白水泥彩色石子浆 1∶2(氧化铁红)面层厚 15 mm,设计做法为 20 mm,应按比例调整白水泥彩色石子浆 1∶2的用量:$\frac{20+2}{15+2}\times 0.173$ m^3/10 m^2＝0.224 m^3/10 m^2(考虑 2 mm 的磨光损耗)。

应扣除定额中人工 0.51 工日/10 m^2,酸洗打蜡材料费 4.34 元/10 m^2(草酸 0.48 元/10 m^2＋硬白蜡 0.9 元/10 m^2＋煤油 1.6 元/10 m^2＋油漆溶剂 0.17 元/10 m^2＋清油 0.53 元/10 m^2＋棉纱头 0.66 元/10 m^2)。

应扣除定额中玻璃嵌条费用 8.01 元/m^3。

铜条用量计算:2.05 m/m^2×65.12 m^2＝133.496 m

综合单价分析表

工程名称：(略)

序号	项目编码/定额编号	项目名称	单位	数量	综合单价组成/元					综合单价
					人工费	材料费	机械费	管理费	利润	
1	011101002001	现浇水磨石楼地面	m^2	64.76	44.31	31.14	2.95	12.29	5.67	96.36
	13-32 说 5	水磨石楼地面，成品厚(15＋2)mm(磨耗)，彩色石子浆嵌条(不做酸洗打蜡)	10 m^2	6.512	439.52	299.41	29.37	121.91	56.27	946.48
	13-105	水磨石，嵌铜条	10m	1.335	5.1	50.06	0	1.33	0.61	57.1

注：13-32 说 5 的水磨石楼地面彩色石子浆的换算过程为 974.69＋873.32×(0.224－0.173)－5.98－9.06－0.51×82×1.38＝946.48(元/10 m^2)。

10.2.2　任务二：块料面层

1. 工程识图

查看建筑平面图及建筑设计说明，注意块料的种类、规格及黏结砂浆的品种、厚度。

2. 工作内容

(1) 基层清理、铺设垫层、抹找平层。

(2) 防水层铺设、填充层铺设。

(3) 面层铺设。

(4) 嵌缝。

(5) 刷防护材料。

(6) 酸洗、打蜡。

3. 项目特征

(1) 垫层材料种类、厚度。

(2) 找平层厚度、砂浆配合比。

(3) 防水层材料种类。

(4) 填充层材料种类、厚度。

(5) 结合层厚度、砂浆配合比。

(6) 面层材料的品种、规格、品牌、颜色。

(7) 嵌缝材料种类。

(8) 防护层材料种类。

4. 项目列项

楼地面工程块料面层的相关项目列项见表 10-2。

表 10-2 块料面层的相关项目列项

构件类型			清单项目	定额项目	
楼地面块料面层	石材楼地面	找平层	011102001 石材楼地面	13-15～13-21	地面找平层
		面层		13-(44)47	石材块料面板地面(干硬)水泥砂浆粘贴
				13-53	石材块料面板楼地面干粉黏结剂
				13-54～13-56	石材块料面板多色简单图案镶贴干粉黏结剂(水泥砂浆)粘贴
				13-57(58)	碎拼楼地面(干硬)水泥砂浆粘贴
				13-59、13-60	拼花石材块料面板成品安装(水泥砂浆)
		嵌铜条		13-103、13-104	石材嵌铜条
		地面保护		18-75	花岗岩、大理石、木地板面地面保护
		酸洗打蜡		13-110	楼地面块料面层酸洗打蜡
楼地面块料面层	块料楼地面	找平层	011102003 块料楼地面	13-15～13-21	地面找平层
		面层		13-64～13-92	缸砖、马赛克、地砖镶贴楼地面
		嵌铜条		13-103、13-104	石材嵌铜条
		地面保护		18-75	花岗岩、大理石、木地板面地面保护
		酸洗打蜡		13-110	楼地面块料面层酸洗打蜡

5. 工程量计算规则

清单工程量计算规则:按设计图示尺寸以面积计算。门洞、空圈、暖气包槽、壁龛的开口部分并入相应的工程量内。

定额工程量计算规则:按图示尺寸实铺面积以平方米计算。

(1) 扣除凸出地面的构筑物、设备基础、柱、间壁墙等不做面层的部分。

(2) 不扣除 0.3 m^2 以内的孔洞面积。

(3) 门洞、空圈、暖气包槽、壁龛的开口部分的工程量另增并入相应的面层内计算。

(4) 多色简单、复杂图案的镶贴花岗岩、大理石,按镶贴图案的矩形面积计算。对于计算简单、复杂图案之外的面积,扣除简单、复杂图案的面积时,也按矩形面积扣除。

(5) 成品拼花石材铺贴时应按设计图案的面积计算。

6. 定额有关说明

(1) 地砖规格不同时应按设计用量加 2%损耗进行调整。

(2) 大理石、花岗岩面层镶贴不分品种、颜色均执行相应定额，包括镶贴一道墙四周的镶边线(阴、阳角处含 45°角)，设计有两条或两条以上镶边者，按相应定额子目人工乘 1.10 系数(工程量按镶边的工程计算)，对于矩形分色镶贴的小方块，仍按定额执行。

(3) 花岗岩、大理石板局部切除并分色镶贴成折线形图案者称"简单图案镶贴"。切除并分色镶贴成弧线形图案者称"复杂图案镶贴"，该两种图案镶贴应分别套用定额。凡市场供应的拼花石材成品铺贴，应按拼花石材定额执行。

(4) 大理石、花岗岩板镶贴及切割费用已包括在定额内，但石材磨边费用未包括在内。设计磨边时，按《计价定额》第 18 章相应子目执行。

(5) 对花岗岩地面或特殊地面要求需成品保护时，不论采用何种材料进行保护，均按《计价定额》第 18 章相应项目执行，但必须是实际发生时才能计算。

(6) 设计弧形贴面时，其弧形部分的石材损耗可按实际调整，并按弧形图示长度每 10 m另外增加：切割人工 0.6 工日，合金钢切割锯片 0.14 片，石料切割机 0.60 台班。

7. 案例分析

【例 10-3】如图 10-16 所示，大厅楼面采用 800 mm×800 mm 同质地砖(预算单价 7.52 元/块)面层，用干硬性水泥砂浆粘贴。休息间、卫生间楼面采用 400 mm×400 mm同质地砖面层，用水泥砂浆粘贴。计算该大厅楼面的综合单价。

【解】

(1) 清单工程量。

序号	项目编码	项目名称	工程量计算式	计量单位	工程量
1	011102003001	块料楼地面		m^2	44.52
			大厅：(7.80－2.5－0.2)×(9.0－0.2)＝44.88(m^2)		
			扣柱：0.6×0.6×1＝0.36(m^2)(＞0.3 m^2)		
2	011102003002	块料楼地面		m^2	20.24
			休息间、卫生间：(2.5－0.2)×(9.0－0.2)＝20.24(m^2)		

注：因大厅和休息间、卫生间的地面做法不同应分别列项，并在项目特征中加以描述。

(2) 定额工程量。

序号	项目编码/定额编号	项目名称	工程量计算式	计量单位	工程量
1	011102003001	块料楼地面			

续表

序号	项目编码/定额编号	项目名称	工程量计算式	计量单位	工程量
	13-82	800 mm×800 mm 地砖楼地面干硬性水泥砂浆结合层		10 m^2	4.40
			(7.80－2.5－0.2)×(9.0－0.2)＝44.88(m^2)		
			加门洞口:(0.9＋1.8)×0.2＝0.54(m^2) 扣柱:0.6×0.6＋0.5×0.5＋0.3×0.5×4＋0.3×0.3×2＝1.39(m^2)		
2	011102003002	块料楼地面		10 m^2	1.96
	13-83	400 mm×400 mm 地砖楼地面水泥砂浆粘贴			
			(2.5－0.2)×(9.0－0.2－0.1)＝20.01(m^2)		
			加门洞口侧壁:0.9×0.1＝0.09(m^2) 扣柱:0.3×0.5×2＋0.3×0.3×2＝0.48(m^2)		

综合单价分析表

工程名称:(略)

序号	项目编码/定额编号	项目名称	单位	数量	综合单价组成/元					综合单价
					人工费	材料费	机械费	管理费	利润	
1	011102003001	块料楼地面	m^2	44.03	27.54	52.76	0.87	7.39	3.41	91.97
	13-82	楼地面单块 0.4 m^2 以外地砖 干硬性水泥砂浆粘贴	10 m^2	4.403	275.4	527.59	8.68	73.86	34.09	919.62
2	011102003002	块料楼地面	m^2	19.6	28.14	50.89	0.35	7.41	3.42	90.21
	13-83	楼地面单块 0.4 m^2 以内地砖 水泥砂浆粘贴	10 m^2	1.96	281.35	508.86	3.49	74.06	34.18	901.94

8. 案例拓展

【例 10-4】如图 10-17 所示,大厅楼面采用 600 mm×600 mm 浅黄色大理石水泥砂浆粘贴,门洞口不考虑,面层酸洗打蜡,并进行成品保护。计算图示大厅楼面的综合单价(未标注的尺寸详见图 10-16)。

【解】分析:多色复杂图案(弧线形)镶贴时,其人工乘系数 1.20,其弧形部分的石材损耗可按实际调整。

如图 10-18 所示:$\alpha=360°/5=72°$,$\beta=18°$

$$a=r\times\tan 18°\ \text{且}\ a=(0.6-r)\times\tan 36°$$

$$r=\frac{0.6\times\tan 36°}{\tan 18°+\tan 36°}=0.415$$

$$a=0.415\times\tan 18°=0.135$$

$$R=a/\sin 18°=0.436$$

图案 1 面积:$0.6\times r\times\cos 18°=0.6\times 0.415\times\cos 18°\times 5=1.184(\text{m}^2)$

图案 2 面积:$8a^2\times(\cos 18°+\sin 36°)\times\cos 36°$

$=8\times 0.135^2\times(\cos 18°+\sin 36°)\times\cos° 36=0.182(\text{m}^2)$

图案 3 面积:$6r\times a=6\times 0.415\times 0.135=0.336(\text{m}^2)$

白色大理石含量:$1.184\times 1.02/0.144\times 10^{-1}=8.387(\text{m}^2/10\ \text{m}^2)$

黄色大理石含量:$0.182\times 1.02/0.144\times 10^{-1}=1.289(\text{m}^2/10\ \text{m}^2)$

红色大理石含量:$0.336\times 1.02/0.144\times 10^{-1}=2.381(\text{m}^2/10\ \text{m}^2)$

浅黄色大理石含量:$0.6\times 0.6\times 0.5\times 4\times 1.02/0.144\times 10^{-1}$

$=5.1(\text{m}^2/10\ \text{m}^2)$

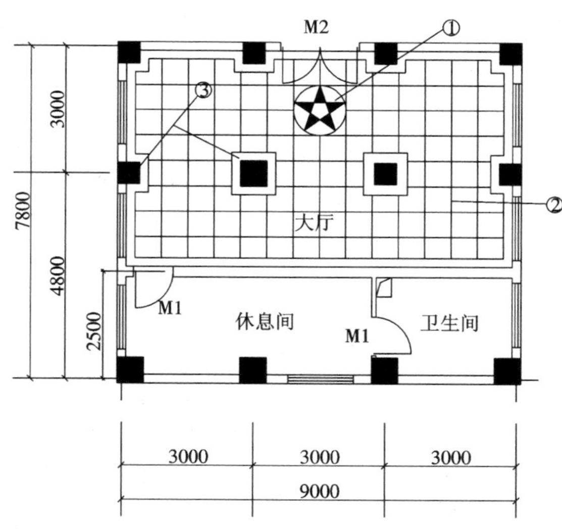

图 10-17 某工程平面图

①图案;②600 mm×600 mm 浅黄色大理石;③200 mm 宽黑色大理石边线

(1) 清单工程量。

序号	项目编码	项目名称	工程量计算式	计量单位	工程量
1	011102001001	石材楼地面		m^2	44.52
			$(7.80-2.5-0.2)\times(9.0-0.2)=44.88(\text{m}^2)$		
			扣柱:$0.6\times 0.6\times 1=0.36(\text{m}^2)(>0.3\ \text{m}^2)$		

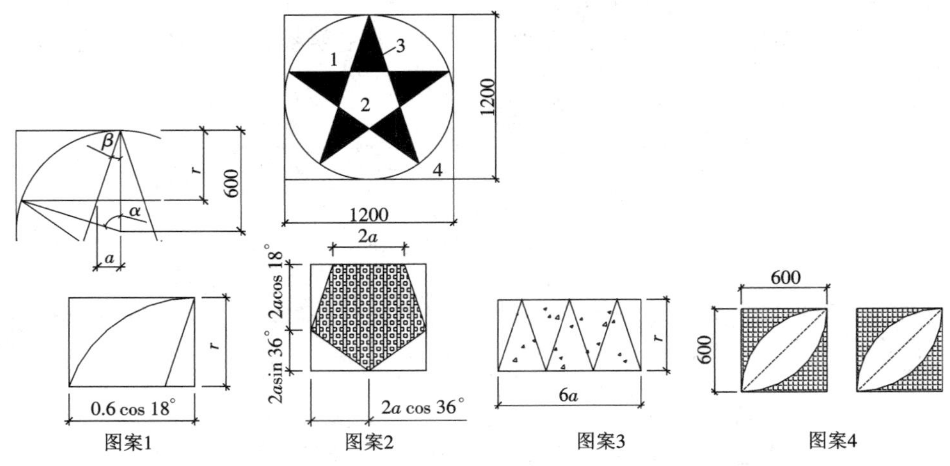

图 10-18　图案排版图

1—白色大理石，除税单价 150 元/m²；2—黄色大理石，除税单价 300 元/m²；3—红色大理石，除税单价 250 元/m²；4—600 mm×600 mm 浅黄色大理石，除税单价 200 元/m²；黑色大理石边线，除税单价 100 元/m²

(2) 定额工程量。

序号	定额编号	项目名称	工程量计算式	计量单位	工程量
1	13-47	大理石楼地面水泥砂浆粘贴		10 m²	3.62
			(7.80−2.5−0.2)×(9.0−0.2)=44.88(m²)		
			加门洞口侧壁：(0.9+1.8)×0.2=0.54(m²) 扣柱：0.6×0.6+0.5×0.5+0.3×0.5×4+0.3×0.3×2=1.39(m²)		
			扣图案：1.2×1.2=1.44(m²)		
			扣黑色镶边：6.44 m²		
2	13-47	大理石楼地面水泥砂浆粘贴(黑色镶边)		10 m²	0.644
			[(7.80−2.5−0.2)+(9.0−0.2)]×2×0.2−0.2×0.2×4=5.4(m²)		
			柱侧边：[0.3×2×4+(0.6−0.2)×4]×0.2+(0.5−0.3)×4×0.3=1.04(m²)		
3	13-55	大理石多色复杂图案(弧线形)水泥砂浆镶贴		10 m²	0.144
			1.2×1.2=1.44(m²)		
4	13-110	楼地面块料面层酸洗打蜡		10 m²	4.40
			42.6+1.44=44.03(m²)		
5	18-75	花岗岩、大理石、木地板楼面地面保护		10 m²	4.40
			42.6+1.44=44.03(m²)		

（3）综合单价。

综合单价分析表

工程名称：（略）

序号	项目编码/定额编号	项目名称	单位	数量	综合单价组成/元					综合单价
					人工费	材料费	机械费	管理费	利润	
1	011102001001	石材楼地面	m^2	44.03	37.13	200.05	0.87	9.88	4.56	252.49
	13-47	浅黄大理石，水泥砂浆贴楼地面	10 m^2	3.62	323	2123.3	8.28	86.13	39.75	2580.4
	13-47	黑色大理石，水泥砂浆贴楼地面	10 m^2	0.644	323	1103.3	8.28	86.13	39.75	1560.4
	13-55 注 1	白色大理石，水泥砂浆拼贴多色简单图案（多色复杂图案（弧线型））	10 m^2	0.144	539.58	2345.3	21.91	145.99	67.38	3120.1
	13-110	块料面层酸洗打蜡楼地面	10 m^2	4.403	36.55	5.97	0	9.5	4.39	56.41
	18-75	保护工程部位，石材、木地板面，地面	10 m^2	4.403	4.25	10.73	0	1.11	0.51	16.6

注：① 13-47 仅为大理石单价换算。

② 13-55 注 1＝3114.33＋449.65×0.2×1.38＋（150×8.387＋300×1.289＋250×2.381－214.39×11）＝3120.14（元/10 m^2）。

10.2.3　任务三：竹木、复合地板及地毯

1. 工程识图

查看建筑平面图及建筑设计说明，注意地板的类型、规格、安装方式和木楞的断面、间距等施工要求。

2. 工作内容

(1) 找平层厚度、砂浆配合比。

(2) 填充层材料种类、厚度,找平层厚度、砂浆配合比。

(3) 龙骨材料种类、规格、铺设间距。

(4) 基层材料种类、规格。

(5) 面层材料品种、规格、品牌、颜色。

(6) 黏结材料种类。

(7) 防护材料种类。

(8) 油漆品种、刷漆遍数。

(9) 压线条种类。

3. 项目特征

(1) 基层清理、抹找平层。

(2) 铺设填充层。

(3) 龙骨铺设。

(4) 基层铺设。

(5) 面层铺贴。

(6) 刷防护材料。

(7) 装订压条。

4. 项目列项

楼地面工程整体面层的相关项目列项可参见表10-3。

5. 工程量计算规则

清单工程量计算规则:按设计图示尺寸以面积计算。

门洞、空圈、暖气包槽、壁龛的开口部分并入相应的定额工程量内。

定额工程量计算规则:楼地面铺设木地板、地毯以实铺面积计算。楼梯地毯压棍安装以套计算。

6. 定额有关说明

(1) 楞木按江苏省建筑配件标准图集(苏J9501—19/3)取定,其中:楞木0.082 m^3,横撑0.033 m^3,木垫块0.02 m^3(预埋铅丝已由土建单位事先埋入)。设计与定额不符时,按比例调整用量,不设木垫块应扣除。

(2) 楞木与混凝土楼板用膨胀螺栓连接,按设计用量另增膨胀螺栓、电锤0.4台班。

(3) 木龙骨水泥砂浆厚度为50 mm,设计与定额不符时,砂浆用量按比例调整。

标准客房铺设地毯当设计为不拼接时,定额中地毯应按房间主墙间的净面积调整用量,其他不变。

(4) 地毯分色、镶边分别套用定额子目,人工乘以1.10系数。

(5) 设计不用铝收口条时,应扣除铝收口条及钢钉,其他不变。

表 10-3　其他面层的相关项目列项

<table>
<tr><th colspan="3">构件类型</th><th>清单项目</th><th colspan="2">定额项目</th></tr>
<tr><td rowspan="14">其他材料面层</td><td rowspan="3">楼地面地毯</td><td>找平层</td><td rowspan="3">011104001 楼地面地毯</td><td>13-15～13-21</td><td>地面找平层</td></tr>
<tr><td>面层</td><td>13-135～13-142</td><td>地毯楼地面</td></tr>
<tr><td>地面保护</td><td>18-75</td><td>花岗岩、大理石、木地板面地面保护</td></tr>
<tr><td rowspan="5">竹木地板</td><td>找平层</td><td rowspan="5">011104002 竹木地板</td><td>13-15～13-21</td><td>地面找平层</td></tr>
<tr><td>基层铺设</td><td>13-112～13-114</td><td>木地板铺设楞木及毛地板</td></tr>
<tr><td>面层</td><td>13-115～13-117、13-121～13-126</td><td>木地板</td></tr>
<tr><td>防护材料</td><td>17-112～17-124</td><td>木地板油漆、打蜡</td></tr>
<tr><td>地面保护</td><td>18-75</td><td>花岗岩、大理石、木地板面地面保护</td></tr>
<tr><td rowspan="3">防静电活动地板</td><td>找平层</td><td rowspan="3">011104003 防静电活动地板</td><td>13-15～13-21</td><td>地面找平层</td></tr>
<tr><td>基层和面层</td><td>13-132～13-134</td><td>抗静电木、铝、钢质活动地板</td></tr>
<tr><td>地面保护</td><td>18-75</td><td>花岗岩、大理石、木地板面地面保护</td></tr>
<tr><td rowspan="3">金属复合地板</td><td>找平层</td><td rowspan="3">011104004 金属复合地板</td><td>13-15～13-21</td><td>地面找平层</td></tr>
<tr><td>基层和面层</td><td>13-119、13-120</td><td>复合木地板悬浮安装</td></tr>
<tr><td>地面保护</td><td>18-75</td><td>花岗岩、大理石、木地板面地面保护</td></tr>
</table>

7. 案例分析

【例 10-5】如图 10-16 所示，大厅为在现浇混凝土楼板上做木地板楼面，60 mm×60 mm 木龙骨中距 400 mm，50 mm×50 mm 木龙骨横撑中距 800 mm，$M_{8\times80}$膨胀螺栓（除税单价 1.7 元/套）固定间距 400 mm×800 mm，柳桉芯细木工板（除税单价 25.78 元/m^2）基层，背面刷防腐油，免刨免漆实木地板面层，其他做法与《计价定额》相同。计算该木地板楼面的综合单价。

【解】木龙骨断面与材积成正比，间距与材积成反比。

序号	设计做法	定额 13-114(苏 J9501—19/3)做法	调整项目
1	柳桉芯细木工板,背刷防腐油	毛地板,背刷防腐油	材料单价换算
2	60 mm×60 mm 木龙骨中距 400 mm	60 mm×50 mm 木龙骨中距 400 mm	调整材积
3	50 mm×50 mm 木龙骨横撑中距 800 mm	50 mm×50 mm 木龙骨横撑中距 800 mm	调整材积
4	$M_{8\times80}$ 膨胀螺栓固定间距 400 mm×800 mm	木垫块间距 400 mm×800 mm	调整材积、增加材料

换算公式为:$\dfrac{定额毛断面\times定额间距}{设计毛断面\times设计间距}=\dfrac{设计材积}{定额材积}$

即:调整材积$=\left(\dfrac{定额毛断面\times定额间距}{设计毛断面\times设计间距}-1\right)\times$定额材积

木龙骨(楞木)调整材积$=\left(\dfrac{0.06\times0.06\times0.4}{0.06\times0.05\times0.4}-1\right)\times0.082=0.0305(m^3)$

木龙骨(横撑)调整材积$=\left(\dfrac{0.05\times0.05\times0.8}{0.05\times0.05\times0.7}-1\right)\times0.033=0.0126(m^3)$

垫木调整材积$=-0.02\ m^3$

合计:木龙骨(普通成材)调整材积$=0.023\ m^3$

增加 $M_{8\times80}$ 膨胀螺栓数量$=\dfrac{1}{0.35\times0.7}\times1.02\times10=42$(套)

(1) 清单工程量。

序号	项目编码	项目名称	工程量计算式	计量单位	工程量
1	011104002001	竹木地板		m^2	44.52
			$(7.80-2.5-0.2)\times(9.0-0.2)=44.88(m^2)$		
			扣柱:$0.6\times0.6\times1=0.36(m^2)(>0.3\ m^2)$		

(2) 定额工程量。

定额工程量$=44.52\ m^3$。

(3) 综合单价。

综合单价分析表

工程名称:(略)

序号	项目编码/定额编号	项目名称	单位	数量	综合单价组成/元					综合单价
					人工费	材料费	机械费	管理费	利润	
1	011104002001	竹、木(复合)地板	m^2	44.03	52.28	299.61	3.46	14.5	6.69	376.54

续表

序号	项目编码/定额编号	项目名称	单位	数量	综合单价组成/元					综合单价
					人工费	材料费	机械费	管理费	利润	
	13-114 注 2	铺设木楞及毛地板，水泥砂浆 1∶3 坞龙骨（木楞与混凝土楼板用膨胀螺栓连接）	10 m^2	4.403	154.7	656.5	32.42	48.65	22.45	914.72
	13-117	硬木地板，免刨免漆地板	10 m^2	4.403	368.05	2339.6	2.15	96.25	44.42	2850.5

注：13-114 注 2＝1167.2＋10.5×(25.78－60.03)＋0.023×1372.08＋1.7×42＋0.4×7.6×1.38＝914.72(元/10 m^2)。

8. 案例拓展

【例 10-6】如图 10-19 所示，某客房设计铺设固定单层地毯(不含卫生间)，不拼接(不含走边)，不用铝收口条，计算该地毯综合单价。

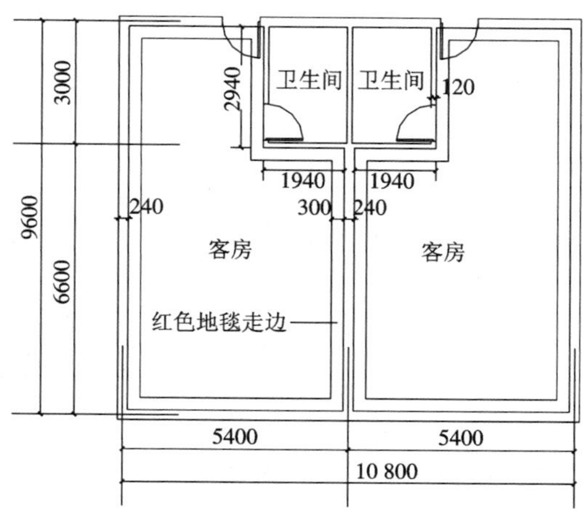

图 10-19　例 10-6 图

【解】

因设计要求不拼接，地毯应按实计算损耗(裁剪损耗为 10%)。

地毯用量：[(9.60－0.24－0.6)×(5.4－0.24－0.6)/68.48×1.1×10]/10＝12.83(m^2/ 10 m^2)

(1) 清单工程量。

序号	项目编码/定额编号	项目名称	工程量计算式	计量单位	工程量
1	011104001001	楼地面地毯		m^2	85.19
	13-135 换	地毯楼面	[(9.60−0.24−0.6)×(5.4−0.24−0.6)−1.94×2.94]×2=68.48(m^2)	10 m^2	6.85
	13-135 注	地毯(镶边)	[(9.60−0.24)×(5.4−0.24)−1.94×2.94]×2−68.48=16.71(m^2)	10 m^2	1.67

(2) 定额工程量。

同清单工程量。

(3) 综合单价。

综合单价分析表

工程名称:(略)

序号	项目编码/定额编号	项目名称	单位	数量	综合单价组成/元					综合单价
					人工费	材料费	机械费	管理费	利润	
1	011104001001	地毯楼地面	m^2	68.5	16.18	49.41	0.18	4.25	1.96	71.98
	13-135 注 2	楼地面固定单层地毯(地毯分色、镶边)	10 m^2	6.85	161.76	494.13	1.79	42.52	19.63	719.83
2	011104001002	地毯楼地面	m^2	16.7	16.18	43.14	0.18	4.25	1.96	65.71
	13-135 注 2	楼地面固定单层地毯(地毯分色、镶边)	10 m^2	1.67	161.76	431.36	1.79	42.52	19.63	657.06

注:13-135 注 2=644.77+147.05×0.1×1.38+(12.83−11)×34.3−4.29−3.72=719.83(元/10 m^2);

13-135 注 2=644.77+147.05×0.1×1.38−4.29−3.72=657.06(元/10 m^2)。

10.2.4　任务四:踢脚线

1. 工程识图

查看建筑平面图及建筑设计说明,注意门洞口尺寸、踢脚线高度、材料品种。

2. 工作内容

(1) 基层清理。

(2) 底层抹灰(基层铺贴)。

(3) 面层铺贴。

(4) 勾缝。

(5) 磨光、酸洗、打蜡。

(6) 刷防护材料(刷油漆)。

3. 项目特征

(1) 踢脚线高度。

(2) 底层厚度、砂浆配合比。

(3) 粘贴层厚度、材料种类。

(4) 面层厚度、砂浆配合比、水泥石子浆配合比、材料品种、规格、品牌、颜色。

(5) 勾缝材料种类。

(6) 防护材料种类、磨光、酸洗、打蜡要求。

(7) 油漆品种、刷漆遍数。

4. 项目列项

楼地面工程踢脚线的相关项目列项可参见表 10-4。

表 10-4　踢脚线的相关项目列项

<table>
<tr><th colspan="3">构件类型</th><th>清单项目</th><th colspan="2">定额项目</th></tr>
<tr><td rowspan="8">踢脚线</td><td rowspan="2">整体面层类</td><td rowspan="2">水泥砂浆</td><td rowspan="2">011105001 水泥砂浆踢脚线</td><td>13-26</td><td>水泥砂浆加浆抹光随捣随抹厚 5 mm</td></tr>
<tr><td>13-27</td><td>水泥砂浆踢脚线</td></tr>
<tr><td rowspan="6">块料面层类</td><td>石材</td><td>011105002 石材踢脚线</td><td>13-50、13-51</td><td>石材块料面板踢脚线水泥砂浆(干粉型黏结剂)粘贴</td></tr>
<tr><td rowspan="5">块料</td><td rowspan="5">011105003 块料踢脚线</td><td>13-70</td><td>缸砖零星装饰水泥砂浆勾缝</td></tr>
<tr><td>13-71、13-72</td><td>缸砖踢脚线水泥砂浆(干粉型黏结剂)粘贴</td></tr>
<tr><td>13-76、13-77</td><td>马赛克踢脚线水泥砂浆(干粉型黏结剂)粘贴</td></tr>
<tr><td>13-94～13-96</td><td>地砖踢脚线水泥砂浆(干粉型黏结剂)粘贴</td></tr>
</table>

续表

构件类型			清单项目	定额项目	
踢脚线	其他面层类		011105005 塑料板踢脚线	13-99、13-100	塑料板踢脚线
			011105006 木质踢脚线	13-127、13-130、13-131	硬木踢脚线
			011105007 金属踢脚线	13-128、13-129	不锈钢踢脚线
			011105008 防静电踢脚线	无	无

5. 工程量计算规则

清单工程量计算规则:按设计图示长度乘以高度以面积计算。

定额工程量计算规则:

(1) 水泥砂浆、水磨石踢脚线按延长米计算。其洞口、门口长度不予扣除,但洞口、门口、垛、附墙烟囱等侧壁也不增加;

(2) 块料面层踢脚线,按图示尺寸以实贴延长米计算,门洞扣除,侧壁另加。

6. 定额有关说明

(1) 踢脚线高度按 150 mm 计算,如高度不同时,材料按比例换算,其他不变。

(2) 阶梯教室、看台台阶按楼地面定额执行,人工乘以系数 1.60,其他不变。

(3) 设计弧形贴面时,其弧形部分的石材损耗可按实调整,并按弧形图示长度每 10 m 另外增加:切割人工 0.6 工日,合金钢切割锯片 0.14 片,石料切割机 0.60 台班。

(4) 设计地砖规格与定额不同时,按比例调整用量。

(5) 踢脚线按 150 mm×20 mm 毛料计算,设计断面不同,材积按比例换算。设计踢脚线安装在墙面木龙骨上时,应扣除木砖成材 0.091 m^3。

7. 案例分析

【例 10-7】如图 10-16 所示,楼面踢脚线(不含卫生间)采用水泥砂浆踢脚线,高 120 mm,其他做法与《计价定额》相同。计算水泥砂浆踢脚线的综合单价。

【解】

(1) 清单工程量。

序号	项目编码	项目名称	工程量计算式	计量单位	工程量
1	011105001001	水泥砂浆踢脚线		m^2	5.59
			大厅:[(7.80－2.5－0.2)+(9.0－0.2)]×2=27.8(m)		
			休息间:[(2.5－0.2)+(6.0－0.25－0.1)]×2=15.9(m)		

续表

序号	项目编码	项目名称	工程量计算式	计量单位	工程量
			柱侧边：0.3×2×5＋0.6×4＋0.5×4＝7.40(m)		
			扣门洞：1.8＋0.9×3＝4.50(m)		
			合计：(27.8 ＋15.9＋7.4－4.5)×0.12＝5.592(m^2)		

（2）定额工程量。

序号	定额编号	项目名称	工程量计算式	计量单位	工程量
1	13-27	水泥砂浆踢脚线	大厅：[(7.80－2.5－0.2)＋(9.0－0.2)]×2＝27.8(m)	10 m	4.37
			休息间：[(2.5－0.2)＋(6.0－0.25－0.1)]×2＝15.9(m)		
3			合计：27.8 ＋15.9＝43.7(m)		

（3）综合单价。

综合单价分析表

工程名称：(略)

序号	项目编码/定额编号	项目名称	单位	数量	综合单价组成/元					综合单价
					人工费	材料费	机械费	管理费	利润	
1	011105001001	水泥砂浆踢脚线	m^2	5.59	29.49	5.73	0.76	7.86	3.63	47.47
	13-27 换	水泥砂浆踢脚线	10 m	4.37	37.72	7.33	0.97	10.06	4.64	60.72

注：13-27＝62.48＋(3.76＋5.06)×(0.2/0.15－1)＝60.72(元/10 m)。

8. 案例拓展

1）块料踢脚线

【例 10-8】上例中，若楼面踢脚线采用 300 mm×300 mm 同质地砖踢脚线，高 150 mm，其他做法与《计价定额》相同。计算地砖踢脚线的工程量。

【解】(1) 清单工程量。

序号	项目编码	项目名称	工程量计算式	计量单位	工程量
1	011105003001	块料踢脚线		m^2	6.99
			同水泥砂浆踢脚线长度=(27.8+15.9+7.4−4.5)×0.15=6.99(m^2)		

(2) 定额工程量。

序号	定额编号	项目名称	工程量计算式	计量单位	工程量
1	13-95	300×300地砖踢脚线水泥砂浆粘贴	大厅:[(7.80−2.5−0.2)+(9.0−0.2)]×2=27.8(m)	10 m	4.7
			休息间:[(2.5−0.2)+(6.0−0.25−0.1)]×2=15.9(m)		
			柱侧边:0.3×2×5+0.6×4+0.5×4=7.4(m)		
			扣门洞:1.8+0.9×3=4.5(m) 加侧边:0.1×2×2=0.4(m)		
			合计:27.8+15.9+7.4−4.5+0.4=47(m)		

2) 石材踢脚线

【例 10-9】某工程楼面采用水泥砂浆粘贴大理石(预算单价 300 元/m^2)踢脚线,高 150 mm,设计长度 100 mm,磨一阶半圆边,面层酸洗打蜡,求其综合单价。

【解】

综合单价分析表

工程名称:(略)

序号	项目编码/定额编号	项目名称	单位	数量	综合单价组成/元					综合单价
					人工费	材料费	机械费	管理费	利润	
1	011105002001	石材踢脚线	m^2	15	144.19	250.09	9.74	40.01	18.47	462.5

续表

序号	项目编码/定额编号	项目名称	单位	数量	综合单价组成/元					综合单价
					人工费	材料费	机械费	管理费	利润	
	13-50	石材块料面板,水泥砂浆贴踢脚线	10 m	10	57.8	340.82	1.12	15.32	7.07	422.13
	13-110	块料面层,酸洗打蜡楼地面	10 m^2	1.5	36.55	5.97	0	9.5	4.39	56.41
	18-32	石材磨边加工,一阶半圆	10 m	10	153	33.42	13.48	43.28	19.98	263.16

10.2.5 任务五:楼梯、台阶及栏杆、扶手

1. 工程识图

查看建筑平面图及建筑设计说明,楼梯应注意结构图中楼梯梁的位置、尺寸。注意大样图中栏杆、扶手的类型和安装方式。

2. 工作内容

(1) 楼梯、台阶:清理基层、铺设垫层、抹找平层、抹铺贴面层、抹贴嵌防滑条、酸洗打蜡。

(2) 栏杆、扶手:制作、运输、安装、刷防护材料和油漆。

3. 项目特征

楼梯、台阶与相应楼地面项目特征描述基本相同,栏杆、扶手主要描述栏杆、扶手、栏板材料种类、规格、品牌和颜色,固定配件种类,防护材料种类,油漆品种、刷漆遍数。

4. 项目列项

楼地面工程楼梯、台阶及栏杆、扶手的相关项目列项可参见表 10-5。

5. 工程量计算规则

(1) 清单工程量计算规则:按设计图示尺寸以楼梯(包括踏步、休息平台及 500 mm 以内的楼梯井)水平投影面积计算。

① 楼梯与楼地面相连时,算至梯口梁内侧边沿;无梯口梁者,算至最上一层踏步边沿加 300 mm。

表 10-5　楼梯、台阶及栏杆、扶手的相关项目列项

<table>
<tr><th colspan="3">构件类型</th><th>清单项目</th><th colspan="2">定额项目</th></tr>
<tr><td rowspan="17">楼梯、台阶及栏杆、扶手</td><td rowspan="6">楼梯</td><td>找平层</td><td rowspan="4">011106001～011106005 石材、块料、水泥砂浆、现浇水磨石</td><td>13-15～13-21</td><td>地面找平层</td></tr>
<tr><td>面层</td><td>13-45、13-48、13-68、13-79、13-90～13-92</td><td>石材块料面板楼梯水泥砂浆(干粉型黏结剂)粘贴、缸砖、假麻石、地砖、水泥砂浆、现浇水磨石楼梯</td></tr>
<tr><td>嵌铜条</td><td>13-106～13-109</td><td>水磨石、踏步面上嵌铜条、防滑条</td></tr>
<tr><td>酸洗打蜡</td><td>13-111</td><td>楼梯块料面层酸洗打蜡</td></tr>
<tr><td rowspan="2">地毯面层</td><td rowspan="2">011106006 地毯楼梯面层楼梯面</td><td>13-139～13-141</td><td>地毯楼梯</td></tr>
<tr><td>13-142</td><td>楼梯地毯压棍安装</td></tr>
<tr><td rowspan="4">台阶</td><td>找平层</td><td rowspan="4">011107001(002～006)石材(块料、水泥砂浆、现浇水磨石、剁假石)台阶面</td><td>13-15～13-21</td><td>地面找平层</td></tr>
<tr><td>面层</td><td>13-46、13-49、13-61～13-63、13-69、13-75、13-80、13-93</td><td>石材(块料、水泥砂浆、现浇水磨石、剁假石)台阶面</td></tr>
<tr><td>嵌铜条</td><td>13-106～13-109</td><td>水磨石、踏步面上嵌铜条、防滑条</td></tr>
<tr><td>酸洗打蜡</td><td>13-111</td><td>楼梯台阶块料面层酸洗打蜡</td></tr>
<tr><td rowspan="6">栏杆、栏板、扶手</td><td rowspan="3">扶手带栏杆、栏板</td><td rowspan="3">011503001～003 金属、硬木、塑料扶手带栏杆、栏板</td><td>13-143～13-157</td><td>扶手带栏杆、栏板</td></tr>
<tr><td>17-132～17-159</td><td>其他金属面油漆</td></tr>
<tr><td>17-3～17-91</td><td>木扶手不带托板油漆</td></tr>
<tr><td rowspan="3">靠墙扶手</td><td rowspan="3">011503004～006 金属、硬木、塑料靠墙扶手</td><td>13-158～13-162</td><td>靠墙扶手</td></tr>
<tr><td>17-132～17-159</td><td>其他金属面油漆</td></tr>
<tr><td>17-3～17-91</td><td>木扶手不带托板油漆</td></tr>
<tr><td>零星项目</td><td></td><td>011108001～004 零星项目</td><td>略</td><td>略</td></tr>
</table>

② 按设计图示尺寸以扶手中心线长度(包括弯头长度)计算。

③ 按设计图示尺寸以台阶(包括最上层踏步边沿加 300 mm)水平投影面积计算。

④ 零星项目(包含楼梯、台阶侧面装饰，0.5 m^2 以内少量分散的楼地面装修)按设计图示尺寸以面积计算。

(2) 定额工程量计算规则。

① 楼梯整体面层按楼梯的水平投影面积以平方米计算，包括踏步、踢脚板、中间休息平台、踢脚线、梯板侧面及堵头。楼梯井宽在 500 mm 以内者不扣除，超过 500 mm 者，应扣除其面积，楼梯间与走廊连接的，应算至楼梯梁的外侧。

② 楼梯块料面层按展开实铺面积以平方米计算，踏步板、踢脚板、休息平台、踢脚线、堵头工程量应合并计算。

③ 台阶(包括踏步及最上一步踏步口外延 300 mm)整体面层按水平投影面积以平方米计算；块料面层按展开(包括两侧)实铺面积以平方米计算。

④ 栏杆、扶手、扶手下托板均按扶手的延长米计算，楼梯踏步部分的栏杆与扶手

应按水平投影长度乘系数 1.18。

⑤ 斜坡、散水、明沟均按水平投影面积以平方米计算，明沟与散水连在一起，明沟按宽 300 mm 计算，其余为散水，散水、明沟应分开计算。散水、明沟应扣除踏步、斜坡、花台等的长度。

⑥ 明沟按图示尺寸以延长米计算。

⑦ 地面、石材面嵌金属和楼梯防滑条均按延长米计算。

6. 定额有关说明

(1) 木栏杆每 10 m 用量按 0.12 m^3 计算，木扶手每 10 m 包括弯头按 0.09 m^3 计算，设计用量与定额不符，木材含量可调整，若木栏杆不采用硬木成材，木材单价应换算。

(2) 设计成品木扶手安装，每 10 m 扣除制作人工 2.85 工日(制作)，定额中硬木成材扣除，按括号内的价格换算。

(3) 铁花片含量与设计不符应调整。

7. 案例分析

【例 10-10】某工程二层楼梯如图 10-20 所示，踢脚线高 150 mm，计算：① 水磨石面层的工程量；② 水泥砂浆粘贴大理石面层的工程量。

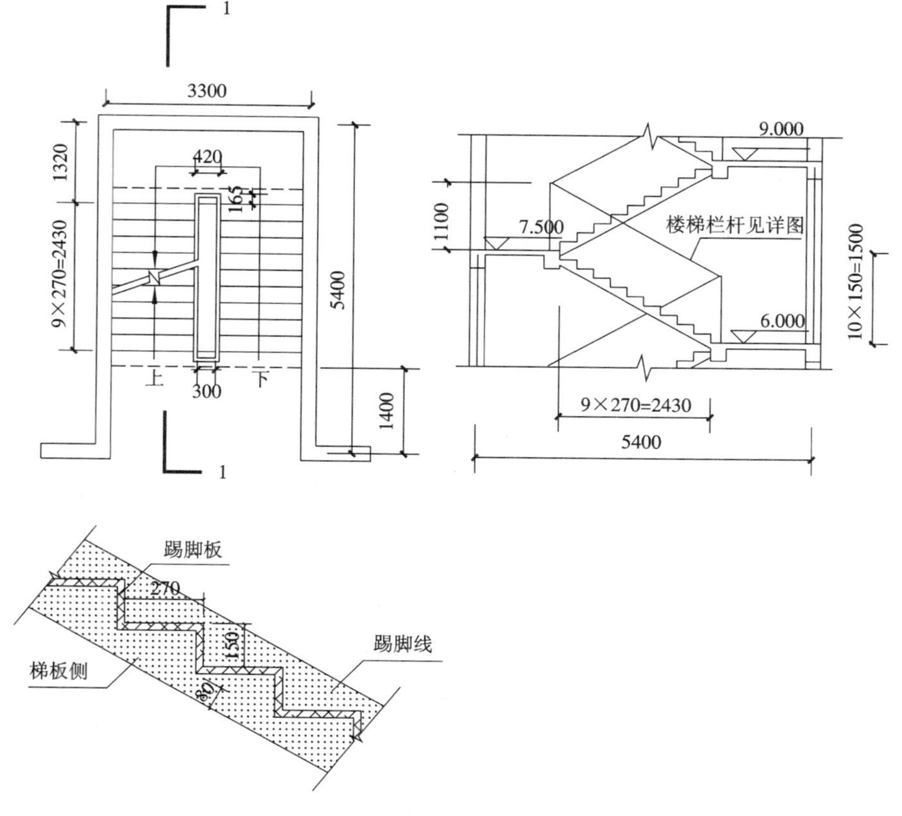

图 10-20　楼梯平、剖面图

【解】(1) 现浇水磨石面层。

① 清单工程量。

序号	项目编码	项目名称	工程量计算式	计量单位	工程量
1	011106005001	现浇水磨石楼梯面		m^2	11.87
			(1.32+2.43+0.25−0.12)×(3.3−0.24)=11.87(m^2)		

② 定额工程量。

序号	定额编号	项目名称	工程量计算式	计量单位	工程量
1	13-35	水磨石楼梯	(1.32+2.43+0.25−0.12)×(3.3−0.24)=11.87(m^2)	10 m^2	1.11
			扣楼梯井:0.3×2.43=0.729(m^2)		

(2) 大理石面层。

① 清单工程量。

序号	项目编码	项目名称	工程量计算式	计量单位	工程量
1	011106001001	石材楼梯面层		m^2	11.87
			(1.32+2.43+0.25−0.12)×(3.3−0.24)=11.87(m^2)		

② 定额工程量。

序号	定额编号	项目名称	工程量计算式	计量单位	工程量
1	13-48	大理石楼梯水泥砂浆粘贴	(1.32+2.43+0.25−0.12)×(3.3−0.24)=11.873(m^2)	10 m^2	1.81
			扣楼梯井:0.3×2.43=0.729(m^2)		
			踢脚板:(3.3−0.24)×0.15×10=4.59(m^2)		
			踢脚线、梯板侧:[(3.3−0.24)+(1.32−0.12)×2]×0.15+2.43×1.144×(0.15×1.5/1.144+0.08)×2=2.357(m^2)		

注:斜长系数为$\frac{\sqrt{2.43^2+1.35^2}}{2.43}$=1.144。若不考虑梯板侧,踢脚线面积为[(3.3−0.24)+(1.32−0.12)×2]×0.15+2.43×0.15×1.5×2−0.15×0.27×0.5×9=1.73(m^2)。

8. 案例拓展

1）台阶

【例 10-11】某工程台阶如图 10-21 所示，踏步高 150 mm，计算：① 水磨石面层的工程量；② 水泥砂浆粘贴大理石面层的工程量。

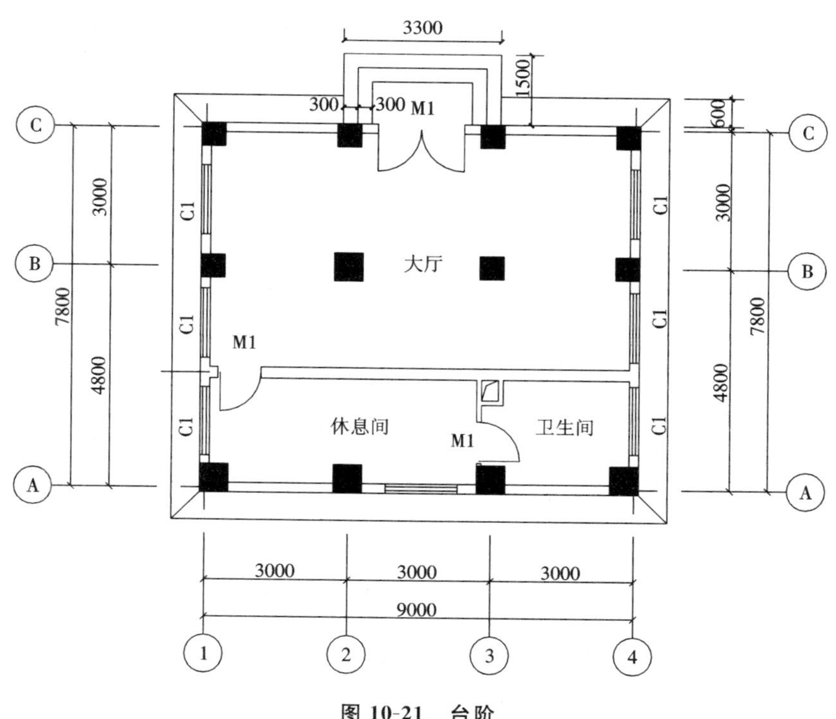

图 10-21　台阶

【解】(1) 现浇水磨石面层。

① 清单工程量。

序号	项目编码	项目名称	工程量计算式	计量单位	工程量
1	011108004001	现浇水磨石台阶面		m^2	4.05
			3.3×1.5－(3.3－0.3×3×2)×(1.5－0.3×3)＝4.05(m^2)		

② 定额工程量。

序号	定额编号	项目名称	工程量计算式	计量单位	工程量
1	13-37	水磨石台阶	3.3×1.5－(3.3－0.3×3×2)×(1.5－0.3×3)＝4.05(m^2)	10 m^2	0.41

(2) 大理石面层。

① 清单工程量。

序号	项目编码	项目名称	工程量计算式	计量单位	工程量
1	011107001001	石材台阶面		m^2	4.05
			3.3×1.5－(3.3－0.3×3×2)×(1.5－0.3×3)＝4.05(m^2)		

② 定额工程量。

序号	定额编号	项目名称	工程量计算式	计量单位	工程量
1	13-49	大理石台阶	3.3×1.5－(3.3－0.3×3×2)×(1.5－0.3×3)＝4.05(m^2)	10 m^2	0.63
			踢脚板:[(3.3－0.3×2)＋(1.5－0.3)×2]×0.15×3＝2.295(m^2)		

2) 明沟散水

【例 10-12】计算图 10-21 中散水工程量。

【解】清单工程量＝定额工程量＝[(9.0＋7.8)×2 ＋4×(0.2＋0.6)－3.3]×0.6＝20.10(m^2)

10.3 墙、柱面工程

墙、柱面工程

1) 抹灰类墙面

墙体表面的饰面装修按部位可分为外墙面装修、内墙面装修;按施工工艺可分为一般抹灰和装饰抹灰两大类。

(1) 一般抹灰:常用石灰砂浆、水泥混合砂浆、水泥砂浆、聚合物水泥砂浆、麻刀石灰、纸筋灰或石膏灰等材料。

一般抹灰按质量要求和操作工序不同,又可分为普通抹灰、中级抹灰和高级抹灰。

① 普通抹灰:做法是一底层、一面层两遍成活。主要工序是分层赶平、修整和表面压光。

② 中级抹灰:做法是一底层、一中层、一面层三遍成活。要求阴阳角找方、设置标筋、分层赶平、修整和表面压光。

③ 高级抹灰:做法是一底层、数遍中层、一面层多遍成活。要求阴阳角找方、设

置标筋、分层赶平、修整和表面压光。

(2) 装饰抹灰：其底层多为1∶3水泥砂浆打底，面层可为水刷石、水磨石、斩假石、干黏石、拉毛灰、喷涂、滚涂和弹涂等。

抹灰一般分三层，即底灰(层)、中灰(层)、面灰(层)，如图 10-22 所示。

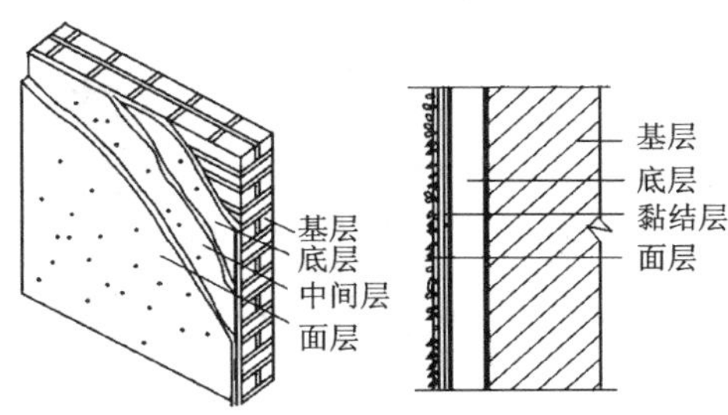

图 10-22　抹灰层的组成

2) 贴面类墙面

贴面类墙面用饰面砖、天然或人造饰面板进行室内、外墙面饰面，以及用装饰外墙板进行外墙饰面。常用的贴面材料有面砖、瓷砖、锦砖等陶瓷和玻璃制品、水磨石板、水刷石板和剁斧石板等水泥制品以及花岗岩板和大理石板等天然石板。

(1) 面砖、瓷砖、锦砖墙面：一般工序为底层找平→弹线→镶贴饰面砖→勾缝→清洁面层。其构造如图 10-23、图 10-24 所示。

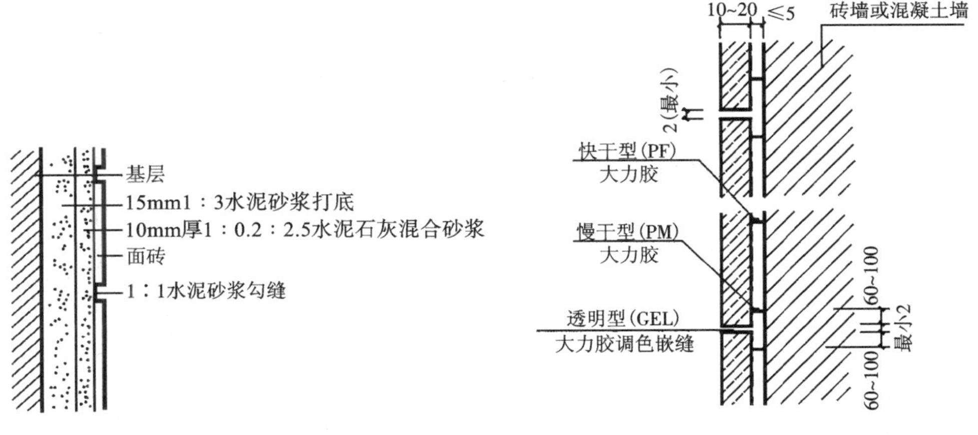

图 10-23　面砖饰面水泥砂浆粘贴构造　　图 10-24　面砖饰面胶黏法粘贴构造

(2) 天然石板及人造石板墙面。

饰面板(大理石板、花岗岩板等)多用于建筑物的墙面、柱面等高级装饰。饰面板安装方法有水泥砂浆固定法(湿法安装)和螺栓或金属卡具固定法(干法安装)两种，如图 10-25 所示。

3) 镶钉类墙面装修

镶钉类装修是将各种天然材料或人造薄板镶钉在墙面上的装修做法，其构造与骨架隔墙相似，由骨架和面板两部分组成。骨架有木骨架和金属骨架之分。面板一

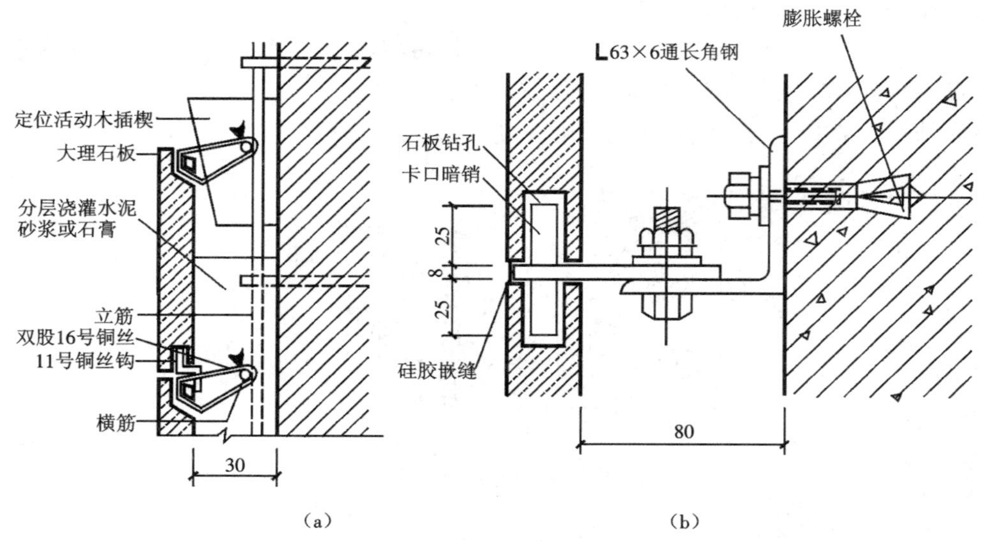

图 10-25 饰面板构造

(a)湿挂法(挂贴);(b)干挂法

般采用各种截面的硬木条板、胶合板、纤维板、石膏及各种吸声板。

4) 幕墙

幕墙或称悬挂墙板。幕墙又根据外饰面材料不同分有金属幕墙、玻璃幕墙和水泥薄板类悬挂墙板等。

(1) 金属幕墙。

金属幕墙是指墙板外表面由金属薄板制成的墙板的外围护与装饰面层。金属幕墙板由三个基本层次组成,包括外表层、保温层、内表层。外表层:材料有铝合金、不锈钢、彩色钢板、铜、搪瓷金属板等板形材料。保温层:材料有加气混凝土、岩棉、聚苯乙烯、聚氨酯等。内表层:材料有石膏板、纤维板以及金属板等。保温层和内表层可以复合成一体,以简化施工。

彩色钢板是由连续冷压成型,其延长方向有着各种波纹形断面的条形钢板,厚度在 1.0～1.4 mm 之间,有足够的刚度。彩色钢板墙一般多采用现场组装方式。

(2) 玻璃幕墙。

玻璃幕墙由于轻巧、晶莹,具有透射和反射性质,可以创造出明亮的室内光环境、内外空间交融的效果,还可反映出周围各种动和静的物体形态,具有十分诱人的魅力。目前它几乎成为现代建筑的标志之一。玻璃幕墙多用铝合金杆件组成格子状骨架,与楼板层外端的支座用螺栓连接在房屋框架的外侧,可以现场组装,或组装成单元板材后现场安装。

铝合金骨架的型材一般分立柱和横挡,断面带有固定玻璃的凹槽,尺寸大小可根据不同使用部位、抗风压能力等因素选择。玻璃幕墙构造如图 10-26～图 10-30 所示。

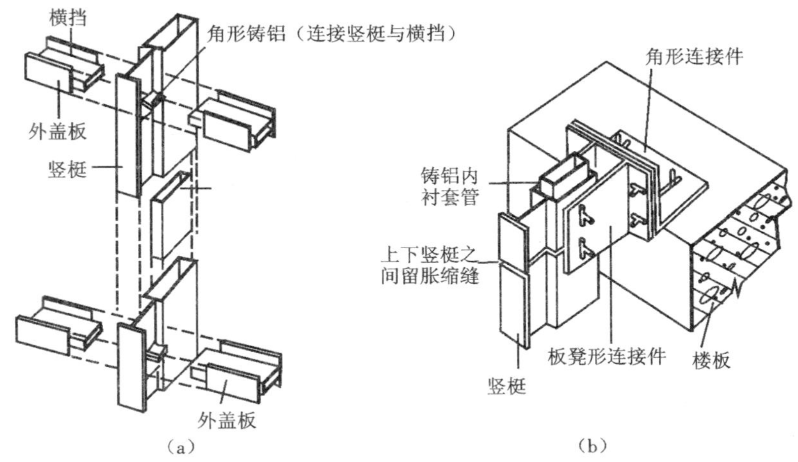

图 10-26　幕墙铝框连接构造

(a)竖梃与横挡的连接；(b)竖梃与楼板的连接

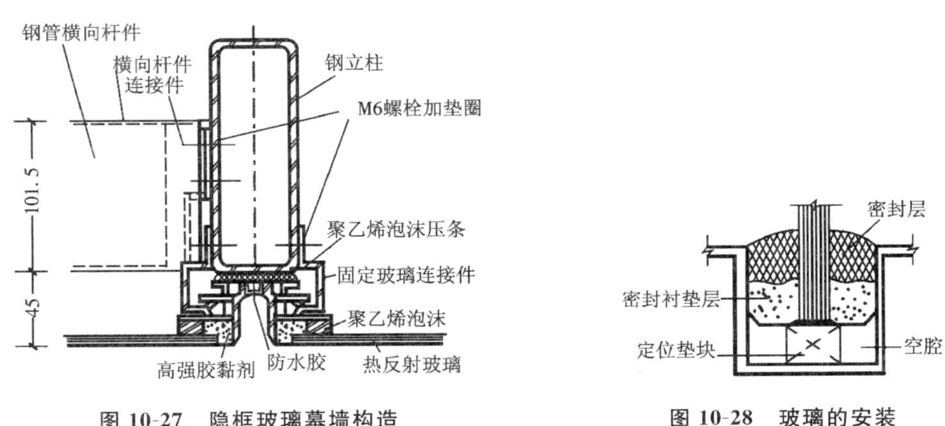

图 10-27　隐框玻璃幕墙构造

图 10-28　玻璃的安装

(3) 水泥薄板类悬挂墙板。

这是一种复合型外墙轻板，它由外壁、内壁和夹层三个基本层次组成。外壁是形成轻板的主要部分，常用石棉水泥板、钢丝网水泥板、钢筋混凝土薄板等，多数与水泥有关，并以此外壁材料为轻板名称，如石棉水泥悬挂墙板。

外壁要求防水、耐久和刚度。内壁要求良好的装饰性和防火性，如石膏板、防火塑料板等。夹层要求保温、隔热和价廉，如矿棉、玻璃棉、岩棉、泡沫塑料和加气混凝土等。

5) 隔断

隔断是分隔室内空间的装修构件。隔断的作用在于变化空间或遮挡视线，增加空间的层次和深度。隔断的形式有屏风式、镂空式、玻璃墙式、移动式以及家具式隔断等。

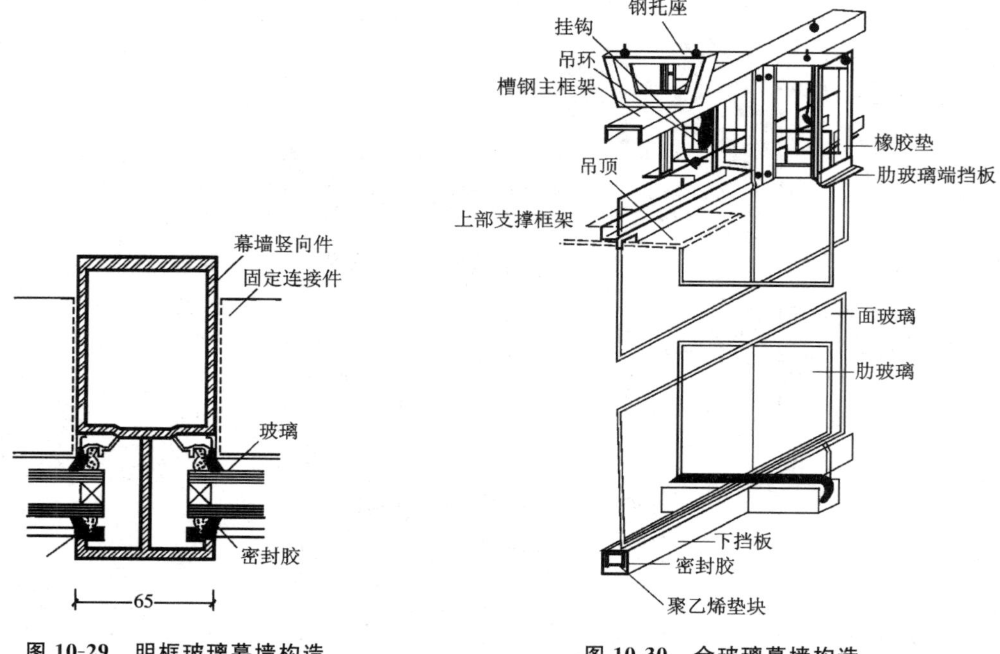

图 10-29 明框玻璃幕墙构造

图 10-30 全玻璃幕墙构造

轻骨架隔墙:以木材、钢材或铝合金等构成骨架,把面层粘贴、涂抹、镶嵌、钉在骨架上形成的隔墙,轻钢龙骨石膏板隔墙如图 10-31～图 10-33 所示。

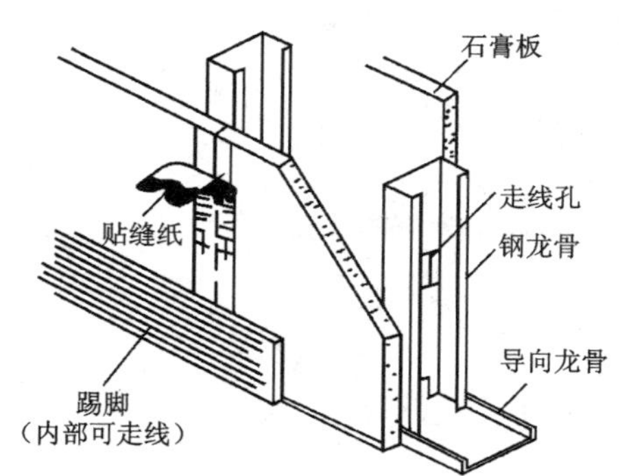

图 10-31 单层石膏板隔墙构造图

屏风式隔断:隔断与顶棚保持一定距离,起到分隔空间和遮挡视线的作用。屏风式隔断的分类:按其安装架立方式不同可分为固定式屏风隔断和活动式屏风隔断。固定式屏风隔断又可分为立筋骨架式屏风隔断(见图 10-34)和预制板式屏风隔断。

10.3.1 任务一:墙、柱面抹灰

1. 工程识图

查看建筑立面图应注意室内、外高差,外墙立面变化,屋面檐口形式、标高,门窗

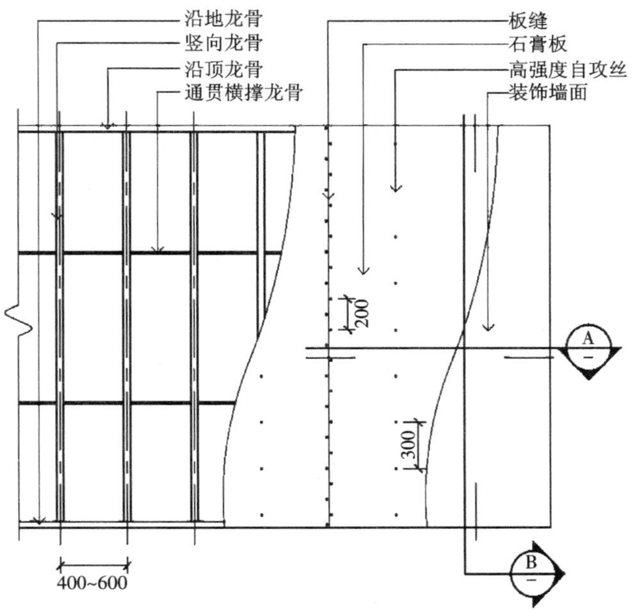

图 10-32　单层石膏板隔墙立面图

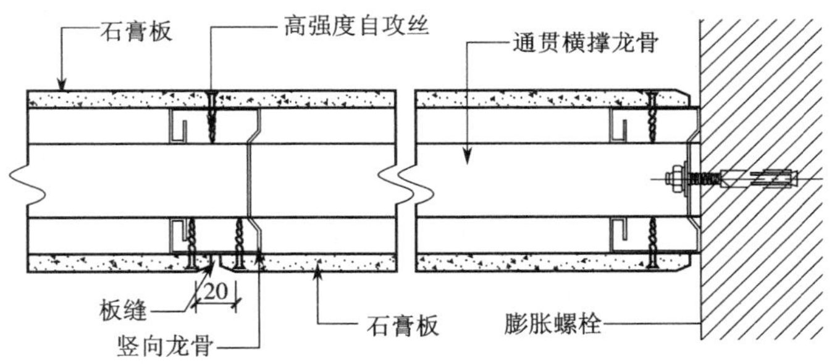

图 10-33　单层石膏板隔墙剖面图

洞口布置位置并结合平面图了解门窗的具体尺寸。在建筑设计施工说明中了解抹灰的做法及材料重量和分层厚度。

2. 工作内容

① 基层清理；② 砂浆制作、运输；③ 底层抹灰；④ 抹面层；⑤ 抹装饰面；⑥ 勾分格缝。

3. 项目特征

① 墙体类型；② 底层厚度、砂浆配合比；③ 面层厚度、砂浆配合比；④ 装饰面材料种类；⑤ 分格缝宽度、材料种类。

4. 项目列项

墙、柱面抹灰相关项目列项可参见表 10-6。

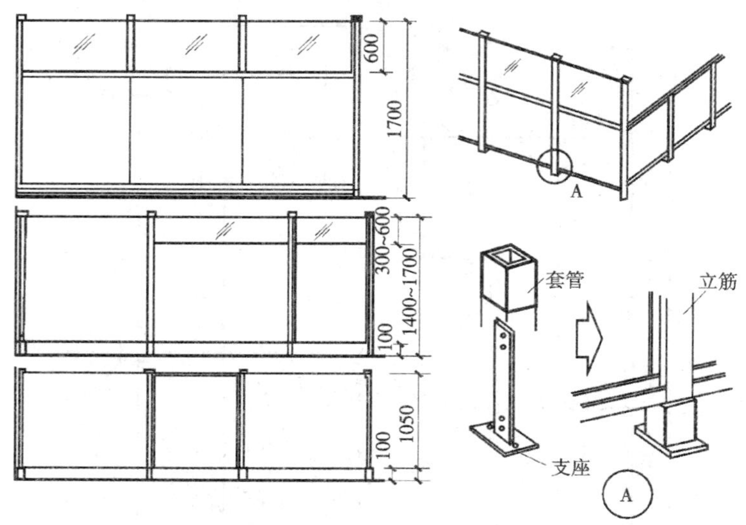

图 10-34　立筋骨架式屏风隔断

表 10-6　墙、柱面抹灰相关项目列项

<table>
<tr><th colspan="3">构件类型</th><th>清单项目</th><th colspan="2">定额项目</th></tr>
<tr><td rowspan="11">墙面抹灰</td><td rowspan="5">一般抹灰</td><td>底层</td><td rowspan="5">011201001 墙面一般抹灰</td><td>14-30</td><td>墙面钉(挂)钢板(丝)网</td></tr>
<tr><td>面层</td><td>14-1～14-57</td><td>墙面抹石膏砂浆、水泥砂浆、混合砂浆、水泥白石屑浆、水泥珍珠岩</td></tr>
<tr><td rowspan="2">饰面</td><td>14-48、14-49</td><td>内墙面混合砂浆刮糙(毛坯)2 遍</td></tr>
<tr><td>14-78、14-79</td><td>混凝土墙面刷(801 胶)素水泥浆每+1 遍</td></tr>
<tr><td>勾缝</td><td>14-76</td><td>外墙抹灰面分格缝内玻璃条、白水泥嵌缝</td></tr>
<tr><td rowspan="5">装饰抹灰</td><td>底层</td><td rowspan="5">011201002 墙面装饰抹灰</td><td>14-30</td><td>墙面钉(挂)钢板(丝)网</td></tr>
<tr><td rowspan="2">面层</td><td>14-57</td><td>假面砖墙面抹水泥砂浆</td></tr>
<tr><td>14-61～14-75</td><td>水刷石、干黏石、斩假石墙面、墙裙</td></tr>
<tr><td>饰面</td><td>14-78、14-79</td><td>混凝土墙面刷(801 胶)素水泥浆每+1 遍</td></tr>
<tr><td>勾缝</td><td>14-76</td><td>外墙抹灰面分格缝内玻璃条、白水泥嵌缝</td></tr>
<tr><td>墙面勾缝</td><td></td><td>011201003 墙面勾缝</td><td>14-58～14-60</td><td>砖、石墙面水泥砂浆勾缝</td></tr>
</table>

续表

构件类型			清单项目	定额项目	
柱面抹灰	一般抹灰	底层	011202001 柱面一般抹灰	14-30	墙面钉(挂)钢板(丝)网
		面层		14-20～14-23	柱、梁面抹水泥砂浆、混合砂浆
		饰面		14-78、14-79	混凝土柱,梁面刷(801 胶)素水泥浆每+1遍
	装饰抹灰	底层	011202002 柱面装饰抹灰	14-30	墙面钉(挂)钢板(丝)网
		面层		14-62、14-68、14-74	水刷石、干黏石、斩假石柱,梁面
	柱面勾缝		011202004 柱面勾缝	14-58～14-60	砖、石墙面水泥砂浆勾缝
零星抹灰		底层	011203001 零星项目一般抹灰 011203002 零星项目装饰抹灰	14-30	墙面钉(挂)钢板(丝)网
		面层		14-18	零星项目抹水泥砂浆
				14-63～14-66、14-69～14-72、14-75	水刷石、干黏石、斩假石零星项目

5. 工程量计算规则

1) 清单工程量计算规则

该规则为按设计图示尺寸以面积计算。

扣除:墙裙、门窗洞口及单个 0.3 m^2 以外的孔洞面积。

不扣除:踢脚线、挂镜线和墙与构件交接处的面积。

不增加:门窗洞口和孔洞的侧壁及顶面面积。

增加:附墙柱、梁、垛、烟囱侧壁并入相应的墙面面积内。

① 外墙抹灰面积按外墙垂直投影面积计算;

② 外墙裙抹灰面积按其长度乘以高度计算;

③ 内墙抹灰面积按主墙间的净长乘以高度计算;

④ 无墙裙的,高度按室内楼地面至天棚底面计算;

⑤ 有墙裙的,高度按墙裙顶至天棚底面计算;

⑥ 内墙裙抹灰面积按内墙净长乘以高度计算。

2) 定额工程量计算规则

(1) 内墙面抹灰。

内墙面抹灰面积应扣除门窗洞口和空圈所占的面积,不扣除踢脚线、挂镜线、0.3 m^2 以内的孔洞和墙与构件交接处的面积,但其洞口侧壁和顶面抹灰亦不增加。垛的侧面抹灰面积应并入内墙面工程量内计算。

内墙面抹灰长度,以主墙间的图示净长计算,不扣除间壁所占的面积。不论有无踢脚线,其高度均自室内地坪面或楼面至天棚底面。

石灰砂浆、混合砂浆在粉刷中已包括水泥护角线,不另行计算。

柱和单梁的抹灰按结构展开面积计算,柱与梁或梁与梁接头的面积不予扣除。

砖墙中平墙面的混凝土柱、梁等的抹灰(包括侧壁)应并入墙面抹灰工程量内计算。凸出墙面的柱、梁面(包括侧壁)抹灰工程量应单独计算,按相应子目执行。

厕所、浴室隔断抹灰工程量,按单面垂直投影面积乘系数 2.3 计算。

(2) 外墙抹灰。

外墙面抹灰面积按外墙面的垂直投影面积计算,应扣除门窗洞口和空圈所占的面积,不扣除 0.3 m^2 以内的孔洞面积。门窗洞口、空圈的侧壁、顶面及垛等抹灰,应按结构展开面积并入墙面抹灰中计算。外墙面不同品种砂浆抹灰,应分别按相应子目计算。

外墙窗间墙与窗下墙均抹灰,以展开面积计算。

挑檐、天沟、腰线、扶手、单独门窗套、窗台线、压顶等,均以结构尺寸展开面积以平方米计算。窗台线与腰线连接时,并入腰线内计算。

外窗台抹灰长度,如设计图纸无规定时,可按窗洞口宽度两边共加 200 mm 计算。窗台展开宽度一砖墙按 360 mm 计算,每增加半砖宽则累增 120 mm。单独圈梁抹灰(包括门、窗洞口顶部)、附着在混凝土梁上的混凝土装饰线条抹灰均以展开面积以平方米计算。

阳台、雨篷抹灰按水平投影面积计算。定额中已包括顶面、底面、侧面及牛腿的全部抹灰面积。阳台栏杆、栏板、垂直遮阳板抹灰另列项目计算。栏板以单面垂直投影面积乘以系数 2.1。

水平遮阳板顶面、侧面抹灰按其水平投影面积乘以系数 1.5,板底面积并入天棚抹灰内计算。

勾缝按墙面垂直投影面积计算,应扣除墙裙、腰线和挑檐的抹灰面积,不扣除门、窗套、零星抹灰和门、窗洞口等面积,但垛的侧面、门窗洞侧壁和顶面的面积亦不增加。

6. 定额有关说明

(1) 一般抹灰按中级抹灰考虑,设计砂浆品种、饰面材料规格如与定额取定不同时,应按设计调整,但人工数量不变。

(2) 墙、柱的抹灰及镶贴块料面层所取定的砂浆品种、厚度详见《计价定额》附录七。设计砂浆品种、厚度与定额不同均应调整(纸筋石灰砂浆厚度不同不调整)。砂浆用量按比例调整。

(3) 外墙面窗间墙、窗下墙同时抹灰,按外墙抹灰相应子目执行,单独圈梁抹灰(包括门、窗洞口顶部)按腰线子目执行,附着在混凝土梁上的混凝土线条抹灰按混凝土装饰线条抹灰子目执行。但窗间墙单独抹灰或镶贴块料面层,按相应人工乘 1.15。

(4) 高在 3.60 m 以内的围墙抹灰均按内墙面相应抹灰子目执行。

(5) 混凝土墙、柱、梁面的抹灰底层已包括刷一道素水泥浆在内,设计刷两道、每增一道按《计价定额》相应项目执行。

(6) 外墙内表面的抹灰按内墙面抹灰子目执行;砌块墙面的抹灰按混凝土墙面相应抹灰子目执行。

7. 案例分析

【例 10-13】如图 10-35 所示,根据图 10-36 剖面图,该工程室内抹灰(不含卫生间）做法为 1∶1∶6混合砂浆底 15 mm 厚，1∶0.3∶3混合砂浆面 5 mm 厚，计算其综合单价。

【解】(1) 清单工程量。

序号	项目编码	项目名称	工程量计算式	计量单位	工程量
1	011201001001	墙面一般抹灰		m^2	126.49
			大厅：[(7.80 − 2.5 − 0.2) + (9.0 − 0.2)]×2=27.8(m)		
			休息间：[(2.5−0.2) +(6.0−0.25−0.1)]×2=15.9(m)		
			柱侧边：0.3×2×5=3.0(m)		
			小计：(27.8 + 15.9 + 3.0) × 3.2 = 149.44(m^2)		
			扣门窗：1.8×2.1+0.9×2.1×3+1.5×1.5×6=22.95(m^2)		
	011202001001	柱面一般抹灰		m^2	14.08
			(0.6×4+0.5×4)×3.2=14.08(m^2)		

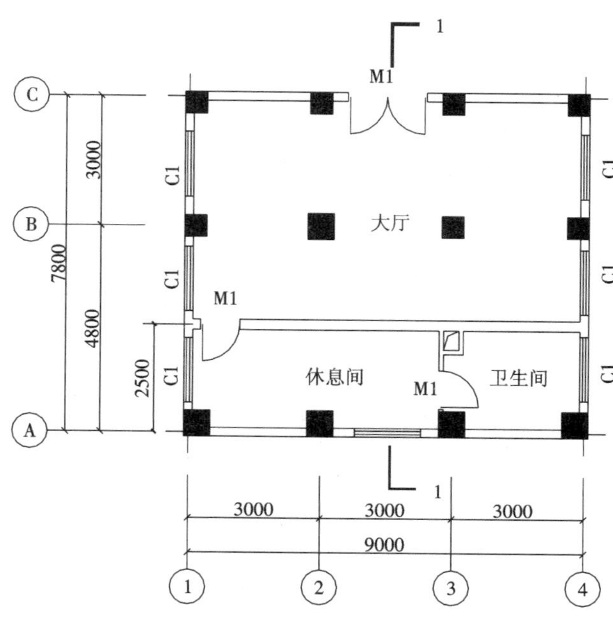

图 10-35　某工程平面图

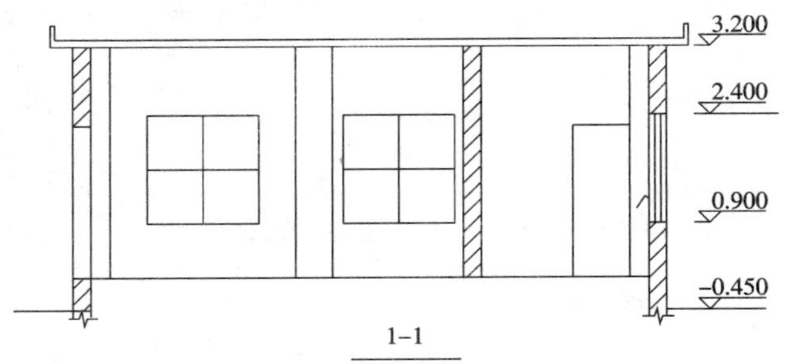

图 10-36 某工程剖面图

(2) 定额工程量。

同清单工程量。

(3) 综合单价。

综合单价分析表

工程名称:(略)

序号	项目编码/定额编号	项目名称	单位	数量	综合单价组成/元					综合单价
					人工费	材料费	机械费	管理费	利润	
1	011201001001	墙面一般抹灰	m²	126.5	11.15	4.66	0.53	3.04	1.4	20.78
	14-38	砖墙内墙抹混合砂浆	10 m²	12.65	111.52	46.63	5.31	30.38	14.02	207.86
2	011202001001	柱、梁面一般抹灰	m²	14.09	17.22	5.08	0.54	4.62	2.13	29.59
	14-47	矩形混凝土柱、梁面抹混合砂浆	10 m²	1.409	172.2	50.84	5.43	46.18	21.32	295.97

8. 案例拓展

【例 10-14】如图 10-35 所示,该工程外墙面采用水泥砂浆抹灰,做法为 1∶3水泥砂浆底层,1∶2水泥砂浆面层,玻璃嵌分格缝,计算该外墙抹灰的综合单价。

【解】(1) 清单工程量。

序号	项目编码	项目名称	工程量计算式	计量单位	工程量
1	011201001001	墙面一般抹灰		m²	106.03
			[(7.80+0.2)+(9.0+0.2)]×2×(3.2+0.45)=125.56(m²)		
			扣门窗:1.8×2.1+1.5×1.5×7=19.53(m²)		

（2）定额工程量。

序号	定额编号	项目名称	工程量计算式	计量单位	工程量
1			[(7.80＋0.2)＋(9.0＋0.2)]×2×(3.2＋0.45)＝125.56(m^2)	10 m^2	11.02
			扣门窗：1.8×2.1＋1.5×1.5×7＝19.53(m^2)		
3			门窗侧壁：1.5×4×0.1×7＝4.2(m^2)		

（3）综合单价。

综合单价分析表

工程名称：（略）

序号	项目编码/定额编号	项目名称	单位	数量	综合单价组成/元					综合单价
					人工费	材料费	机械费	管理费	利润	
1	011201001002	墙面一般抹灰	m^2	106	1.8	0.62	0.06	0.48	0.23	3.19
	14-8	砖墙外墙抹水泥砂浆	10 m^2	1.102	136.12	55.21	5.55	36.83	17	250.71
	14-76	外墙抹灰面分格缝内嵌缝，玻璃条	10 m^2	1.102	37.72	5.19	0	9.81	4.53	57.25

10.3.2　任务二：墙、柱面镶贴块料

1. 工程识图

识图要求与墙面抹灰基本相同，但应注意镶贴方式及材料品种、规格。

2. 工作内容

① 基层清理；② 砂浆制作、运输；③ 底层抹灰；④ 结合层铺贴；⑤ 面层铺贴；⑥ 面层挂贴；⑦ 面层干挂；⑧ 嵌缝；⑨ 刷防护材料；⑩ 磨光、酸洗、打蜡。

3. 项目特征

① 墙体类型；② 底层、结合层厚度及材料种类；③ 挂贴、干挂方式（膨胀螺栓、钢龙骨）；④ 面层材料品种、规格、品牌、颜色；⑤ 缝宽、嵌缝材料种类；⑥ 防护材料种类；⑦ 磨光、酸洗、打蜡要求；⑧ 骨架种类、规格；⑨ 骨架油漆品种、刷漆遍数。

4. 项目列项

墙、柱面镶贴块料工程相关项目列项可参见表 10-7。

表 10-7　墙、柱面镶贴块料工程相关项目列项

构件类型			清单项目	定额项目	
墙面镶贴块料	石材墙面	面层	011204001 石材墙面 011204004 干挂石材钢骨架 011204002 碎拼石材墙面	14-118、14-120	墙面水泥砂浆、干粉型粘贴石材块料面板
				14-122～14-151	墙面挂贴、(钢骨架上)干挂石材块料面板
				14-127、14-128	墙面碎拼石材块料面板
		成品保护		18-79	大理石、花岗岩、木墙面保护
	块料墙面	面层	011204003 块料墙面	14-112、14-113	墙面贴劈离砖砂浆粘贴密缝
				14-101～14-117	陶瓷锦砖、凹凸假麻石、文化石
				14-80～14-100	瓷砖、釉面砖、金属面砖
				14-100～14-103	钢丝网挂贴面砖、干挂面砖
		成品保护		18-79	大理石、花岗岩、木墙面保护
柱面镶贴块料	石材柱、梁面	面层	011205001 石材柱面 011205003 拼碎石材柱面 011205004 石材梁面	14-121	柱、零星项目水泥砂浆粘贴石材块料面板
				14-125	柱面挂贴石材块料面板
				14-138～14-141	柱面干挂大理石、花岗岩
		成品保护		18-79	大理石、花岗岩、木墙面保护
	块料柱、梁面	面层	011205002 块料柱面 011205005 块料梁面	14-102、14-105、14-108	陶瓷锦砖、凹凸假麻石、瓷砖、釉面砖
		成品保护		18-79	大理石、花岗岩、木墙面保护
零星镶贴块料	石材零星项目		011206001 石材零星项目 011206003 拼碎石材零星项目	14-121、14-126、14-142、14-150	柱,零星项目水泥砂浆粘贴、挂贴大理石、花岗岩
	块料零星项目		011206002 块料零星项目	14-81、14-83	零星项目贴瓷砖、釉面砖、陶瓷锦砖、凹凸假麻石、文化石

5. 工程量计算规则

清单工程量计算规则:按设计图示尺寸以镶贴表面积计算。

定额工程量计算规则如下。

(1) 内、外墙面,柱、梁面,零星项目镶贴块料面层均按块料面层的建筑尺寸(各块料面层+粘贴砂浆厚度=25 mm)以面积计算。门窗洞口面积扣除,侧壁、附垛贴面应并入墙面工程量中。内墙面腰线花砖按延长米计算。

(2) 窗台、腰线、门窗套、天沟、挑檐、盥洗槽、池脚等块料面层镶贴，均以建筑尺寸的展开面积(包括砂浆及块料面层厚度)按零星项目计算。

(3) 花岗岩、大理石板砂浆粘贴、挂贴均按面层的建筑尺寸(包括干挂空间、砂浆、板厚度)展开面积计算。

6. 定额有关说明

(1) 在圆弧形墙面、梁面抹灰或镶贴块料面层(包括挂贴、干挂大理石、花岗岩板)，按相应定额项目人工乘以系数 1.18(工程量按其弧形面积计算)。块料面层中带有弧边的石材损耗，应按实调整，每 10 m 弧形部分，切贴人工增加 0.6 工日，合金钢切割片 0.14 片，石料切割机 0.6 台班。

(2) 花岗岩、大理石块料面层均不包括阳角处磨边，设计要求磨边或墙、柱面贴石材装饰线条者，按本书相应章节相应项目执行。设计线条重叠数次，套相应“装饰线条”数次。

(3) 内外墙贴面砖的规格与定额取定规格不符，数量应按下式确定

$$\text{实际数量}=\frac{10\ \text{m}^2\times(1+\text{相应损耗率})}{(\text{砖长}+\text{灰缝宽})\times(\text{砖宽}+\text{灰缝宽})}$$

(4) 大理石、花岗岩板上钻孔成槽由供应商完成的，扣除基价中人工的 10%和其他机械费。在金山石(120 mm)面上需剁斧时，按本书第 3 章相应项目执行，本章斩假石已包括底、面抹灰砂浆在内。

(5) 内墙面干挂大理石不锈钢、连接件、连接螺栓、插棍按设计用量调整。

7. 案例分析

【例 10-15】根据例 10-2(见图 10-35)，若该工程外墙面采用钢骨架干挂花岗岩，干挂厚度为 200 mm(门窗侧壁处为 100 mm)，钢骨架为 2155 kg，镀锌铁件含量为 3.0 kg/m^2，不锈钢干挂件含量为 4.5 个/m^2，钢骨架镀锌市场价为 1700 元/t，以上含量均含损耗、墙面成品保护。求该工程外墙面钢骨架干挂花岗岩的综合单价。

【解】(1) 清单工程量。

序号	项目编码	项目名称	工程量计算式	计量单位	工程量
1	011204001001	石材墙面		m^2	110.66
			[(7.80+0.2+0.2×2)+(9.0+0.2+0.2×2)]×2×(3.2+0.45)=131.4(m^2)		
			扣门窗：1.8×2.1+1.5×1.5×7=19.53(m^2)		
			扣台阶处：(3.3−0.3×2)×0.45=1.22(m^2)		
2	011204004001	干挂石材钢骨架		t	2.155

(2) 定额工程量。

序号	定额编号	项目名称	工程量计算式	计量单位	工程量
1	14-136 换	墙面钢骨架上干挂花岗岩板密缝	[(7.80+0.2+0.2×2)+(9.0+0.2+0.2×2)]×2×(3.2+0.45)=131.4(m²)	10 m²	12.72
			扣门窗:(1.8−0.2)×(2.1−0.1)+(1.5−0.2)×(1.5−0.2)×7=15.03(m²)		
			扣台阶处:(3.3−0.3×2)×0.45=1.22(m²)		
	18-79	花岗岩墙面保护	门窗侧壁:[(1.8−0.2)+(2.1−0.1)×2]×0.2+(1.5−0.2)×4×(0.2+0.1)×7=12.04(m²)		
2	7-61	钢骨架制作	2155 kg	t	2.155

(3) 综合单价。

综合单价分析表

序号	项目编码/定额编号	项目名称	单位	数量	综合单价组成/元					综合单价
					人工费	材料费	机械费	管理费	利润	
1	011204001001	石材墙面	m²	110.7	85.07	312.56	2.55	22.78	10.51	433.47
	14-136	钢骨架上干挂石材块料面板墙面,密缝	10 m²	12.72	732.7	2707.9	22.22	196.28	90.59	3749.7
	18-79	成品保护部位石材、木墙面	10 m²	11.07	8.5	12.94	0	2.21	1.02	24.67
2	011204004001	干挂石材钢骨架	t	2.155	1090.6	5625.1	208.98	337.89	155.95	7418.6
	7-61	龙骨钢骨架制作	t	2.155	1090.6	3925.1	208.98	337.89	155.95	5718.6
	DLF99	钢骨架镀锌	t	2.155	0	1700	0	0	0	1700

8. 案例拓展

【例 10-16】如图 10-35 所示,卫生间瓷砖墙裙 1.8 m 高,计算卫生间瓷砖墙面工程量。

【解】清单工程量如下。

序号	项目编码	项目名称	工程量计算式	计量单位	工程量
1	011204003001	块料墙面		m^2	16.29
			[(3.0+0.25−0.1×2)+(2.5−0.2)]×2×1.8=19.26(m^2)		
			扣门窗：0.9×1.8+1.5×0.9=2.97(m^2)		

10.3.3 任务三:装饰板墙、柱(梁)面

1. 工程识图

识图要求与墙面抹灰基本相同,但应注意骨架及面层材料的品种、厚度、规格。

2. 工作内容

① 基层清理;② 砂浆制作、运输;③ 底层抹灰;④ 龙骨制作、运输、安装;⑤ 钉隔离层;⑥ 基层铺钉;⑦ 面层铺贴;⑧ 刷防护材料、油漆。

3. 项目特征

① 墙体类型;② 底层厚度、砂浆配合比;③ 龙骨材料种类、规格、中距;④ 隔离层材料种类、规格;⑤ 基层材料种类、规格;⑥ 面层材料品种、规格、品牌、颜色;⑦ 压条材料种类、规格;⑧ 防护材料种类;⑨ 油漆品种、刷漆遍数。

4. 项目列项

装饰板墙、柱(梁)面相关项目列项可参见表10-8。

5. 工程量计算规则

清单工程量计算规则:按设计图示墙净长乘以净高以面积计算。扣除门窗洞口及单个0.3 m^2 以上的孔洞所占面积。

定额工程量计算规则:内墙、柱木装饰及柱包不锈钢镜面。

(1) 内墙、内墙裙、柱(梁)面的计算。

木装饰龙骨、衬板、面层及粘贴切片板按净面积计算,并扣除门、窗洞口及0.3 m^2 以上的孔洞所占的面积,附墙垛及门、窗侧壁并入墙面工程量内计算。

单独门、窗套按相应章节的相应子目计算。

柱、梁按展开宽度乘以净长计算。

(2) 不锈钢镜面、各种装饰板面的计算。

方柱、圆柱、方柱包圆柱的面层,按周长乘地面(楼面)至天棚底面的图示高度计算,若地面天棚面有柱帽、底脚时,则高度应从柱脚上表面至柱帽下表面计算。柱帽、柱脚,按面层的展开面积以平方米计算,套柱帽、柱脚子目。

(3) 石材圆柱面的计算。

石材圆柱面按石材面外围周长乘以柱高(应扣除柱墩、帽高度)以平方米计算。石材柱墩、柱帽按结构柱直径加100 mm后的周长乘其高度以平方米计算。圆柱腰线按石材面周长计算。

表 10-8　装饰板墙、柱(梁)面相关项目列项

构件类型			清单项目	定额项目	
装饰板墙	墙面装饰	龙骨	011207001 装饰板墙面	14-168～14-175	墙面,墙裙木龙骨基层
		隔离层		11-107～11-112	隔离层耐酸沥青胶泥、卷材、玻璃布
		基层		14-184～14-188	墙面,墙裙多层夹板基层
		面层		14-189～14-212	墙面,墙裙胶合板面、切片板、不锈钢镜面板、防火板、宝丽板、铝塑板、合成革、丝绒、化纤壁毯、镜面玻璃钉在木龙骨或粘贴在夹板基层上
		保护层		14-213～14～221	硬木条板、竹片、石膏板、水泥压力板、塑料扣板、铝合金扣板、岩棉吸声板
				18-79	大理石、花岗岩、木墙面保护
				18-80	不锈钢饰面保护
				14-152～14-156、14-161～14-164	墙面防火漆、油漆
柱(梁)面装饰	柱(梁)面装饰	龙骨	011208001 柱(梁)面装饰	14-168～14-175	柱、梁面木龙骨基层
		基层		14-184～14-188	柱、梁面、柱帽、柱脚多层夹板基层
		面层		14-189～14-212	柱、梁面、柱帽、柱脚胶合板、切片板、不锈钢镜面板、防火板、宝丽板、铝塑板、合成革、镜面玻璃粘贴在夹板基层
		保护层		18-79	大理石、花岗岩、木墙面保护
				14-152～14-156、14-161～14-164	橱、台、柜、柱面防火漆、油漆

6. 定额有关说明

(1) 设计木墙裙的龙骨与定额间距、规格不同时,应按比例换算。本定额仅编制了一般项目中常用的骨架与面层,骨架、衬板、基层、面层均应分开计算。

(2) 木饰面子目的木基层均未含防火材料,设计要求刷防火漆,按《计价定额》第17章中相应子目执行。

(3) 装饰面层中均未包括墙裙压顶线、压条、踢脚线、门窗贴脸等装饰线,设计有要求时,应按相应章节子目执行。

（4）铝合金幕墙龙骨含量、装饰板的品种设计要求与定额不同时应调整，但人工、机械不变。

（5）不锈钢镜面板包柱，其钢板成型加工费未包括在内，应按市场价格另行计算。

（6）网塑夹芯板之间设置加固方钢立柱、横梁应根据设计要求按相应章节子目执行。

（7）本定额未包括玻璃、石材的车边、磨边费用。石材车边、磨边按相应章节子目执行；玻璃车边费用按市场加工费另行计算。

7. 案例分析

【例 10-17】图 10-35 中大厅内墙面装饰如图 10-37 所示，做法为木龙骨 30 mm×40 mm@400 mm，18 厘细木工板基层，榉木/黑胡桃饰面板。榉木饰面板除税单价为 15 元/m^2，黑胡桃饰面板除税单价为 20 元/m^2。计算大厅墙面木墙面的综合单价。

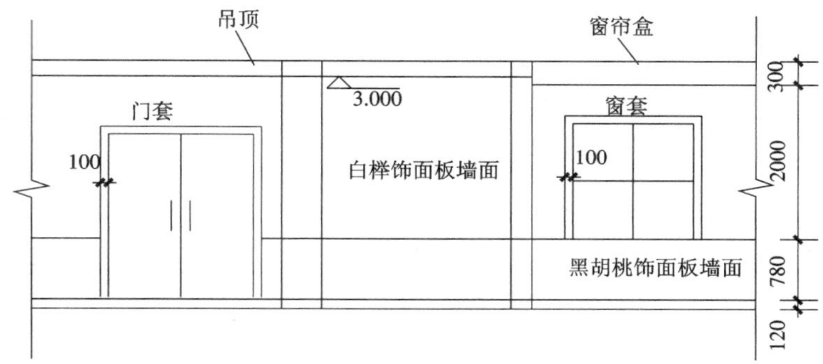

图 10-37　大厅内墙面装饰

【解】(1) 清单工程量。

序号	项目编码	项目名称	工程量计算式	计量单位	工程量
1	011207001001	墙面装饰板		m^2	69.00
			[(7.80−2.5−0.2)+(9.0−0.2)]×2×(3.0−0.12)=80.064(m^2)		
			窗帘盒处：(7.80−2.5−0.2−0.5−0.3)×2×0.2=1.72(m^2)		
			扣门窗：1.8×2.1+1.5×1.5×4=12.78(m^2)		

(2) 定额工程量。

序号	定额编号	项目名称	工程量计算式	计量单位	工程量
1	14-193 换	墙面、墙裙榉木切片板	[(7.80−2.5−0.2)+(9.0−0.2)]×2×0.78=21.684(m^2)	10 m^2	2.01

续表

序号	定额编号	项目名称	工程量计算式	计量单位	工程量
			扣门窗:(1.8＋0.20)×0.78＝1.56(m^2)		
	14-193 换	墙面、墙裙黑胡桃切片板	[(7.80－2.5－0.2)＋(9.0－0.2)]×2×(3.0－0.9)＝58.38(m^2)	10 m^2	4.51
			窗帘盒处:(7.80－2.5－0.2－0.5－0.3)×2×0.2＝1.72(m^2)		
			扣门窗:(1.8＋0.20)×(2.1＋0.1－0.9)＋(1.5＋0.20)×(1.5＋0.1)×4＝13.48(m^2)		
	14-185 换	墙面、墙裙木龙骨、夹板基层	2.01＋4.51＝6.52(m^2)	10 m^2	6.52

(3) 综合单价。

综合单价分析表

工程名称:(略)

序号	项目编码/定额编号	项目名称	单位	数量	综合单价组成/元					综合单价
					人工费	材料费	机械费	管理费	利润	
1	011207001001	墙面装饰板	m^2	20.1	38.51	77.22	0.67	10.19	4.70	131.29
	14-168	木龙骨基层墙面,断面 24 mm×30 mm,间距 300 mm×300 mm	10 m^2	2.01	181.90	193.60	6.46	48.97	22.60	453.53
	14-185	墙面细木工板,基层钉在龙骨上	10 m^2	2.01	101.15	343.94	0.21	26.35	12.16	483.81
	14-193 换	木质切片板粘贴在夹板基层上,墙面	10 m^2	2.01	102.00	234.68	0.00	26.52	12.24	375.44
2	011207001002	墙面装饰板	m^2	45.1	38.51	82.47	0.67	10.19	4.70	136.54
	14-168 换	木龙骨基层墙面,断面 24 mm×30 mm,间距 300 mm×300 mm	10 m^2	4.51	181.90	193.60	6.46	48.97	22.60	453.53

续表

序号	项目编码/定额编号	项目名称	单位	数量	综合单价组成/元					综合单价
					人工费	材料费	机械费	管理费	利润	
	14-185	墙面细木工板，基层钉在龙骨上	10 m^2	4.51	101.15	343.94	0.21	26.35	12.16	483.81

注：14-193 换＝380.06＋(15－15.44)×10.5＝375.44(元/10 m^2)；

14-168 换＝415.11＋1372.08×(0.139－0.111)＝453.53(元/10 m^2)。

8. 案例拓展

【例 10-18】某工程圆柱 10 根，高 3.0 m，直径 600 mm。不锈钢镜面包柱，50 mm×50 mm 木龙骨，18 厘细木工板基层，1.2 mm 不锈钢镜面板面层，计算其工程量。

【解】清单、定额工程量如下表所示。

序号	项目编码/定额编号	项目名称	工程量计算式	计量单位	工程量
1	011208001001	柱(梁)面装饰		m^2	12.83
			3.14×(0.3＋0.069)^2×3×10＝12.83(m^2)		
	14-168	木龙骨	3.14×(0.3＋0.05)^2×3×10＝11.54(m^2)	10 m^2	1.15
	14-185	细木工板	3.14×(0.3＋0.068)^2×3×10＝12.76(m^2)	10 m^2	1.28
	14-199	不锈钢镜面板	3.14×(0.3＋0.069)^2×3×10＝12.83(m^2)	10 m^2	1.28

10.3.4　任务四：隔断与幕墙

1. 工程识图

查看建筑平、立面图及建筑设计说明；查看幕墙专业设计图纸中平、立面排版分割图及节点详图的做法；预埋件的位置，数量等。

2. 工作内容

隔断：① 骨架及边框制作、运输、安装；② 隔板制作、运输、安装；③ 嵌缝、塞口；④ 装订压条；⑤ 刷防护材料、油漆。

带骨架幕墙：① 骨架制作、运输、安装；② 面层安装；③ 嵌缝、塞口；④ 清洗。

全玻璃幕墙：① 幕墙安装；② 嵌缝、塞口；③ 清洗。

3. 项目特征

隔断：① 骨架、边框材料种类、规格；② 隔板材料品种、规格、品牌、颜色；③ 嵌缝、塞口材料品种；④ 压条材料种类；⑤ 防护材料种类；⑥ 油漆品种、刷漆遍数。

带骨架幕墙：① 骨架材料种类、规格、中距；② 面层材料品种、规格、品牌、颜色；

③ 面层固定方式;④ 嵌缝、塞口材料种类。

全玻璃幕墙:① 玻璃品种、规格、品牌、颜色;② 黏结塞口材料种类;③ 固定方式。

4. 项目列项

隔断与幕墙相关项目列项可参见表 10-9。

表 10-9 隔断与幕墙相关项目列项

<table>
<tr><th colspan="3">构件类型</th><th>清单项目</th><th colspan="2">定额项目</th></tr>
<tr><td rowspan="7">隔断</td><td rowspan="3">木隔断制作</td><td>骨架</td><td rowspan="7">011210001 木隔断
011210002 金属隔断
011210003 玻璃隔断
011210004 塑料隔断
011210005 成品隔断
011210006 其他隔断</td><td>14-176～14-183</td><td>隔墙轻钢、铝合金、木龙骨</td></tr>
<tr><td>隔板基层</td><td>14-184～14-188</td><td>墙面、墙裙多层夹板基层钉在木龙骨上</td></tr>
<tr><td>面层</td><td>14-189～14-221</td><td>墙面、墙裙胶合板面、切片板、不锈钢镜面板、防火板、宝丽板、铝塑板、合成革、丝绒、化纤壁毯,镜面玻璃钉在木龙骨或粘贴在夹板基层上,硬木条板、竹片、石膏板、水泥压力板、塑料扣板、铝合金扣板、岩棉吸声板面</td></tr>
<tr><td>其他隔断</td><td>安装</td><td>18-81～18-92</td><td>铝合金玻璃、半(全)玻璃、镜面玻璃、不锈钢边框玻璃、木(井)格网、铝合金条板、半(全)玻塑钢、浴厕、塑钢板、玻璃砖</td></tr>
<tr><td colspan="2" rowspan="3">防护材料</td><td>18-79</td><td>大理石,花岗岩,木墙面保护</td></tr>
<tr><td>18-80</td><td>不锈钢饰面保护</td></tr>
<tr><td>17-4～17-220</td><td>墙面、木龙骨防火漆、油漆</td></tr>
<tr><td rowspan="3">幕墙</td><td colspan="2">带骨架幕墙</td><td>011209001 带骨架幕墙</td><td>14-152～14-156、14-161～14-164</td><td>铝合金明(隐)框玻璃、铝塑板、铝板幕墙</td></tr>
<tr><td colspan="2" rowspan="2">全玻幕墙</td><td rowspan="2">011209002 全玻幕墙</td><td>14-158～14-160</td><td>全玻璃幕墙</td></tr>
<tr><td>14-165～14-167</td><td>玻璃幕墙封边、连接</td></tr>
</table>

5. 工程量计算规则

1) 清单工程量计算规则

幕墙按设计图示框外围尺寸以面积计算。不扣除门窗所占面积;扣除单个 0.3 m^2以上的孔洞所占面积;浴厕侧门的材质与隔断相同时,门的面积并入隔断面积内。玻璃幕墙按设计图示尺寸以面积计算。带肋全玻幕墙按展开面积计算。

2) 定额工程量计算规则

(1) 隔断的计算。

半玻璃隔断是指上部为玻璃隔断,下部为其他墙体的隔断,其工程量按半玻璃设计边框外边线以平方米计算。

全玻璃隔断是指其高度自下横挡底算至上横挡顶面,宽度按两边立框外边以平方米计算。

玻璃砖隔断按玻璃砖格式框外围面积计算。

花式隔断、网眼木格隔断(木葡萄架)均以框外围面积计算。

浴厕木隔断，其高度自下横挡底算至上横挡顶面以平方米计算。门扇面积并入隔断面积内计算。

塑钢隔断按框外围面积计算。

（2）玻璃幕墙的计算。

玻璃幕墙以框外围面积计算。幕墙与建筑顶端、两端的封边按图示尺寸以平方米计算，自然层的水平隔离与建筑物的连接按延长米计算（连接层包括上、下镀锌钢板在内）。幕墙上下设计有窗者，计算幕墙面积时，窗面积不扣除，但每 10 m^2 窗面积另增加幕墙框料 25 kg、人工 5 工日（幕墙上铝合金窗不再另外计算）。

6. 定额有关说明

铝合金幕墙龙骨含量、装饰板的品种设计要求与定额不同时应调整，但人工、机械不变。

7. 案例分析

【例 10-19】某工程采用隐框玻璃幕墙（见图 10-38），钢化中空玻璃，200 元/m^2。其余材料价格及费率均不调整。计算该幕墙的综合单价。（铝型材理论质量为：立柱 Y15001，4.150 5 kg/m；横梁 Y15003，1.711 kg/m；横梁扣盖 Y15004，0.441 3 kg/m；插芯 Y15005，3.260 7 kg/m；开扇框料 Y15013，0.444 8 kg/m；开扇料 Y15012，1.192 2 kg/m；附框 Y15007，0.305 7 kg/m；压板，0.692 kg/m；半压板，0.337 kg/m；角铝 30 mm×30 mm×3 mm，0.45 kg/m。预埋件理论质量为：200 mm×200 mm×10 mm 钢板，78.5 kg/m；4 根/块 Φ16 圆钢，1.58 kg/m；不等边角钢，9.67 kg/m。）

【解】

铝合金含量：361.845÷21.46＝16.861（kg/m^2）

立柱 Y15001：3.7×11×4.150 5×1.07＝108.75（kg）

横梁 Y15003：（5.8－0.06×11）×7×1.711×1.07＝61.562（kg）

横梁扣盖 Y15004：（5.8－0.06×11）×7×0.4413×1.07＝16.989（kg）

插芯 Y15005：（0.18＋0.2）×11×3.260 7×1.07＝14.584（kg）

开扇框料 Y15013：[0.6×4×4＋（0.65＋0.6）×2×2]×0.444 8×1.07＝6.949（kg）

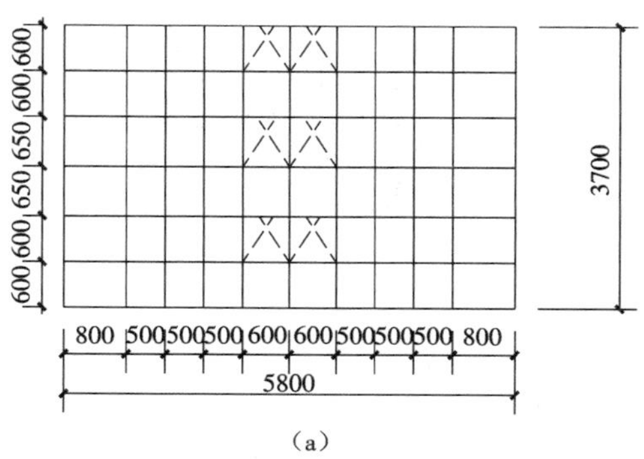

图 10-38　隐框玻璃幕墙

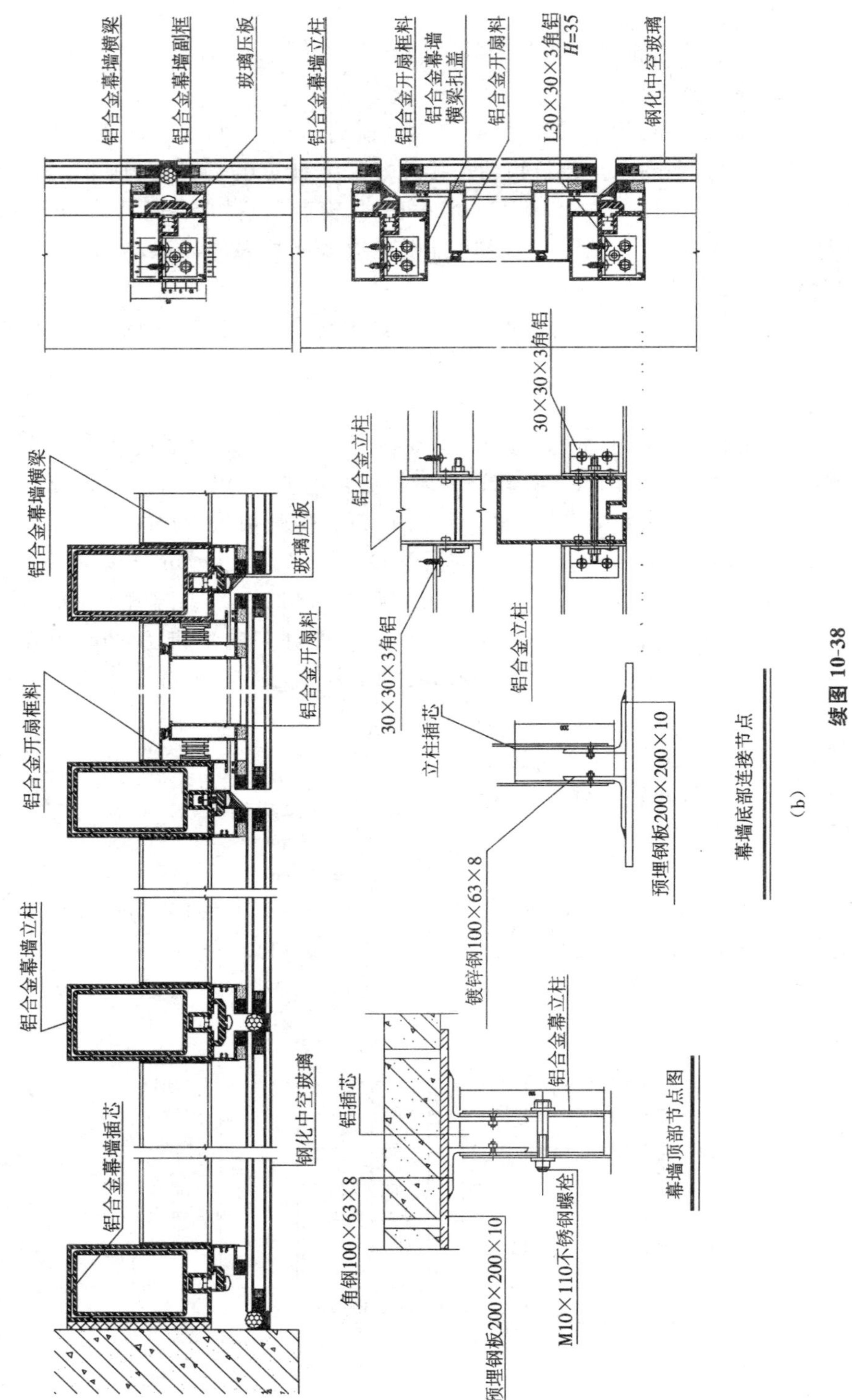
铝合金幕墙横梁
铝合金幕墙副框
玻璃压板
铝合金幕墙立柱
铝合金开扇框料
铝合金幕墙横梁扣盖
铝合金开扇料
L30×30×3角铝 H=35
钢化中空玻璃
30×30×3角铝
铝合金幕墙插芯
铝合金幕墙横梁
铝合金开扇框料
铝合金开扇料
玻璃压板
铝合金幕墙立柱
钢化中空玻璃
铝合金立柱
30×30×3角铝
铝合金立柱
立柱插芯
预埋钢板200×200×10
镀锌钢100×63×8
幕墙底部连接节点
铝插芯
铝合金幕立柱
角钢100×63×8
预埋钢板200×200×10
M10×110不锈钢螺栓
幕墙顶部节点图

(b)

续图 10-38

开扇料 Y15012：[0.6×4×4+(0.65+0.6)×2×2]×1.192 2×1.07=18.625(kg)

附框 Y15007：(5.8×12+3.7×20−0.6×4×2−0.65×4−0.6×2)×0.305 7×1.07=44.158(kg)

压板：(4×38×2+4×9)×0.05×0.692×1.07=12.587(kg)

半压板：(4×12+4×20+6×5+4×6)×0.05×0.337×1.07=3.281(kg)

30 mm×30 mm×3 mm 角铝：7×20×0.035×0.45×1.07=2.359(kg)

共计：361.845 kg

镀锌铁件含量：143.577÷21.46=6.69(kg/m^2)

200 mm×200 mm×10 mm 钢板：0.2×0.2×11×2×78.5×1.01=69.771(kg)

Φ 16 圆钢：0.15×4×11×2×1.58×1.01=21.065(kg)

不等边角钢：0.08×2×11×29.67×1.01=52.741(kg)

共计：143.577 kg

撑窗面积：0.6×0.6×4+0.6×0.65×2=2.22(m^2)

撑窗增加人工含量：5×2.22÷21.46=0.517(工日/m^2)

(1) 清单工程量。

序号	项目编码	项目名称	工程量计算式	计量单位	工程量
1	011209001001	带骨架幕墙		m^2	21.46
			5.8×3.7=21.46(m^2)		

(2) 定额工程量。

序号	定额编号	项目名称	工程量计算式	计量单位	工程量
1	14-152 换	铝合金隐框玻璃幕墙	5.8×3.7=21.46(m^2)	10 m^2	2.15
2	16-324	窗五金配件	6	樘	6

(3) 综合单价。

综合单价分析表

工程名称：(略)

序号	项目编码/定额编号	项目名称	单位	数量	综合单价组成/元					综合单价
					人工费	材料费	机械费	管理费	利润	
1	011209001001	带骨架幕墙	m^2	21.46	113.79	678.25	19.89	34.76	16.04	862.73

续表

序号	项目编码/定额编号	项目名称	单位	数量	综合单价组成/元					综合单价
					人工费	材料费	机械费	管理费	利润	
	14-152 规	铝合金隐框玻璃幕墙制作安装(4.3幕墙上下设计有窗)	10 m^2	2.146	1137.9	6650.6	198.9	347.57	160.42	8495.4
	16-324	铝合金窗五金配件,平开窗/上悬窗,单扇	扇	6	0	47.17	0	0	0	47.17

注:14-152 规=7489.52+0.517×85×1.38+(168.61-129.7)×18.44+(66.9-26)×7.03+(200-205.81)×10.3=8495.37(元/10 m^2)。

10.4 天棚工程

1. 项目分类:常见顶棚的类型

顶棚又称平顶或天花板,是楼板层的最下面部分,是建筑物室内主要饰面之一。

1) 直接式顶棚

直接式顶棚是在屋面板、楼板等的底面直接喷浆、抹灰、粘贴壁纸、粘贴面砖、粘贴钉接石膏板条与其他板材等饰面材料。其包括直接抹灰顶棚、直接格栅顶棚、结构顶棚。

(1) 直接抹灰顶棚:其做法是先在顶棚屋面板或楼板上刷一道纯水泥浆,使抹灰层能与基层很好地黏合,然后用1:1:6混合砂浆打底,再做面层抹灰。

(2) 直接格栅顶棚:当屋面板或楼板底面平整光滑时也可将格栅直接固定在楼板的底面上,这种格栅一般采用 30 mm×40 mm 方木,以 500～600 mm 的间距纵横双向布置,表面再用各种板材(如 PVC 板、石膏板,或用木板及木制品板材)饰面。

(3) 结构顶棚:在某些大型公共场所中,屋面采用空间结构(如网架结构、悬索结构、拱形结构),可将屋盖结构暴露在外。

2) 悬吊式顶棚

悬吊式顶棚又称"吊顶",它离屋顶或楼板的下表面有一定的距离,通过悬挂物与主体结构连接在一起。这类顶棚类型较多,构造复杂。它包括整体式吊顶、板材吊顶和开敞式吊顶。悬吊式顶棚多数是由吊筋、龙骨和面板三大部分组成的。

顶棚龙骨包括主龙骨、次龙骨、横撑龙骨。它们是吊顶的骨架,对吊顶起着支撑的作用,使吊顶达到所设计的外形要求。吊顶的各种造型变化,无一不是由龙骨的变化而形成的。

龙骨的材料有木龙骨、金属龙骨。龙骨的类型有 U 型龙骨、T 型铝合金龙骨、T 型镀锌铁烤漆龙骨、嵌入式金属龙骨等。

木龙骨吊顶分为有主龙骨木格栅和无主龙骨木格栅(见图 10-39)。

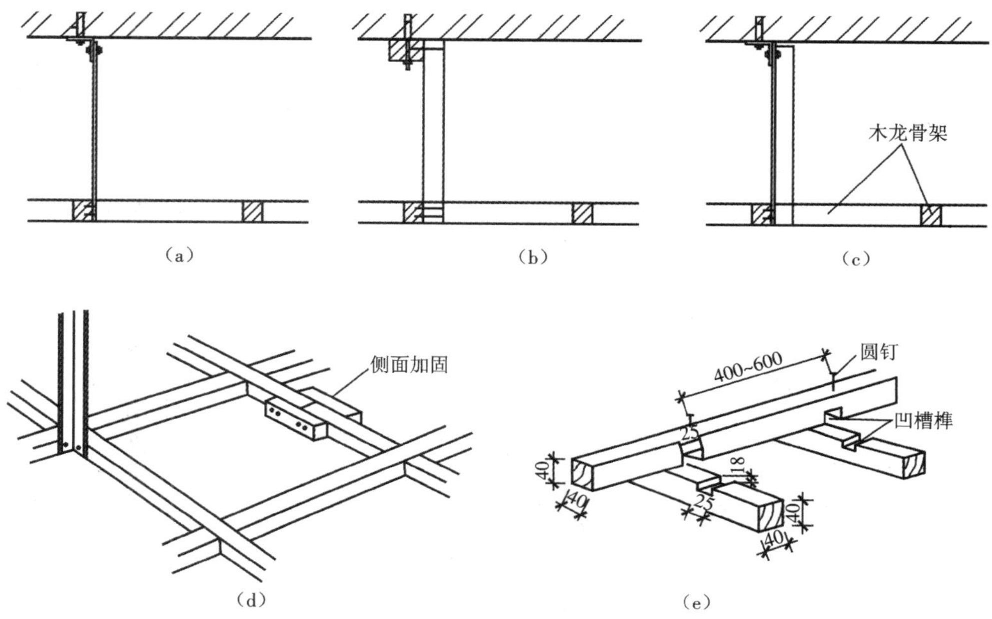

图 10-39　无主龙骨木格栅构造

(a)钢筋吊筋;(b)木吊筋;(c)角钢吊筋;(d)龙骨连接;(e)龙骨榫接

T 型金属龙骨按材料分,包括 T 型铝合金龙骨和 T 型镀锌铁烤漆龙骨。T 型龙骨的安装构造分为无主龙骨和有主龙骨两种形式,如图 10-40、图 10-41 所示。

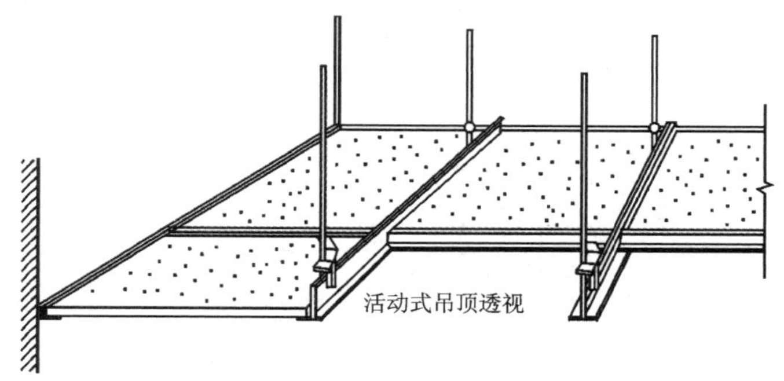

图 10-40　无主龙骨 T 型金属龙骨构造

U 型金属龙骨是采用镀锌钢带压制而成的,因此又被称为 U 型轻钢龙骨,承重部分由主龙骨、次龙骨、横撑龙骨及吊挂件和连接件组成。

按承重荷载大小可分为不上人型和上人型龙骨,如图 10-42、图 10-43 所示。

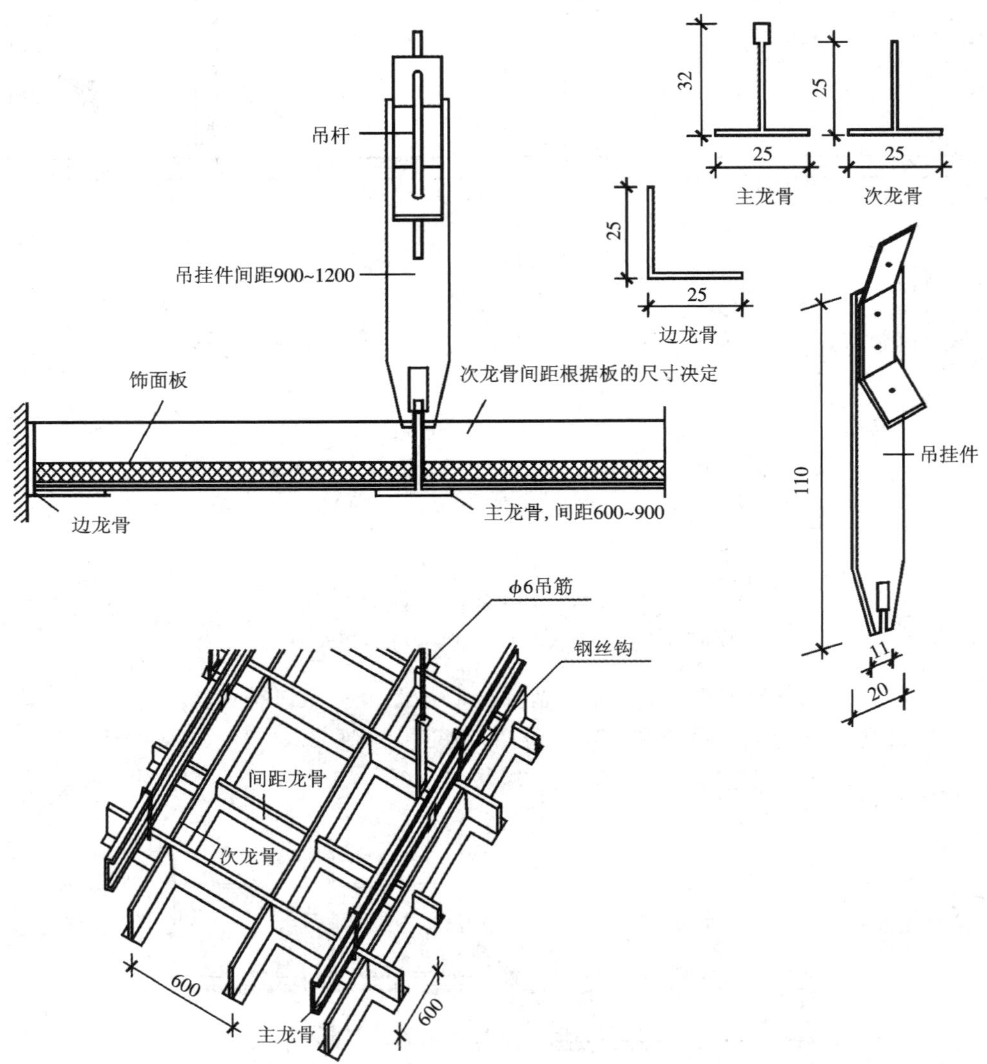

图 10-41　有主龙骨 T 型金属龙骨构造

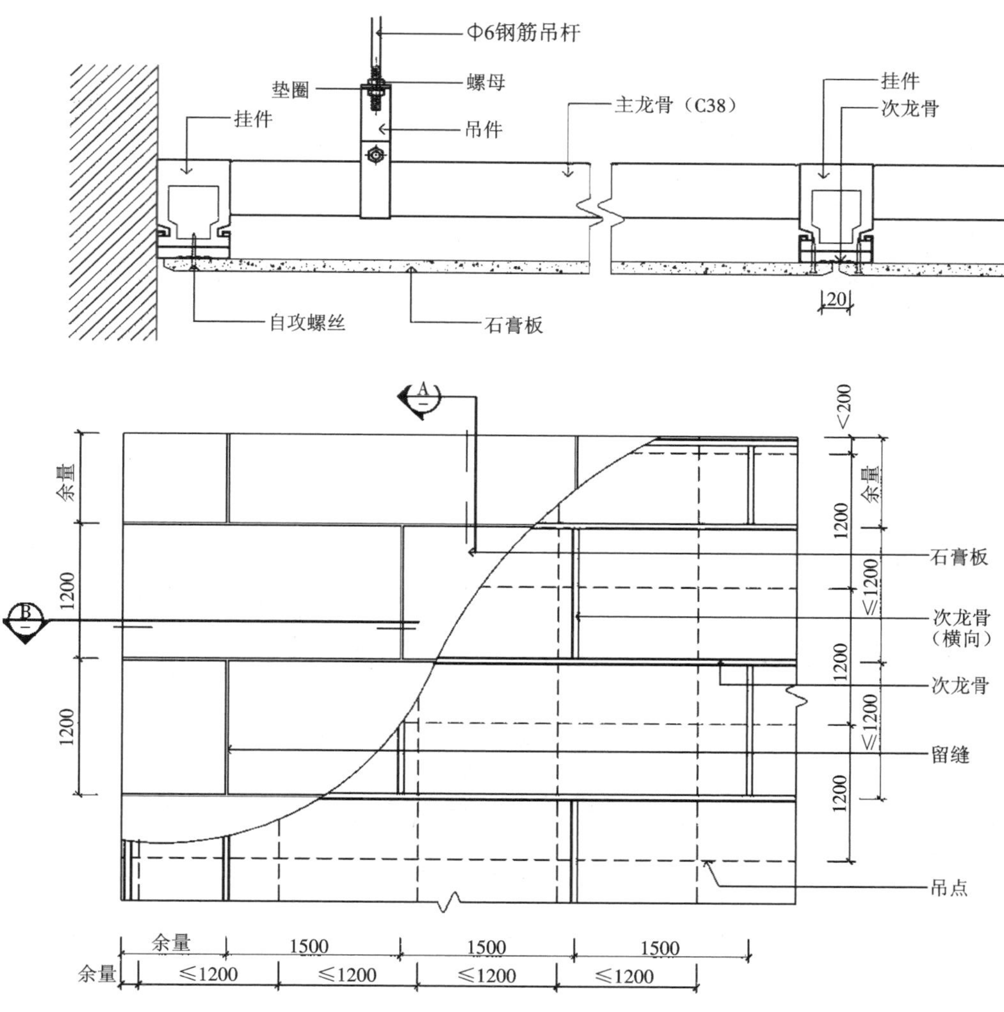

图 10-42　不上人型 U 型金属龙骨构造

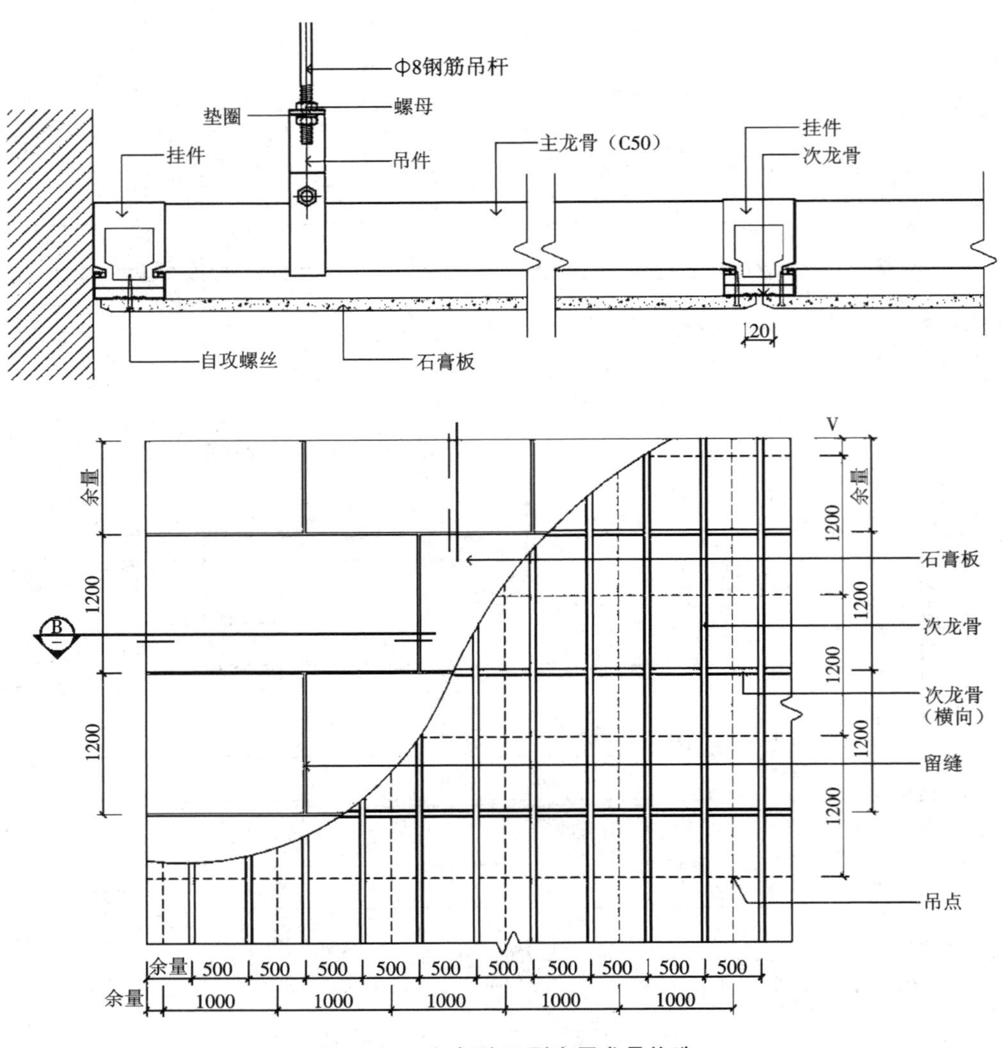

图 10-43　上人型 U 型金属龙骨构造

饰面材料可分为抹灰饰面和板材饰面。抹灰类饰面一般包括板条抹灰、钢丝网抹灰、钢板网抹灰。常用的板材有植物板材(包括各种木条板、胶合板、装饰吸声板、纤维板、木丝板、刨花板等),矿物板(包括石膏板、矿棉板、玻璃棉板和水泥板等),金属板(包括铝板、铝合金板、薄钢板、镀锌铁等),新型高分子聚合物板材(如 PVC 板)。

金属饰面板吊顶是用各种轻质金属板做饰面层。常用的有压型薄钢板和铸轧铝合金型材两大类。板的形状有条形板与方形板,部分板材可以与 U 型龙骨或 T 型龙骨结合使用。

开敞式顶棚的饰面是由各类格栅形成的。这些格栅既可与 T 型龙骨结合,也可不加分格地将多个单体组装而成。格栅的材料有木格栅、金属格栅、灯饰格栅。开敞式顶棚格栅形式如图 10-44 所示。

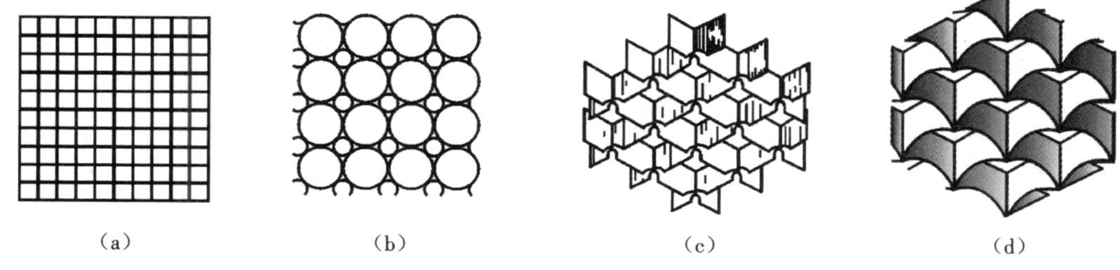

图 10-44　开敞式顶棚格栅形式

(a)6.25 mm 格子板;(b)圆圈网板;(c)方格开槽;(d)波浪形

反射灯槽是将光源安装在顶棚内的一种灯光装置。灯光借槽内的反光面将灯光反射至顶棚表面,从而使室内得到柔和的光线。这种照明方式通风散热性能好,维修方便(见图 10-45)。

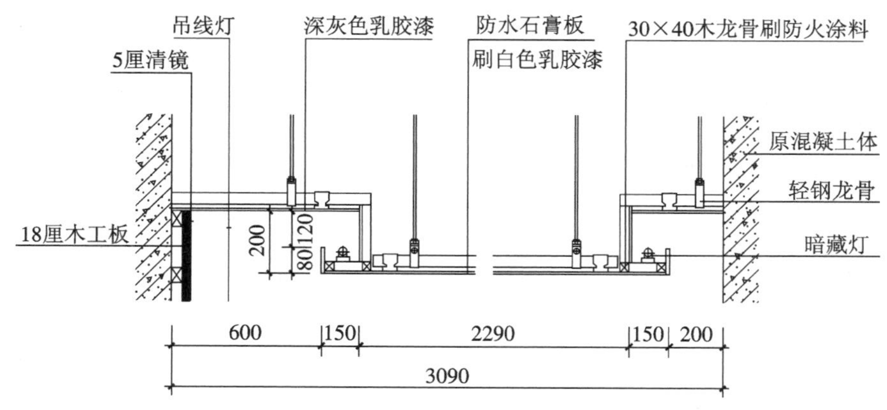

图 10-45　灯槽构造形式

2. 项目列项

天棚工程相关项目列项可参见表 10-10。

表 10-10 天棚工程相关项目列项

<table>
<tr><th colspan="3">构件类型</th><th>清单项目</th><th colspan="2">定额项目</th></tr>
<tr><td rowspan="3">天棚抹灰</td><td rowspan="3">一般抹灰</td><td>面层</td><td rowspan="3">011301001 天棚抹灰</td><td>15-83～15-93</td><td>天棚纸筋石灰砂浆、水泥砂浆、混合砂浆、石灰砂浆面</td></tr>
<tr><td>贴缝</td><td>15-93</td><td>板底网格纤维布贴缝</td></tr>
<tr><td>装饰线</td><td>15-94、15-95</td><td>天棚面装饰线</td></tr>
<tr><td rowspan="11">天棚吊顶</td><td rowspan="11">天棚吊顶</td><td>龙骨</td><td rowspan="8">011302001 天棚吊顶
011302002 隔栅吊顶
011302003 吊筒吊顶
011302004 藤条造型悬挂吊顶
011302005 织物软雕吊顶</td><td>15-1～15-32</td><td>天棚木、轻钢、铝合金龙骨</td></tr>
<tr><td>吊筋</td><td>15-33～15-41</td><td>吊筋</td></tr>
<tr><td>面层</td><td>15-42～15-73</td><td>天棚夹板面、钙塑板、纸面石膏板、切片板、铝合金方(条)板、铝塑板、矿棉板、铝合金微孔方板、防火板、宝丽板、水泥压力板、吸声板、板条、镜面不锈钢板、铜皮面层、镜面玻璃面层、素白石膏吸声板、浮雕石膏板</td></tr>
<tr><td>清油封底</td><td>17-174</td><td>清油封底</td></tr>
<tr><td>板缝自粘胶带</td><td>17-175</td><td>天棚墙面板缝自粘胶带</td></tr>
<tr><td>批腻子</td><td>17-164～17-172</td><td>抹灰面满批腻子</td></tr>
<tr><td rowspan="2">油漆</td><td>17-160～17-163</td><td>抹灰面调和漆</td></tr>
<tr><td>17-176～17-194</td><td>墙面、夹板面乳胶漆</td></tr>
<tr><td>龙骨</td><td rowspan="3">011302006 网架(装饰)吊顶</td><td>15-1～15-32</td><td>天棚木、轻钢、铝合金龙骨</td></tr>
<tr><td>吊筋</td><td>15-33～15-41</td><td>吊筋</td></tr>
<tr><td>面层</td><td>15-71</td><td>木方格吊顶天棚</td></tr>
<tr><td rowspan="2">天棚其他装饰</td><td colspan="2" rowspan="2">灯带</td><td rowspan="2">011304001 灯带
011304002 送风口、回风口</td><td>15-72、15-73</td><td>塑料格栅、PS灯片</td></tr>
<tr><td>18-64、18-65</td><td>平顶灯带、回光灯槽制作、安装</td></tr>
</table>

10.4.1 任务一:天棚抹灰

1. 工程识图

查看建筑平面图、结构平面图及建筑设计说明,识图中应注意柱、梁等结构尺寸。

2. 工作内容

① 基层清理;② 底层抹灰;③ 抹面层;④ 抹装饰线条。

3. 项目特征

① 基层类型;② 抹灰厚度、材料种类;③ 装饰线条道数;④ 砂浆配合比。

4. 工程量计算规则

清单工程量计算规则:按设计图示尺寸以水平投影面积计算。不扣除间壁墙、垛、柱、附墙烟囱、检查口和管道所占的面积,带梁天棚、梁两侧抹灰面积并入天棚面积内,板式楼梯底面抹灰按斜面积计算,锯齿形楼梯底板抹灰按展开面积计算。

定额工程量计算规则包括以下内容。

(1) 天棚面抹灰按主墙间天棚水平面积计算,不扣除间壁墙、垛、柱、附墙烟囱、检查洞、通风洞、管道等所占的面积。

(2) 密肋梁、井字梁、带梁天棚抹灰面积,按展开面积计算,并入天棚抹灰工程量内。斜天棚抹灰按斜面积计算。

(3) 天棚抹面如抹小圆角者,人工已包括在定额中,材料、机械按附注增加。如带装饰线者,其线分别按三道线以内或五道线以内,以延长米计算(线角的道数以每一个突出的阳角为一道线)。

(4) 楼梯底面、水平遮阳板底面和檐口天棚,并入相应的天棚抹灰工程量内计算。混凝土楼梯、螺旋楼梯的底板为斜板时,按其水平投影面积(包括休息平台)乘系数1.18计算,底板为锯齿形时(包括预制踏步板),按其水平投影面积乘系数1.5计算。

5. 定额有关说明

天棚面的抹灰按中级抹灰考虑,所取定的砂浆品种、厚度详见《计价定额》附录七。设计砂浆品种(纸筋石灰浆除外)厚度与定额不同均应按比例调整,但人工数量不变。

6. 案例分析

【例10-20】计算图10-16中现浇混凝土楼板天棚抹12 mm厚1∶0.3∶3混合砂浆,天棚与墙交接处抹小圆角,计算其综合单价。

【解】(1) 清单工程量。

序号	项目编码	项目名称	工程量计算式	计量单位	工程量
1	011301001001	天棚抹灰		m^2	65.12
			大厅:(7.80－2.5－0.2)×(9.0－0.2)＝44.88(m^2)		
			休息间、卫生间:(2.5－0.2)×(9.0－0.2)＝20.24(m^2)		

(2) 定额工程量:同清单工程量。

(3)综合单价。

综合单价分析表

工程名称:(略)

序号	项目编码/定额编号	项目名称	单位	数量	综合单价组成/元					综合单价
					人工费	材料费	机械费	管理费	利润	
1	011301001001	天棚抹灰	m^2	65.12	11.15	3.24	0.33	2.98	1.38	19.08
	15-87 注 1	混凝土天棚,混合砂浆面,现浇(天棚与墙面交接处抹小圆角)	10 m^2	6.512	111.52	32.37	3.26	29.84	13.77	190.76

注:15-87 注 1=189.43+0.005×234.42+0.001×120.64×1.38=190.76(元/10 m^2)。

10.4.2 任务二:天棚吊顶

1. 工程识图

查看建筑平面图、顶棚平面布置图及建筑设计说明,识图中应注意窗帘盒、灯孔等布置的位置、尺寸,在断面图中应注意天棚的造型、跌级的高差等。

2. 工作内容

① 基层清理;② 龙骨安装;③ 基层板铺贴;④ 面层铺贴;⑤ 嵌缝;⑥ 刷防护材料、油漆。

3. 项目特征

① 吊顶形式;② 龙骨材料种类、规格、中距;③ 基层材料种类、规格;④ 面层材料品种、规格、品牌、颜色;⑤ 压条材料种类、规格;⑥ 嵌缝材料种类;⑦ 防护材料种类;⑧ 油漆品种、刷漆遍数。

4. 工程量计算规则

清单工程量计算规则:按设计图示尺寸以水平投影面积计算。天棚面中的灯槽及跌级、锯齿形、吊挂式、藻井式天棚面积不展开计算。不扣除间壁墙、检查口、附墙烟囱、柱垛和管道所占的面积,扣除单个 0.3 m^2 以外的孔洞 、独立柱及与天棚相连的窗帘盒所占的面积。

定额工程量计算规则如下。

(1) 本定额天棚饰面的面积按净面积计算,不扣除间壁墙、检修孔、附墙烟囱、柱垛和管道所占面积,但应扣除独立柱、0.3 m^2 以上的灯饰面积(石膏板、夹板天棚面层的灯饰面积不扣除)及与天棚相连接的窗帘盒面积。

(2) 天棚中假梁、折线、叠线等圆弧形、拱形、特殊艺术形式的天棚饰面,均按展开面积计算。

(3) 天棚龙骨的面积按主墙间的水平投影面积计算。天棚龙骨的吊筋按每 10 m^2 龙骨面积套相应子目计算。

(4) 圆弧形、拱形的天棚龙骨应按其弧形或拱形部分的水平投影面积计算套用复杂型子目，龙骨用量按设计进行调整，人工和机械按复杂型天棚子目乘系数 1.8。

(5) 本定额天棚每间以在同一平面上为准，设计有圆弧形、拱形时，按其圆弧形、拱形部分的面积：圆弧形面层人工按其相应定额乘系数 1.15 计算，拱形面层的人工按相应定额乘系数 1.5 计算。

(6) 铝合金扣板、雨篷均按水平投影面积计算。

5. 定额有关说明

(1) 定额中的木龙骨、金属龙骨是按面层龙骨的方格尺寸取定的，其龙骨、断面的取定如下。

① 木龙骨断面：搁在墙上大龙骨 50 mm×70 mm，中龙骨 50 mm×50 mm，吊在混凝土板下，大、中龙骨 50 mm×40 mm。

② U 型轻钢龙骨。

上人型　大龙骨 50 mm×27 mm×1.5 mm(高×宽×厚)
　　　　中龙骨 50 mm×20 mm×0.5 mm(高×宽×厚)
　　　　小龙骨 25 mm×20 mm×0.5 mm(高×宽×厚)

不上人型　大龙骨 50 mm×15 mm×1.2 mm(高×宽×厚)
　　　　中龙骨 50 mm×20 mm×0.5 mm(高×宽×厚)
　　　　小龙骨 25 mm×20 mm×0.5 mm(高×宽×厚)

③ T 型铝合金龙骨。

上人型　轻钢大龙骨 50 mm×15 mm×1.5 mm(高×宽×厚)
　　　　铝合金 T 型主龙骨 20 mm×35 mm×0.8 mm(高×宽×厚)
　　　　铝合金 T 型次龙骨 20 mm×22 mm×0.6 mm(高×宽×厚)

不上人型　轻钢大龙骨 45 mm×15 mm×1.2 mm(高×宽×厚)
　　　　铝合金 T 型主龙骨 20 mm×35 mm×0.8 mm(高×宽×厚)
　　　　铝合金 T 型次龙骨 20 mm×22 mm×0.6 mm(高×宽×厚)

设计与定额不符，应按设计的长度用量加下列损耗调整定额中的含量：木龙骨 6%、轻钢龙骨 6%、铝合金龙骨 7%。

(2) 天棚的骨架基层分为简单型、复杂型两种。

简单型：指每间面层在同一标高的平面上。

复杂型：指每一间面层不在同一标高平面上，其高差在 100 mm 以上(含 100 mm)，但必须满足不同标高的少数面积占该间面积的 15%以上。

(3) 天棚吊筋、龙骨与面层应分开计算，按设计套用相应定额。

定额中金属吊筋是按膨胀螺栓连接在楼板上考虑的，每付吊筋的规格、长度、配件及调整办法详见天棚吊筋子目，设计吊筋与楼板底面预埋铁件焊接时也按定额执行。吊筋子目适用于钢、木龙骨的天棚基层。设计小房间(厨房、厕所)内不用吊筋时，不能计算吊筋项目，并扣除相应定额中人工含量 0.67 工日/10 m^2。

(4) 定额中轻钢、铝合金龙骨是按双层编制的，设计为单层龙骨(大、中龙骨均在同一平面上)。在套用定额时,应扣除定额中的小(副)龙骨及配件,人工乘系数0.87,其他不变,设计小(副)龙骨用中龙骨代替时,其单价应调整。

(5) 胶合板面层在现场钻吸声孔时,按钻孔板部分的面积,每10 m^2 增加人工0.64工日计算。

(6) 木质骨架及面层的上表面,未包括刷防火漆,设计要求刷防火漆时,应按《计价定额》第17章相应定额子目计算。

(7) 上人型天棚吊顶检修道,分为固定、活动两种,应按设计分别套用定额。

6. 案例分析

【例10-21】如图10-46所示,未注明墙厚为200 mm,大厅采用不上人型装配式U型轻钢龙骨,龙骨间距400 mm×600 mm,Φ6钢筋吊筋,面层为纸面石膏板。计算其综合单价。

【解】由于吊顶高差200 mm>100 mm,且 $S_1/(S_1+S_2)\times100\%=14.52/(27.3+14.52)\times100\%=34.72\%>15\%$,该天棚为复杂型天棚。

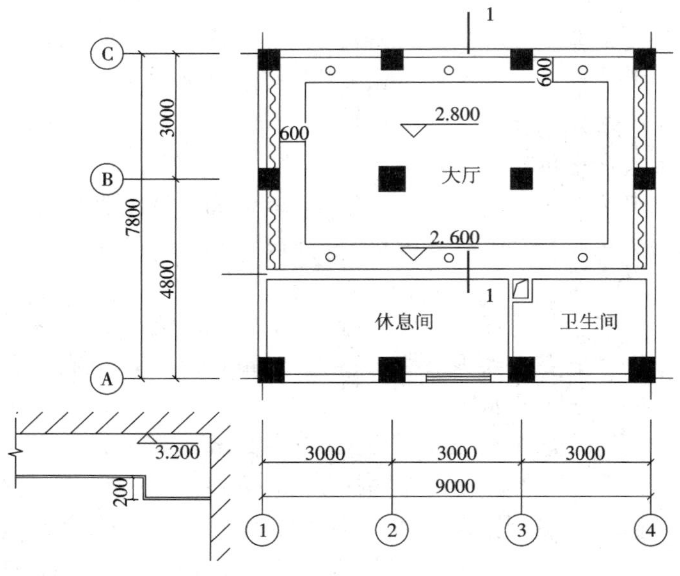

图10-46 吊顶平面图

(1) 清单工程量。

序号	项目编码	项目名称	工程量计算式	计量单位	工程量
1	011302001001	天棚吊顶		m^2	41.21
			大厅:(7.80−2.5−0.2)×(9.0−0.2−0.3×2)=41.82(m^2)		
			扣柱:0.6×0.6+0.5×0.5=0.61(m^2)		

（2）定额工程量。

序号	定额编号	项目名称	工程量计算式	计量单位	工程量
1	15-33	Φ 6 吊筋高 400 mm		10 m^2	2.73
			(7.80－2.5－0.2－0.6×2)×(9.0－0.2－0.3×2－0.6×2)＝27.3(m^2)		
	15-33	Φ 6 吊筋高 600 mm		10 m^2	1.45
			41.82－27.3＝14.52(m^2)		
	15-8	不上人 U 型轻钢龙骨复杂面层		10 m^2	4.18
			大厅：(7.80－2.5－0.2)×(9.0－0.2－0.3×2)＝41.82(m^2)		
	15-46	凹凸纸面石膏板天棚面层		10 m^2	4.56
			41.21＋[(7.80－2.5－0.2－0.6×2)＋(9.0－0.2－0.3×2－0.6×2)]×2×0.2＝45.57(m^2)		

（3）综合单价。

综合单价分析表

工程名称：(略)

序号	项目编码/定额编号	项目名称	单位	数量	综合单价组成/元					综合单价
					人工费	材料费	机械费	管理费	利润	
1	011302001001	吊顶天棚	m^2	41.21	30.71	51.07	1.26	8.32	3.83	95.19
	15-33＋15-33 注×(－3.5)	天棚吊筋 H＝400 mm Φ 6	10 m^2	2.73	0	26.89	9.42	2.45	1.13	39.89
	15-33＋15-33 注×(－1.5)	天棚吊筋 H＝600 mm Φ 6	10 m^2	1.45	0	28.91	9.42	2.45	1.13	41.91
	15-8	装配式 U 型(不上人型)轻钢龙骨，面层规格 400 mm×600 mm，复杂	10 m^2	4.18	178.5	334.99	3.04	47.2	21.78	585.51

续表

序号	项目编码/定额编号	项目名称	单位	数量	综合单价组成/元					综合单价
					人工费	材料费	机械费	管理费	利润	
	15-46	纸面石膏板天棚面层安装在U型轻钢龙骨上，凹凸	10 m^2	4.56	113.9	129.1	0	29.61	13.67	286.28

注：Φ 6 吊筋高 400 mm 换算过程为(43.43－0.35/0.75×3.45×2.2＝39.89(元/10 m^2)。

10.4.3 任务三：天棚其他装饰

1. 工作内容

① 安装、固定；② 刷防护材料。

2. 项目特征

① 灯带形式、尺寸；② 隔栅片、风口材料品种、规格、品牌、颜色；③ 安装固定方式；④ 防护材料种类。

3. 工程量计算规则

清单工程量计算规则：灯带按设计图示尺寸以框外围面积计算；送风口、回风口按设计图示数量计算。

定额工程量计算规则：灯带按延长米计算；灯槽按中心线延长米计算。

4. 定额有关说明

(1) 曲线形平顶灯带，回光灯槽人工乘 1.5 系数，其余不变。

(2) 回光灯槽增加的龙骨已在复杂天棚中考虑。

5. 案例分析

【例 10-22】若在例 10-21 中，天棚吊顶设灯槽，断面如图 10-47 所示，求天棚的综合单价。

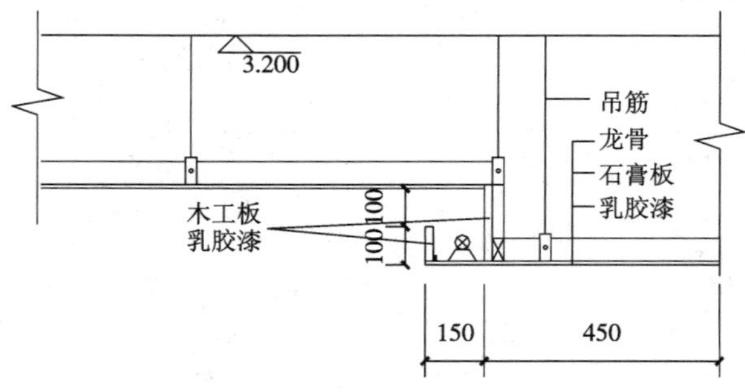

图 10-47 天棚吊顶设灯槽断面

【解】(1) 清单工程量。

序号	项目编码	项目名称	工程量计算式	计量单位	工程量
1	011302001001	天棚吊顶		m^2	41.21
			大厅:(7.80−2.5−0.2)×(9.0−0.2−0.3×2)=41.82(m^2)		
			扣柱:0.6×0.6+0.5×0.5=0.61(m^2)		

(2) 定额工程量。

序号	定额编号	项目名称	工程量计算式	计量单位	工程量
1	15-33	Φ6 吊筋高 400 mm		10 m^2	3.07
			(7.80−2.5−0.2−0.45×2)×(9.0−0.2−0.3×2−0.45×2)=30.66(m^2)		
	15-33	Φ6 吊筋高 600 mm		10 m^2	1.12
			41.82−30.66=11.16(m^2)		
	15-8	不上人 U 型轻钢龙骨复杂面层		10 m^2	4.18
			大厅:(7.80−2.5−0.2)×(9.0−0.2−0.3×2)=41.82(m^2)		
	15-46	凹凸纸面石膏板天棚面层		10 m^2	4.46
			41.21+[(7.80−2.5−0.2−0.6×2+0.15)+(9.0−0.2−0.3×2−0.6×2+0.15)]×2×0.15=44.57(m^2)		
	18-65	回光灯槽		10 m	2.24
			(7.80−2.5−0.2−0.6×2+0.15)+(9.0−0.2−0.3×2−0.6×2+0.15)=22.4(m)		

(3) 综合单价。

综合单价分析表

工程名称:(略)

序号	项目编码/定额编号	项目名称	单位	数量	综合单价组成/元					综合单价
					人工费	材料费	机械费	管理费	利润	
1	011302001002	吊顶天棚	m^2	41.21	30.43	50.73	1.27	8.24	3.8	94.47

续表

序号	项目编码/定额编号	项目名称	单位	数量	综合单价组成/元					综合单价
					人工费	材料费	机械费	管理费	利润	
	15-33＋15-33注×(－3.5)	天棚吊筋 H=400 mmΦ6	10 m^2	3.066	0	26.89	9.42	2.45	1.13	39.89
	15-33＋15-33注×(－1.5)	天棚吊筋 H=600 mmΦ6	10 m^2	1.116	0	28.91	9.42	2.45	1.13	41.91
	15-8	装配式U型(不上人型)轻钢龙骨,面层规格400 mm×600mm,复杂	10 m^2	4.182	178.5	334.99	3.04	47.2	21.78	585.51
	15-46	纸面石膏板天棚面层安装在U型轻钢龙骨上,凹凸	10 m^2	4.457	113.9	129.1	0	29.61	13.67	286.28
2	011304001001	灯带(槽)	m	22.4	13.43	14.43	0.48	3.62	1.67	33.63
	18-65换	回光灯槽	10m	2.24	134.3	144.33	4.76	36.16	16.69	336.24

注:18-65换=424.05+(166.86+52.68)×(0.3/0.5－1)=336.24(元/10 m)。

10.5 门窗工程

1. 工程识图

门窗工程识图主要依据门窗表及详图。应注意识读门窗的材料品种、规格,洞口尺寸等,门窗的组成,开启方式及相关项目细部尺寸。

2. 项目分类

(1) 按材料分类。

窗按材料分为木窗、钢窗、铝合金窗、塑料窗、玻璃钢窗、塑钢窗等复合材料制作的窗。

(2) 按开启方式分类。

① 门的分类:平开门、弹簧门、推拉门、折叠门、转门、上翻门、卷帘门等。

② 窗的分类:平开窗、悬窗、立转窗、推拉窗、固定窗。

(3) 木门窗。

① 木门的构造:木门由门框、门扇、亮窗、五金零件组成。门框由边框、上框(也

称上槛)组成。门扇按其构造方式分为镶板门、夹板门、拼板门、玻璃门、纱门。

② 木窗的构造:木窗由窗框、窗扇、亮窗、五金零件组成。其中,窗框由上框、下框、边框、中横框、中竖框等组成。窗框的断面形状与尺寸主要考虑材料的强度和横竖框接榫的需要来确定,多为经验尺寸。窗框在墙洞中的位置:与墙内表面平(内平)、位于墙厚的中部(居中)、与墙外表面平(外平)。窗框的安装方式有立口、塞口两种。

(4) 钢门窗。

① 普通钢门所用材料:实腹料、空腹料。

钢门窗需在专门的加工厂制作加工,各地钢门窗厂均有标准图可供选用,钢门窗的安装均采用塞口方式。

② 新型彩板钢门窗:彩板钢门窗是以冷轧钢板或镀锌钢板为基材,通过连续式表面涂层或压膜处理,从而获得具有良好的防腐能力、优异的与基材黏结能力,且富有装饰色彩的新型钢门窗。彩板门窗断面形式复杂,种类繁多,在设计时,可根据标准图选用,或提供立面组合方式委托工厂加工。彩板门窗在出厂前,大多已将玻璃以及五金件全部安装完毕,在施工现场仅需进行成品安装。

(5) 铝合金门窗。

铝合金门窗轻质高强,具有良好的气密性和水密性,隔声、隔热、耐腐蚀性能都比普通钢、木门窗有显著的提高,对有隔声、保温、隔热、防尘等特殊要求的建筑,以及多风沙、多暴雨、多腐蚀性气体环境地区的建筑尤为适用。铝合金门窗由经过表面加工的铝合金型材在工厂或工地加工而成。

(6) 塑料门窗。

塑料门窗是采用添加多种耐候、耐腐蚀等添加剂的塑料,经挤压成型的型材组装而成的门窗。

10.5.1　任务一:门窗工程

1. 工作内容

工作内容包括门窗制作、运输、安装;五金、玻璃安装;刷防护材料、油漆。

2. 项目特征

门窗类型;框截面尺寸、单扇面积;骨架材料种类;面层材料品种、规格、品牌、颜色;玻璃品种、厚度;五金材料品种、规格;防护材料种类;油漆品种、刷漆遍数。

3. 工程量计算规则

(1) 清单工程量计算规则。

按设计图示数量或设计图示洞口尺寸以面积计算。

(2) 定额工程量计算规则。

① 购入成品的各种铝合金门窗安装,按门窗洞口面积以平方米计算,购入成品的木门扇安装,按购入门扇的净面积计算。

② 现场铝合金门窗扇制作、安装按门窗洞口面积以平方米计算。

③ 各种卷帘门按洞口高度加 600 mm,再乘卷帘门实际宽度的面积计算,卷帘门上有小门时,其卷帘门工程量应扣除小门面积。卷帘门上的小门按扇计算,卷帘门上电动提升装置以套计算,手动装置的材料、安装人工已包括在定额内,不另增加。

④ 无框玻璃门按其洞口面积计算。无框玻璃门中,部分为固定门扇、部分为开启门扇时,工程量应分开计算。无框门上带亮子时,其亮子与固定门扇合并计算。

⑤ 门窗框上包不锈钢板均按不锈钢板的展开面积以平方米计算,木门扇上包金属面或软包面均以门扇净面积计算。无框玻璃门上亮子与门扇之间的钢骨架横撑(外包不锈钢板),按横撑包不锈钢板的展开面积计算。

⑥ 门窗扇包镀锌铁皮,按门窗洞口面积以平方米计算;门窗框包镀锌铁皮、钉橡皮条、钉毛毡按图示门窗洞口尺寸以延长米计算。

⑦ 木门窗框、扇制作、安装工程量按以下规定计算。

a. 各类木门窗(包括纱门、纱窗)制作、安装工程量均按门窗洞口面积以平方米计算。

b. 连门窗的工程量应分别计算,套用相应门窗定额,窗的宽度算至门框外侧。

c. 普通窗上部带有半圆窗的工程量应按普通窗和半圆窗分别计算,其分界线以普通窗和半圆窗之间的横框上边线为分界线。

d. 无框窗扇按扇的外围面积计算。

4. 定额有关说明

(1) 门窗工程分为购入构件成品安装,铝合金门窗制作安装,木门窗框、扇制作安装,装饰木门扇及门窗五金配件安装五部分。

(2) 购入构件成品安装门窗单价中,除地弹簧、门夹、管子、拉手等特殊五金外,玻璃及一般五金已包括在相应的成品单价中,一般五金的安装人工已包括在定额内,特殊五金和安装人工应按"门、窗配件安装"的相应子目执行。

(3) 铝合金门窗制作、安装包括以下内容。

① 铝合金门窗制作、安装是按定额在现场制作编制的,如在构件厂制作,也按定额执行,但构件厂至现场的运输费用应按当地交通部门的规定运费执行(运费不计入取费基价)。

② 铝合金门窗制作型材颜色分为古铜、银白色两种,应按设计分别套用定额,除银白色以外的其他颜色均按古铜色定额执行。各种铝合金型材规格、含量的取定详见《计价定额》附录。设计型材的规格与定额不符时,应按附录的规格或设计用量加6%损耗调整。

③ 铝合金门窗的五金应按"门、窗五金配件安装"另列项目计算。

④ 门窗框与墙或柱的连接是按镀锌铁脚、膨胀螺栓连接考虑的,设计不同,定额中的铁脚、螺栓应扣除,其他连接件另外增加。

(4) 木门窗制作、安装包括以下内容。

①《计价定额》编制了一般木门窗制作、安装及成品木门框扇的安装,制作是按机械和手工操作综合编制的。

②《计价定额》均以一、二类木种为准,如采用三、四类木种,分别乘以下系数:木门窗制作人工和机械费乘系数 1.30;木门窗安装人工乘系数 1.15。

③ 木材规格是按已成型的两个切断面规格料编制的,两个切断面以前的锯缝损耗按总说明规定应另外计算。

④《计价定额》中注明的木材断面或厚度均以毛料为准。如设计图纸注明的断

面或厚度为净料时，应增加断面刨光损耗：一面刨光加 3 mm，两面刨光加 5 mm，圆木按直径增加 5 mm。

⑤《计价定额》中的木材是以自然干燥条件下的木材编制的，需要烘干时，其烘干费用及损耗由各市确定。

⑥《计价定额》中门窗框扇断面除注明者外均是按苏 J73-2 常用项目的Ⅲ级断面编制的，设计框、扇断面与定额不同时，应按比例换算。框料以边立框断面为准(框裁口处如为钉条者，应加贴条断面)，扇料以立梃断面为准。

⑦ 胶合板门的基价是按四八尺(1.22 m×2.44 m)编制的，剩余的边角料残值已考虑回收，如建设单位供应胶合板，按两倍门扇数量供应，每张裁下的边角料全部退还给建设单位(但残值回收取消)。若使用三七尺(0.91 m×2.13 m)胶合板，定额基价应按括号内的含量换算，并相应扣除定额中的胶合板边角料残值回收值。

5. 案例分析

【例 10-23】某工程门大样如图 10-48 所示，采用细木工板贴切片板，白榉切片板整片开洞，实木收边，共 10 樘。求该木门的综合单价。(白榉切片板单价为 25.24 元/m^2，雀眼切片板单价为 60.47 元/m^2，实木收边单价为 5.0 元/m。)

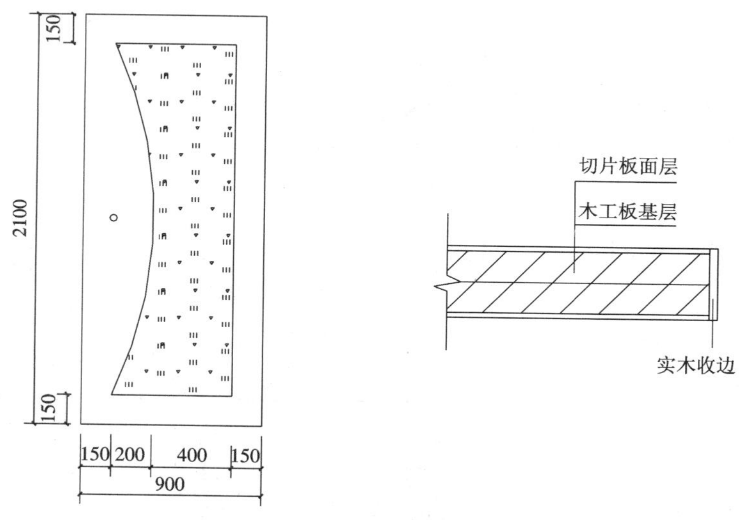

图 10-48　某工程门大样

【解】

雀眼切片板含量：0.6×(2.1−0.15×2)÷1.89×1.10×10=6.29(m^2/10 m^2)

(1) 清单工程量。

序号	项目编码	项目名称	工程量计算式	计量单位	工程量
1	010801001001	木质门		m^2	18.9
			0.9×2.1×10=18.9(m^2)		

(2) 定额工程量。

定额工程量同清单工程量。

(3) 综合单价。

综合单价分析表

工程名称:(略)

序号	项目编码/定额编号	项目名称	单位	数量	综合单价组成/元					综合单价
					人工费	材料费	机械费	管理费	利润	
1	010801001001	木质门	m^2	18.9	122.06	198.66	1.94	32.24	14.88	369.78
	16-292换	细木工板实芯门扇上贴双面普通花式切片板	10 m^2	1.89	1220.6	1986.6	19.4	322.4	148.8	3697.84

注:16-292换=3470.73+(25.24-15.44)×22+(60.47×6.29-32.59×12.57)+(5-3.6)×29.15=3697.84(元/10 m^2)。

6. 案例拓展

【例10-24】某工程共有企口板(无腰单扇)门10樘。洞口尺寸:900 mm×2100 mm,企口板门框设计断面60 mm×100 mm(双裁口),门扇断面同《计价定额》。设执手锁1把,插销2只,铰链4副,求其综合单价。

【解】

普通成材含量调整:$\frac{(60+3)\times(100+5)}{55\times100}-1=0.032(m^2/10\ m^2)$

综合单价分析表

工程名称:(略)

序号	项目编码/定额编号	项目名称	单位	数量	综合单价组成/元					综合单价
					人工费	材料费	机械费	管理费	利润	
1	010801001002	木质门	樘	10	126.21	326.59	4.93	34.11	15.73	507.57
	16-221注	企口板门(无腰单扇),门框断面55 mm×100 mm,制作(双裁口)	10 m^2	1.89	90.95	320.82	6.07	25.23	11.64	454.71
	16-222	企口板门(无腰单扇),门扇断面50 mm×100 mm,门肚板厚度20 mm,制作	10 m^2	1.89	135.15	482.09	20	40.34	18.62	696.2

续表

序号	项目编码/定额编号	项目名称	单位	数量	综合单价组成/元					综合单价
					人工费	材料费	机械费	管理费	利润	
	16-223	企口板门(无腰单扇),门框安装	10 m²	1.89	40.8	11.39	0	10.61	4.9	67.7
	16-224	企口板门(无腰单扇),门扇安装	10 m²	1.89	81.6	0	0	21.22	9.79	112.61
	16-312	执手锁安装	把	10	14.45	65.65	0	3.76	1.73	85.59
	16-313	插销安装	套	20	5.95	17.92	0	1.55	0.71	26.13
	16-314	铰链安装	个	40	8.5	17.8	0	2.21	1.02	29.53

注:16-221注=389.69+0.18×85×1.38+0.032×1372.08=454.71(元/10 m²)。

10.5.2 任务二:门窗套、窗帘盒、窗台板

1. 项目特征

门窗套:底层厚度、砂浆配合比;立筋材料种类、规格;基层材料种类;面层材料品种、规格、颜色;防护材料种类;油漆品种、刷漆遍数。

窗帘盒:窗帘盒材质、规格、颜色;窗帘轨材质、规格;防护材料种类;油漆品种、刷漆遍数。

窗台板:找平层厚度、砂浆配合比;窗台板材质、规格、颜色;防护材料种类;油漆品种、刷漆遍数。

2. 工程量计算规则

1)清单工程量计算规则

(1)硬木筒子板、门窗套、贴脸:按设计图示尺寸以展开面积计算。

(2)窗帘轨、窗帘盒:按设计图示尺寸以长度计算。

2)定额工程量计算规则

(1)门窗套、筒子板按面层展开面积计算。

(2)窗台板按平方米计算。如图纸未注明窗台板长度,可按窗框外围两边共加100 mm计算;窗口凸出墙面的宽度,按抹灰面另加30 mm计算。

(3)门窗贴脸按门窗洞口尺寸外围长度以延长米计算,双面钉贴脸者工程量乘以2;挂镜线按设计长度以延长米计,暖气罩、玻璃黑板按外框投影面积计算。

(4)窗帘盒及窗帘轨按延长米计算,如设计图纸未注明尺寸可按洞口尺寸加300 mm计算。

(5)窗帘装饰布:

① 窗帘布、窗纱布、垂直窗帘的工程量按展开面积计算;

② 窗水波幔帘按延长米计算。

3. 定额有关说明

(1) 设计门窗玻璃品种、厚度与定额不符,单价应调整,数量不变。

(2) 木质送、回风口的制作、安装按百叶窗定额执行。

(3) 设计门窗有艺术造型或有特殊要求时,因设计差异变化较大,其制作、安装应按实际情况另行处理。

(4) 门窗框包不锈钢板(包括门窗骨架在内),应按其骨架的品种分别套用相应定额。

10.6 油漆、涂料工程

建筑内外墙面用涂料作装饰面是饰面做法中最简便的一种方式。墙面涂刷装修多以抹灰为基层,也可直接涂刷在砖、混凝土、木材等基层上。根据装饰要求,可以采取刷涂、滚涂、弹涂、喷涂等施工方法以形成不同的质感效果。

1) 涂料工程

涂料包括适用于室内外的各种水溶型涂料、乳液型涂料、溶剂型涂料(包括油漆)以及清漆等。涂料品种繁多,使用时应按其性质和用途加以认真选择。选择时要注意配套使用,使底漆和腻子、腻子与面漆、面漆与罩光漆彼此之间附着力不致有影响。

(1) 水溶型涂料。

① 聚乙烯醇水玻璃涂料(106 内墙涂料):以聚乙烯醇树脂水溶液和纳水玻璃为基料,掺以适当填充料、颜料及少量表面活性剂制成。这种涂料无毒、无味、不燃、价廉,是一种用途广泛的内墙涂料。

② 聚乙烯醇缩甲醛涂料(SI-803 内墙涂料):以 107 胶为主要成膜物质,是“106”的改进产品,耐水性与耐擦性略优于 106 内墙涂料。

③ 改性聚乙烯醇涂料:与“106”“107”相比,其耐水性、耐擦性明显提高,既可用作内墙涂料,也可用作外墙涂料。

(2) 乳液型涂料。

① 聚醋酸乙烯乳胶漆:以合成树脂微粒分散于有乳化剂的水中,所构成的乳液为成膜物质。它是一种中档内墙涂料,一般用于室内而不直接用于室外。

② 乙-丙乳胶漆:以聚醋酸乙烯与丙烯酸酯共聚乳液为成膜物质,其耐水性、耐久性均优于聚醋酸乙烯乳胶漆,并具有光泽。

③ 苯-丙乳胶漆:以苯乙烯、丙烯酸酯及甲基丙烯酸三元共聚乳液为成膜物质,其耐久性、耐水性、耐擦性均属上乘,为高档内墙涂料。

(3) 溶剂型涂料。

① 过氯乙烯外墙涂料:以过氯乙烯为主要成膜物质,饰面美观耐久,既可用于外墙也可用于内墙。

② 丙烯酸酯外墙涂料:以热塑性丙烯酸树脂为主要成膜物质,是一种优质外墙涂料,寿命可达 10 年以上。

③ 聚氨酯系外墙涂料:以聚氨酯或与其他合成树脂复合作为成膜物质,是一种双组分固化型优质、高档外墙涂料,但价格较高。

④ 天然漆:有生漆、熟漆之分,性能好,漆膜坚硬,富有光泽,但抗阳光照晒、抗氧化性能较差,适用于高级家具及古建筑部件的涂装。

⑤ 人工合成漆。

2) 裱糊工程

裱糊工程,是将各种装饰性壁纸、墙布等卷材用黏结剂裱糊在墙面上而成的一种饰面。其施工简单,美观耐用,增强了装饰效果。

壁纸类型包括以下几种。

① 普通类型:是纸基壁纸,有良好透气性,价格便宜,但不能清洗,易断裂,目前已很少使用。

② 塑料 PVC(聚氯乙烯)壁纸:以聚氯乙烯塑料薄膜为面层,以专用纸为基层,在纸上涂布或热压复合成型。其强度高,可擦洗,使用广泛。

③ 纤维织物壁纸:用玻璃纤维、丝、羊毛、棉麻等纤维织成壁纸。这种壁纸强度高、质感柔和、外观高雅,能形成良好的环境气氛。

④ 金属壁纸:是一种以印花、压花、涂金属粉等工序加工而成的高档壁纸,给人富丽堂皇之感,一般用于高级装修中。

1. 工程量计算规则

1) 清单工程量计算规则

清单工程量计算规则:按设计图示数量或设计图示洞口尺寸以面积计算。

2) 定额工程量计算规则

(1) 墙、柱、梁面的喷(刷)涂料和抹灰面乳胶漆,工程量按实喷(刷)面积计算,但不扣除 0.3 m^2 以内的孔洞面积。

(2) 各种木材面的油漆工程量按构件的工程量乘相应系数计算,其具体系数见《计价定额》。

(3) 踢脚线按延长米计算,如踢脚线与墙裙油漆材料相同,应合并在墙裙工程量中。

(4) 橱、台、柜工程量计算按展开面积计算。零星木装修,梁、柱饰面按展开面积计算。

(5) 窗台板、筒子板(门、窗套),不论有无拼花图案和线条均按展开面积计算。

(6) 抹灰面的油漆、涂料、刷浆工程量等于抹灰的工程量。

(7) 防火漆计算规则如下。

① 隔壁、护壁木龙骨按其面层正立面投影面积计算。

② 柱木龙骨按其面层外围面积计算。

③ 天棚龙骨按其水平投影面积计算。

④ 木地板中木龙骨及木龙骨带毛地板按地板面积计算。

⑤ 隔壁、护壁、柱、天棚面层及木地板刷防腐漆,执行其他木材面刷防腐漆相应子目。

2. 定额有关说明

(1) 定额中涂料、油漆工程均采用手工操作,喷塑、喷涂、喷油采用机械喷枪操作,实际施工操作方法不同时,均按定额执行。

(2) 油漆项目中,已包括钉眼刷防锈漆的人工、材料,并综合了各种油漆的颜色,设计油漆颜色与定额不符时,人工、材料均不调整。

(3) 定额已综合考虑分色及门窗内外分色的因素,需做美术图案者,可按实计算。

(4) 定额中规定的喷、涂刷的遍数,如与设计不同时,可按每增减一遍相应定额子目执行。

(5) 本定额对硝基清漆、磨退出亮定额子目未具体要求刷理遍数,但应达到漆膜面上的白雾光消除、出亮为止,实际施工中不得因刷理遍数不同而调整本定额。

(6) 色聚氨酯漆已经综合考虑不同色彩的因素,均按定额执行。

(7) 定额中抹灰面乳胶漆、裱糊墙纸饰面是根据现行工艺,将墙面封油刮腻子、清油封底、乳胶漆涂刷及墙纸裱糊分列子目,定额中乳胶漆、裱糊墙纸子目已包括再次找补腻子在内。

(8) 喷塑(一塑三油)底油、装饰漆、面油规格划分如下。

① 大压花:喷点找平,点面积在 1.2 cm^2 以上。

② 中压花:喷点找平,点面积在 1～1.2 cm^2。

③ 喷中点、小点:喷点面积在 1 cm^2 以下。

(9) 浮雕喷涂料小点、大点规格划分如下。

① 小点:点面积在 1.2 cm^2 以下。

② 大点:点面积在 1.2 cm^2 以上(含 1.2 cm^2)。

(10) 涂料定额是按常规品种编制的,设计用的品种与定额不符的,单价可以换算,其余不变。

(11) 裱糊织锦缎定额中,已包括宣纸的裱糊工料费,不得另计。

(12) 木材面油漆设计有漂白处理时,由甲、乙双方另行协商。

3. 案例分析

【例 10-25】某工程电梯厅墙面如图 10-49 所示,门套为大理石水泥砂浆粘贴,现场加工石材边为指甲圆形磨边,对折处为 45°角磨边,墙面为抹灰面上乳胶漆两遍(混合腻子),大理石踢脚线,求相关项目综合单价。

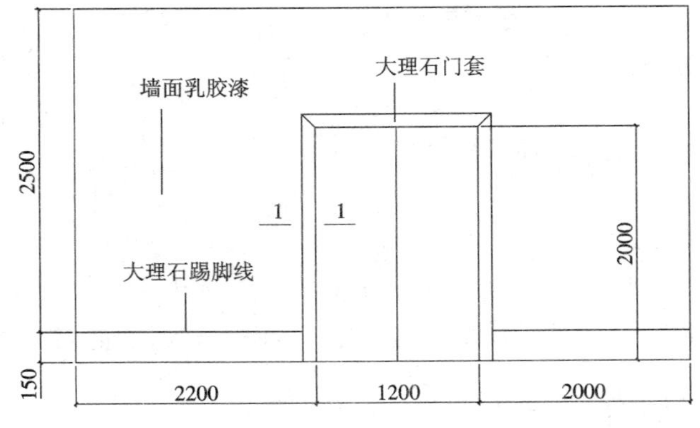

图 10-49 某工程电梯厅墙面

【解】(1) 清单工程量。

序号	项目编码	项目名称	工程量计算式	计量单位	工程量
1	011105002001	石材踢脚线	(2.2+2.0)×0.15=0.63(m^2)	m^2	0.63
2	010808005001	石材门窗套	[(2.0+0.2)×2+(1.2+0.2×2)]×0.2+(2.0×2+1.2)×0.15=1.98(m^2)	m^2	1.98
3	011406001001	抹灰面油漆	(2.2+1.2+2.0)×2.5−(1.2+0.2×2)×(2.0+0.2−0.15)=10.22(m^2)	m^2	10.22

(2) 定额工程量。

序号	定额编号	项目名称	工程量计算式	计量单位	工程量
1	13-50	石材踢脚线	2.2+2.0=4.2(m)	10 m	0.42
2	14-119	石材门窗套	同清单工程量 1.98 m^2	10 m^2	0.198
3	18-33	指甲圆形磨边	(2.0+0.2−0.15)×2+(1.2+0.2×2)=5.7(m)	10 m	0.57
4	18-31	45°角磨边	2.0×2+1.2=5.2(m)	10 m	0.52
5	17-176	内墙面乳胶漆	同清单工程量 10.22 m^2	10 m^2	1.022

(3) 综合单价。

综合单价分析表

工程名称:(略)

序号	项目编码/定额编号	项目名称	单位	数量	综合单价组成/元					综合单价
					人工费	材料费	机械费	管理费	利润	
1	011105002002	石材踢脚线	m^2	0.63	38.53	227.21	0.75	10.21	4.71	281.41
	13-50	石材块料面板,水泥砂浆贴踢脚线	10 m	0.42	57.8	340.82	1.12	15.32	7.07	422.13
2	010808005001	石材门窗套	m^2	1.98	121.21	246.84	7.13	33.37	15.41	423.96
	14-119	石材块料面板,水泥砂浆粘贴零星项目	10 m^2	0.198	577.15	2324.4	6.92	151.86	70.09	3130.4

续表

序号	项目编码/定额编号	项目名称	单位	数量	综合单价组成/元					综合单价
					人工费	材料费	机械费	管理费	利润	
	18-33	石材磨边加工,指甲圆	10 m	0.57	127.5	29.69	12.83	36.49	16.84	223.35
3	011406001001	抹灰面油漆	m^2	10.22	16.19	7.69	0	4.21	1.94	30.03
	17-176 注 2	内墙面,在抹灰面上批 901 胶混合腻子三遍、刷乳胶漆 3 遍(每增、减批一遍腻子)(每增、减刷一遍乳胶漆)	10 m^2	1.022	161.93	76.87	0	42.1	19.43	300.33

第 11 章　措施项目清单计价

【知识点及学习要求】

知识点	学习要求
知识点 1:施工排水、降水;二次搬运费;建筑物垂直运输机械费	了解
知识点 2:《计算规范》附录 S 措施项目内容,超高施工增加	熟悉
知识点 3:脚手架工程、模板工程	掌握

11.1　措施项目清单概述

1. 措施项目概念

措施项目是相对于工程实体的分部分项工程项目而言,对实际施工中必须发生的施工准备和施工过程中技术、生活、安全、环境保护等方面的非工程实体项目的总称。例如:安全文明施工、模板工程、脚手架工程等。

2. 编制注意点

(1) 措施项目清单的编制也同分部分项工程一样,必须列出项目编码、项目名称、项目特征、计量单位,同时明确措施项目的计量。项目编码、项目名称、项目特征、计量单位、工程量计算规则按分部分项工程有关规定执行。

(2) 对仅列出项目编码、项目名称,但未列出项目特征、计量单位、工程量计算规则的措施项目,编制工程量清单时,必须按《计算规范》规定的项目编码、项目名称确定清单项目。

(3) 由于影响措施项目设置的因素太多,《计算规范》不可能将施工中可能出现的措施项目一一列出。在编制措施项目清单时,因工程情况不同,出现规范及附录中未列出的措施项目,可根据工程的具体情况对措施项目清单进行补充,且补充项目的有关规定及编码的设置应按分部分项工程补充项目规定执行。

3. 清单规范中的措施项目

清单规范中的措施项目见表 11-1。

表 11-1　清单规范中的措施项目

序号	项目名称	编码
S. 1	脚手架工程	011701
S. 2	混凝土模板及支架(撑)	011702

续表

序号	项目名称	编码
S.3	垂直运输	011703
S.4	超高施工增加	011704
S.5	大型机械设备进出场及安拆	011705
S.6	施工排水、降水	011706
S.7	安全文明施工及其他措施项目	011707

11.2 措施项目清单计价

脚手架工程

11.2.1 任务一:脚手架工程

脚手架是专门为高空施工作业、堆放和运送材料、保证施工过程工人安全而设置的架设工具或操作平台。脚手架不形成工程实体,属于措施项目,脚手架材料为周转材料。

1. 脚手架分类

(1) 按使用材料分:钢管脚手架、悬竹木脚手架。

(2) 按搭设形式分:单排脚手架、双排脚手架、满堂脚手架、活动脚手架、悬挑脚手架和吊篮脚手架。

(3) 按使用范围分:结构用脚手架、装饰用脚手架。

(4) 按定额项目分:综合脚手架、单项脚手架。

2. 脚手架相关知识

(1) 综合脚手架:以典型工程测定为基础,对可以计算建筑面积的房屋结构工程的脚手架项目进行综合扩大,得到常规建筑物正常施工所需的各种脚手架的综合搭设消耗。

(2) 外脚手架:指搭设在建筑物四周外墙边的脚手架。

(3) 里脚手架:指搭设在建筑物内部供各楼层砌筑和墙面装饰的脚手架。

(4) 满堂脚手架:是为室内天棚的安装和装饰等而搭设的一种棋盘井格式脚手架。

(5) 吊篮脚手架:适用于多、高层建筑外装修和维修等施工作业(见图 11-1),是由悬挑部件、吊架、操作台、升降设备等组成的工具式脚手架。

(6) 悬挑脚手架:是从窗口挑出横杆或斜杆组成挑出式支架,再设置栏杆,铺设脚手板构成的脚手架。

3. 工作内容

综合脚手架。

(1) 场内、场外材料搬运。

(2) 搭、拆脚手架、斜道、上料平台。

(3) 安全网的铺设。

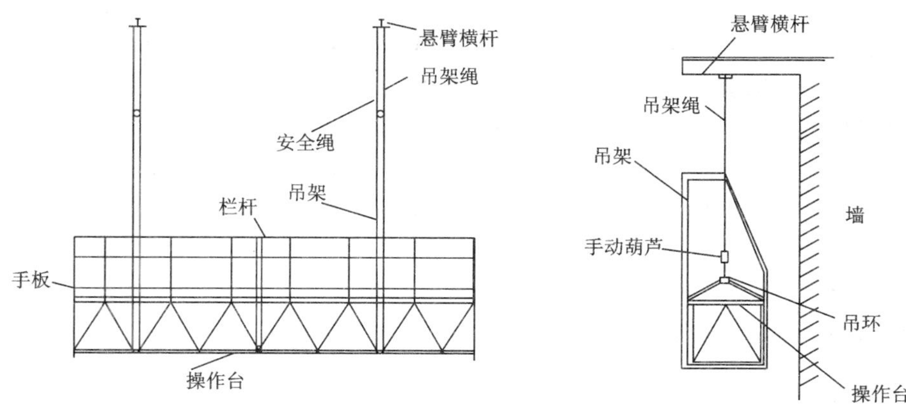

图 11-1　吊篮脚手架

(4) 选择附墙点与主体连接。

(5) 测试电动装置、安全锁等。

(6) 拆除脚手架后材料的堆放。

外脚手架、里脚手架、悬空脚手架、悬挑脚手架、满堂脚手架。

(1) 场内、场外材料搬运。

(2) 搭、拆脚手架、斜道、上料平台。

(3) 安全网的铺设。

(4)拆除脚手架后材料的堆放。

4. 项目特征

综合脚手架:①建筑结构形式;②檐口高度。

外脚手架、里脚手架、满堂脚手架:①搭设方式;②搭设高度;③脚手架材质。

悬空脚手架、悬挑脚手架:①搭设方式;②悬挑宽度;③脚手架材质。

5. 工程量计算规则

1) 清单工程量计算规则

综合脚手架按建筑面积计算。

外脚手架、里脚手架、整体提升架、外装饰吊篮按所服务对象的垂直投影面积计算。

悬空脚手架、满堂脚手架按搭设的水平投影面积计算。

悬挑脚手架按搭设长度乘以搭设层数以延长米计算。

注意:使用综合脚手架时,不再使用外脚手架、里脚手架等单项脚手架;综合脚手架适用于能够按“建筑面积计算规则”计算建筑面积的建筑工程脚手架,不适用于房屋加层、构筑物及附属工程脚手架。建筑面积计算按《建筑工程建筑面积计算规范》(GB/T 50353—2013)进行。同一建筑物有不同檐高时,按建筑物的竖向切面分别按不同檐高编列清单项目。

2) 定额工程量计算规则

定额中所述脚手架分为综合脚手架和单项脚手架两部分。单项脚手架适用于单独地下室、装配式和多(单)层工业厂房、仓库、独立的展览馆、体育馆、影剧院、礼堂、饭堂(包括附属厨房)、锅炉房、檐高未超过 3.6 m 的单层建筑、超过 3.6 m 的屋顶构架、构筑物和单独装饰工程等。除此之外的单位工程均执行综合脚手架项目。

综合脚手架项目仅包括脚手架本身的搭拆,不包括建筑物洞口临边、电器防护设施等费用,以上费用已在安全文明施工措施费中列支。

单项脚手架适用于综合脚手架以外的檐高在 20 m 以内的建筑物,凸出主体建筑物顶的女儿墙、电梯间、楼梯间、水箱等不计入檐口高度。前后檐高不同,按平均高度计算。檐高在 20 m 以上的建筑物,脚手架除按定额计算外,其超过部分所需增加的脚手架加固措施等费用,均按超高脚手架材料增加费子目执行。构筑物、烟囱、水塔、电梯井按其相应子目执行。

单项脚手架工程一般项目的预算列项如表 11-2 所示。

表 11-2 单项脚手架工程一般项目预算列项

项目名称	单位	子目划分
砌墙脚手架	10 m^2	里架子(高 3.60 m 内); 外架子分单排(高 12 m 内)、双排(分高 12 m 内、20 m 内)
抹灰脚手架	10 m^2	分高 3.60 m 内、高超过 3.60 m(在 5 m 内、在 12 m 内)
满堂脚手架	10 m^2	分基本层(分高 5 m 内、8 m 内)、增加层(指高 8 m 以上每增 2 m)
混凝土浇捣脚手架	10 m^2	高 3.60 m 以上单独柱、梁、墙等
金属过道防护棚	10 m^2	分工期在 5 个月,每增减 1 个月
高压线防护架	10 m	
斜道	座	分高 12 m 内、20 m 内
电梯井字架	座	按搭设高度分 20 m,30 m,40 m,…,90 m,100 m

(1) 综合脚手架。

综合脚手架按建筑面积计算。单位工程中不同层高的建筑面积应分别计算。

(2) 单项脚手架。

① 凡砌筑高度超过 1.5 m 的砌体均需计算脚手架。

② 砌墙脚手架均按墙面(单面)垂直投影面积以平方米计算。

③ 计算脚手架时,不扣除门、窗洞口,空圈,车辆通道,变形缝等所占面积。

④ 同一建筑物高度不同时,按建筑物的竖向不同高度分别计算。

(3) 砌筑脚手架工程量计算。

① 砖基础:自设计室外地坪至垫层(或混凝土基础)上表面的深度超过 1.50 m 时,需计算脚手架,该脚手架按“砌墙脚手架”相应项目计算。

② 外墙:脚手架工程量按外墙外边线长度乘以外墙高度以平方米计算。如外墙有挑阳台,则每个阳台计算一个侧面宽度,计入外墙面长度内;两户阳台连在一起的也只算一个侧面。外墙高度指室外设计地坪至檐口(或女儿墙上表面)高度,坡屋面至屋面板下(或椽子顶面)墙中心高度。外墙脚手架包括一面抹灰脚手架在内,另一面墙可计算抹灰脚手架。

③ 内墙:脚手架工程量按内墙净长乘以内墙净高以平方米计算。有山尖者,算

至山尖1/2处的高度；有地下室时，自地下室室内地坪至墙顶面高度。

砌体高度在3.60 m以内者，按“砌墙里脚手架”项目计算；高度超过3.60 m者，按“砌墙外脚手架”计算。山墙自设计室外地坪至山尖1/2处高度超过3.60 m时，整个外山墙按“砌墙外脚手架”相应项目计算，内山墙按“砌墙单排外架子”项目计算。

(4) 外墙镶(挂)贴脚手架工程量计算。

① 外墙镶(挂)贴脚手架工程量计算规则同砌筑脚手架中的外墙脚手架。

② 吊篮脚手架按装修墙面垂直投影面积以平方米计算(计算高度从室外地坪至设计高度)。安拆费按施工组织设计或实际数量确定。

(5) 现浇钢筋混凝土脚手架工程量计算。

① 钢筋混凝土基础自设计室外地坪至垫层上表面的深度超过1.50 m，同时条形基础底宽超过3.00 m、独立基础或满堂基础及大型设备基础的底面积超过16 m^2的，应计算混凝土浇捣脚手架，脚手架工程量按槽、坑土方规定放工作面后的底面积计算，按“满堂脚手架”相应项目乘以0.3系数计算(使用泵送混凝土者，混凝土浇捣脚手架不得计算)。

② 现浇钢筋混凝土独立柱、单梁、墙高度超过3.60 m时，应计算浇捣脚手架。柱的浇捣脚手架工程量按柱的结构周长加3.60 m乘以柱高计算；梁的浇捣脚手架工程量按梁的净长乘以地面(或楼面)至梁顶面的高度计算；墙的浇捣脚手架工程量按墙的净长乘以墙高计算；计算结果套“柱、梁、墙混凝土浇捣脚手架”定额子目。

③ 层高超过3.60 m的钢筋混凝土框架柱、墙(楼板及屋面板为现浇板)，应增加混凝土浇捣脚手架(脚手架工程量按框架轴线水平投影面积计算)，按“满堂脚手架”相应项目乘以0.3系数计算；层高超过3.60 m的钢筋混凝土框架柱、梁、墙(楼板及屋面板为预制空心板)，应增加混凝土浇捣脚手架(脚手架工程量按框架轴线水平投影面积计算)，按“满堂脚手架”相应项目乘以0.4系数计算。

(6) 抹灰脚手架、满堂脚手架工程量计算。

① 抹灰脚手架工程量计算。

a. 钢筋混凝土单梁，脚手架工程量按梁净长乘以地坪(或楼面)至梁顶面高度计算；柱的浇捣脚手架工程量以柱结构外围周长加3.6 m乘以柱高计算；墙的浇捣脚手架工程量按墙净长乘以地坪(或楼面)至板底高度计算。如有满堂脚手架可以利用时，不再计算墙、柱、梁面抹灰脚手架。

b. 墙面抹灰，脚手架工程量按墙净长乘以净高计算。

c. 天棚抹灰高度在3.6 m以内，脚手架工程量按天棚抹灰面(不扣除柱、梁所占的面积)计算。

② 满堂脚手架工程量计算。

a. 天棚抹灰高度高度超过3.6 m，脚手架工程量按室内净面积计算，不扣除柱、垛、附墙烟囱所占面积。

满堂脚手架，高度在8 m以内计算“基本层”；高度超过8 m，每增加2 m计算一层“增加层”，计算公式为

$$增加层数=(室内净高-8\ m)/2\ m$$

余数在0.6以内，不计算增加层；超过0.6，按增加一层计算。

b. 满堂脚手架高度以室内地坪面(或楼面)至天棚面或屋面板的底面为准，斜的天棚或屋面板按平均高度计算。室内挑台栏板外侧共享空间的装饰如无满堂脚手架利用，按地面(或楼面)至顶层栏板顶面高度乘以栏板长度以平方米计算，套相应抹灰脚手架定额。

(7) 其他脚手架工程量计算。

① 金属过道防护棚，工程量按搭设水平投影面积以平方米计算。

② 高压线防护架，工程量按搭设长度以延长米计算。

③ 斜道、烟囱、水塔、电梯井，区别不同高度，脚手架工程量以座计算。滑升模板施工的烟囱、水塔，其脚手架费用已包括在滑模计价定额内，不另计算脚手架。烟囱内壁抹灰是否搭设脚手架，按施工组织设计规定处理，费用按相应满堂脚手架执行，人工增加 20%，其余不变。

④ 外架子悬挑脚手架增加费按悬挑脚手架部分的垂直投影面积计算。

⑤ 单层轻钢厂房脚手架柱梁、屋面瓦等水平结构安装按厂房水平投影面积计算，墙板、门窗、雨篷等竖向结构安装按厂房垂直投影面积计算。

⑥ 高度超过 3.6 m 的贮水(油)池，其混凝土浇捣脚手架按外壁周长乘以池的壁高以平方米计算，按池壁混凝土浇捣脚手架项目执行，抹灰者按抹灰脚手架另计。

⑦ 满堂支撑脚手架搭拆按脚手钢管重量计算；使用费(包括搭设、使用和拆除时间，不计算现场囤积和转运时间)按脚手钢管重量和使用天数计算。

(8) 超高脚手架材料增加费计算。

① 综合脚手架。

建筑物檐高超过 20 m 可计算脚手架材料增加费。建筑物檐高超过 20 m 脚手架材料增加费以建筑物超过 20 m 部分建筑面积计算。

a. 檐高超过 20 m 部分的建筑物，超高工程量按其超过 20 m 部分的建筑面积计算。

b. 层高超过 3.6 m，每增高 0.1 m 按“层高增加费”比例换算，不足 0.1 m 按 0.1 m计算，按相应项目计算。

c. 建筑物檐高超过 20 m，但其最高一层或其中一层楼面未超过 20 m 时，则该楼层在 20 m 以上部分仅能计算每增高 1 m 的增加费。

d. 同一建筑物中有 2 个或 2 个以上的不同檐口高度时，分别按不同高度竖向切面的建筑面积计算，按相应子目计算。

e. 单层建筑物(无楼隔层者)，高度超过 20 m 的，其超过部分除构件安装按《计价定额》第 8 章的规定执行外，另再按本章相应项目计算脚手架材料增加费。

《计价定额》中超高脚手架材料增加费定额摘要见表 11-3。

表 11-3　超高脚手架材料增加费(综合脚手架)

建筑物檐高范围/m	20～30	20～40	20～50	…	20～100	20～110	…	20～190	20～200
综合单价/(元/m^2)	9.05	10.05	11.17	…	17.17	18.24	…	27.84	28.92

注：层高超过 3.6 m 时，每增高 1 m(不足 0.1 m 按 0.1 m 计算)按定额的 20% 计算，高度不同时按比例调整。

②单项脚手架。

建筑物檐高超过 20 m 可计算脚手架材料增加费。建筑物檐高超过 20 m 脚手架材料增加费同外墙脚手架计算规则，从设计室外地面起算。

a. 檐高超过 20 m 的建筑物，应根据脚手架计算规则按全部外墙脚手架面积计算。

b. 同一建筑物中有 2 个或 2 个以上的不同檐口高度时，应分别按不同高度竖向切面的外脚手架面积套用相应子目。

檐高超过 20 m 脚手材料增加费内容包括脚手架使用周期延长摊销费、脚手架加固费用。脚手架材料增加费包干使用，无论实际发生多少，均按定额执行，不调整。

6. 案例分析

【例 11-1】某公园框架结构绿化连廊花架（无墙和顶板）平面如图 11-2 所示。运用《计价定额》计算框架柱和框架梁脚手架的工程量。

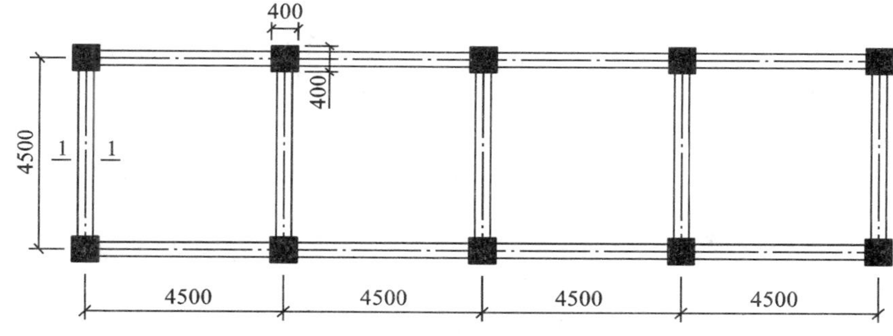

图 11-2　绿化连廊花架平面

【解】

① 柱脚手架：$S=(0.4\times4+3.6)\times(3.5+0.5)\times10=208(m^2)$

② 梁脚手架：$S=(4.5-0.4)\times(3.5+0.5)\times5=82(m^2)$

【例 11-2】某砖混建筑物平、剖面如图 11-3 所示。运用《计价定额》计算该房屋的地面以上部分砌墙、墙体粉刷和天棚粉刷脚手架价格。

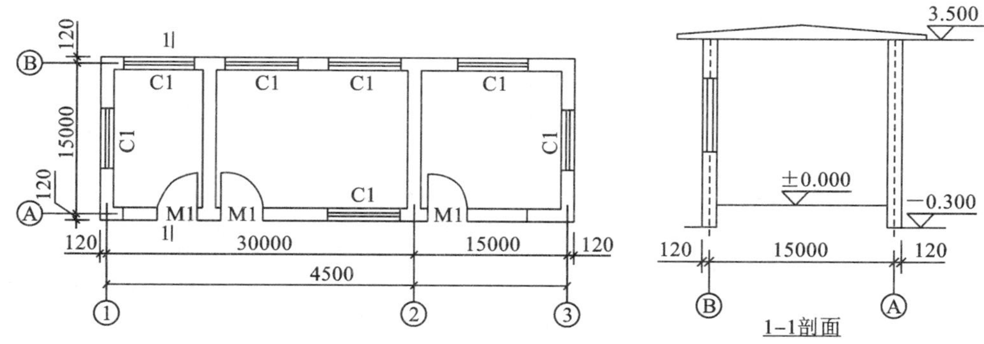

图 11-3　某砖混建筑物平、剖面

【解】

(1) 计算工程量。

外墙脚手架(包括外墙外粉刷):

$$S=(45.24+15.24)\times 2\times(3.5+0.3)=459.65(m^2)$$

内墙脚手架:$S=(15-0.24)\times 2\times 3.5=103.32(m^2)$

内墙粉刷脚手架(包括外墙内粉刷):

$S=[(45-0.24\times 3)\times 2+(15-0.24)\times 6]\times 3.5=619.92(m^2)$

天棚粉刷脚手架:$S=(45-0.24\times 3)\times(15-0.24)=653.57(m^2)$

(2) 套定额。

脚手架计价表

序号	定额编号	项目名称	单位	工程量	综合单价	合计/元
1	20-9	砌墙内脚手架	10 m^2	10.332	16.33	168.72
2	20-10	砌墙外脚手架	10 m^2	45.965	137.43	6316.97
3	20-23	内墙抹灰脚手架	10 m^2	61.992	3.90	241.77
4	20-23	天棚抹灰脚手架	10 m^2	65.357	3.90	254.89
5		合计				6982.35

7. 案例拓展

【例 11-3】某多层写字楼工程,平面呈矩形,外墙外边线尺寸(长×宽)为 45 m×12 m,层高 3.2 m,平屋面檐口标高 16 m,室内外高差 0.45 m。已知:内墙砌筑面积 1509 m^2,粉刷面积 2603 m^2,内砖墙处的门洞单面面积 289 m^2,外墙面门窗洞口面积 562 m^2,室内粉混合砂浆及水泥砂浆共 6633 m^2。请确定该工程墙体脚手架价格。

【解】(1) 计算工程量。

外墙脚手架 $S=(45+12)\times 2\times(16+0.45)=1875.3(m^2)$

内墙脚手架 $S=1509\ m^2$

内墙粉刷脚手架 $S=2603+289+562=3454(m^2)$

(2) 套定额。

脚手架计价表

序号	定额编号	项目名称	单位	工程量	综合单价	合计/元
1	20-9	砌墙内脚手架	10 m^2	150.9	16.33	2464.20
2	20-12	砌墙外脚手架	10 m^2	187.53	231.27	43370.06
3	20-23	内墙抹灰脚手架	10 m^2	345.4	3.90	1347.06
4		合计				47181.32

【例 11-4】某二类建筑工程二楼会议室平面如图 11-4 所示。楼层层高 4 m,楼板厚 200 mm,采用吸声板天棚,天棚面距楼面 3.2 m。请运用《计价定额》确定该会议

室天棚脚手架价格。

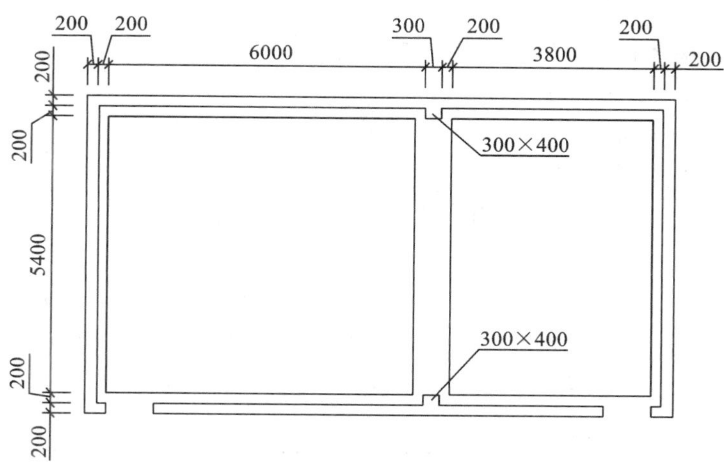

图 11-4　会议室平面

【解】(1) 计算工程量。

天棚脚手架 $S=(5.4+0.2\times2)\times(6+0.3+3.8+0.2\times3)$

$=62.06(m^2)$

(2) 套定额。

脚手架计价表

序号	定额编号	项目名称	单位	工程量	综合单价	合计/元
1	20-20 换	天棚脚手架	10 m^2	6.206	111.75	693.52

注:20-20 换=[156.85+(82+10.88)×(28%-25%)]×0.7=111.75(元/10 m^2)。

【例 11-5】某工程外墙镶贴面砖、部分干挂花岗岩板,该工程建筑外形如图 11-5 所示,墙厚均为 240 mm,室内外高差 300 mm,脚手架采用落地式钢管脚手架。求外墙面装饰的外墙脚手架清单工程量,并编制工程量清单表。

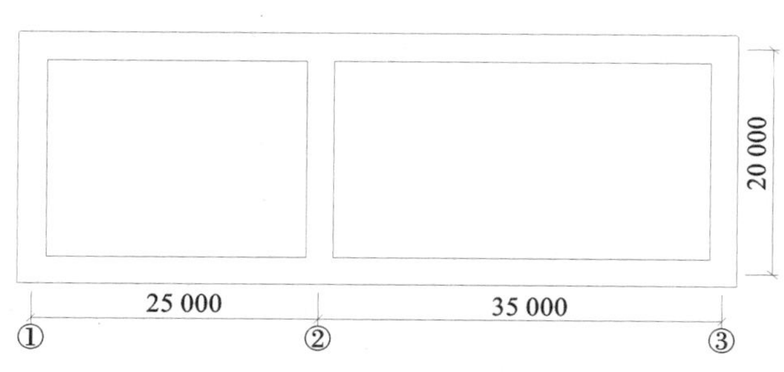

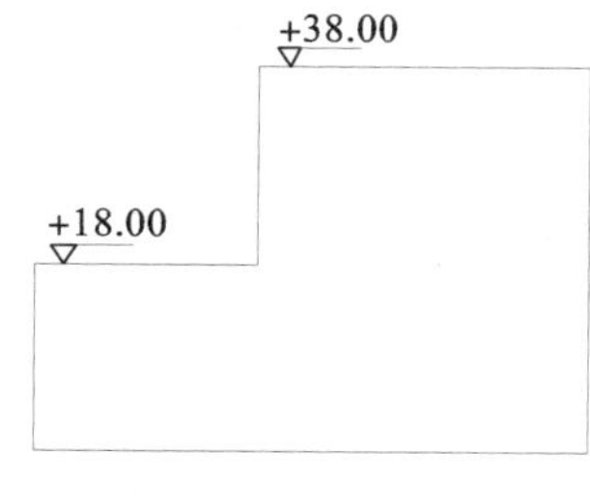

图 11-5　工程建筑外形

【解】(1) 计算脚手架清单工程量。

该建筑有两个檐口高度:18+0.3=18.3(m);38+0.3=38.3(m)。因此,外脚手架工程量应按不同檐口高度分别计算。

① 18.3 m 檐口高度脚手架工程量。

[(20+0.24)+(25-0.12+0.12)×2]×18.3=1285.39(m^2)

② 38.3 m 檐口高度脚手架工程量。

[(35+0.12+0.12)×2+(20+0.24)]×38.3=3474.58(m^2)

③ 轴线②高出 18 m 屋面的外墙脚手架工程量。

(20+0.24)×(38-18)=404.8(m^2)

檐口高度为 38.3 m 外墙脚手架合计:3474.58+404.8=3879.38(m^2)

(2) 编制工程量清单。

序号	项目编码	项目名称	项目特征	单位	工程量	金额/元	
						综合单价	合价
1	011701002001	檐高为 18.3 m 的外脚手架	①搭设方式:落地式。 ②檐口高度:18.3 m。 ③脚手架材质:钢管	m^2	1285.39		
2	011701002002	檐高为 38.3 m 的外脚手架	①搭设方式:落地式。 ②檐口高度:38.3 m。 ③脚手架材质:钢管	m^2	3879.38		

11.2.2 任务二:模板工程

模板工程

1. 工作内容

(1) 模板制作。

(2) 模板安装、拆除、整理堆放及场外运输。

(3) 清理模板黏结物及模内杂物、刷隔离剂等。

2. 项目特征

(1) 基础:基础形状。

(2) 柱:柱截面尺寸。

(3) 梁:梁截面。

(4) 墙:墙厚度。

(5) 板:板厚度。

3. 工程量计算规则

1) 清单工程量计算规则

混凝土基础、柱、梁、墙、板的模板工程量按模板与现浇混凝土构件的接触面积计算。

(1) 现浇钢筋混凝土墙、板单孔面积 0.3 m^2 以内的孔洞不予扣除,洞侧壁模板亦不增加;单孔面积大于 0.3 m^2 时应予以扣除,洞侧壁模板面积并入墙、板工程量内计算。

(2) 现浇框架分别按梁、板、柱有关规定计算;附墙柱、暗梁、暗柱并入墙工程量内计算。

(3) 柱、梁、墙、板相互连接的重叠部分,均不计算模板面积。

(4) 构造柱按图示外露部分计算模板面积。

注意:原槽浇灌的混凝土基础、垫层,不计算模板面积。采用清水模板时应在特征中注明。

本节混凝土模板及支架(撑)项目,只适用于以平方米计量,按模板与混凝土构件的接触面积计算。以立方米计量,模板及支架(撑)不再单列,按混凝土及钢筋混凝土实体项目执行,综合单价中应包含模板及支架。

2) 定额工程量计算规则

(1)《计价定额》基本规定如下。

① 模板工程分为现浇构件模板、现场预制构件模板、加工厂预制构件模板和构筑物工程模板四个部分,应根据构件实际制作情况分别计算。

② 现浇构件模板子目按不同构件分别编制组合钢模板配钢支撑、复合木模板配钢支撑,使用时,任选一种套用。

③ 模板工作内容包括清理、场内运输、安装、刷隔离剂、浇灌混凝土时模板维护、拆模、集中堆放、场外运输。木模板包括制作(预制构件包括刨光、现浇构件不包括刨光),组合钢模板、复合木模板包括装箱。

④ 预制构件模板子目,按不同构件,分别以组合钢模板、复合木模板、木模板、定型钢模板、长线台钢拉模、加工厂预制构件配混凝土地模、现场预制构件配砖胎模、长线台配混凝土地胎模编制,使用其他模板时不予换算。

⑤ 现浇钢筋混凝土柱、梁、墙、板的支模高度以净高(底层无地下室者,净高需另加室内外高差)在 3.6 m 以内为准,净高超过 3.6 m 的构件其钢支撑、零星卡具及模板人工分别乘以表 11-4 系数。根据施工规范要求属于高大支模的,其费用另行计算。

表 11-4 构件净高超过 3.6 m 增加系数表

增加内容	净高在	
	5 m 以内	8 m 以内
独立柱、梁、板钢支撑及零星卡具	1.10	1.30
框架柱(墙)、梁、板钢支撑及零星卡具	1.07	1.15
模板人工(不分框架和独立柱梁板)	1.30	1.60

⑥《计价定额》对现浇构件模板工程的预算列项见表 11-5。

表 11-5 现浇构件模板工程的预算列项

类别	计量单位	子目划分
基础	10 m^2	混凝土垫层,带形基础(分无梁式、有梁式),满堂基础(分无梁式、有梁式),柱基、桩承台,设备基础(块体分单体 20 m^3 以内、以外,框架分底板、墩、柱、梁板),设备螺栓(分制孔、安装)
	m^3	二次灌浆
柱	10 m^2	矩形柱,十字形、L 形、⊥形柱,圆形、多边形柱,构造柱
梁	10 m^2	基础梁、挑梁、单梁、连续梁、框架梁、拱形梁、弧形梁、异形梁、圈梁、地坑支撑梁、过梁
墙	10 m^2	地下室内墙、地下室外墙、直形墙、电梯井壁、大钢模墙板、建筑滑升墙、弧形墙
板	10 m^2	现浇板(分厚度在 100 mm 内、200 mm 内、300 mm 内、500 mm 内),双向密肋塑料模板,拱形板,现浇空心楼板厚在 500 mm 内
	10 m	后浇带模板、支撑增加费(分最底层支撑工期在 5 个月内和每增 1 个月这两项费用)
其他	10 m^2(水平投影面积)	楼梯(直形、圆弧形),雨篷(分平面、圆弧形,分板式、复式),阳台(分平面、圆弧形),挑板(分水平、竖向),栏板,池槽
	10 m^2	檐沟、小型构件、地沟、压顶、门框、框架柱接头
	10 m	栏杆
底胎模	10 m^2	底模(分混凝土、砖),胎模(分混凝土、砖),侧模(分一砖、半砖)

(2) 现浇混凝土构件模板工程量计算。

① 现浇混凝土及钢筋混凝土构件,除另有规定者外,模板工程量均按混凝土与模板的接触面积以平方米计算。若使用含模量计算模板接触面积,计算公式为

$$工程量=构件体积\times相应项目含模量$$

含模量参见《计价定额》下册附录一。

模板工程量按设计图纸计算模板接触面积或使用混凝土含模量计算模板面积。在编制工程预算时,通常按照模板接触面积计算工程量。但这两种计算模板工程量的方法在同一份预算书中不得混用,只能选取其一。使用含模量者,竣工结算时模板面积不得调整。

② 现浇钢筋混凝土框架分别按柱、梁、墙、板有关规定计算。墙上单面附墙柱、暗梁、暗柱并入墙内工程量计算,双面附墙柱按柱计算,但后浇墙、板带的工程量不扣除。

支模高度分别按以下规则确定。

a. 柱:无地下室底层的,设计室外地面至上层板底面、楼层板顶面至上层板底面。

b. 梁:无地下室底层的,设计室外地面至上层板底面、楼层板顶面至上层板底面。

c. 板:无地下室底层的,设计室外地面至上层板底面、楼层板顶面至上层板底面。

d. 墙:整板基础板顶面(或反梁顶面)至上层板底面、楼层板顶面至上层板底面。支模高度示意如图 11-6 所示。

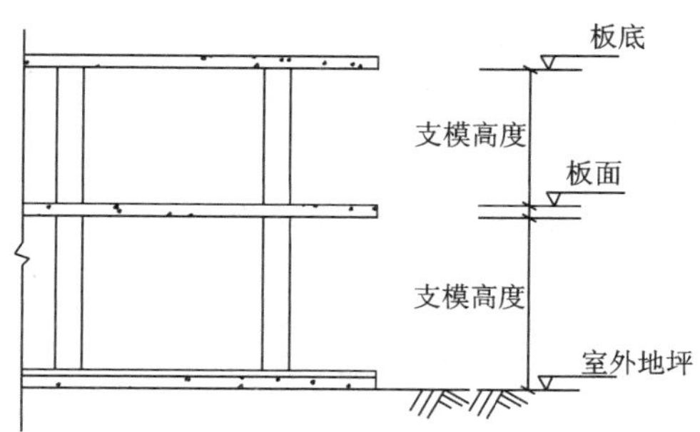

图 11-6　支模高度

③ 设计十字形、L 形、⊥形框架柱,单面每边宽在 1000 mm 内,按"十字形、L 形、⊥形柱"相应子目计算;其余按"直形墙"相应子目计算。十字形、L 形、⊥形柱边的确定如图 11-7 所示。

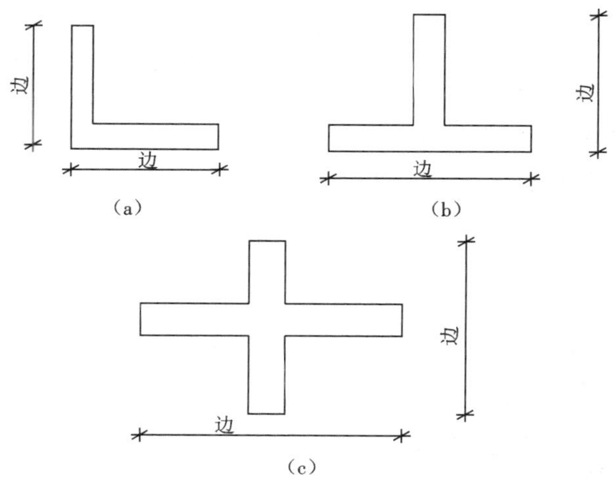

图 11-7　L 形、⊥形、十字形柱边的确定

(a) L 形柱;(b) ⊥形柱;(c) 十字形柱

④ 构造柱外露模板工程量应按图示外露部分计算面积;锯齿形的构造柱,模板工程量按锯齿形最宽面计算模板宽度;构造柱与墙接触面不计算模板面积,如图11-8 所示。

⑤ 计算模板工程量时,钢筋混凝土墙、板上单孔面积在 0.3 m^2 以内的孔洞,不予扣除,洞侧壁模板不另增加,但突出墙面的侧壁模板应相应增加。单孔面积在 0.3 m^2 以外的孔洞,应予扣除,洞侧壁模板面积并入墙、板模板工程量内计算。

⑥ 整体直形楼梯,包括楼梯段、中间休息平台、平台梁、斜梁及楼梯与楼板连接的梁,模板工程量按水平投影面积计算;不扣除小于 500 mm 的梯井,伸入墙内部分

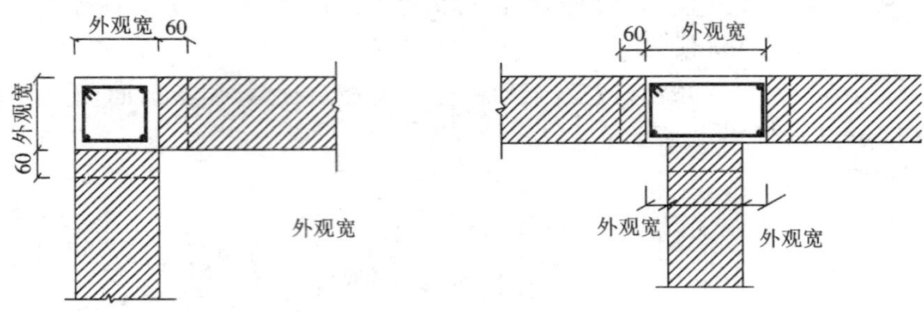

图 11-8 构造柱外露宽需支模板示意图

不另增加。

⑦ 现浇混凝土雨篷、阳台、水平挑板,模板工程量按图示挑出墙面以外板底尺寸的水平投影面积计算;附在阳台梁上的混凝土线条不计算水平投影面积。挑出墙外的牛腿及板边模板已包括在内。复式雨篷,挑口内侧净高超过 250 mm 时,其超过部分的模板按“挑檐”计算;超过部分的含模量可按“天沟”含模量计算。

⑧ 栏杆模板工程量按扶手的长度计算;栏板竖向挑板,模板工程量按模板接触面积以平方米计算。扶手、栏板的斜长按水平投影长度乘系数 1.18 计算。

(3) 现场预制混凝土构件模板工程量计算。

① 现场预制构件模板工程量,除另有规定者外,均按模板接触面积以平方米计算。使用含模量计算模板面积者,其工程量=构件体积×相应项目的含模量。砖地模费用已包括在定额含量中,不再另行计算。

② 加工厂预制构件有此子目,而现场预制无此子目,实际在现场预制时模板按加工厂预制模板子目执行。现场预制构件有此子目,加工厂预制构件无此子目,实际在加工厂预制时,其模板按现场预制模板子目执行。

③ 镂空花格窗、花格芯,模板工程量按外围面积计算。

4. 案例分析

【例 11-6】某工程有梁式条形基础平面及剖面图如图 11-9 所示。运用《计价定额》计算该基础模板工程量。

【解】① 外墙基础底板外边线:

$$L=(4.5\times2+0.47\times2+3\times2+0.47\times2)\times2=33.76(\text{m})$$

外墙基础底板内边线:

$$L=(4.5-0.47\times2)\times4+(3-0.47\times2)\times2+(3\times2-0.47\times2)=23.42(\text{m})$$

外墙基础底板模板:

$$S=(33.76+23.42)\times0.2=11.44(\text{m}^2)$$

② 外墙基础梁外边线:

$$L=[(4.5\times2+0.17\times2)\times2+(3\times2+0.17\times2)]\times2=31.36(\text{m})$$

外墙基础梁内边线:

$$L=(4.5-0.17\times2)\times4+(3-0.17\times2)\times2+(3\times2-0.17\times2)=27.62(\text{m})$$

外墙基础梁模板:

$$S=(31.36+27.62)\times0.3=17.69(\text{m}^2)$$

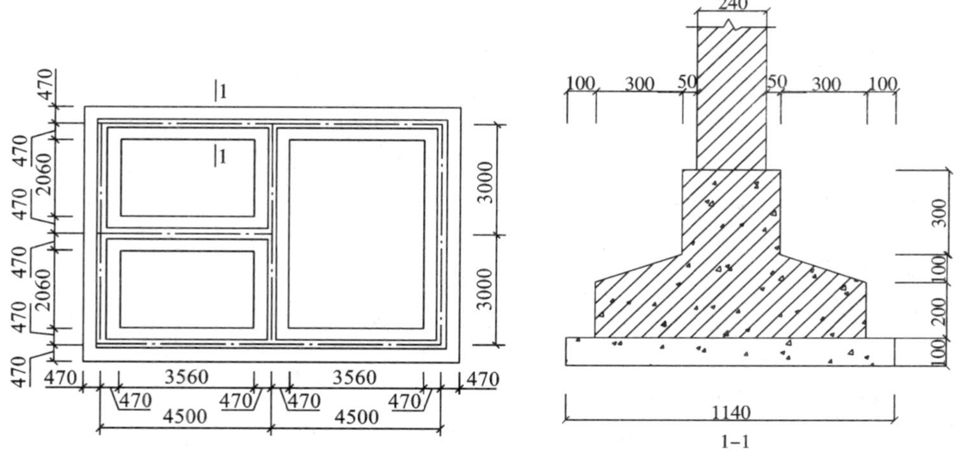

图 11-9　基础平面及剖面图

③ 内墙基础底板模板：

$$S=[(4.5-0.47\times2)\times2+(3-0.47\times2)\times2+(3\times2-0.47\times2)]\times0.2=3.26(\text{m}^2)$$

④ 内墙基础梁模板：

$$S=[(4.5-0.17\times2)\times2+(3-0.17\times2)\times2+(3\times2-0.17\times2)]\times0.3=5.79(\text{m}^2)$$

有梁式条形基础模板：

$$S=11.44+17.69+3.26+5.79=38.18(\text{m}^2)$$

【例 11-7】某建筑物底层有一现浇混凝土台阶，尺寸如图 11-10 所示，运用《计价定额》求此台阶模板工程量。

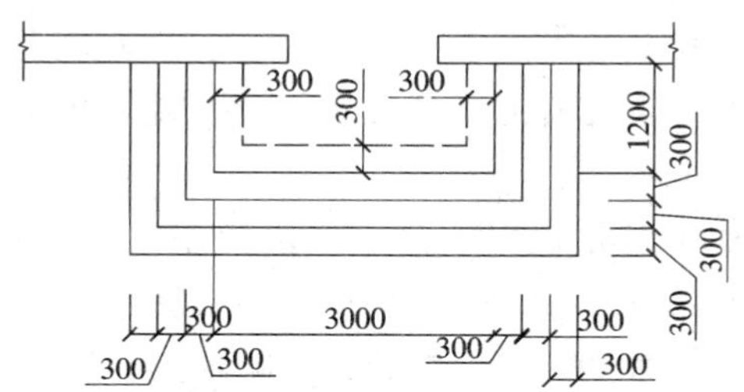

图 11-10　混凝土台阶

【解】台阶模板工程量

$$S=(3+0.3\times6)\times(1.2+0.3\times3)-(3-0.3\times2)\times(1.2-0.3)=7.92(\text{m}^2)$$

（注：台阶模板按图示台阶尺寸的水平投影面积计算，台阶端头两侧不另计算模板面积。）

【例 11-8】计算例 6-2 图 6-11 所示工程的构造柱模板工程量。

【解】L 形构造柱模板

$$S=(0.24\times2+0.06\times4\times\frac{1}{2})\times(3.3-0.25)\times4=7.32(\text{m}^2)$$

T 形构造柱模板

$$S=(0.24\times2+0.06\times6\times\frac{1}{2})\times(3.3-0.25)\times2=4.03(\text{m}^2)$$

构造柱模板工程量

$$S=7.32+4.03=11.35(\text{m}^2)$$

5. 案例拓展

【例 11-9】计算例 6-8 图 6-28 所示全现浇框架结构模板工程量。

【解】① 现浇柱模板。

$$S=6\times4\times0.4\times(8.5+1.85-0.4-0.35-2\times0.1)-0.3\times0.3\times14\times2=87.72(\text{m}^2)$$

② 现浇有梁板模板。

$$S_{KL1}=3\times0.3\times(6-0.4)\times3\times2-0.25\times0.2\times4\times2=29.84(\text{m}^2)$$

$$S_{KL2}=3\times0.3\times(4.5-2\times0.2)\times4\times2=29.52(\text{m}^2)$$

$$S_{KL3}=(0.2\times2+0.25)\times(4.5+0.2-0.3-0.15)\times2\times2=11.05(\text{m}^2)$$

$$S_B=[6.4\times9.4-0.4\times0.4\times6-0.3\times5.6\times3-0.3\times4.1\times4-0.25\times4.25\times2+(6.4\times2+9.4\times2)\times0.1]\times2=100.55(\text{m}^2)$$

$$S_{\text{现浇有梁板模板}}=29.84+29.52+11.05+100.55=170.96(\text{m}^2)$$

11.2.3 任务三:施工排水、降水

1. 工作内容及包含范围

施工排水:包括排水沟槽开挖、砌筑、维修,排水管道的铺设、维修,排水的费用以及专人值守的费用等。

施工降水:包括成井、井管安装、排水管道安拆及摊销、降水设备的安拆及维护的费用,抽水的费用以及专人值守的费用等。

2.《计价定额》基本规定

① 人工土方施工排水是在人工开挖湿土、淤泥、流沙等施工过程中发生的机械排放地下水费用。

② 基坑排水是指地下常水位以下且基坑底面积超过 150 m²(两个条件同时具备)的土方开挖以后,在基础或地下室施工期间所发生的排水包干费用(不包括±0.00以上,有设计要求待框架、墙体完成以后再回填基坑土方期间的排水费用)。

③ 井点降水适用于降水深度在 6 m 以内的工程。井点降水使用时间按施工组织设计确定。井点降水材料使用摊销量中已包括井点拆除时的材料损耗量。井点间距根据地质和降水要求由施工组织设计确定,一般轻型井点管间距为 1.2 m。

④ 机械土方工作面中的排水费已包含在土方中,但不包括地下水位以下的施工排水费用,如发生,依据施工组织设计确定,排水人工费、机械费用另行计算。

3. 定额工程量计算规则

(1) 人工土方施工排水不分土壤类别、挖土深度,按挖湿土工程量以立方米计算。

(2) 人工挖淤泥、流沙施工排水按挖淤泥、流沙工程量以立方米计算。

(3) 基坑、地下室排水按土方基坑的底面积以平方米计算。

(4) 井点降水 50 根为一套，累计根数不足一套者按一套计算，井点使用定额单位为套天，一天按 24 小时计算。井管的安装、拆除以“根”计算。

(5) 深井管井降水安装、拆除按座计算，使用按座天计算，一天按 24 小时计算。

4. 案例分析

【例 11-10】某三类建筑工程整板基础，基础平面尺寸为 14 m×36 m，C15 混凝土垫层厚度 100 mm，垫层每边伸出基础 100 mm，垫层需支模，垫层底面至设计室外地面深度为 2.2 m。土方类别为三类，地下常水位标高位于设计室外地面以下 1.2 m 处，采用人工挖土。未采用施工降水措施。运用《计价定额》计算该工程施工排水费用。

【解】① 挖湿土排水费用工程量同挖湿土工程量。

下底　长　36＋0.1×2＋0.3×2＝36.8(m)

　　　宽　14＋0.1×2＋0.3×2＝14.8(m)

上底　长　36.8＋0.33×(2.2－1.2)×2＝37.46(m)

　　　宽　14.8＋0.33×(2.2－1.2)×2＝15.46(m)

挖湿土体积　[36.8×14.8＋(36.8＋37.46)×(14.8＋15.46)＋37.46×15.46]×1/6＝561.813(m^3)

挖湿土排水综合单价(22-1)　12.97 元/m^3

挖湿土排水费　12.97×561.813＝7286.71(元)

② 基坑排水费。

基坑排水面积　36.8×14.8＝544.64(m^2)

基坑排水综合单价(22-2)　298.07 元/10m^2

基坑排水费　298.07×54.46＝16232.89(元)

③ 施工排水费用。

合计　7286.71＋16232.89＝23519.60(元)

11.2.4　任务四：建筑工程垂直运输

1. 工作内容

(1) 垂直运输机械的固定装置、基础制作、安装。

(2) 行走式垂直运输机械轨道的铺设、拆除、摊销。

2. 项目特征

(1) 建筑物建筑类型及结构形式。

(2) 地下室建筑面积。

(3) 建筑物檐口高度、层数。

3.《计价定额》基本规定

① 本定额项目划分是以建筑物“檐高”“层数”两个指标界定的，只要其中一个指标达到定额规定，即可套用该定额子目。“檐高”是指设计室外地坪至檐口的高度，凸出主体建筑物顶的女儿墙、电梯间、楼梯间、水箱等不计入檐口高度以内。“层数”指地面以上建筑物的层数，地下室、地面以上部分净高小于 2.1 m 的半地下室不计入层数。

② 本定额工作内容包括在江苏省调整后的国家工期定额内完成单位工程全部工程项目所需的垂直运输机械台班，不包括机械的场外运输、一次安装、拆卸、路基铺

垫和轨道铺拆等费用。施工塔吊与电梯基础、施工塔吊和电梯与建筑物连接的费用单独计算。

③ 一个工程出现两个或两个以上檐口高度(层数),使用同一台垂直运输机械时,定额不作调整。使用不同垂直运输机械时,应依照国家工期定额分别计算。

④ 当建筑物垂直运输机械数量与定额不同时,可按比例调整定额含量。本定额按卷扬机施工配 2 台卷扬机,塔式起重机施工配 1 台塔吊、1 台卷扬机(施工电梯)考虑。如仅采用塔式起重机施工,不采用卷扬机时,塔式起重机台班含量按卷扬机含量取定,卷扬机扣除。

⑤ 垂直运输高度小于 3.6 m 的单层建筑物、单独地下室和围墙,不计算垂直运输机械台班。

⑥ 本定额中现浇框架指柱、梁、板全部为现浇的钢筋混凝土框架结构。如部分现浇,部分预制,按现浇框架乘以系数 0.96。

⑦ 柱、梁、墙、板构件全部现浇的钢筋混凝土框筒结构、框剪结构按现浇框架执行,筒体结构按剪力墙(滑模施工)执行。

⑧ 单独地下室工程项目定额工期不含打桩工期,自基础挖土开始计算。多幢房屋下有整体连通地下室时,上部房屋分别套用对应单项工程工期定额,整体连通地下室按单独地下室工程执行。

⑨ 混凝土构件,使用泵送混凝土浇筑者,卷扬机施工定额台班乘以系数 0.96;塔式起重机施工定额中的塔式起重机台班含量乘以系数 0.92。

⑩ 在计算定额工期时,未承包施工的打桩、挖土等的工期不扣除。建筑物高度超过定额取定时,另行计算。

4. 工程量计算规则

(1) 清单工程量计算规则。

① 按《建筑工程建筑面积计算规范》(GB/T 50353—2013)的规定计算建筑物的建筑面积。

② 按施工工期日历天数计算。

注意:建筑物的檐口高度是指设计室外地坪至檐口滴水的高度(平屋顶系指屋面板底高度),突出主体建筑物屋顶的电梯机房、楼梯出口间、水箱间、瞭望塔、排烟机房等不计入檐口高度。垂直运输机械指工程施工在合理工期内所需垂直运输机械。同一建筑物有不同檐高时,按建筑物的不同檐高做纵向分割,分别计算建筑面积,以不同檐高分别编码列项。

(2) 定额工程量计算规则。

① 建筑物垂直运输机械台班用量,区分不同结构类型、檐口高度(层数),按国家工期定额套用单项工程工期以日历天计算。

② 单独装饰工程垂直运输机械台班,区分不同施工机械、垂直运输高度、层数,按定额工日分别计算。

③ 烟囱、水塔、筒仓垂直运输机械台班,以“座”计算。超过定额规定高度时,按每增高 1 m 定额项目计算。高度不足 1 m 时,按 1 m 计算。

④ 施工塔吊、电梯基础,塔吊及电梯与建筑物连接件,按施工塔吊及电梯的不同型号以“台”计算。

5. 案例分析

【例 11-11】A、B、C 三栋住宅 6 层带一层地下室建筑物，共用一台塔吊，各自配一台卷扬机，框架剪力墙结构；查工期定额三栋均为 286 天；已知三栋楼同时开工、竣工。工程类别为二类。求 A 栋建筑物垂直运输机械费。

【解】A 栋垂直运输工程量为 286 天，套用定额编号 23-8，其中起重机台班含量根据分摊的原则，调整为 0.523÷3=0.174(台班)。则

23-8 换为(154.81+0.174×511.46)×(1+28%+12%)=341.33(元/天)

A 栋垂直运输费=工程量×定额综合单价=286×341.33=97620.38(元)

【例 11-12】某高层建筑如图 11-11 所示，框架结构，女儿墙高度为 1.8 m，由某总承包公司承包，垂直运输，采用自升式塔式起重机及单笼施工电梯。求垂直运输清单工程量并编制工程量清单。

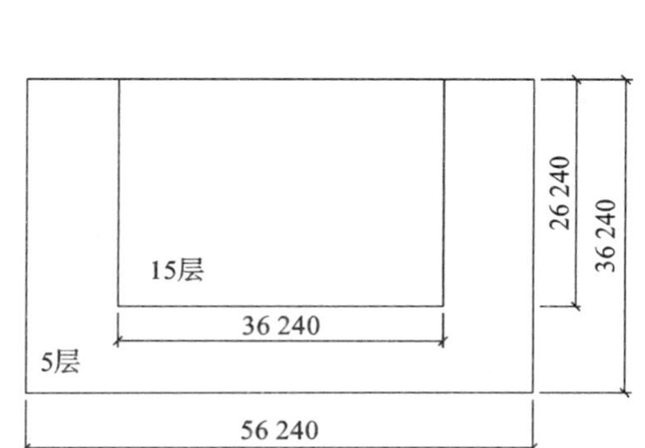

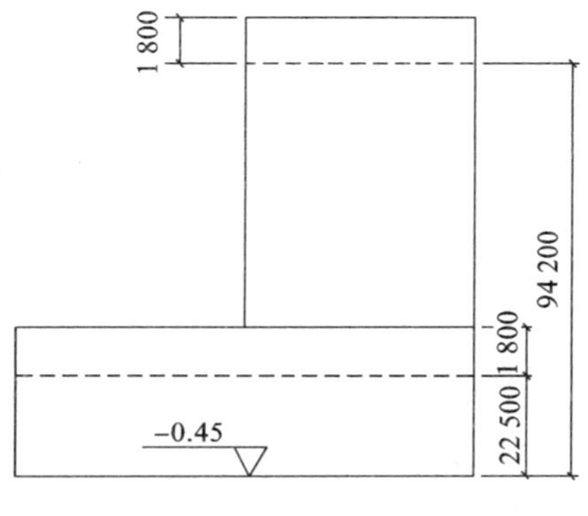

图 11-11　某高层建筑示意图

【解】(1) 计算垂直运输清单工程量。

该建筑有两个檐口高度：94.20 m，22.50 m。因此，垂直运输工程量应按不同檐高分别计算。

① 檐高 94.20 m 以内垂直运输工程量。

36.24×26.24×5+36.24×26.24×15=19018.75(m^2)

② 檐高 22.50 m 以内垂直运输工程量。

(56.24×36.24−36.24×26.24)×5=5435.99(m^2)

(2) 编制工程量清单。

序号	项目编码	项目名称	项目特征	单位	工程量	金额/元	
						综合单价	合价
1	011704001001	垂直运输(檐高 94.20 m 以内)	① 建筑物结构类型及结构形式：现浇框架结构。 ② 檐口高度：94.20 m。 ③ 层数：20 层	m^2	19018.75		

续表

序号	项目编码	项目名称	项目特征	单位	工程量	金额/元	
						综合单价	合价
2	011704001002	垂直运输（檐高 22.50 m 以内）	① 建筑物结构类型及结构形式：现浇框架结构。 ② 檐口高度：22.50 m。 ③ 层数：5 层	m^2	5435.99		

11.2.5 任务五：建筑物超高增加费用

1. 工作内容

① 建筑物超高引起的人工工效降低以及由于人工工效降低引起的机械降效。

② 高层施工用水加压水泵的安装、拆除及工作台班。

③ 通信联络设备的使用及摊销。

2. 项目特征

① 建筑物建筑类型及结构形式。

② 建筑物檐口高度、层数。

③ 单层建筑物檐口高度超过 20 m，多层建筑物超过 6 层部分的建筑面积。

3.《计价定额》有关规定

(1) 超高费包括人工降效、除垂直运输机械外的机械降效费用、高压水泵摊销、上下联络通信等所需费用。超高费包干使用，不论实际发生多少，均按本定额执行，不调整。

(2) 建筑物设计室外地面至檐口的高度(不包括女儿墙、屋顶水箱、凸出屋面的电梯间、楼梯间等的高度)超过 20 m 或建筑物超过 6 层时，应计算超高费。

(3) 超高费按下列规定计算。

① 整层超高费：建筑物檐高超过 20 m 或层数超过 6 层部分的按其超过部分的建筑面积计算。

② 层高超高费：建筑物 20 m 或 6 层以上楼层，如层高超过 3.6 m，层高每增高 1 m(不足 0.1 m 的，按 0.1 m 计算)，层高超高费按相应定额的 20%计取。

③ 每米增高超高费：建筑物檐高超过 20 m，但其最高一层或其中一层楼面未超过 20 m 且在 6 层以内时，则该楼层在 20 m 以上部分的超高费，每超过 1 m(不足 0.1 m 的，按 0.1 m 计算)按相应定额的 20%计算。

(4) 同一建筑物中有两个或两个以上的不同檐口高度时，应分别按不同高度竖向切面的建筑面积套用定额。

(5) 单层建筑物(无楼隔层者)高度超过 20 m，其超过部分除构件安装按《计价定额》第 8 章的规定执行外，还需再按本章相应项目计算每增高 1 m 的层高超高费。

4. 工程量计算规则

(1) 清单工程量计算规则。

按《建筑工程建筑面积计算规范》(GB/T 50353—2013)的规定计算建筑物超高部分的建筑面积。

注意：单层建筑物檐口高度超过 20 m，多层建筑物超过 6 层时，可按超高部分的建筑面积计算超高施工增加。计算层数时，地下室不计入层数。同一建筑物有不同檐高时，可按不同高度的建筑面积分别计算建筑面积，以不同檐高分别编码列项。

(2) 定额工程量计算规则。

建筑物超高费以超过 20 m 或 6 层部分的建筑面积计算。

5. 案例分析

【例 11-13】某六层建筑，每层高度均大于 2.2 m，面积均为 1000 m^2，图 11-12 给出了房屋高度的分布情况和有关标高。运用《计价定额》计算该建筑物的超高费用。

【解】列项目：该建筑物超高费包括整层超高费(19-1)、层高超高费、每米增高超高费。

超高工程量为 1000 m^2。

套定额，见下表。

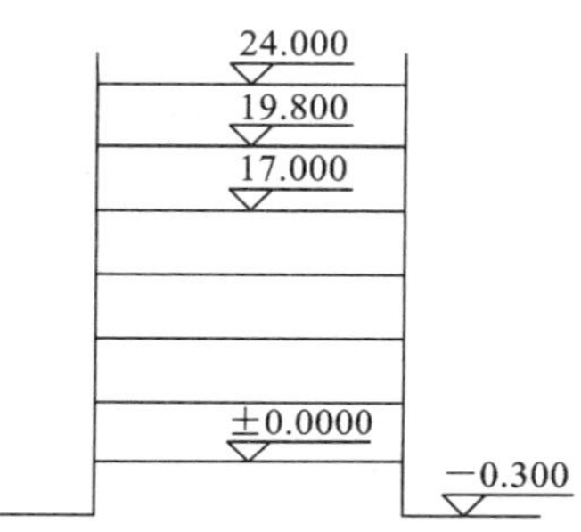

图 11-12　某六层建筑物分层高度

计算结果及套定额

序号	定额编号	项目名称	计量单位	工程量	综合单价	合价/元
1	19-1	建筑物高度 20～30 m 以内超高	m^2	1000	29.30	29300
2	19-1 换×0.6	层高超过 0.6 m 的超高	m^2	1000	3.516	3516
3	19-1 换×0.1	增高 0.1 m 的超高	m^2	1000	0.586	586
合计						33402

注：19-1 换＝29.30×0.2＝5.86(元/ m^2)。

【例 11-14】某框架结构教学楼工程如图 11-13 所示。主楼为 19 层，每层建筑面积为 1200 m^2；附楼为 6 层，每层建筑面积 1600 m^2。主、附楼底层层高为 5.0 m，19 层层高为 4.0 m；其余各层层高均为 3.0 m。计算该建筑物超高费。

分析：(1) 同一建筑物中有 2 个或 2 个以上的不同檐口高度时，应分别按不同高度竖向切面的建筑面积套用定额。故本例中主楼和附楼分开计算。

(2) 附楼顶板高度为 20 m，加上室外高差后，要计算每米增高超高费。

(3) 底层层高为 5 m，但其层高超高费不属本例考虑的范围。

【解】该建筑物超高费包括整层超高费(19-5)、层高超高费、每米增高超高费。

整层超高工程量＝1200×(19－6)＝15600(m^2)

19 层层高超高工程量＝1200 m^2

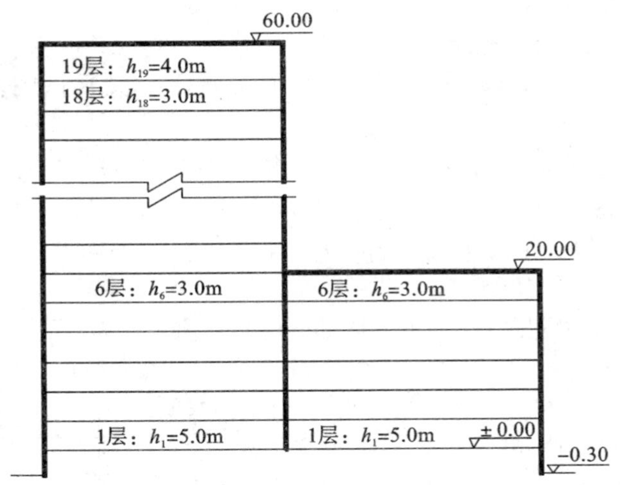

图 11-13　主、附楼楼层分层高度图

每米增高超高工程量＝1200＋1600＝2800(m^2)

套定额,见下表。

计算结果及套定额

序号	定额编号	项目名称	单位	工程量	综合单价	合价/元
1	19-5	建筑物高度 20～70 m 以内超高	m^2	15600	77.66	1211496
2	19-5 换×0.4	层高超过 0.4 m 的超高	m^2	1200	6.21	7452
3	19-5 换×0.3	增高 0.3 m 的超高	m^2	2800	4.66	13048
合计						1231996

注:19-5 换＝77.66×0.2＝15.53(元/m^2)。

11.2.6　任务六:场内二次搬运

1.《计价定额》基本规定

① 现场堆放材料有困难,材料不能直接运到单位工程周边,需再次中转,建设单位不能按正常合理的施工组织设计提供材料、构件堆放场地和临时设施用地的工程而发生的二次搬运费用,执行本定额。

② 执行本定额时,应以工程所发生的第一次搬运为准。

③ 水平运距的计算,分别以取料中心为起点,以材料堆放中心为终点。超运距增加运距不足整数者,进位取整计算。

④ 已考虑运输道路 15%以内的坡度,超过时另行处理。

⑤ 松散材料运输不包括做方,但要求堆放整齐。如需做方者,应另行处理。

⑥ 机动翻斗车最大运距为 600 m，单（双）轮车最大运距为 120 m，超过时，应另行处理。

2. 定额工程量计算规则

① 砂、石、毛石、块石、炉渣、矿渣、石灰膏，二次搬运工程量按堆积原方计算。

② 混凝土构件及水泥制品，二次搬运工程量按实体积计算。

③ 玻璃二次搬运工程量按标准箱计算。

④ 其他材料二次搬运工程量按具体规定的计量单位计算。

3. 案例分析

【例 11-15】某三类工程因施工现场狭窄，共计有 300 t 弯曲成型钢和 50000 块水泥空心砌块发生二次转运。成型钢筋采用人力双轮车运输，转运距离 100 m；水泥空心砌块采用人力双轮车运输，转运距离 120 m。运用《计价定额》计算该工程二次搬运费（人、材、机单价按定额不调整）。

【解】① 弯曲成型钢筋二次转运。

定额编号（24-107＋24-108）　　300×（25.32＋2.11）＝8229（元）

② 水泥空心砌块二次转运。

定额编号（24-29＋24-30×2）　　50×（168.78＋25.32×2）＝10971（元）

③ 该工程二次搬运费为　　8229＋10971＝19200（元）

（注意：超运距增加运距不足整数者，进位取整计算，而不是采用插入法计算。）

第12章　其他项目清单计价

【知识点及学习要求】

知识点	学习要求
知识点1:其他项目的基本概念	了解
知识点2:其他项目的费用构成	熟悉
知识点3:其他项目的计价	掌握

12.1　其他项目费用构成

1. 其他项目

其他项目是指为完成工程项目施工发生的除分部分项工程项目、措施项目以外的由于招标人的特殊要求而设置的项目。

《计价规范》规定其他项目清单包括两部分内容,第一部分为招标人部分;第二部分为投标人部分,其他项目清单应根据拟建工程的具体情况进行确定。

其他项目清单宜按照下列内容列项。

(1) 暂列金额:招标人在工程量清单中暂定并包括在合同价款中的一笔款项。用于施工合同签订时尚未确定或者不可预见的所需材料、设备、服务的采购,施工中可能发生的工程变更、合同约定调整因素出现时的工程价款调整以及发生的索赔、现场签证确认等的费用。

(2) 暂估价:招标人在工程量清单中提供的用于支付必然发生但暂时不能确定的材料的单价以及专业工程的金额,包括材料暂估价、承包人专业工程暂估价。

(3) 计日工:在施工过程中,承包人完成发包人提出的施工图纸以外的零星项目或工作,按合同中约定的综合单价计价。

(4) 总承包服务费:总承包人为配合协调发包人进行的专业工程分包自行采购设备、材料,以及施工现场管理、竣工资料汇总整理等服务所需的费用。

2. 招标人部分

招标人部分指的是由招标人提出费用项目,并预估该项目所需的金额,由投标人计入报价中的费用项目,包括预留金、材料购置费、其他费用三项。

1) 预留金

预留金指的是招标人为可能发生的工程量变更而预留的金额。引起工程量变化和费用增加的原因很多,一般有以下几个方面。

① 清单编制人员在统计工程量及变更工程量清单时发生的漏算、错算等引起的

工程量增加。

② 设计深度不够、设计质量低造成的设计变更引起的工程量增加。

③ 在现场施工过程中，应业主要求，并由设计或监理工程师出具的工程变更增加的工程量。

④ 其他原因引起的，且应由业主承担的费用增加，如风险费用及索赔费用。

此处提出的工程量变化主要指工程量清单漏项、有误，施工中的设计变更、施工索赔等引起标准的提高或工程量的增加等。

预留金由清单编制人根据业主意图和拟建工程的实际情况来计算，应根据设计文件的深度、设计质量的高低、拟建工程的成熟程度及工程风险的性质来确定其额度。设计深度深，设计质量高，已经成熟的工程设计，一般预留工程总造价的 3%～5%即可。在初步设计阶段，工程设计不成熟的，最少要预留工程总造价的 10%～15%。

预留金作为工程造价费用的组成部分计入工程造价，但预留金的支付与否、支付额度以及用途，都必须通过监理工程师的批准。

2）材料购置费

材料购置费指的是招标人因工程项目或本身特殊需要自行采购材料的那部分费用。

3）其他费用

其他费用指业主出于特殊目的或要求，对工程消耗的某类或某几类材料在招标文件中规定，由招标人采购的拟建工程材料费。例如，指定分包工程费，由于某分项工程或单位工程专业性较强，必须由专业队伍施工，即可增加这项费用，费用金额应通过向专业队伍询价（或招标）取得。

暂列金额：暂列金额应根据工程特点，按有关计价规定计算。

暂估价：包括材料暂估价、工程设备暂估价、专业工程暂估价。材料暂估价和工程设备暂估价应根据工程造价信息或参照市场价格估算。暂估价中的专业工程金额应分不同专业，按有关计价规定估算。

计日工：应列出项目和数量。

总承包服务费：应根据招标文件列出的内容和要求估算。

3. 投标人部分

投标人部分指的是由招标人提出费用项目且提出费用项目的数量，由投标人进行报价，计入报价中的费用项目，包括总承包服务费和零星工作项目费两项。如果招标文件对承包商的工作范围还有其他要求，也应对其要求列项。例如，设备的厂外运输，设备的接收、保管、检验，为业主代培技术工人等。

1）总承包服务费

总承包服务费指的是为配合协调招标人进行的工程分包和材料采购所需的费用。

2）零星工作项目费

零星工作项目费指的是为完成设计文件以外的且由招标人提出的、工程量暂估的（又不能按实物计量的）零星工作所需的费用，如墙上打孔（非投标人投标工程内所含的工作内容）。

在编制工程量清单时,零星工作项目费通过编制零星工作项目表来反映。按《计价规范》规定,零星工作项目表应根据拟建工程具体情况,详细列出人工、材料、机械的名称、计量单位和相应数量。其中,人工应按工种列项,材料和机械应按规格、型号列项,并随清单发至投标人。零星工作项目中的工、料、机计量,要根据工程的复杂程度、工程设计质量的优劣以及工程项目设计的成熟程度等因素来确定其数量。一般工程以人工计量为基础,按人工消耗总量的1%取值即可。材料消耗主要是辅助材料消耗,按不同专业工人消耗材料类别列项,按工人日消耗量计入。机械列项和计量,除了考虑人工因素外,还要参考各单位工程机械消耗的种类,可按机械消耗总量的1%取值。

3) 其他项目费用的规范

(1) 暂列金额应按招标人在其他项目清单中列出的金额填写。

(2) 材料暂估价应按招标人在其他项目清单中列出的单价计入综合单价;专业工程暂估价应按招标人在其他项目清单中列出的金额填写。

(3) 计日工按招标人在其他项目清单中列出的项目和数量,自主确定综合单价并计算计日工费用。

(4) 总承包服务费根据招标文件中列出的内容和提出的要求自主确定。

12.2 其他项目计价

其他项目计价的基本程序是:根据招标人提供的"零星工作项目清单"以及自拟的"人工、材料、机械台班投标单价",估计"零星工作项目计价表",连同招标人部分的费用,最后形成"其他项目清单计价表"。

12.2.1 其他项目清单计价表

其他项目清单计价表分招标人和投标人两部分。表中"序号、项目名称"必须按招标文件"其他项目清单"中的相应内容填写。

(1) 招标人部分的所有项目和"金额"不得随意改动。

《计价规范》在招标人部分给出的预留金是招标人认为可能发生的工程量变更而预留的金额,由招标人视工程情况确定。预留金为估算、预算数,虽然在招标时计入投标人的标价中,但不应视为投标人所有。工程竣工结算时,应按实际完成工程内容(工程量)所需费用进行结算,剩余部分仍归招标人所有(见表12-1)。

表12-1 其他项目清单计价表

工程名称:(略)　　　　第　页　共　页

序号	项目名称	金额/元
1	招标人部分	
	小计	

续表

序号	项目名称	金额/元
2	投标人部分	
	小　计	
	合　计	

(2) 投标人部分的“金额”必须按招标人提出的要求填写。

① 总承包服务费应根据招标人提出的要求，由投标人估算所发生的费用。

② 零星工作项目费应根据“零星工作项目计价表”确定。

投标人认为招标人列项不全时，投标人可自行增加列项并计价。

招标人没有列出，而实际工作中出现了工程量清算项目以外的零星工作项目，可按合同规定或按“工程变量”进行调整。

12.2.2　零星工作项目计价表

零星工作项目计价表是其他项目清单计价表附表，是为其他项目清单计价表服务的。

招标人视工程情况在零星工作项目计价表中列出有关内容，并标明暂定数量，这是招标人对未来可能发生的工程量清单项目以外的零星工作项目的预测。投标人根据表中内容相应报价。

招标人编制工程量清单时，根据工程的复杂程度、工程设计质量的优劣以及工程项目设计的成熟程度等因素，确定零星工作项目中的工、料、机数量。

零星工作项目计价表中的“名称、计量单位、数量”必须按照招标文件“零星工作项目表”中的内容无偿为自己服务，如表 12-2 所示。

表 12-2　零星工作项目计价表

工程名称：(略)　　　　第　页　共　页

序号	名　称	计量单位	数　量	金额/元	
				综合单价	合　价
1	人　工				
	小　计				
2	材　料				
	小　计				

续表

序号	名　称	计量单位	数　量	金额/元	
				综合单价	合　价
3	机　械				
	小　计				
	合　计				

零星工作项目费用估算、预测数，虽然在招标时计入了投标人的报价中，但不应视为投标人所有。工程竣工结算时，应按实际完成工程内容(工程量)所需费用进行结算，剩余部分仍归招标人所有。

第13章　项目费用汇总及报表编制

【知识点及学习要求】

知识点	学习要求
知识点1:工程项目费用的构成	了解
知识点2:项目费用各报表的内容及编制	熟悉
知识点3:工程项目费用的汇总	掌握

13.1　工程项目费用汇总

13.1.1　工程造价计价程序

工程量清单计价应包括按招标文件规定,完成工程量清单所列项目的全部费用,根据《江苏省建设工程费用定额》(2014年),建设工程费用包括分部分项工程费、措施项目费、其他项目费、规费和税金。

2016年4月,江苏省住房和城乡建设厅发布《关于建筑业实施营改增后江苏省建设工程计价依据调整的通知》,结合江苏省实际,按照营改增后"价税分离"的原则,对计价定额及费用定额的有关内容进行了调整。

营改增后,承包方式为包工包料的,江苏省范围内建筑工程安装费用的计价程序如表13-1所示。

表13-1　工程量清单计价法计价程序(包工包料)(一般计税方式)

序号	费用名称		计算公式
一	分部分项工程费		清单工程量×除税综合单价
	其中	1. 人工费	人工消耗量×人工单价
		2. 材料费	材料消耗量×除税材料单价
		3. 施工机具使用费	机械消耗量×除税机械单价
		4. 管理费	(1+3)×费率或(1)×费率
		5. 利润	(1+3)×费率或(1)×费率

续表

序号	费用名称		计算公式
二	措施项目费		
	其中	单价措施项目费	清单工程量×除税综合单价
		总价措施项目费	(分部分项工程费+单价措施项目费−除税工程设备费)×费率或以项计费
三	其他项目费		
四	规费		(一+二+三−除税工程设备费)×费率
	其中	1. 工程排污费	
		2. 社会保障费	
		3. 住房公积金	
五	税金		[一+二+三+四−(除税甲供材料费+除税甲供设备费)/1.01]×费率
六	工程造价		一+二+三+四−(除税甲供材料费+除税甲供设备费)/1.01+五

承包方式为包工不包料的,可采用简易计税方式,江苏省范围内建筑安装工程费的计价程序如表13-2所示。

表13-2 工程量清单法计价程序(包工不包料)(简易计税方式)

序号	费用名称		计算公式
一	分部分项工程费		清单工程量×综合单价
	其中	1. 人工费	人工消耗量×人工单价
		2. 材料费	材料消耗量×材料单价
		3. 施工机具使用费	机械消耗量×机械单价
		4. 管理费	(1+3)×费率或(1)×费率
		5. 利润	(1+3)×费率或(1)×费率
二	措施项目费		
	其中	单价措施项目费	清单工程量×综合单价
		总价措施项目费	(分部分项工程费+单价措施项目费−工程设备费)×费率或以项计费

续表

<table>
<tr><th>序号</th><th colspan="2">费用名称</th><th>计算公式</th></tr>
<tr><td>三</td><td colspan="2">其他项目费</td><td></td></tr>
<tr><td rowspan="4">四</td><td colspan="2">规费</td><td rowspan="4">(一+二+三－工程设备费)×费率</td></tr>
<tr><td rowspan="3">其中</td><td>1. 工程排污费</td></tr>
<tr><td>2. 社会保障费</td></tr>
<tr><td>3. 住房公积金</td></tr>
<tr><td>五</td><td colspan="2">税金</td><td>[一+二+三+四－(甲供材料费+甲供设备费)/1.01]×费率</td></tr>
<tr><td>六</td><td colspan="2">工程造价</td><td>一+二+三+四－(甲供材料费+甲供设备费)/1.01+五</td></tr>
</table>

13.1.2　材料费、施工机具使用费除税价计算

1. 材料除税价的计算

根据“营改增”之后工程计价程序，工程造价最终增值税的计算应以所有工程成本及费用扣除应纳增值税之后的“除税价”之和，即“不含税造价”为基数。工程造价中，材料费、施工机具使用费以及工程设备费都涉及第三方购销或提供服务，因此在增值税计算时应采用扣除应纳增值税额的“除税价”计算。根据《计价定额》，材料的单价为材料原价和采购及保管费率之和，其中采购及保管费没有可抵扣的进项税额，因此材料费除税单价可按下列公式计算：

含税原价＝含税单价/(1+采购及保管费率)

增值税＝含税原价/(1+增值税率)×增值税率

除税单价＝含税单价－增值税

【例 13-1】已知某型号钢筋含税单价为 4020 元/吨，其中采购及保管费率为 2%，增值税税率 16%，试计算该钢筋的除税单价。

解：　含税原价＝4020/(1+2%)＝3941.18(元/吨)

增值税＝3941.18/(1+16%)×16%＝543.61(元/吨)

除税单价＝4020－543.61＝3476.39(元/吨)

2. 施工机械及仪器仪表使用费除税价计算

施工机械台班单价由七项费用组成，施工仪器仪表单价由四项费用组成，其进项税扣减方法如表 13-3 所示。

表 13-3　施工机械台班费用除税价计算方法

序号	台班单价	扣减进项税额方法
1	机械台班单价	各组成内容按以下方法分别扣减,扣减综合税率小于租赁有形资产适用税率 16%
1.1	台班折旧费	以购进货物适用的税率 16%或相应征收率扣减
1.2	台班检修费	按委外检修比例,以接受检修配劳务适用的税率 16%扣减,自行维护部分不扣减
1.3	台班维护费	按委外检修比例,以接受检修配劳务适用的税率 16%扣减,自行维护部分不扣减
1.4	台班安拆及场外运费	按委外检修比例,以接受检修配劳务适用的税率 16%扣减,自行维护部分不扣减
1.5	台班人工费	组成内容为工资总额,不扣减
1.6	台班燃料动力费	以购进货物适用的相应税率或征收率扣减,如汽油、柴油按税率 16%扣减
1.7	其他费用	主要为各类税收费用,不扣减
2	仪器仪表台班单价	各组成内容按以下方法分别扣减,扣减综合税率小于租赁有形资产适用税率 16%
2.1	折旧费	以购进货物适用的税率 16%或相应征收率扣减
2.2	维护费	按委外检修比例,以接受检修配劳务适用的税率 16%扣减,自行维护部分不扣减
2.3	校验费	不扣减
2.4	动力费	(1) 以购进货物适用的相应税率或征收税率扣减; (2) 台班消耗电量×除税电价

【例 13-2】某施工企业自有自行式铲运机若干台,台班单价为 1108.63 元,其费用组成为(均含可抵扣进项税额):折旧费 188.22 元/台班,检修费 59.62 元/台班,维护费 159.77 元/台班,无安拆及场外运费,人工费 205 元/台班,购买燃油费用为

496.02 元/台班，无其他费用。该机械检修工作的 30%由第三方检修企业承担，维护工作的 20%由第三方维护企业承担，其余工作由企业自行完成，各类税率按国家标准执行，试计算该自行式铲运机的除税单价。

【解】折旧费中可抵扣进项税额：188.22/(1+16%)×16%=25.96(元/台班)

检修费中可抵扣进项税额：59.62×30%/(1+16%)×16%=2.47(元/台班)

维护费中可抵扣进项税额：159.77×20%/(1+16%)×16%=4.40(元/台班)

人工费中可抵扣进项税额：0 元/台班

燃料动力费中可抵扣进项税额：496.02/(1+16%)×16%=68.42(元/台班)

机械台班除税单价：1108.63−25.9−2.47−4.40−68.42=1007.38(元/台班)

13.1.3　企业管理费与利润的计取

一般计税方法中，因为材料与机械费用进项税抵扣额的调整，企业管理费及利润的取费基数发生了变化，同时，原先税金中的附加税纳入企业管理费中计取，因此企业管理费与利润的费率要做相应调整，调整的原则为：

(人工费+原施工机具使用费)×原管理费率+附加税=(人工费+除税施工机具使用费)×新管理费率

(人工费+原施工机具使用费)×原利润费率=(人工费+除税施工机具使用费)×新利润费率

根据《江苏省建设工程费用定额》(2014 年)营改增后调整内容，调整后的建筑工程企业管理费和利润取费标准如表 13-4 所示。

表 13-4　建筑工程企业管理费和利润取费标准

序号	项目名称	计算基础	企业管理费率/(%)			利润率/(%)
			一类工程	二类工程	三类工程	
一	建筑工程	人工费+除税施工机具使用费	32	29	26	12
二	单独预制构件制作		15	13	11	6
三	打预制桩、单独构件吊装		11	9	7	5
四	制作兼打桩		17	15	12	7
五	大型土石方工程		7			4

13.1.4　规费的计取

根据《江苏省建设工程费用定额》(2014 年)营改增后调整内容，营改增后社会保险费及住房公积金取费标准如表 13-5 所示。

表 13-5 社会保险费及公积金取费标准

序号	工程类别		计算基础	社会保险费率/(%)	公积金费率/(%)
一	建筑工程	建筑工程	分部分项工程费+措施项目费+其他项目费一除税工程设备费	3.2	0.53
		单独预制构件制作、单独构件吊装、打预制桩、制作兼打桩		1.3	0.24
		人工挖孔桩		3	0.53
二	单独装饰工程			2.4	0.42
三	安装工程			2.4	0.42
四	市政工程	通用项目、道路、排水工程		2.0	0.34
		桥涵、隧道、水工构筑物		2.7	0.47
		给水、燃气与集中供热、路灯及交通设施工程		2.1	0.37
五	仿古建筑与园林绿化工程			3.3	0.55
六	修缮工程			3.8	0.67
七	单独加固工程			3.4	0.61
八	城市轨道交通工程	土建工程		2.7	0.47
		隧道工程(盾构法)		2.0	0.33
		轨道工程		2.4	0.38
		安装工程		2.4	0.42
九	大型土石方工程			1.3	0.24

13.1.5 增值税的计算

建筑安装工程费中的增值税,应按税前造价乘以增值税税率确定。

根据江苏省住房和城乡建设厅 2018 年发布的《关于建筑业增值税计价政策调整的通知》,采用一般计税方法的建设工程增值税税率由 11%调整为 10%,因此当采用一般计税方法时,增值税的计算方法为:

$$增值税=税前造价\times10\%$$

税前造价为分部分项工程费、措施项目费、其他项目费及规费之和,各项费用均为不包含增值税可抵扣进项税额的除税价格。

当采用简易计税方法时,建筑业增值税税率为 3%,增值税计算方法为:

$$增值税=税前造价\times3\%$$

税前造价为分部分项工程费、措施项目费、其他项目费及规费之和,各项费用均为包含增值税可抵扣进项税额的含税价格。

【例 13-3】某建筑公司为增值税小规模纳税人,2020 年 5 月 1 日承接了 A 工程项目,5 月 30 日发包方按进度款支付工程价款 222 万元,该项目当月发生工程成本 100

万元，其中取得增值税发票注明的金额为 50 万元，试计算该建筑公司 5 月需缴纳的增值税。

【解】小规模纳税人采用简易计税方法，增值税率为 3%，进项税额不抵扣。

增值税＝222/(1＋3%)×3%＝6.47(万元)

【例 13-4】某建筑公司为增值税一般纳税人，2020 年 5 月 1 日承接了 A 工程项目，5 月 30 日发包方按进度款支付工程价款，其中人工费 150 万元，材料费 200 万元(取得增值税发票注明金额为 50 万元)，施工机具使用费 250 万元(取得增值税发票注明的金额为 100 万元)，企业管理费、利润均以"人工费＋机械费"为计算基数，企业管理费率为 26%，利润率为 12%，规费为 200 万元(不含可抵扣进项税额)，相关税率按国家标准执行，试计算该建筑公司 5 月需缴纳的增值税。

【解】一般纳税人采用一般计税方法，增值税率为 10%，进项税额可抵扣。

除税材料费：200－50＝150(万元)

除税机具使用费：250－100＝150(万元)

企业管理费：(150＋150)×26%＝78(万元)

利润：(150＋150)×12%＝36(万元)

增值税：(150＋150＋150＋78＋36＋200)×10%＝76.4(万元)

【例 13-5】某施工单位采用包工包料方式承包某建设工程。分部分项工程费为 3230000 元。材料费共计 300000 元，其中施工单位采购材料费 200000 元(包含可抵扣进项税 30000 元)，甲供材料费 100000 元(包含可抵扣进项税 15000 元)。机械费可抵扣进项税为 5000 元。单价措施费为 121000 元，包含可抵扣进项税 5200 元。总价措施费费率分别为：非夜间照明 0.2%，临时设施 2.0%，冬雨季施工 0.1%，安全文明施工 3.1%。其他项目费中，暂列金额为 10000 元，专业工程暂估价为 152000 元。规费费率为：工程排污 0.1%，社会保障 3%，住房公积金 0.5%；增值税税率为 10%。

以上费用除注明外，均不含可抵扣进项税，试计算该工程造价。

【解】

序号	费用名称		计算公式
一	分部分项工程费		3230000－30000－15000－5000＝3180000(元)
二	措施项目费		115800＋177973.2＝293773.2(元)
	其中	单价措施项目费	121000－5200＝115800(元)
		总价措施项目费	(318000＋115800)×(0.2%＋2%＋0.1%＋3.1%)＝177973.2(元)
三	其他项目费		10000＋152000＝162000(元)
四	规费		(3180000＋293773.2＋162000)×(0.1%＋3%＋0.5%)＝130887.8(元)

续表

序号	费用名称	计算公式
五	税金	[3180000＋293773.2＋162000＋130887.8－(100000－15000)/1.01]×10%＝368250.3(元)
六	工程造价	[3180000＋293773.2＋162000＋130887.8－(100000－15000)/1.01＋368250.3]＝4050752.9(元)

13.2 报表编制

在得出“分部分项工程量清单计价表”、“措施项目清单计价表”和“其他项目清单计价表”之后，汇总形成“单位工程费汇总表”(含规费、税金)；然后汇总“单位工程费汇总表”，形成“单项工程费汇总表”；汇总“单项工程费汇总表”，形成招标控制价或投标报价汇总表；最后填写相应的工程信息及封面。至此，完成全部工程量清单计价工作。

13.2.1 单位工程费汇总表

单位工程费汇总表(样式见表13-6)中的“金额”分别按照分部分项工程量清单计价表、措施项目清单计价表、其他项目清单计价表的合计金额和按有关规定计算的规费、税金填写。其中，规费应当逐一列出各项规费的名称和金额。

表13-6 单位工程费汇总表

工程名称： 第 页 共 页

序号	项目名称	金额/元
1	分部分项工程量清单计价合计	
2	措施项目清单计价合计	
3	其他项目清单计价合计	
4	规费	
5	税金	
	合计	

13.2.2 单项工程费汇总表

单项工程费汇总表(样式见表13-7)中的“单位工程名称”按单位工程费汇总表的工程名称填写，“金额”按单位工程费汇总表的合计金额填写。

表 13-7　单项工程费汇总表

工程名称：　　　　　　　　　　　　　　　　　　　　　　　　　第　页　共　页

序号	单位工程名称	金额/元
	合计	

13.2.3　招标控制价/投标报价汇总表

工程项目总价表中的“单项工程名称”按单位工程费汇总表的工程名称填写，“金额”按单项工程费汇总表的合计金额填写(样式见表 13-8、表 13-9)。

表 13-8　单项工程招标控制价/投标报价汇总表

工程名称：　　　　　　　　　　　　　　　　　　　　　　　　　第　页　共　页

序号	单项工程名称	金额/元	其中		
			暂估价/元	安全文明施工费/元	规费/元
合计					

注：本表适用于工程项目招标控制价或投标报价的汇总。

表 13-9　单位工程招标控制价/投标报价汇总表

工程名称：　　　　　　　　　　标段：　　　　　　　　　　　　第　页　共　页

序号	汇总内容	金额/元	暂估价/元
1	分部分项工程		
1.1			
1.2			
1.3			
1.4			
1.5			
2	措施项目		
2.1	安全文明施工费		
3	其他项目		

续表

序号	汇总内容	金额/元	暂估价/元
3.1	暂列金额		
3.2	专业工程暂估价		
3.3	计日工		
3.4	总承包服务费		
4	规费		
5	税金		
招标控制价合计=1+2+3+4+5			

注:本表适用于单位工程招标控制价或投标报价的汇总,如无单位工程划分,单项工程也使用本表汇总。

参考文献

[1] 中华人民共和国住房和城乡建设部.建设工程工程量清单计价规范(GB 50500—2013)[S].北京:中国计划出版社,2013.

[2] 江苏省住房和城乡建设厅.江苏省建筑与装饰工程计价定额(上、下册)[S].南京:江苏凤凰科学技术出版社,2014.

[3] 沈杰.工程估价[M].南京:东南大学出版社,2005.

[4] 唐明怡,石志锋.建筑工程定额与预算[M].北京:中国水利水电出版社,2005.

[5] 吴舒琛.建筑识图与构造[M].2版.北京:高等教育出版社,2006.

[6] 安淑兰.建筑工程计量与计价[M].北京:高等教育出版社,2005.

[7] 袁建新.建筑工程定额与预算[M].北京:高等教育出版社,2002.

[8] 王晓薇,罗淑兰.建筑工程预算[M].北京:人民交通出版社,2007.

[9] 姚斌.建筑工程工程量清单计价实施指南[M].北京:中国电力出版社,2009.

[10] 张国栋.建筑工程工程量清单计算实例答疑与评析[M].北京:中国建筑工业出版社,2009.